黑龙江省
杜尔伯特蒙古族自治县
耕地地力评价

◎ 董玉峰　王铁成　赵 炜　主编

中国农业科学技术出版社

图书在版编目（CIP）数据

黑龙江省杜尔伯特蒙古族自治县耕地地力评价 / 董玉峰，王铁成，赵炜主编 . —北京：中国农业科学技术出版社，2017.8
ISBN 978-7-5116-3171-8

Ⅰ.①黑…　Ⅱ.①董…②王…③赵…　Ⅲ.①耕作土壤–土壤肥力–土壤调查–杜尔伯特蒙古族自治县②耕作土壤–土壤评价–杜尔伯特蒙古族自治县　Ⅳ.①S159.235.4②S158

中国版本图书馆 CIP 数据核字（2017）第 162137 号

责任编辑　　徐　毅
责任校对　　贾海霞

出 版 者　　中国农业科学技术出版社
　　　　　　北京市中关村南大街 12 号　邮编：100081
电　　话　　（010）82106631（编辑室）　（010）82109702（发行部）
　　　　　　（010）82109709（读者服务部）
传　　真　　（010）82106631
网　　址　　http://www.castp.cn
经 销 者　　各地新华书店
印 刷 者　　北京富泰印刷有限责任公司
开　　本　　787mm×1 092mm　1/16
印　　张　　21.5　彩插 16 面
字　　数　　550 千字
版　　次　　2017 年 8 月第 1 版　2017 年 8 月第 1 次印刷
定　　价　　96.00 元

《黑龙江省杜尔伯特蒙古族自治县耕地地力评价》

编　委　会

主　　任	马　军			
副 主 任	董玉峰	何宏新	闫子勇	
成　　员	王铁成	赵　炜	辛玉霞	林精波　肖礼君
	岳广志	张喜春	赵明慧	
主　　编	董玉峰	王铁成	赵　炜	
副 主 编	何宏新	闫子勇	辛玉霞	林精波　肖礼君
	岳广志	张喜春	赵明慧	
编　　者	马　军	张希友	李立平	李清波　王凤英
	赵奎芳	赵建华	依倩安	张宇婷　李　超
	张盼盼	彭大志	金会芝	李世彪　李金友
	赵　亮	崔振国	周国君	曲永萍　张　艳
	吴　波	于金华	徐　丽	马　静　曹　勇
	王继世	徐　凤	王洪兴	于洪娟　刘文权
	东庆奎	彭世刚	吴瑞华	从玉林　巴振辉
	潘文勇	胡青峰	刘文伟	王德毅　祁　飞
	姜　涛	刘似海	包云鹏	赵云琦　杜　娟
	白　杨	白　静	韩春燕	陈树博　倪晓梅
	陈　飞	陈宜君	王成孝	李德刚　李　贺
	师恩银	何晓光	赵海霞	汪英明　柴恒金
	邰自明	白东明	于跃洋	

序

　　"万物土中生，有土斯有粮"。耕地是土地的精华，是农业发展的基础，是不可再生的自然资源，是人们获取粮食及其他农产品最基础的生产资料。一切优质高产的农作物品种及其栽培模式都必须建立在安全、肥沃、协调的土壤之上。因此，及时掌握耕地资源的数量、质量及其变化对于合理规划和利用耕地，切实保护耕地有着十分重要的意义。

　　根据《全国耕地地力调查与质量评价技术规程》，充分利用全国第二次土壤普查、土地资源详查、基本农田保护区划定等现有成果，结合国家测土配方施肥项目，采用 GPS、GIS、RS、计算机和数学模型集成新技术，历时 3 年多的时间完成了这次耕地地力调查与质量评价工作，建立了规范的杜尔伯特蒙古族自治县测土配方施肥数据库和县域耕地资源管理信息系统，并编写了这本《黑龙江省杜尔伯特蒙古族自治县耕地地力评价》一书，其编者均是活跃在农业生产一线的技术骨干，数据资料来源于实践和多年的工作积累。这次耕地地力调查与质量评价的完成，构建了杜尔伯特蒙古族自治县测土配方施肥宏观决策和动态管理基础平台，为了保护耕地环境，指导农民合理施肥节本增效提供了科学保障，为县域种植业结构调整提供了理论依据。

　　开展耕地地力调查与质量评价对更科学合理地利用本地有限的耕地资源，全面提高该区域耕地综合生产能力，遏制耕地质量退化，确保地力常新。真心期待这本书中的资料能够对广大农业生产者和致力于耕地质量提升的研究人员有所帮助，为耕地质量保护起到积极的作用，促进农业生产向高效、优质、高产、安全、环保方向发展。

马犇

2016 年 12 月

前　言

　　杜尔伯特蒙古族自治县耕地地力调查与质量评价工作，在省、市、县业务部门的领导下，根据《全国耕地地力调查与质量评价技术规程》，充分利用全国第二次土壤普查、土地资源详查、基本农田保护区划定等现有成果，结合国家测土配方施肥项目，采用 GPS、GIS、RS、计算机和数学模型集成新技术，历时3年多的时间认真地完成了。

　　本次耕地地力调查与质量评价，建立了规范的杜尔伯特蒙古族自治县测土配方施肥数据库和县域耕地资源管理信息系统，并编写了《杜尔伯特蒙古族自治县耕地地力调查与评价工作报告、技术报告、专题报告》。在编写过程中，参阅了《杜尔伯特蒙古族自治县农业区域综合开发规划》《杜尔伯特土壤》《杜尔伯特蒙古族自治县2000—2009年统计年鉴》《杜尔伯特蒙古族自治县志》《乡镇中低产农田定位调查汇编》，并借鉴了黑龙江省土肥管理站下发有关省、县的耕地地力调查与评价材料。在 GIS 支持下，利用土壤图、土地利用现状图叠置划分法确定区域耕地地力评价单元，分别建立了杜尔伯特蒙古族自治县耕地地力评价指标体系及其模型，运用层次分析法和模糊数学方法对耕地地力进行了综合评价。将全县11个乡镇耕地面积 136 756.91 hm² 划分为5个等级：一等地 15 729.18 hm²，占耕地总面积的 11.50%；二级地 35 027.87 hm²，占耕地总面积的 25.61%；三级地 56 135.82 hm²，占耕地总面积的 41.05%；四级地 23 294.58 hm²，占耕地总面积的 17.03%；五级地 6 569.46 hm²，占耕地总面积的 4.80%。一级、二级地属高产田土壤，面积共 50 757.05 hm²，占耕地总面积的 37.11%；三级地为中产田土壤，面积为 56 135.82 hm²，占耕地总面积的 41.05%；四级、五级为低产田土壤，面积 29 864.04 hm²，占耕地总面积的 21.84%。归入国家等级后，全县所属耕地占七级、八级2个等级，其中，七等地面积共 106 892.87 hm²，占耕地总面积的 78.16%；八等地面积为 29 864.04 hm²，占耕地总面积的 21.84%。

　　另对全县耕地耕层土壤主要理化属性及其时空变化特征进行了分析、比较、归纳了不同土壤属性的变化规律。自 1982 年第二次土壤普查以来，28 年间土壤养分发生很大的变化，土壤有机质、全氮和速效钾含量呈下降趋势，土壤有效磷呈上升趋势。

该项目的完成构建了杜尔伯特蒙古族自治县测土配方施肥宏观决策和动态管理基础平台，为保护耕地环境，指导农民合理施肥节本增效提供了科学保障，为县域种植业结构调整提供了理论依据，为指导今后农业生产具有重要的现实意义。

这次调查评价工作，得到了黑龙江极象动漫影视技术有限公司、哈尔滨万图信息技术开发有限公司、杜尔伯特蒙古族自治县统计局、土地局、民政局、档案局、气象局等单位和黑龙江省土肥站专家以及肇东市农业技术推广中心汪君利副主任和拜泉县汤彦辉站长等有关专家的大力支持和协助，在此表达最诚挚的谢意。

由于此项工作应用微机操作软件程序较多、工作量之大、数据之多，加之参加编写的人员水平有限，在报告综合分析和编写过程中难免有不足之处，有待今后工作中不断完善和提高。恳请各级领导、专家和同行给予批评指正。

编　者

2017 年 5 月

目　　录

第一部分　杜尔伯特蒙古族自治县耕地地力评价工作报告

第二部分　杜尔伯特蒙古族自治县耕地地力评价技术报告

第三部分　杜尔伯特蒙古族自治县耕地地力评价专题报告

第一部分

杜尔伯特蒙古族自治县耕地地力评价工作报告

杜尔伯特蒙古族自治县耕地
地力评价工作报告

杜尔伯特蒙古族自治县（以下简称"杜蒙自治县"）是黑龙江省唯一的少数民族自治县。地处松嫩平原腹地，黑龙江省西南部，嫩江东岸，东与林甸县毗邻，南与大庆市、肇源县接壤，西与泰来县、吉林省镇赉县隔江相望，北与齐齐哈尔市为邻。地理位置位于东经123°45′~124°42′、北纬45°53′~47°08′。全县辖4个镇、7个乡、9个农牧渔场。有泰康镇、烟筒屯镇、胡吉吐莫镇、他拉哈镇、一心乡、克尔台乡、敖林西伯乡、白音诺勒乡、腰心乡、巴彦查干乡、一心良种场、对山奶牛场、靠山种畜场、连环湖渔场、石人沟渔场、一心苗圃场等。4个社区、79个行政村。南北狭长，全境总辖区面积617 600 hm²。其中，耕地面积136 756.9 hm²，草原面积211 362 hm²，水域面积136 653 hm²，林地面积60 660.6 hm²。总人口257 000人，其中，农业人口192 000人，非农业人口65 000人，农业人均占有耕地面积0.47hm²。境内居住有蒙古族、汉族、回族、满族、锡伯族、朝鲜族、达斡尔族、白族等17个民族。南北狭长，全境总辖区面积6 176 km²。滨洲铁路穿越杜蒙自治县，林肇公路（林甸至肇源）纵贯全县南北140.2km与庆齐公路（大庆市至齐齐哈尔市）在杜蒙自治县中部相交，县境内有省级公路1条，县级公路2条，乡级公路14条，加之大庆油田公路在本县境内纵横交错，四通八达，总长达1 500 km。交通十分便利，促进了县域经济的发展。

杜蒙自治县坚持"畜牧立县"经济发展十分迅速，全县工业有石油、乳业、制药等国内外知名企业。农、林、牧、副、渔各业齐全。全县粮食生产实现了跨越式发展，2009年粮食总产量达到了65万t；在伊利乳业、大庆吉禾乳业等龙头企业的拉动下，畜牧业迅猛发展，大牲畜存栏达20.6万头（其中，奶牛16.5万头、黄牛和肉牛4.1万头）、羊存栏12.2万只、禽类存栏680万只；地区生产总值38.8亿元，农民人均收入6 613.5元；获得过全国"绿豆之乡""北极狐之乡"的美誉，经济和社会协调发展，位列黑龙江省前茅。

这次耕地地力评价工作，在国家、省、市的关心、支持和领导下，在省土肥管理站的大力指导下，经过全县各级干部群众的努力，于2009年年底，全面完成了耕地地力调查评价工作。现将工作开展情况总结如下。

一、目的意义

耕地地力评价是利用测土配方施肥调查数据，通过县域耕地资源管理信息系统，建立县域耕地隶属函数模型和层次分析模型而进行的地力评价。开展耕地地力评价是测土配方施肥补贴项目的一项重要内容，是摸清杜蒙自治县耕地资源状况，提高全县土地生产力和耕地利用效率的基础性工作。开展耕地地力评价工作对杜蒙自治县现代农业发展的重要意义主要体现在以下几个方面。

（一）稳定粮食生产、保证粮食安全

开展耕地地力调查，提高平衡施肥技术水平，是稳定粮食生产保证粮食安全的需要。保证和提高粮食产量是人类生存的基本需要。粮食安全不仅关系到经济发展和社会稳定，还有深远的政治意义。近几年来，我国一直把粮食安全作为各项工作的重中之重，随着经济和社会的不断发展，耕地逐渐减少和人口不断增加的矛盾将更加激烈，21世纪人类将面临粮食等农产品不足的巨大压力，杜蒙自治县作为国家商品粮基地是维持国家粮食安全的坚强支柱，必须充分发挥科技保证粮食的持续稳产和高产。平衡施肥技术是节本增效、增加粮食产量的一项重要技术，随着作物品种的更新、布局的变化，土壤的基础肥力也发生了变化，在原有基础上建立起来的平衡施肥技术，不能适应新形势下粮食生产的需要，必须结合本次耕地地力调查和评价结果对平衡施肥技术进行重新研究，制定适合本地生产实际平衡施肥技术措施。

（二）提高平衡施肥技术水平、增加农民收入

开展耕地地力调查，提高平衡施肥技术水平，是增加农民收入的需要。杜蒙自治县农业粮食生产收入占农民收入的比重较大，是维持农民生产和生活所需的根本。在现有条件下，自然生产力低下，农民不得不靠投入大量花费来维持粮食的高产，化肥投入占整个生产投入的50%以上，但化肥效益却逐年下降，科学合理的搭配肥料品种和施用技术，以期达到提高化肥利用率，增加产量、提高效益的目的，必须结合本次耕地地力调查与之进行平衡施肥技术的研究。

（三）提高平衡施肥技术水平、实现绿色农业

开展耕地地力调查，提高平衡施肥技术水平，是实现绿色农业的需要。随着中国加入WTO对农产品提出了更高的要求，农产品流通不畅就是由于质量低、成本高造成的，农业生产必须从单纯地追求高产、高效向绿色（无公害）农产品方向发展，这对施肥技术提出了更高、更严的要求，这些问题的解决都必须要求了解和掌握耕地土壤肥力状况、掌握绿色（无公害）农产品对肥料施用的质化和量化的要求，对平衡施肥技术提出了更高、更严的要求，所以，必须进行平衡施肥的专题研究。

二、工作组织和方法

（一）建立领导组织

1. 成立工作领导小组

这次耕地地力调查与质量评价工作受到杜蒙自治县政府和杜蒙自治县农委的高度重视，成立了"杜蒙自治县耕地地力调查与质量评价"工作领导小组。以副县长任组长，农委主任和中心主任任副组长，领导小组负责组织协调、制订工作计划、落实人员、安排资金、指导全面工作。

2. 项目工作办公室

在领导小组的领导下，成立了"黑龙江省耕地地力调查与质量评价"工作办公室，办公室设置在农业技术推广中心，由县农业技术推广中心主任任主任，副主任任副主任，办公室成员由土肥站和化验室的业务人员组成。工作办公室按照领导小组的工作安排具体组织实施。办公室制订了"杜蒙自治县耕地地力调查与质量评价工作方案"，编排了"杜蒙自治县耕地地力调查与质量评价工作日程"。办公室下设野外调查组、技术培训组、分析测试组、软件应用组，报告编写组，各组有分工、有协作，各有侧重。

野外调查组由县农业技术推广中心和乡镇的农业中心业务人员组成。县农业技术推广中心有11人参加，每人组负责1个乡镇，全县11个乡镇，每个乡镇农业中心有2人参加。全县79个村和9个农牧渔场，每个村和农牧渔场配备2人以上参加。主要负责样品采集和农户调查等。通过检查达到了规定的标准，即样品具有代表性，样品具有记录完整性（有地点、农户姓名、经纬度、采样时间、采样方法）等。

技术培训组负责参加省里组织的各项培训和对全县参加人员的技术培训。

分析测试组负责样品的制备和测试工作。严格执行国家或行业标准或规范，坚持重复试验，控制精密度，每批样品不少于10%~15%重复样，每批样品都带标准样或参比样，减少系统误差。从而提高检测样品的准确性。

软件应用组主要负责耕地地力调查与质量评价的软件应用。

报告编写小组主要负责在开展耕地地力调查与质量评价的过程中，按照省土肥站《调查指南》的要求，收集我县有关的大量基础资料，特别是第二次土壤普查资料。编写内容不漏项，有总结、有分析、有建议和方法等。按期完成任务。

（二）技术培训

耕地地力调查是一项时间紧、技术强、质量高的一项业务工作，为了使参加调查、采样、化验的工作人员能够正确的掌握技术要领。我们及时参加省土肥站组织的化验分析人员培训班和推广中心主任、土肥站长的地力评价培训班学习。回来后办了两期培训班，第一期培训班，主要培训本县参加外业调查和采样的人员。第二期培训班，主要培训各乡镇、场和村级参加外业调查和采样的人员。同时，我们选派2人专门去扬州学习地力评价软件和应用程序，为杜蒙自治县地力评价打下了良好的基础。

（三）收集资料

1. 数据及文本资料

主要收集数据和文本资料有：第二次土壤普查成果资料，基本农田保护区划定统计资料，全县各乡镇场、村近3年种植面积、粮食单产、总产统计资料，全县乡镇、场历年化肥销售、使用资料，全县历年土壤、植株测试资料，测土配方施肥土壤采样点化验分析及GPS定位资料，全县农村及农业生产基本情况资料。同时，从相关部门获取了气象、水利、农机、水产等相关资料。

2. 图件资料

我们按照省土肥站《调查指南》的要求，收集了杜蒙自治县有关的图件资料，具体是：杜蒙自治县土壤图、土地利用现状图、行政区划图，1:5万地形图。

3. 资料收集整理程序

为了使资料更好地成为地力评价的技术支撑，我们采取了收集-登记-完整性检查-可靠性检查-筛选-分类-编码-整理-归档等程序。

（四）聘请专家，确定技术依托单位

聘请省土肥管理站、省站指派的专家作为专家顾问组，这些专家能够及时解决我们地力评价中遇到的问题，提出合理化的建议，由于他们帮助和支持，才使我们圆满地完成全县地力评价工作。

由黑龙江省土肥管理站牵头，确定哈尔滨市极象动漫公司为技术依托单位，完成了图件矢量化和工作空间的建立，他们工作认真负责，达到我们的要求，我们非常满意。

（五）技术准备

1. 确定耕地地力评价因子

评价因子是指参与评定耕地地力等级的耕地诸多属性。影响耕地地力的因素很多，在本次耕地地力评价中选取评价因子的原则：一是选取的因子对耕地地力有比较大的影响；二是选取的因子在评价区域内的变异较大，便于划分耕地地力的等级；三是选取的评价因素在时间序列上具有相对的稳定性；四是选取评价因素与评价区域的大小有密切的关系。依据以上原则，经专家组充分讨论，结合杜蒙自治县土壤和农业生产等实际情况，分别从全国共用的地力评价因子总集中选择出 10 个评价因子（pH 值、有机质、全氮、有效磷、速效钾、有效锌、质地、耕层厚度、耕层含盐量、灌溉保证率）作为杜蒙自治县的耕地地力评价因子。

2. 确定评价单元

评价单元是由对耕地质量具有关键影响的各耕地要素组成的空间实体，是耕地质量评价的最基本单位、对象和基础图斑。同一评价单元内的耕地自然基本条件、耕地的个体属性和经济属性基本一致，不同耕地评价单元之间，既有差异性，又有可比性。耕地地力评价就是要通过对每个评价单元的评价，确定其地力级别，把评价结果落实到实地和编绘的土地资源图上。因此，耕地评价单元划分的合理与否，直接关系到耕地地力评价的结果以及工作量的大小。通过图件的叠置和检索，将杜蒙自治县耕地地力共划分为 3 552 个评价单元。

（六）耕地地力评价

1. 评价单元赋值

影响耕地地力的因子非常多，并且它们在计算机中的存贮方式也不相同，因此，如何准确地获取各评价单元评价信息是评价中的重要一环，鉴于此，我们舍弃直接从键盘输入参评因子值的传统方式，根据不同类型数据的特点，通过点分布图、矢量图、等值线图为评价单元获取数据；得到图形与属性相连，以评价单元为基本单位的评价信息。

2. 确定评价因子的权重

在耕地地力评价中，需要根据各参评因素对耕地地力的贡献确定权重，确定权重的方法很多，本评价中采用层次分析法（AHP）来确定各参评因素的权重。

3. 确定评价因子的隶属度

对定性数据采用 Delphi 法直接给出相应的隶属度；对定量数据采用 Delphi 法与隶属函数法结合的方法确定各评价因子的隶属函数。用 Delphi 法根据一组分布均匀的实测值评估出对应的一组隶属度，然后在计算机中绘制这两组数值的散点图，再根据散点图进行曲线模拟，寻求参评因素实际值与隶属度关系方程从而建立起隶属函数。

4. 耕地地力等级划分结果

采用累计曲线法确定耕地地力综合指数分级方案。这次耕地地力调查和质量评价将全县耕地总面积 136 756.9 hm² 划分为 5 个等级：一级地 15 729.18 hm²，占耕地总面积的11.50%；二级地 34 027.87 hm²，占 25.61%；三级地 56 135.82 hm²，占耕地总面积的41.05%；四级地 23 294.58 hm²，占 17.03%；五级地 6 569.46 hm²，占 4.80%。一级、二级地属高产田土壤，面积共 50 757.05 hm²，占 37.11%；三级为中产田土壤，面积为56 135.82 hm²，占耕地总面积的 41.05%；四级、五级为低产田土壤，面积 29 864.04 hm²，占耕地总面积的 21.83%。

5. 成果图件输出

为了提高制图的效率和准确性，在地理信息系统软件 MAPGIS 的支持下，进行耕地地力评价图及相关图件的自动编绘处理，其步骤大致分以下几步：扫描矢量化各基础图件→编辑点、线→点、线校正处理→统一坐标系→区编辑并对其赋属性→根据属性赋颜色→根据属性加注记→图幅整饰输出。另外还充分发挥 MAPGIS 强大的空间分析功能用评价图与其他图件进行叠加，从而生成专题图、地理要素底图和耕地地力评价单元图。

6. 归入全国耕地地力等级体系

根据自然要素评价耕地生产潜力，评价结果可以很清楚地表明不同等级耕地中存在的主导障碍因素，可直接应用于指导实际的农业生产，农业部于 1997 年颁布了"全国耕地类型区、耕地地力等级划分"农业行业标准。该标准根据粮食单产水平将全国耕地地力划分为 10 个等级。以产量表达的耕地生产能力，年单产大于 13 500 kg/hm² 为一等地；小于 1 500 kg/hm² 为十等地，每 1 500 kg 为一个等级。因此，我们将耕地地力综合指数转换为概念型产量。在依据自然要素评价的每一个地力等级内随机选取 10% 的管理单元，调查近 3 年实际的年平均产量，经济作物统一折算为谷类作物产量，将这两组数据进行相关分析，根据其对应关系，将用自然要素评价的耕地地力等级分别归入相应的概念型产量表示的地力等级体系。归入国家等级后，杜蒙自治县只有五级、六级、七级 3 个等级，五等地面积共 50 757.05 hm²，占 37.11%；六等地面积为 56 135.82 hm²，占耕地总面积的 41.05%；七等地面积 29 864.04 hm²，占耕地总面积的 21.83%。

7. 编写耕地地力调查与质量评价报告

认真组织编写人员进行编写报告，严格按照全国农业技术推广服务中心《耕地地力评价指南》进行编写，共形成 35 万余字，使地力评价结果得到规范的保存。

三、资金管理

耕地地力调查与质量评价是测土配方施肥项目中的一部分，我们严格按照国家农业项目资金管理办法，实行专款专用，不挤不占。该项目使用资金 25.3 万元，其中，国投 22.04 万元，地方配套 1.12 万元，详见表 1-1。

表 1-1 耕地地力调查与质量评价经费使用明细

内容	使用资金	资金来源其中（万元）	
		国投	地方配套
野外调查采样费	1520 样×20 元/样＝3.04 万元	3.04	0.00
样品化验费	1520 样×60 元/样＝9.12 万元	8.00	1.12
培训、学习费	3.00 万元	3.00	0.00
图件矢量化	5.50 万元	5.50	0.00
报告编写材料费	2.50 万元	2.50	0.00
合计	23.16 万元	22.04	1.12

四、主要工作成果

结合测土配方施肥开展的耕地地力调查与评价工作，获取了杜蒙自治县有关农业生产大量的、内容丰富的测试数据，调查资料和数字化图件，通过各类报告和相关的软件工作系统，形成了杜蒙自治县农业生产发展有积极意义的工作成果。

（一）文字报告

杜尔伯特蒙古族自治县耕地地力调查与评价工作报告。

杜尔伯特蒙古族自治县耕地地力调查与评价技术报告。

杜尔伯特蒙古族自治县耕地地力调查与评价专题报告。

（二）数字化成果图

（1）杜尔伯特蒙古族县耕地地力等级评价示意图。

（2）杜尔伯特蒙古族县玉米适宜性评价示意图。

（3）杜尔伯特蒙古族县氮施肥分区图。

（4）杜尔伯特蒙古族县磷施肥分区图。

（5）杜尔伯特蒙古族县钾施肥分区图。

（6）杜尔伯特蒙古族县综合施肥分区图。

（7）杜尔伯特蒙古族自治县土壤图。

（8）杜尔伯特蒙古族自治县耕地地力调查点点位图。

（9）杜尔伯特蒙古族自治县行政区划图。

（10）杜尔伯特蒙古族自治县装饰边界图。

（11）杜尔伯特蒙古族自治县辖区边界图。

（12）杜尔伯特蒙古族自治县乡界图。

（13）杜尔伯特蒙古族自治县道路图。

（14）杜尔伯特蒙古族自治县面状水系图。

（15）杜尔伯特蒙古族自治县土地利用现状图。

（16）杜尔伯特蒙古族自治县农用地地块图。

（17）杜尔伯特蒙古族自治县非农用地地块图。

（18）杜尔伯特蒙古族自治县耕层土壤 pH 值等值线图。

（19）杜尔伯特蒙古族自治县耕层土壤有机质等值线图。

（20）杜尔伯特蒙古族自治县耕层土壤全氮等值线图。

（21）杜尔伯特蒙古族自治县耕层土壤全磷等值线图。

（22）杜尔伯特蒙古族自治县耕层土壤全钾等值线图。

（23）杜尔伯特蒙古族自治县耕层土壤碱解氮等值线图。

（24）杜尔伯特蒙古族自治县耕层土壤有效磷等值线图。

（25）杜尔伯特蒙古族自治县耕层土壤速效钾等值线图。

（26）杜尔伯特蒙古族自治县耕层土壤有效锌等值线图。

（27）杜尔伯特蒙古族自治县耕层土壤有效铁等值线图。

（28）杜尔伯特蒙古族自治县耕层土壤有效锰等值线图。

（29）杜尔伯特蒙古族自治县耕层土壤有效铜等值线图。

（30）杜尔伯特蒙古族自治县耕层土壤盐分含量等值线图。

（31）杜尔伯特蒙古族自治县土壤耕层厚度等值线图。

（32）杜尔伯特蒙古族自治县土壤灌溉保证率等值线图。

（33）杜尔伯特蒙古族自治县土壤障碍层厚度等值线图。

（三）完善第二次土壤普查数据，存入电子版数据库

新形成的地力评价报告是第二次土壤普查《杜蒙土壤》更新后的翻版，在内容上比第二次土壤普查更丰富了，更细化了；填补了第二次土壤普查很多空白。在本次地力评价上土壤属性占的篇幅比较多，是为了更好地保存第二次土壤普查资料。同时，以电子版形式保存起来，随时查阅，改变过去以书查资料的落后现象。

五、工作进度安排

（一）准备工作

时间：2010 年 3 月 1 日至 6 月 30 日。

内容：测土配方施肥领导小组组织协调，安排专业技术人员，制订工作方案和工作计划，分解落实工作任务，采集土样。

（二）收集资料

时间：2009 年 7 月 1 日至 9 月 30 日。

内容：收集野外调查资料、化验分析资料、社会经济等属性资料、基础图件资料。整理第二次土壤普查和近期测土配方施肥工作成果。

（三）内业技术处理和成果资料整理

时间：2009 年 10 月 1 日至 12 月 31 日。

内容：数据导入与编制图件，图件和数据表格成果整理输出，根据成果资料编写耕地地力评价工作报告、技术报告，成果归档。

六、经验与体会

（一）领导重视、部门配合是搞好耕地地力评价的前提

县委、县政府非常重视此项工作，召开了测土配方施肥领导小组和技术小组会议，职责明确，相互配合，形成合力，同时，还制定了层层抓，责任追究等具体措施，有力地促进了这项工作的开展。

（二）选定技术依托单位是搞好耕地地力评价的关键

这次我们把黑龙江省极象动漫公司作为技术依托单位，该单位主要从事农业资源、环境和信息技术的研究开发和服务工作，他们工作认真负责，在土壤底图、土地利用图底图上认真与我们核对，反复与影象校正，建立了完善地力评价工作空间。我们对他们技术水平、专业的水准、热情的服务感到非常满意。

七、存在的问题与建议

（一）软件系统的局限性

土类面积、耕地面积和养分分级等需做较烦琐的分解和计算，工作量比较大，软件系统有一定的局限性。

（二）原有图件与现实现状不完全符合

原有图件陈旧与现实的生产现状不完全符合，从最新的影像图可以看出。耕地面积和新建立图斑面积有的地方出入较大。

（三）经费不足

耕地地力评价是一项任务比较艰巨的工作，目前经费严重不足，势必影响评价质量。

总之，我们这次的耕地地力调查和评价工作中，由于人员的技术水平、时间有限、经费不足，有很多数据的分析调查上不够全面。但我们决心，在今后的工作中，进一步做好此项工作，为保护杜蒙自治县耕地地力、保护土壤生态环境，确保国家粮食安全生产作出新的成绩。

八、杜尔伯特蒙古族自治县耕地地力调查与评价工作大事记

杜尔伯特蒙古族自治县耕地地力评价工作大事记，详见表 1-2。

表 1-2　杜尔伯特蒙古族自治县耕地地力调查与评价工作大事记表

时间	内容	参加人	完成情况
2007 年 4 月 12 日	黑龙江省测土配方施肥采样巴彦现场会	省土肥站领导、项目市县农业中心主任、土肥站长，巴彦县委领导、农委、农业中心领导、巴彦县各个乡镇的主管农业领导和农业中心主任	会议由黑龙江省土肥管理站副站长王国良主持，黑龙江省土肥管理站站长胡瑞轩讲话并布置测土配方施肥工作
2007 年 4 月 18 日	全县测土配方施肥工作启动暨技术骨干培训会议，讲解土样采集方法	县政府主管农业副县长张希发，县农委主任陈武，乡镇主管农业领导 11 人县农业技术推广中心技术干部 30 人参加会议	县农委主任陈武主持会议，副县长张希发讲话，县农业中心主任张希友传达全县测土配方施肥项目实施方案，县土肥站站长王铁成讲解
2007 年 4 月 1—30 日	第二次土样采集	县农业技术推广中心技术干部 11 人、各乡镇农业中心 22 人	农业中心人员分成 11 组，每组负责 1 个乡镇，共采集土样 2 000 个
2007 年 10 月 10 日至 12 月 30 日	第二次土样采集	县农业技术推广中心技术干部 11 人、各乡镇农业中心 22 人	农业中心人员分成 11 组，每组负责 1 个乡镇，共采集土样 2 000 个
2008 年 4 月 10 日至 5 月 5 日	第三次土样采集	县农业技术推广中心技术干部 11 人，乡镇农业中心 22 人	采集土样 2 000 个
2008 年 9 月 6—22 日	参加省土肥站在双城组织化验员培训班	县农业技术推广中心土肥站人员 2 人	认真学习并掌握了土样分析和化验的知识和技术
2008 年 10 月 20 日至 2009 年 1 月 10 日	土样化验、数据整理录入	县农业技术推广中心土肥站人员、化验室人员	化验土样 2 000 个，数据录入
2009 年 3 月 5—11 日	学习、培训	县农业技术推广中心技术干部、乡镇农业中心主任	发放资料 5 000 份
2009 年 4 月 10—30 日	第四次土样采集	县农业技术推广中心技术干部 11 人、各乡镇农业中心 22 人	农业中心人员分成 12 组，每组负责 1 个乡镇，采集土样 2 000 个

（续表）

时间	内容	参加人	完成情况
2009 年 6 月 20 日 至 9 月 20 日	土样化验	县农业技术推广中心土肥站人员、化验人员	化验土样 2 000 个
2009 年 2 月 11 日 至 3 月 11 日	土地局、统计局、水利局等单位收集有关资料和图件	县农业技术推广中心土肥站人员	收集到行政区划图一张，土地利用图一张，土壤图一张
2009 年 11 月 18—24 日	参加黑龙江省土肥管理站组织培训班	县农业技术推广中心土肥站人员	传达农业部文件，学习黑龙江省耕地地力调查与质量评价技术规程和扬州软件，GPS 实习操作
2009 年 11 月 18—24 日	参加黑龙江省土肥管理站在双城组织化验员培训班	县农业技术推广中心土肥站人员 2 人	认真学习并掌握了土样分析和化验的知识和技术
2009 年 12 月 5 日	制定杜蒙自治县地力评价指标	黑龙江省专家、县农业技术推广中心领导，土肥站人员	确定杜蒙自治县评价指标 10 个
2010 年 1 月 5 日	组建"耕地地力调查与质量评价"工作领导小组	农业技术推广中心与有关单位	成立领导小组，组长由农委主任担任，副组长由农业技术推广中心主任担任，组员由农业中心技术人员组成
2010 年 2 月 10 日 至 3 月 31 日	制订耕地地力评价实施方案	农业技术推广中心与有关单位	形成了一个切实可行的实施方案
2010 年 3 月 22—24 日	县域耕地地力评价技术培训班	县农业技术推广中心土肥站人员 2 人参加	认真学习并熟练掌握了培训班讲解的内容
2010 年 4 月 10 日 至 5 月 10 日	第五次采集土样	县农业技术推广中心技术干部 14 人、各乡镇农业中心 22 人	采集土样 1 520 个
2010 年 4 月 21 日	黑龙江省土肥管理站来杜蒙自治县检查工作	黑龙江省土肥管理站副站长王国良一行	工作取得阶段性进展
2010 年月 6 月 10 日至 2010 年 9 月 10 日	土样化验	县农业技术推广中心土肥站人员、化验人员	化验土样 3 520 个
2010 年 6 月 1 日 至 9 月 30 日	图件矢量化	技术依托单位	矢量化完成
2010 年 11 月 15—25 日	建杜蒙自治县耕地地力评价工作空间	技术依托单位	完成耕地地力评价工作空间建立
2010 年 11 月 1 日 至 12 月 30 日	撰写工作报告、技术报告、各个专题报告	县农业技术推广中心撰写组成员	已经完成、等待验收

第二部分

杜尔伯特蒙古族自治县耕地地力评价技术报告

杜尔伯特蒙古族自治县耕地
地力评价技术报告

这次耕地地力调查与质量评价，在省、市、县业务部门的领导下，根据《全国耕地地力调查与质量评价技术规程》，充分利用了全国第二次土壤普查、土地资源详查、基本农田保护区划定等现有成果，结合国家测土配方施肥项目，采用 GPS、GIS、RS、计算机和数学模型集成新技术。

这次耕地地力调查与质量评价，是在 GIS 支持下，利用土壤图、土地利用现状图叠置划分法确定区域耕地地力评价单元，分别建立了耕地地力评价指标体系及其模型，运用层次分析法和模糊数学方法对耕地地力进行了综合评价，将全县耕地总面积 136 756.9 hm² 划分为 5 个等级：一级地 15 729.18 hm²，占耕地总面积的 11.50%；二级地 35 027.87 hm²，占 25.61%；三级地 56 135.82 hm²，占耕地总面积的 41.05%；四级地 23 294.58 hm²，占 17.03%；五级地 6 569.46 hm²，占 4.80%。一级、二级地属高产田耕地，面积共 50 757.05 hm²，占 37.11%；三级为中产田耕地，面积为 56 135.82 hm²，占耕地总面积的 41.05%；四级、五级为低产田耕地，面积 29 864.04 hm²，占耕地总面积的 21.83%。归入国家等级后，杜蒙自治县只有七级、八级 2 个等级，七等地面积共 106 892.87 hm²，占 78.16%，八等地面积为 29 864.04 hm²，占耕地总面积的 21.83%。

对水田、旱田耕层土壤主要理化属性及其时空变化特征进行了分析，比较、归纳了该区不同土壤属性的变化规律，发现 20 年间水田土壤养分变化特征是：土壤有机质、全 N 和速效 K 含量呈下降趋势，而土壤有效 P 则明显上升；通过对 kriging（克吕格）插值法、样条函数法、距离权重倒数法在不同空间尺度下土壤养分含量的插值效果及按不同土壤特性对合理采样密度的分析，发现 kriging 插值法与距离权重倒数法的插值精度要比样条函数法高，插值结果的离散程度比实际测定值小，样条函数法插值结果的离散程度较大；合理的采样密度与土壤利用类型和养分元素含量的变异大小有关；旱田的插值误差较水田要大；土壤有效 P 的插值误差最大，pH 值的插值误差最小，速效 K 和容重插值误差居中。

第一章 自然与农业生产概况

第一节 自然与农村经济概况

一、地理位置与行政区划

杜蒙自治县是黑龙江省唯一的少数民族自治县。地处松嫩平原腹地，黑龙江省西南部，嫩江东岸，东与林甸县毗邻，南与大庆市、肇源县接壤，西与泰来县、吉林省镇赉县隔江相望，北与齐齐哈尔市为邻。地理位置位于东经 $123°45' \sim 124°42'$、北纬 $45°53' \sim 47°8'$。全县辖 4 个镇、7 个乡、9 个农牧渔场。有泰康镇、烟筒屯镇、胡吉吐莫镇、他拉哈镇、一心乡、克尔台乡、敖林西伯乡、白音诺勒乡、腰心乡、巴彦查干乡、一心良种场、对山奶牛场、靠山种畜场、连环湖渔场、石人沟渔场、一心苗圃场等。4 个社区、79 个行政村。南北狭长，全境总辖区面积 617 600 hm²。其中，耕地面积 136 756.9 hm²，草原面积 211 362 hm²，水域面积 136 653 hm²，林地面积 60 660.6 hm²。总人口 257 000 人，其中，农业人口 192 000 人，非农业人口 65 000 人，农业人均占有耕地面积 0.47hm²。境内居住有蒙古族、汉族、回族、满族、锡伯族、朝鲜族、达斡尔族、白族等 17 个民族。滨洲铁路穿越杜蒙自治县，林肇公路（林甸至肇源）纵贯杜蒙自治县南北 140.2km 与庆齐公路（大庆市至齐齐哈尔市）在杜蒙自治县中部相交，县境内有省级公路 1 条，县级公路 2 条，乡级公路 14 条，加之，大庆油田公路在本县境内纵横交错，四通八达，总长达 1 500 km。交通十分便利，促进了县域经济的发展。

杜蒙自治县坚持"畜牧立县"经济发展十分迅速，全县工业有石油、乳业、制药等国内外知名企业。农、林、牧、副、渔各业齐全。全县粮食生产实现了跨越式发展，2009 年粮食总产量达到了 65 万 t；在伊利乳业、大庆吉禾乳业等龙头企业的拉动下，畜牧业迅猛发展，大牲畜存栏达 20.6 万头（其中，奶牛 16.5 万头、黄牛和肉牛 4.1 万头）、羊存栏 12.2 只、禽类存栏 680 万只。地区生产总值 38.8 亿元，农民人均收入 6 613.5 元。经济和社会协调发展位列黑龙江省前茅。行政区划，见图 2-1。

二、土地资源概况

全县土地总面积 617 600 hm²，按照国家统计局最新统计数字，各类土地面积构成，如表 2-1。

图 2-1　行政区划

表 2-1　各类土地面积及构成

序号	土地利用类型	面积（hm²）	占总面积（%）
1	耕地	136 756.9	22.1
2	园地	9 899.0	1.6
3	林地	60 660.6	9.8
4	牧草地	211 362.0	34.2
5	居住用地	28 056.0	4.6
6	交通用地	15 603.0	2.6
7	水域	136 653.0	22.1
8	未利用地	18 609.5	3.0
	合计	617 600.0	100.0

全县耕地按照第二次土壤普查结果，土壤类型有划分为 7 个土类，20 个亚类，37 各土属，79 个土种。土地自然类型较多，利用程度高，垦殖率达 24.61%。存在工业用地、居住用地在宏观和微观管理不到位，"四荒"面积比较大，中低产田面积较大（占总耕地面积的 62.88%）等问题。在后备土地资源开发，中低产田改造、土地整理等方面还有一定的潜力可挖。

三、自然气候与水文地质条件

（一）气候条件

杜蒙自治县属于温带半干旱大陆性季风气候，其特点是：夏季温暖，冬季寒冷，无霜期较短，降水量少，蒸发量大，十年九春旱。

（1）气温。年平均气温 4.9℃，是黑龙江省热量资源潜力最高的县份之一。7 月气温最高，平均 23.7℃，1 月气温最低，平均零下 17.9℃，平均气温在 0℃ 以下的时间达 5 个月。全年大于和等于 10℃ 的活动积温平均为 2 866℃（2000—2009 年平均）。无霜期 138～175 天，平均 158.8 天。初霜期 9 月下旬，终霜期 5 月上旬，解冻期 3 月末，冻结期 11 月中旬。初霜出现最早时期为 9 月 8 日（1987 年），终霜出现最晚日期为 10 月 26 日（2006 年）。全年气温曲线，见图 2-2。

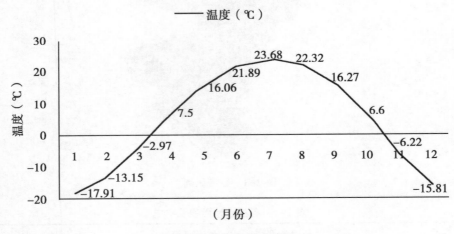

图 2-2　全年气温曲线图

（2）降水。降水特点是夏季多，冬春少，东南部多，西北部少。常年降水量在 254.7～532.1mm，历年平均值 384.7mm。5—9 月降水量集中，占年降水量的 90%，这种高温多雨同时出现的特点，是发展农业生产的有利条件。冬季（10 至翌年 4 月）降水量占年降水量的 10%，春季（4—5 月）降水量占年降水量的 10%，秋季（9—10 月）降水量占年降水量的 16.5%。年蒸发量平均为 1 920.2 mm，为降水量的 5.2 倍，4—5 月蒸发量最大，为同期降水量的 12.5 倍。降水、蒸发和气温的这种特点，对土壤中盐分运动和有机质的积累与分解作用很大。全年降水量情况，见图 2-3。

（3）风。风是杜蒙自治县特有的一大特点。年平均大风天数为 18 天，8 级以上的大风 4～5 次。尤其春季风大风多，4—5 月平均大风天数为 4 天。春季风多风大加剧了旱情和土

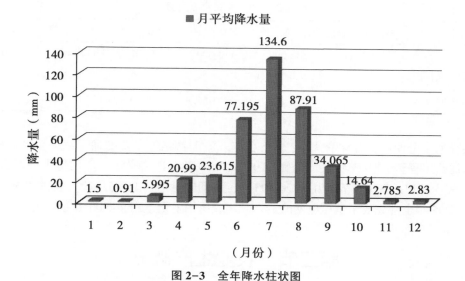

图2-3 全年降水柱状图

壤盐渍化的发展。并造成大面积扒地、毁地、压苗等灾害,给春播造成很大困难。

(4)日照和太阳辐射。光能资源丰富,全年太阳总辐射量为130.0kcal/cm²,5—9月总辐射量为68.5kcal/cm²。而且日照长,强度大,全年日照时数达2 568.0~3 015.7小时,年平均日照时数2 792.1小时,作物生长季节日照总数达1 347.0小时,有利于作物生长发育。

(二)水文地质条件

地表水资源丰富,嫩江流经我县西南部,长达146km,嫩江4月流量100~200m³/秒。加之,乌裕尔河呈无尾状漫流在县境内。境内形成大小湖泡200多个,蓄水面积非常大。这对发展灌溉农业,发展以养鱼为主的多种经营以及改善小气候是十分有利的。杜蒙自治县除沿江地区外,内地多为闭流区。大气降水形成的径流,除一部分流入自然泡沼中外,主要通过蒸发作用而散失,并形成盐渍化土壤和碱泡子。

地下水也比较丰富,表层浅水层10m左右,第二层35m上下,含水层厚度达12~15m,矿化度0.5g/L左右,水资较好。

四、农村经济概况

在深入推进"三县"建设战略升级,农村经济有了长足的发展。2009年统计局统计结果,全县总人口25.7万人,其中,城镇居民6.5万人,占总人口的25.3%,农业人口19.2万人,占总人口的74.7%;农村劳动力5.9万人,占农业人口的30.7%;财政总收入8.7亿元,在岗职工年平均工资22 425元;农业总产值302 000万元,其中,农业产值110 000万元,占农业总产值的36.4%;林业产值2 771万元;牧业产值178 000万元,占农业总产值的58.9%;渔业生产总值10 968万元,占农业总值的3.63%;地区生产总值387 608万元,其中,第一产业增加值148 162万元,占地区生产总值的38.22%;第二产业增加值147 251万元(其中,工业增加值143 751万元),占地区生产总值的37.99%;第三产业增加值92 195万元,占地区生产总值的23.79%;农村人均纯收入6 613.5元。2009年农业总产值,见表2-2。

表 2-2　2009 年农业总产值

项目	地区生产总值	农业总产值	农业产值	林业产值	牧业产值	渔业产值
产值（万元）	387 608	302 000	110 000	2 771	178 000	10 968
占地区生产总值（%）	100	77.9	28.3	0.71	45.9	2.83
占农业总产值（%）		100	36.4	0.92	58.9	3.63

全县交通十分便利，有林肇公路、庆齐公路、滨洲铁路等主要交通干线，乡乡通柏油路，村村通水泥路工程至 2009 年年底已经完成 90%。90% 的村通公交车。通信也十分发达，安装程控电话 50 505 户，其中，农村用户 20 105 户，移动电话达到 117 675 户。农村实现了屯屯通电，并于 2005 年全部完成了低压电网改造，全年农村用电量达到 26 900 万 kW/时。

第二节　农业生产概况

一、农业发展历史

据《蒙古秘史》载，成吉思汗的十二世祖道布莫尔根之兄道蛙锁呼尔有 4 个儿子，被称为杜尔伯特氏，世代相袭，游牧于嫩江两岸，成为杜尔伯特部。清初，1648 年（清顺治五年），将杜尔伯特部改设杜尔伯特旗，隶属哲里木盟。此时，虽然实行"蒙地禁封"政策，但山东、直隶的一些流民为了求生求食，尤其是当关内发生自然灾害之后，为了活命一部分人"闯关东"，蒙古王公贵族为了利益容留了汉人，这样在蒙古草原上才开始出现了农作物和家庭园艺。随着清王朝为了加强统治，充实边防，建立驿站，相继出现了"请旨招垦""官局丈放""私垦阶段"。从此，草原上农业、手工业和商业都相继出现和发展。清末，1906 年 2 月（清光绪三十二年正月），政府将杜尔伯特荒段靠近中东铁路安达站一带划归安达厅。同年 10 月，于多耐站（今东吐莫东南）设置杜尔伯特沿江荒务行局，开始出放时、和、年、丰四段荒地，后为泰来设治局辖地；1927 年 4 月设置泰康设治局，又新放民、康、物、阜四段荒地，实行旗县分治。"中华民国"时期，杜尔伯特旗隶属黑龙江省管辖。东北沦陷后，1933 年 10 月 1 日，将泰康设治局改为泰康县。隶属黑龙江省。1934 年 12 月，划归龙江省管辖。1940 年 5 月，撤销泰康县，并入杜尔伯特旗，伪旗公署迁至泰康街（今泰康镇）。1945 年"九三"抗日战争胜利后，杜尔伯特旗划归嫩江省管辖。1946 年 4 月，旗、县分设，泰康县政府驻泰康镇；杜尔伯特旗政府驻巴彦查干（王府）。县、旗均隶属于嫩江行政区。同年 5 月，改由嫩江省管辖；8 月 2 日，撤销泰康县，并入杜尔伯特旗，旗政府驻泰康镇。1947 年 2—9 月，隶属黑嫩联合省第四专区，黑嫩联合省分开后，仍隶属嫩江省。1949 年 5 月，撤销嫩江省，划归黑龙江省管辖。1954 年 8 月，改属新设之嫩江专区。1956 年 10 月 10 日，国务院批准，撤销杜尔伯特旗，设置杜尔伯特蒙古族自治县，自治县人民委员会仍驻泰康镇。1960 年 5 月至 1961 年 10 月，嫩江专区撤销时，改由齐齐哈尔市领导。1984 年 12 月 15 日，国务院批准，划归齐齐哈尔市领导。1992 年 8 月 21 日，国务院批准，划归大庆市领导；省政府于 9 月 26 日下发通知，从 12 月 1 日起变更隶属关系。农业生产是一个典型的杂粮产区。以粮豆作物为主，经济作物、蔬菜等为辅。1949 年，粮豆面积为 1 558 hm²，占总播种面积的 96%。以后一直稳在 91%~95%。1990 年年底，蔬菜及其他经济作物面积有所上升，但粮豆面积仍然稳定在 85% 以上。粮豆和其他作物种植比例，见图 2-4。

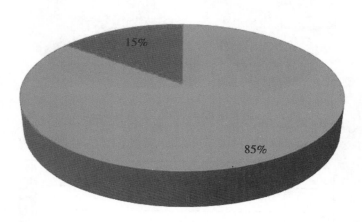

图 2-4　粮豆和其他作物种植比例图

粮豆作物有玉米、水稻、高粱、谷子、大豆、红小豆、绿豆、糜子、稗子、荞麦 10 余种。1960 年以前，以玉米、高粱、谷子、大豆四大作物为主，占粮豆作物总播种面积的76% 以上；1970 年以后，为把资源优势转化为粮食产品优势，玉米、小麦、水稻面积逐年增加，形成了玉米、小麦、水稻、大豆新的四大作物，至 1987 年，新四大作物面积占农作物总播种面积的 75%。在新四大作物中玉米面积呈增加趋势，水稻面积在 20 世纪 80 年代增幅较大，以后趋于稳步增长，而大豆面积呈减少趋势。进入 20 世纪 90 年代，玉米面积达到了农作物总播种面积的 56.8% 以上，大豆下降到 10% 左右，水稻稳定在 15% 左右。90 年代末至今，农作物种植结构有所调整，经济作物、蔬菜、杂粮播种面积有所上升，但玉米仍是第一大作物（2009 年玉米播种面积 84 972 hm²，占农作物总播种面积的 52.8%）（图2-5）。

从"六五"计划开始，既是国家重点贫困县，也是国家重点商品粮基地县，在国家及省、市的支持下，粮豆生产迅速发展，产量大幅度提高。1949 年全县粮豆总产仅 0.06 万 t；1950—1955 年，6 年平均达到 0.14 万 t；1956—1962 年，粮食生产出现滑坡，7 年平均 0.13万 t；1963 年—1966 年，4 年平均 0.18 万 t；1967—1976 年，11 年平均 0.25 万 t；1978—1982 年，5 年平均 0.3 万 t；1983 年以后，粮豆总产连年跃上新台阶，2009 年突破了 65 万 t大关，是 1979 年的 216.6 倍，公顷单产达到 4 755 kg，是 1979 年（公顷单产615kg）的 7.7倍。粮豆总产及单产变化，见图 2-6、图 2-7。

在种植业发展的同时，牧业、林业、渔业也得到了长足发展。在伊利、吉禾、万川、馋神、合隆等大的龙头企业拉动下，2009 年全县生猪发展到 100 万头，黄牛肉牛发展到 4.1万头，奶牛发展到 16.5 万头，家禽发展到 680 万只，畜牧业总产值达到 17.8 亿元，是 1949年的百倍以上。

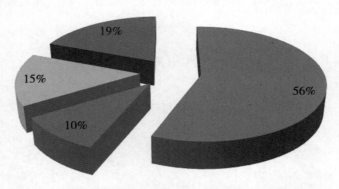

图 2-5 20 世纪 90 年代新三大作物种植比例

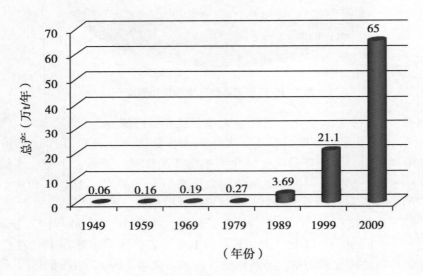

图 2-6 粮豆总产变化图

二、农业发展现状

(一) 农业生产水平

全县耕地比较瘠薄，旱、涝、风、雹、病虫等灾害比较频繁发生。近几年来，加大种植业结构调整和农业技术推广应用的力度，粮食产量已成为国家粮食生产先进县。根据农业统计资料，2009 年农业总产值 302 000 万元，农村人均纯收入 6 613.5 元。其中，种植业产值 110 000 万元，占农业总产值的 36.4%；农作物总播种面积 136 756.9 hm²，粮豆总产 65t，其中，玉米 84 972 hm²，总产 47.4 万 t；水稻 17 516 hm²，总产 12.1 万 t。见图 2-8，表 2-3。

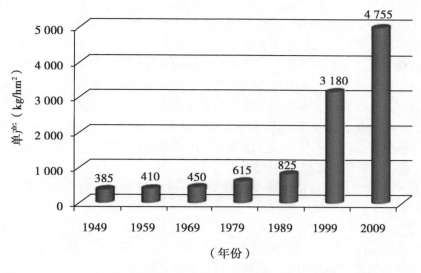

图 2-7 单产变化图

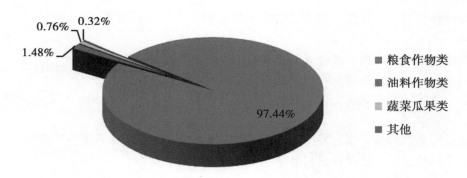

图 2-8 2010 年农作物播种面积示意图

表 2-3 2009 年农作物播种面积及产量

农作物	播种面积 （万 hm²）	占比例（%）	农作物	总产量 （万 t）	占比例（%）	公顷产量 （kg）
各类作物	13.7		粮豆作物	65		
玉　米	8.5	62.5	玉　米	47.4	72.9	5 576.4
水　稻	1.8	13.2	水　稻	12.1	18.6	6 722.2
薯　类	0.07	0.5	薯　类	0.2	0.3	2 857.1

全县农业发展较快，与农业科技成果推广应用密不可分。具体说有如下几点：一是大量化肥的应用，大大提高了单产。目前，二铵、尿素、硫酸钾及各种复混肥每年使用 4.1 万 t，平均每公顷 0.3t。与 20 世纪 70 年代比，施用化肥平均可增产粮食 33% 左右。二是作物新品种的应用，大大提高了单产，尤其是玉米杂交种、水稻新品种。与 20 世纪 70 年代比，新品

种的更换平均可提高粮食产量 26%~38%。三是农机具的应用提高了劳动效率和质量。全县 90%以上的旱田实现了机械灭茬、机械播种，部分旱田实现了机械翻地，水田全部实现机械整地。四是植保措施的应用，保证了农作物稳产、高产。20世纪80年代末至今，农作物没有遭受严重的病、虫、草、鼠为害。五是栽培措施的改进，提高了单产。水田全部实现旱育苗、合理密植、配方施肥，70%的地块还应用了大棚钵盘育苗、抛摆秧技术。旱田基本实现因地选种、施肥、科学间作，有些地方还应用了地膜覆盖、膜下滴灌、宽窄行种植、生长调节剂应用等技术。六是农田基础设施得到改善，20世纪80年代末至今，除1998年遭受特大洪水，稻田被淹，全部绝产外，没有发生大的洪涝灾害；95%旱田实现了坐水种。

（二）目前农业生产存在的主要问题

（1）单位产出低。杜蒙自治县地处松嫩平原，有比较丰富的农业生产资源，但中低产田占 62.88%，还有相当大的潜力可挖。

（2）农业生态有失衡趋势。据调查，耕地有机质含量每年正以 0.019%的速度下降（1960—1980年），有机肥施入多，化肥用量少，增产作用不明显，1980年以后，化肥用量不断增加，单产、总产大幅度提高，同时，农作物种类单一、品种单一，不能合理轮作，也是导致土壤养分失衡的另一重要因素。另外，农药、化肥的大量应用，不同程度地造成了农业生产环境的污染。

（3）突破性良种少。目前，粮豆没有革命性品种，产量、质量在国际市场上都没有竞争力。

（4）农田基础设施薄弱，排涝抗旱能力差，风蚀、水蚀也比较严重。

（5）机械化水平低。高质量农田作业和土地整理面积很小，秸秆还田面积小。

（6）农业整体应对市场能力差。农产品数量、质量、信息以及市场组织能力等方面都很落后。

（7）农技服务能力低。农业科技力量、服务手段以及管理都满足不了生产的需要。

（8）农民科技素质、法律意识和市场意识有待提高和加强。

第三节　耕地利用与养护的时空演变

一、耕地利用情况

（一）自然开发与原始粗放耕作阶段

即从 1949—1978 年。耕地面积从不足 1 600 hm² 增加到 4 429 hm²。耕作方式以牛、马、木犁为主，拖拉机为辅，多数品种以农家品种为主，肥料投入以农家肥为主导，20世纪70年代以后才少量投入化肥，且是以低含量的磷肥（过石）为主，配合少量尿素。土壤耕作层及理化性状在 30 年的时间里并没有大的变化。其主要原因是作物单产低、土壤自然生产相对较高，而且作物布局自然合理、轮作倒茬的耕作制度维持了土壤的自然土壤肥力。这一阶段耕地土壤利用与养护，可概括为"用地养地平衡，投入产出平衡"的自然生态有机农业向无机农业的过渡阶段。

（二）过度利用与可持续发展结合阶段

从 1979—2009 年耕地面积从 4 429 hm^2 增加至 136 756.9 hm^2。耕作方式从牛马犁过渡至以中小型拖拉机为主，作物品种从农家品种更新为杂交种和优质高产品种，肥料投入以农家肥为主过渡到以化肥为主导，并且化肥用量连年大幅度增加，农家肥用量大幅度减少，粮食产量也连年大幅度提高。经调查从 1979—2008 年改革开放 30 年肥料与粮食产量的变化规律表明：在 30 年变化过程又分为 2 个阶段，前 15 年化肥用量逐年递增，农肥逐年递减；1993 年时，农肥用量降至最低，70%以上耕地不施农肥，化肥用量高峰出现在 1997 年，达 8 万 t，但粮食产量并没有达到理想指标，随着化肥用量和粮食产量的逐年增加，从 1983 年以后，作物开始出现缺素症状，1986 年大面积缺锌，1990 年出现玉米大面积缺钾症状。因此，这一时段耕地土壤地力过度开发利用呈逐年下降趋势。1989—1991 年，3 年化肥投入一直维持在 6.5 万 t 左右，粮食总产也维持 33 万 t 左右，地力下降造成的粮食增产幅度下降，引起了国家、省、市各级政府的高度重视，2000 年就开始投资完善土肥化验室，开展了测土配方施肥技术的全面普及推广工作。获得了一定有效土测值，辐射指导配方施肥面积 7 000 hm^2（每公顷节省化肥 90kg，减少化肥盲目投入 1 260t；每公顷增产粮食 256.5kg，累计增产粮食 1 795.5 t，每吨粮豆按 1 100 元计算，农民纯增效益 197.5 万元）。

近年来，加大了土地政策落实和稳定工作力度，扩大了政策扶持力度和资金投入力度，提高了农民的生产积极性，使耕地利用情况日趋合理，表现在以下几个方面：一是提出了稳氮、调磷、增钾的施肥原则，降低了化肥的总用量，使粮食产量开始逐年提高，收到了良好的经济效益、社会效益和生态效益。二是耕地产出率和利用率高。随着新品种的不断推广，间作、套作等耕作方式的合理运用，保护地生产快速发展，耕地复种指数不断提高。三是产业结构日趋合理。2009 年，粮经饲种植比例调整到 5∶3∶2 更加合理的状态；四是农田基础设施进一步改善。特别是水利化程度提高，2009 年冬至 2010 年春，新增蓄水能力 85.5 万 m^3，新增灌溉面积 2.3 万亩，恢复改善灌溉面积 11.5 万亩，新增节水灌溉面积 8.5 万亩，新增旱地浇灌面积 4.8 万亩，中低产田改造 12.5 万亩。

二、耕地利用存在问题

耕地利用存在的问题是作物复种指数低，闲置时间长。水田面积少，没有充分发挥地表水资源（嫩江、乌裕尔河、双阳河）优势，水利工程和水利设施不配套，果园面积小，经济作物附加值低；同时，耕地利用存在问题还表现在盲目不按方施肥、农田基础设施建设不完备不配套、中低产田改造不到位、水资源利用率低、抗御自然灾害的能力弱等问题。耕地利用现状，详见表 2-4 及图 2-9。

表 2-4　耕地利用现状表

序号	耕地类型	面积（hm^2）	占耕地（%）
1	水田	18 155	13.27
2	旱田	117 312	85.78
3	药材	252	0.18
4	蔬菜	939	0.69

（续表）

序号	耕地类型	面积（hm²）	占耕地（%）
5	瓜果	108	0.08
合计	—	136 766	100.00

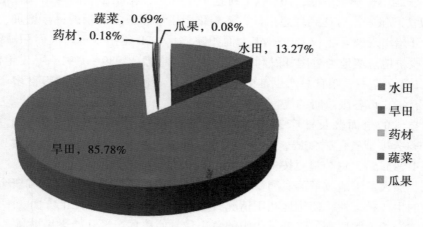

图 2-9　耕地利用现状

三、耕地的土壤保养

（一）耕作养护

耕作是人类从事农事活动中对土壤影响深刻的农业技术措施。通过翻耙、中耕松土，熟化了土壤，造就了一个耕作层，为作物生长创造了一个适宜的生长环境，发挥了土壤的生产潜力。通过土壤耕作造就的耕层，疏松多孔隙，通气透水好，保水能力强，水热条件好，促进了有益微生物的繁殖与活动，促进了养分的转化和释放，提高了土壤的保肥性。一是耕作层水肥气热协调一致，提高土壤的生产力。1955 年以前主要用大犁进行土壤耕作，翻的浅，耕作层薄仅 10~12cm，犁底层厚，且呈锯齿形，影响土壤生产力的发挥。1955 年以后大量推广和使用了新农具，并且逐渐使用了机引农具进行耕作，打破了犁底层，加深了耕作层，达到 18~20cm。20 世纪 70 年代末，开始实现深松，深度达 25~27cm，从而进一步发挥了土壤的生产潜力。二是施肥。施肥是养地、提高土壤生产力，增加作物产量的关键措施。1954 年以前农民用旧的积肥方法，即夏季土打底（大土堆），秋季黄粪发一发酵，搅拌一下，就施用，粪肥质量很低。1960 年以来大力实行"五有三勤"积肥制度，大搞压绿肥，过圈粪和高温造肥，开展养猪积肥，粪肥质量不断提高，数量也不断增加，1960 年后平均公顷施用有机肥 15t 以上。施肥方法上实行底肥、口肥和追肥相结合。1952 年丰产经验中重要的一条就是"分期追肥"。1963 年开始施用化肥，而且逐年增加，由 18t 增加到 4 500 t。从 1984 年联产承包责任制以后，化肥施用量剧增。

（二）加强农田基础设施建设养护

杜蒙自治县十年九春旱，夏旱伏旱和秋旱也时常发生。春季种地难，抓苗难，产量很不稳定。为改变这种状况，在沿江搞修渠建站，现已建成 600hm^2 以上中型灌区 6 处，设计灌溉面积 1.36 万 hm^2；引水工程 4 处，小型灌区和泵站 119 处；在内地大打大口井、机电井。目前，共有机电井 1 264 眼，旱田及水田小井 5 215 眼，基本解决了种地难，抓苗难的问题，同时，积极发展灌溉。灌溉工程总设计面积达到 6.58 万 hm^2，有效灌溉面积已达 4.84 万 hm^2，使土壤水分有了改善，生产潜力得到了发挥。沿江平原土壤地势低洼平坦，地下水位高，排水不畅，易受涝害。受涝害面积为 1.57 万 hm^2。通过截、围、堵、顺、排的方法进行了治理，同时，大力发展水田，水田面积 1.72 万 hm^2。在一定程度上免除了涝灾；防风固沙、保护水土。杜蒙自治县地处黑龙江省西南部，春季气候干旱少雨，风多风大。岗地土壤抗风蚀能力差，风蚀严重，每年都有不同程度的风灾。春播阶段，大风一刮起沙滚，造成部分耕地表土光、种子裸露，严重地危害了农业生产，破坏地力，影响了人民生活。植树造林是防风固沙、保护水土、改良土壤、促进增产的重要措施。20 世纪 50 年代人们大力营造了农田防护林，这对防治风沙，改善农业生产条件起了很大作用。近几年来，根据国家"三北"防护林建设的规划和要求和国家退耕还林政策，大量营造了新的防护林和用材林，并有计划改造了部分旧的防护林，堵西北风口工程的开展，充分发挥了绿色屏障的作用，农田防风林地面积达到 0.83 万 hm^2，已建成农防林网格 1 167 个，部分已郁闭成林庇护农田 8 万 hm^2，已起到了防风固沙，保持水土，保护农田的作用。

四、耕地质量保护建议及对策

一是合理制定耕地利用规划。在制定耕地利用规划时，要综合考虑作物布局、耕地地力水平及土壤类型差异，少侵占高产田，多征用中低产田。高产田是经过长期的耕作改良和地力培育，土壤水、肥、气、热诸多因素较好，应纳入基本农田保护区域实行重点保护。规划时优先考虑中低产田；要保持耕地地力不下降，必须在政策法规指引下坚持不懈的对耕地进行合理的保护。二是确保粮食作物播种面积。要保证自产粮食 5 亿 kg 的目标，必须确保耕地面积。近年来，在各级政府的领导下，采取了一系列政府补贴政策，提高农民种粮的积极性，减少农资投入，提高经济效益，切实保证耕地数量不减少；保护好现有耕地的粮食生产能力，严禁撂荒现象发生；合理进行农业结构调整，在耕地面积减少的情况下，调整粮食作物和经济作物比例，保持粮食作物的种植面积；推广高产优质栽培技术，提高粮食单产。三是发展区域经济种植。因地制宜，调整农业种植业结构布局，科学合理利用好耕地。首先要推广粮食作物优质高产高效栽培技术，其次是搞好经济作物与粮食作物的合理布局。保护土壤耕作层，发展经济作物种植区，集中连片发展经济作物，充分利用低产田荡田连片开发鱼塘，低产田可以调整为果园、林地等，从而合理保护好耕地生态环境。四是严格耕地保护制度实行严格的耕地保护制度，确保粮食生产能力。要贯彻执行《土地管理法》和《基本农田管理条例》，采用行政、经济和法律的多种手段，切实加强用地管理，严格控制各类建设用地占用基本农田，以确保粮食生产能力。保证粮食安全，核心是要保护好粮食的综合生产能力。从保证人们食物供给有效性和安全性的农业发展观出发，加大对耕地保护宣传和耕地培肥技术推广，正确引导农户用好地，做到用地和养地相结合，保持土壤持续肥力，保护好有限的耕地资源。五是建立耕地保障体系耕地数量和质量保护是长期的工作，需要社会的关注和支持。结合乡、镇、村行政区划调整和土地整理补充耕地，进一步加大对各类零星工业点的淘汰、转移和合并力度，加快形成以城市型农业为主的配套现代化农业产业生产链。通过查清基本农田数量等工作，加强基本农田的保护制度建设，建立健全基本农田保护责任制、用途管理制、质量保护制，采用严格审批与补充、乡规民约等一整套基本农田保护制度，政府部门逐级签订目标责任书，形成由政府一把手负总责的基本农田保护责任保障体系。

第二章　耕地地力调查

第一节　调查方法与内容

一、调查方法

本次调查工作采取的方法是内业调查与外业调查相结合的方法。内业调查主要包括图件资料的收集、文字资料的收集；外业调查包括耕地土壤调查、环境调查和农业生产情况调查。

（一）内业调查

1. 基础资料准备

基础资料准备包括图件资料、文件资料和数字资料3种。

图件资料：主要包括第二次土地壤普查编绘的1：10万的《杜尔伯特蒙古族自治县土壤图》、1990年编绘的1：10万的《杜尔伯特蒙古族自治县土地利用现状图》和1990年1：10万的《杜尔伯特蒙古族自治县行政区划图》。

数字资料：主要采用统计局2006年的统计数据资料。耕地总面积采用的是1：10万的TM遥感数据，包括农田防护林和田间道路，以及部分农场地块，与实际耕地面积有一些出入。

文件资料：包括第二次土地壤普查编写的《杜尔伯特蒙古族自治县土壤》《杜尔伯特蒙古族自治县年鉴》《杜尔伯特蒙古族自治县县志》等。

2. 参考资料准备

参考资料准备包括农田水利建设资料、农机具统计资料、城乡建设总体规划、交通图、乡（镇）、村屯建设规划图等10余篇。

3. 补充调查资料准备

对上述资料记载不够详尽、或因时间推移利用现状发生变化的资料等，进行了专项的补充调查。主要包括：近年来农业技术推广概况，如良种推广、测土配方施肥技术的推广、病虫鼠害防治等；耕作机械的种类、数量、应用效果等；水田和蔬菜的种植面积、生产状况、产量等补充调查。

（二）外业调查

外业调查包括土壤调查、环境调查和农户生产情况调查。主要方法如下。

1. 布点

布点是调查工作的重要一环，正确的布点能保证获取信息的典型性和代表性；能提高耕地地力调查与质量评价成果的准确性和可靠性；能提高工作效率，节省人力和资金。

（1）布点原则。

代表性、兼顾均匀性：布点首先考虑到全县耕地的典型土壤类型和土地利用类型；其次要考虑耕地地力调查布点要与土壤环境调查布点相结合。

典型性：样本的采集必须能够正确反映样点的土壤肥力变化和土地利用方式的变化。采样点应具有典型性。

比较性：尽可能在第二次土壤普查的采样点上布点，以反映第二次土壤普查以来的耕地地力和土壤质量的变化。

均匀性：同一土类、同一土壤利用类型在不同区域内应保证点位的均匀性。

（2）布点方法。依据以上布点原则，确定调查的采样点。具体方法如下。

修订土壤分类系统：为了便于以后全国耕地地力调查工作的汇总和这次评价工作的实际需要，我们把第二次土壤普查确定土壤分类系统归并到国家级分类系统。原有的分类系统为7个土类、20个亚类、37个土属，79个土种。

确定调查点数和布点：按照旱田、水田平均每个点代表面积的要求，确定布点数量。布点过程中，充分考虑了各土壤类型所占耕地总面积的比例、耕地类型以及点位的均匀性。其次考虑将《杜尔伯特蒙古族自治县土地利用现状图》和《杜尔伯特蒙古族自治县土壤图》叠加，确定调查点位。

2. 采样

（1）采样时间。一般在春季整地前或秋季收获后。

（2）野外采样田块确定。根据点位图，到点位所在的村庄，确定具有代表性的田块。田块面积要求在 2hm² 以上，依据田块的准确方位修正点位图上的点位位置，并用 GPS 定位仪进行定位。

（3）调查、取样。向已确定采样田块的户主，按调查表格的内容逐项进行调查填写。在该田块中按旱田 0~20cm 土层采样；采用"S"法，均匀随机采取 15 个采样点，充分混合后，四分法留取 1kg 土样，详见图 2-10。

二、调查内容及步骤

（一）调查内容

按照《规程》要求，对所列项目，如立地条件、土壤属性、农田基础设施条件、栽培管理等情况进行了详细调查。对附表未涉及，但对当地耕地地力评价又起着重要作用的一些因素，在表中附加，并将相应的填写标准在表后注明。

调查内容分为：基本情况、化肥使用情况、农药使用情况产品销售调查等。

（二）调查步骤

耕地地力调查与质量评价工作大体分为 4 个阶段。

1. 第一阶段：准备阶段

2010 年 1—3 月，此阶段主要工作是收集、整理、分析资料。具体内容如下。

（1）统一野外编号。全县共 11 个乡（镇），79 个行政村，9 个国有农牧渔场。按照国家要求的调查点国内统一编号、调查点县内编号、调查点类型等。

（2）确定调查点数和布点。全县确定调查点位 1 519 个。依据这些点位所在的乡

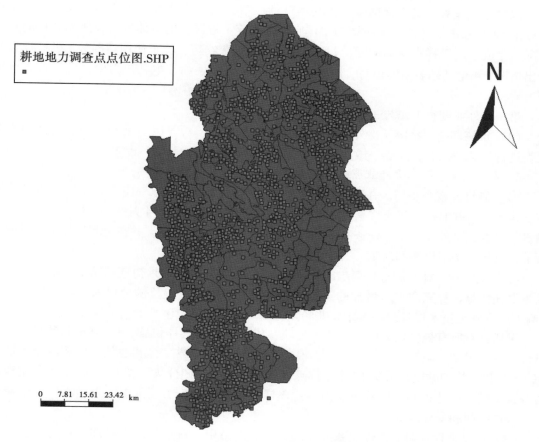

图 2-10　耕地地力调查点点位示意图

（镇）、村、屯为单位，填写了《调查点登记表》，主要说明调查点的地理位置、野外编号和土壤名称，为外业做好准备工作。

（3）外业准备。在土壤化冻（土壤化冻 20cm）前对被确定调查的地块（采样点）进行实地确认，同时，对地块所属农户的基本情况等进行调查。按照《规程》中所规定的调查项目，设计制定了野外调查表格，统一项目，统一标准进行调查记载。在土壤化冻后（四月中、下旬）进行采集土样，填写土样登记表，并用 GPS 卫星定位系统进行准确定位，同时，补充测土配方施肥项目实施时遗漏的项目。

2. 第二阶段：分四步进行

（1）组建外业调查组。本次耕地地力调查工作得到了县委、县政府的高度重视及各乡（镇）等有关部门的大力支持，为保证外业质量，选择一些比较有经验的，事业心比较强的技术人员 15 人并由相关乡（镇、场）技术人员配合组成 5 个外业调查组。每组负责 2~3 个乡（镇）及 1~3 个国有农牧渔场的调查任务。

（2）培训和试点。人员和任务确定后，为使工作人员熟练掌握调查方法，明确调查内容、程序及标准，县农业技术推广中心组织有关技术人员举办了专题技术培训班，并在泰康镇进行了第一次外业的试点工作。所有人员统一分成 5 个组，对泰康镇的 4 个村和对山奶牛场进行试点调查。

（3）全面调查。各方面准备工作基本就续，第一次外业调查工作全面开展。全面调查是以1：2.5万各乡（镇）土壤图为工作底图，确定了被调查的具体地块及所属农户的基本情况，完成了《采样点基本情况》《肥料使用情况》《农药、种子使用情况》《机械投入及产出情况》4个基础表格的填写，同时，填写了乡（镇）、村、屯、户为单位的《调查点登记表》。

第一次外业调查工作与3月底至4月初陆续结束。

（4）审核调查。在第一次外业入户调查任务完成后，对各组填报的各种表格及调查登记表进行了统一汇总，并逐一做了审核。

3．第三阶段：第二次外业调查阶段，分三步进行

（1）制订方案和培训。在第一次外业调查工作的基础上，进一步完善了第二次外业调查工作方案，并制定采集土样登记表。准备工作安排就绪后，于4月12日举办了第二次培训班，对第二次外业的工作任务和采样的要求进行了系统的培训，并在土肥站技术人员的带领下，进行了实地讲解和演练。

（2）调查和采样。调查：第二次外业从4月12日开始到5月初全部结束。第二次外业的主要任务是：补充调查所增加的点位，对所有确定为调查点位的地块采集耕层样本，按《测土配方施肥技术规程》的要求，兼顾点位的均匀性及各土壤类型，采集样本。

采样：对所有被确定为调查点位的地块，依据田块的具体位置，用GPS卫星定位系统进行定位，记录准确的经、纬度。面积较大地块采用"X"法，或棋盘法，面积较小地块采用"S"法，均匀并随机采集15个采样点，充分混合用"四分法"留取1.0kg。每袋土样填写两张标签、内外各具。标签主要内容：该样本野外编号、土壤类型、采样深度、采样地点、采样时间和采样人等。

（3）汇总整理。第二次外业截至5月6日全部结束，对采集的样本逐一进行检查和对照，并对调查表格进行认真核对，无差错后统一汇总总结。

（4）化验分析阶段。本次耕地地力调查共化验了1 519个土壤样本，测定了有机质、pH值、全氮、全磷、全钾、碱解氮、速效磷、速效钾以及微量元素铜、铁、锰、锌、含盐量等13个项目。对外业调查资料和化验结果进行了系统的统计和分析。

第二节　样品分析化验质量控制

实验室的检测分析数据质量客观的反映出了人员素质水平、分析方法的科学性、实验室质量体系的有效性和符合性及实验室管理水平。在检测过程中由于受：①被检测样品（均匀性、代表性）；②测量方法（检测条件、检测程序）；③测量仪器（本身的分辨率）；④测量环境（湿度、温度）；⑤测量人员（分辨能力、习惯）；⑥检测等因素的影响，总存在一定的测量原因，估计误差的大小，采取适当的、有效的、可行的措施加以控制的基础上，科学处理试验数据，才能获得满意的效果。

要保证分析化验质量控制，首先要严格按照《测土配方施肥技术规范》所规定的化验室面积、布局、环境、仪器和人员的要求，加强化验室建设和人员培训。做好化验室环境条件的控制、人力资源的控制、计量器具的控制。按照规范做好标准物质和参比物质的购买、

制备和保存。

一、实验室检测质量控制

（一）检测前

（1）样品确认（确保样品的唯一性、安全性）。

（2）检测方法确认（当同一项目有几种检测方法时）。

（3）检测环境确认（温度、湿度及其他干扰）。

（4）检测用仪器设备的状况确认（标志、使用记录）。

（二）检测中

（1）严格执行标准、规程和规范。

（2）坚持重复试验，控制精密度。在检测过程中，随机误差是无法避免的，但根据统计学原理，通过增加测定次数可减少随机误差，提高平均值的精密度。在批量样品测定中，每个项目首次分析时需做100%的重复试验，结果稳定后，重复次数可减少，但最少需做10%~15%重复样。5个样品以下的，增加为100%的平行。重复测定结果的误差在规定允许范围内者为合格，否则，应对该批样品增加重复测定比率进行复查，直至满足要求为止。

（3）坚持带标准样或参比样，判断检测结果是否存在系统误差。在重复测定的精密度（用极差、平均偏差、标准偏差、方差、变异系数表示）合格的前提下，标准样的测定值落在（X=2α）（涵盖了全部测定值的95.5%）范围之内，则表示分析正常。

（4）标准加入法。当选测的项目无标准物质或参比样时，可用加标回收试验来检查测定准确度。NY/T395—2000规定，加标量视被测组分的含量而定，含量高的加入测组分的含量0.5~1.0倍，含量低的加2~3倍，但加标后被测组分的总量不得超过方法的测定上限。

（5）注意空白试验。空白试验即在不加试样的情况下，按照分析试样完全相同的操作步骤和条件进行的试验。得到的结果称为空白值。它包括了试剂、蒸馏水中杂质带来的干扰。从待测试样的测定值中扣除，可消除上述因素带来的系统误差。

（6）做好校准曲线。为消除温度和其他因素影响，每批样品均需做校准曲线，与样品同条件操作。标准系列应设置6个以上浓度点，根据浓度和吸光值绘制校准曲线或求出一元线性回归方程。计算其相关系数。当相关系数大于0.999时为通过。

（7）用标准物质校核实验室的标准溶液、标准滴定溶液。

（三）检测后

加强原始记录校核、审核、确保数据准确无误。原始记录的校核、审核，主要是核查：检验方法、计量单位、检验结果是否正确，重复试验结果是否超差、控制样的测定值是否准确、空白试验是否正常、校准曲线是否达到要求、检测条件是否满足、记录是否齐全、记录更改是否符合程序等。发现问题及时研究、解决或召开质量分析会议，达成共识。同时，进行异常值处理和复查等。

二、地力评价土壤化验项目

土壤样品分析项目：pH值、有机质、全氮、全磷、全钾、碱解氮、有效磷、速效钾、有效铁、有效锌、有效锰、有效铜、含盐量分析方法，如表2-5。

表 2-5　土壤样本化验项目及方法表

分析项目	分析方法
pH 值	玻璃电极法
有机质	重铬酸钾法
全氮	蒸馏法
全磷	氢氧化钠-钼锑抗比色法
全钾	氢氧化钠-火焰光度法
碱解氮	碱解扩散法
有效磷	碳酸氢钠-钼锑抗比色法
速效钾	乙酸铵-原子吸收法
有效锌	DTPA 提取原子吸收光谱法
有效铁	DTPA 提取原子吸收光谱法
有效锰	DTPA 提取原子吸收光谱法
有效铜	DTPA 提取原子吸收光谱法
耕层含盐量	玻璃电极法

第三节　数据库的建立

一、属性数据库的建立

属性数据库的建立实际上包括两大部分内容。一是相关历史数据的标准化和数据库的建立；二是测土配方施肥项目产生的大量属性数据的录入和数据库的建立。

（一）测土软件

属性数据库的建立与录入独立于空间数据库，全国统一的调查表录入系统（表2-6）。

表 2-6　主要属性数据表及其包括的数据内容

编号	名　称	内　容
1	采样点基本情况调查表	采样点基本情况，立地条件，剖面形状，土地整理，污染情况
2	采样点农业生产情况调查表	土壤管理，肥料、农药、种子等投入产出情况

1. 历史数据的标准化及数据库的建立

（1）数据内容。历史属性数据主要包括县域内主要河流、湖泊基本情况统计表、灌溉渠道及农田水利综合分区统计表、公路网基本情况统计表、县、乡、村行政编码及农业基本情况统计表、土地利用现状分类统计表、土壤分类系统表、各土种典型剖面理化性状统计表、土壤农化数据表、基本农田保护登记表、基本农田保护区基本情况统计表（村）、地貌类型属性表、土壤肥力监测点基本情况统计表等。

（2）数据分类与编码。数据的分类编码是对数据资料进行有效管理的重要依据。编码的主要目的是节省计算机内契空间，便于用户理解使用。地理属性进入数据库之前进行编码是必要的，只有进行了正确的编码，才能使空间数据库与属性数据正确连接。

编码格式有英文字母、字母数字组合等形式。我们主要采用数字表示的层次型分类编码体系，它能反映专题要素分类体系的基本特征。

（3）建立编码字典。数据字典是数据应用的重要内容，是描述数据库中各类数据及其组合的数据集合，也称元数据。地理数据库的数据字典主要用于描述属性数据，它本身是一个特殊用途的文件，在数据库整个生命周期里都起着重要的作用。它避免重复数据项的出现，并提供了查询数据的唯一入口。

2. 测土配方施肥项目产生的大量属性数据的录入和数据库的建立

测土配方施肥属性数据主要包括3个方面的内容，一是田间试验和示范数据；二是调查数据；三是土壤检测数据。

测土配方施肥属性数据库建立必须规范，我们按照数字字典进行认真填写，规范了数据项的名称、数据类型、量纲、数据长度、小数点、取值范围（极大值、极小值）等属性。

3. 数据录入与审核

数据录入前仔细审核，数值型资料注意量纲、上下限；地名注意汉字、多音字、繁简体、简全称等问题，审核定稿后再录入。录入后还应仔细检查，经过2次录入相互对照方法，保证数据录入无误后，将数据库转为规定的格式（DBASE 的 DBF 格式文件），再根据数据字典中的文件名编码命名后保存在子目录下。

另外，文本资料以 TXT 格式命名，声音、音乐以 WAV 或 MID 文件保存，超文本以 HTML 格式保存，图片以 BMP 或 JPG 格式保存，视频以 AVI 或 MPG 格式保存，动画以 GIF 格式保存。这些文件分别保存在相应的子目录下，其相对路径和文件名录入相应的属性数据库中。

（二）数据的审核、录入及处理

数据录入前仔细审核。包括基本统计量、计算方法、频数分布类型检验、异常值的判断与剔除以及所有调查数据的计算机处理等。

对不同类型的数据，审核重点各有侧重。

（1）数值型资料。注意量纲、上下限、小数点位数、数据长度等。

（2）地名。注意汉字多音字、繁简体、简全称等问题。

（3）土壤类型、地形地貌、成土母质等。注意相关名称的规范性，避免同一土壤类型、地形地貌或成土母质出现不同的表达。

（4）土壤和植株检测数据。注意对可疑数据的筛选和剔除。根据当地耕地养分状况、种植类型和施肥情况。确定检测数据与录入的调查信息是否吻合。结合对 5%～10% 的数据重点审查的原则。确定审查检测数据大值和小值的界限。对于超出界限的数据进行重点审核。经审核可信的数据保留。对检测数据明显偏高或偏低、不符合实际情况的数据，一是剔除；二是返回检验室重新测定。若检验分析后，检测结果仍不符合实际的。可能是该点在采样等其他环节出现问题。应予以作废。

经过 2 次审核后采用规范的数据格式，按照统一的录入软件录入。在录入过程中两人一组，采用边录入边对照的方法分组进行录入。

二、空间数据库的建立

采用图件扫描后屏幕数字化的方法建立空间数据库。图件扫描的分辨率为 300dpi，彩色图用 24 位真彩，单色图用黑白格式。数字化图件包括：土地利用现状图、土壤图、行政区划图等。

数字化软件统一采用 ArcView GIS，坐标系为 1954 北京大地坐标系，比例尺为 1 : 10 万。评价单元图件的叠加、调查点点位图的生成、评价单元插值是使用 Arc Info 及 Arc View GIS 软件，文件保存格式为 shp、arc（表 2-7）。

表 2-7　采用矢量化方法和主要图层配置

序号	图层名称	图层属性	连接属性表
1	面状水系	多边形	面状河流属性表
2	线状水系	线层	面状河流属性表
3	土地利用现状图	多边形	土地利用现状属性数据表
4	行政区划图	线层	
5	土壤图	多边形	土种属性数据表
6	土壤采样点位图	点层	土壤样品分析化验结果数据表
7	公路	线层	
8	铁路	线层	

三、空间数据库与属性数据库连接

ACR/INFO 系统采用不同的数据模型分别对属性数据和空间数据进行存储管理，属性数据采用关系模型，空间数据采用网状模型。两种数据的连接非常重要。在一个图幅工作单元 Coverage 中，每个图形单元由一个标识码来唯一确定。同时，一个 Coverage 中可以有若干个关系数据库文件即要素属性表，用以完成对 Coverage 的地理要素的属性描述。图形单元标识码是要素属性表中的一个关键字段，空间数据与属性数据以此字段形成关联，完成对地图的模拟。这种关联使 ACR/INFO 的两种数据模型连成一体，可以方便地从空间数据检索属性数据或者从属性数据检索空间数据。

对属性数据与空间数据的连接有 4 种不同的途径：

（1）用数字化仪数字化多边形标志点，记录标识码与要素属性，建立多边形编码表，用关系数据库软件 FOXPRO 输入多边形属性。

（2）用屏幕鼠标采取屏幕地图对照的方式实现上述步骤。

（3）利用 ACR/INFO 的编辑模块对同种要素一次添加标志点再同时输入属性编码。

（4）自动生成标志点，对照地图输入属性。

第四节　资料的收集和整理

耕地是自然历史综合体，同时，也是重要的农业生产资料。因此，耕地地力与自然环境条件和人类生产活动有着密切的关系。进行耕地地力评价，首先必须调查研究耕地的一些可度量或可测定的属性。这些属性概括起来有两大类型，即自然属性和社会属性。自然属性包括气候、地形地貌、水文地质、植被等自然成土因素和土壤剖面形态等；社会属性包括地理交通条件、农业经济条件、农业生产技术条件等。这些属性数据的获得，可通过多种方式来完成。一种是野外实际调查及测定；一种是收集和分析相关学科已有的调查成果和文献资料。

一、资料收集与整理的流程

在开展此次地力评价工作的过程中，我们组织业务骨干，一方面充分收集、整理耕地的详细资料，建立起耕地质量管理数据库；另一方面还进行了外业的补充调查和室内化验分析。在此基础上，通过 GIS 系统平台，采用 ARCVIEW 软件对调查的数据和图件进行矢量化处理（此部分工作由黑龙江极象动漫影视技术有限公司完成），最后利用扬州土肥站开发的《县域耕地资源管理信息系统 V3.2》进行耕地地力评价。主要的工作流程，见图 2-10。

二、资料收集与整理方法

（一）收集

在调研的基础上广泛收集相关资料。同一类资料不同时间、不同来源、不同版本、不同介质都进行收集，以便将来相互检查、相互补充、相互佐证。

（二）登记

对收集到的资料进行登记，记载资料名称、内容、来源、页（幅）数、收集时间、密级、是否要求归还、保管人等；对图件资料进行记载比例尺、坐标系、高程系等有关技术参数；对数据产品还应记载介质类型、数据格式、打开工具等。

（三）完整性检查

资料的完整性至关重要，一套分幅图中如果缺少一幅，则整个一套图无法使用；一套统计数据如果不完全，这些数据也只能作为辅助数据，无法实现与现有数据的完整性比较。

（四）可靠性检查

资料只有翔实可靠，才有使用价值，否则，只能是一堆文字垃圾。必须检查资料或数据产生的时间、数据产生的背景等信息。来源不清的资料或数据不能使用。

（五）筛选

通过以上几个步骤的检查可基本确定哪些是有用的资料，在这些资料里还可能存在重复、冗余或过于陈旧的资料，应作进一步的筛选。有用的留下，没有用的作适当的处理，该退回的退回，该销毁的销毁。

（六）分类

按图件、报表、文档、图片、视频等资料类型或资料涉及内容进行分类。

（七）编码

为便于管理和使用，所有资料我们进行统一编码成册。

（八）整理

对已经编码的资料，按照耕地地力评价的内容，如评价因素、成果资料要求的内容进行针对性的、进一步的整理，珍贵资料采取适当的保护措施。

（九）归档

对已整理的所有资料建立管理和查阅使用制度，防止资料散失。

三、图件资料的收集

收集的图件资料包括：行政区划图、土地利用现状图、土壤图、第二次土壤普查成果图等专业图、卫星照片以及数字化矢量和栅格图。

（一）土壤图

土壤图（1∶100 000），在进行调查和采样点位确定时，通过土壤图了解土壤类型等信息。另外，土壤图也是进行耕地地力评价单元确定的重要图件，还是各类评价成果展示的基础底图。

（二）土壤养分图

土壤养分图（1∶100 000），包括第二次土壤普查获得的土壤养分图及测土配方施肥新绘制的土壤养分图。

（三）土地利用现状图

土地利用现状图（1∶100 000）。近几年来，土地管理部门开展了土地利用现状调查工作，并绘制了土地利用现状图，这些图件可为耕地地力评价及其成果报告的分析与编写提供基础资料。

（四）农田水利分区图

农田水利分区图（1∶100 000），通过将农田水利分区图和采样点位图叠加，可以得到每个采样和调查点的水源条件、排水能力和灌溉能力等信息，是采样和调查点基本情况调查的重要内容。通过建立农田水利分区图可以大大降低调查时的工作量，并提高相关信息获取的准确度。

（五）行政区划图

行政区划图（1∶100 000）。由于近年来撤乡并镇工作的开展，致使部分地区行政区域变化较大，因此，我们收集了最新行政区划图（包括行政村）。

四、数据及文本资料的收集

（一）数据资料的收集

数据资料的收集内容包括：县级农村及农业生产基本情况资料、土地利用现状资料、土壤肥力监测资料等，具体包括以下内容。

（1）近3年粮食单产、总产、种植面积统计资料。

（2）近3年肥料用量统计表及测土配方施肥获得的农户施肥情况调查表。

（3）土地利用地块登记表。

（4）第二次土壤普查农化数据资料。

（5）历年土壤肥力监测化验资料。

（6）测土配方施肥农户调查表。

（7）测土配方施肥土壤样品化验结果表：包括土壤有机质、大量元素、中量元素、微量元素及 pH 值、容重、含盐量、阳离子代换量等土壤理化性状化验资料。

（8）测土配方施肥田间试验、技术示范相关资料。

（9）县、乡、村编码表。

（二）文本资料的收集

具体包括以下几种。

（1）农村及农业基本情况资料。

（2）农业气象资料。

（3）第二次土壤普查的土壤志、土种志及专题报告。

（4）土地利用现状调查报告及基本农田保护区划定报告。

（5）近 3 年农业生产统计文本资料。

（6）土壤肥力监测及田间试验示范资料。

（7）其他文本资料。如水土保持、土壤改良、生态环境建设等资料。

五、其他资料的收集

包括照片、录像、多媒体等资料，内容涉及以下几个方面。

（1）土壤典型剖面。

（2）土壤肥力监测点景观。

（3）当地农业生产基地典型景观。

（4）特色农产品介绍。

具体有以下几项。

成土母质：母质是风化过程的产物，是形成土壤的特质基础，是土壤发生性状、肥力性状和某些障碍性状的重要影响因素，是耕地地力评价的主要因素之一。土壤母质资料的整理以第二次土壤普查资料为依据，整理包括杜蒙自治县域内所有耕地土壤的母质类型。

水文及水文地质：耕地资源的水文条件，包括地表水资源和地下水文地质。

地表水也称陆地水，它的多少、分布及其季节变化与耕地资源的特性及其利用密切相关。地表水资料的整理包括对河流、湖泊和沼泽等水体资料的整理。

地下水是土壤水分补充的一个主要方面，且对水成或半水成土壤的形成有显著影响，因此在耕地地力评价中我们重视了地下水资料的整理，包括地下水的埋藏条件、含水层情况、供水与排水、水质及水位线等水文地质图表资料。

土壤属性资料的整理：土壤属性是指成土因素共同作用下形成的土壤内在性质和外在形态的综合表现，是成土过程的客观记录，是耕地地力评价的核心内容。土壤属性包括土壤剖面构型、土壤形态特征、土壤自然形态、土壤侵蚀情况、土壤排水状况、土壤化学性状等。

剖面构型：剖面构型是土壤剖面中各种土层组合的总称。剖面构型资料的整理包括对土壤发生层次、土壤质地层次、土壤障碍层次等资料的整理。

土壤形态特征：与耕地地力有关的土壤形态特征包括土层厚度、土壤质地。两者对土壤的水、肥、气、热状况有明显的影响，我们注重其资料的整理。

土壤自然形态：土壤自然形态是指那些在田间表现很不稳定、极易受气候变化和耕地措施等因素影响而变化的土壤性质，其与农业生产密切相关。土壤自然形态资料整理包括土壤干湿度、土壤结持性、土壤孔隙度、容重等资料的整理。

土壤侵蚀情况：土壤侵蚀是指土壤或土体在外营力（水力、风力、冻融或重力）作用下发生冲刷、剥蚀和吹蚀的现象，它是影响耕地地力的主要因素。土壤侵蚀资料的整理包括侵蚀方式、侵蚀形态、侵蚀强度及其危资料的整理。

土壤排水状况：整理包括地形所影响的排水条件和土壤质地与土壤剖面层次所形成的土体内排水条件 2 个方面的资料，并依据水分在土体中移动的快慢及保持的时间划分为排水稍过量、排水良好、排水不畅、排水极差 5 种情况。

土壤化学性状：土壤化学性状是耕地地力的重要组成部分。土壤化学性状的整理包括土壤有机质及氮、磷、钾、锌、硼、锰、钼、铜、铁等养分的含量与分级状况以及土壤可溶性盐、pH 值等化学性状的含量与分级状况。土壤化学性状的分级参考全国第二次土壤普查的分级标准，结合杜蒙自治县的近年来的实际进行适当调整，并细化划分等级。

耕地利用：由于受自然、经济和社会条件的影响，不同地域的耕地资源具有不同的生产利用方式和结构特征。耕地利用资料的整理包括对作物布局、种植方式及熟制等种植制度及日光温室、塑料大棚等不同设施栽培类型资料的整理。

土地整理：土地整理是农田基本建设水平的反映。土地整理资料包括对地面平整度、灌溉水源类型、输水方式、灌溉方式、灌溉保证率、排涝能力等农田基础设施方面资料的整理。

栽培管理水平：栽培管理水平是耕地土壤培肥水平的反映。其主要内容包括秸秆还田情况、有机肥与化施用情况及影响耕层厚度的耕作方式及深度，如翻耕、深松耕、旋耕、耙地、中耕、镇压、起垄等。

其他：其他资料包括粮食生产情况、社会经济状况、耕地土壤改良利用措施、特色农产品生产情况等。

第五节　图件编制

一、耕地地力评价单元图斑的生成

耕地地力评价单元图斑是在矢量化土壤图、土地利用现状图、基本农田保护区图的基础上，在 Arc View 中利用矢量图的叠加分析功能，将以上 3 个图件叠加，对叠加后生成的图斑当面积小于最小上图面积 $0.04cm^2$ 时，按照土地利用方式相同、土壤类型相近的原则将破碎图斑与相临图斑进行合并，生成评价单元图斑。

二、采样点位图的生成

采样点位的坐标用 GPS 进行野外采集，在 Arc Info 中将采集的点位坐标转换成与矢量图一致的北京 1954 坐标。将转换后的点位图转换成可以与 Arc View 进行交换的 ship 格式。

三、专题图的编制

利用 ARCINFO 将采样点位图在 ARCMAP 中利用地理统计分析子模块中采用克立格插值法进行采样点数据的插值。生成土壤专题图件，包括 pH 值、有机质、全氮、全磷、全钾、有效氮、有效磷、速效钾、有效铜、有效铁、有效锰、有效锌、耕层含盐量等专题图。

四、耕地地力等级图的编制

首先利用 ARCMAP 的空间分析子模块的区域统计方法，将生成的专题图件与评价单元图挂接。在耕地资源管理信息系统中根据专家打分、层次分析模型与隶属函数模型进行耕地生产潜力评价，生成耕地地力等级图。耕地地力评价技术流程，见图 2-11。

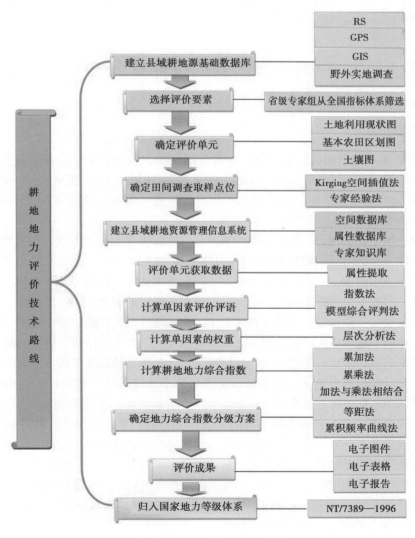

图 2-11 耕地地力技术流程

第三章 耕地立地条件与农田基础设施

耕地的立地条件是指与耕地地力直接相关的地形、地貌及成土母质等特征。它是构成耕地基础地力的主要因素，是耕地自然地力的重要指标。农田基础设施是人们为了改变耕地立地条件等所采取的人为措施活动。它是耕地的非自然地力因素，与当地的社会、经济状况等有关，主要包括农田的排水条件和水土保持工程等，这次耕地地力调查与评价工作我们把耕地的立地条件和农田的基础设施作为两项重要指标。

第一节 立地条件状况

一、地形地貌

全县处于松嫩平原中的最底平部分，地势开阔平坦，起伏不大，海拔高度一般在 135~145m 从北往南略有倾斜。最高处为胡吉吐莫镇的马场大山（实际是大沙岗），海拔 198.8m，最低处为东南边缘他拉哈镇的乌尔塔泡，海拔 127.4m。嫩江河滩的海拔高度北部 137~138m，往南渐低至南边界约 131m。

由于地处松嫩平原腹地，一是嫩江流经本县，江水带来了大量的泥沙，在风力搬运和再堆积作用下，形成了沙岗与低平地相间的微波起伏的风沙地貌景观；二是发源于小兴安岭的乌裕尔河在境内呈无尾状漫流，形成一大汇水区，一部分渗入地下，提高了地下水位，一部分则汇集于地表洼地，形成了星罗棋布的大小湖泡。因排水不畅，地表水长期不能外流，加之本县气候干旱，年蒸发量大于降水量，以蒸发耗水为主，使水溶性盐分逐渐积聚于地表，所以，湖泡多含盐碱，并在低平地形成大面积盐渍化土壤和盐碱斑；三是原始植被。植被既能自然地促进成土，也展现了地貌的表观。主要的地带性植被为草甸草原。具体特点是：西部由于嫩江水流过，在江水季节泛滥的低湿地上，分布着以喜湿植物小叶樟苔草、塔头种群的沼泽化草甸植被；中部、北部和东部地区、低平草甸草原地上、分布着羊草、星星草群落。由于微地形的变化水分和盐分的变化，常常形成不同类型的复合体主要的碱草、星星草、碱蓬碱蒿等植被群落；地势低洼或排水不良的地方，往往野古草以重优势种的群落出现，也有的和牛鞭草构成植物群落；地势稍高的沙土地上，土壤干燥，植被以贝加尔针茅、山杏、隐子草、治草等植被为主体群落，其中，以贝加尔针茅为建群优势种，该群落植被稀疏。土壤易风蚀。

因此，起伏的沙岗、湖泡、盐碱低平地及西部纵贯全县的嫩江河滩，构成本地地貌的基本特征，也是形成多种多样土壤类型的基础。

根据地貌形态特征、成因、地面组成的物质以及人类生产活动的影响，大体上可分成 4个地貌类型。

（一）起伏沙岗地

全县地处松嫩平原腹地，嫩江东岸，境内有 1/3 的土地属此种类型。以不同程度的沙质土壤为共同特点，因中小地形不同而引起的自然性状的差异，又可分为沙坨子地为起伏较大的固定沙丘，分布在西部沿江一带，相对高度 5～15m，散生榆树或形成榆树荒林。土壤发育差，有机质含量低。漫岗地，系指起伏不大的沙质漫岗，是沙岗地中数量最多的土地类型，俗称"牛毛岗"，沙岗地沙坨子地发育好，漫岗地的坡度一般 2°～13°，最大坡度 5°左右，质地组成岗地顶较粗，岗坡下部质地较细，含有少量壤质成分。目前多做放牧地，有些平岗地已开垦为农田。岗间平地，分布在沙丘漫岗之间，地势平坦，质地组成为沙壤—中壤，母质黄土状堆积物，发育成黑钙土，土壤发育较好，有机质含量较多，是粮食生产的主要基地，但数量较少。

（二）盐碱低平地

湖泡外围低地，地势平坦，少数地形雨后有积水。植被以羊草为主，但具有镶嵌特点，常与碱斑上的碱茅、碱蒿、碱蓬等呈复区存在，土壤主要为盐碱化草甸土及碳酸盐草甸土和部分草甸黑钙土。是良好的天然割草场，也是放牧的好地方。

（三）苇塘沼泽地

苇塘沼泽地主要分布在北部的烟筒屯、克尔台、白音诺勒等乡（镇），为乌裕尔河尾部散流低平地，常年积水。土壤为沼泽土，上面生长茂密的芦苇群落，是本县主要的副业基地。

（四）江湾河滩地

江湾河滩地分布于嫩江沿岸，地势极平坦，由于分布高低不同，可细分为临时性积水，季节性积水和经常性积水 3 种。临时性积水的部位高，以蒿类为主的杂类草群，长得茂盛，覆盖度可达 100%，土壤发育为草甸土，稍低部位为小叶樟，三凌苔草组成沼泽化草甸，土壤发育为潜育草甸土；更低部位上，生长了柳沼泽灌丛和塔头苔草，下面发育沼泽土。江湾地总的来说、土层深厚，有机质含量高，土质黏重，酸碱度适中，植被覆盖率高，是发展农牧业条件最好的土地。

二、成土母质

成土母质比较复杂，多为第四纪沉积物。主要成土母质有 3 种。

（一）黄土状母质

主要分布于岗地，厚度不一。一般 3～5m，厚的岗地达 30m 以上。呈中性反应，质地较轻，颗粒粗细较均一。以粉沙为主，含量占 40%～50%。含碳酸盐较多。

（二）河流沉积物母质

该种母质分布面积广，可分为 3 个类型：一是无碳酸盐沉积物。主要分布嫩江沿岸，系现代河流冲积而成。一般质地较轻，多数冲积层次明显，沙黏相同。二是碳酸盐沉积物。广泛分布于杜蒙自治县平原地区，含碳酸盐较多，呈微碱性反应，pH 值为 7.5～8.5，代换性盐基总量一般每百克土为 15～25mEq 量，以钙镁为主。它发育成的土壤主要为草甸黑钙土和碳酸盐草甸土。三是苏打盐化沉积物。分布于杜蒙自治县平原地区，质地较黏重，盐基饱和度高，呈碱性反应，pH 值 8.0～8.7，含有可溶性盐类，但并不多，平均在 0.1% 以下，阴离子以 HCO_3^- 为主，阳离子以 Na^+ 为主。

（三）风积物母质

风积物母质主要分布全县中部，胡吉吐莫镇、敖林西伯乡、白音诺勒乡等面积较大，嫩江沿岸也有分布。风积物来源：一是嫩江沿岸风积物。它多系近期河流冲积而来，后经风力再搬运堆积，成为起伏的丘状。此类母质质地粗，以沙为主占80%以上，含黏粒较少。一般含碳酸盐很少，pH值近中性；二是距嫩江较远的风积物。它形成年龄比较古老，其质地较前者细，以细沙和粗粉沙为主，占60%～80%。在草原植被下，开始有不同程度的碳酸盐积聚，向黑钙土方向发展，发育成黑钙土型沙土。pH值一般为7.0～8.5。

土壤是在成土因素综合作用下，通过一定的成土过程形成的。这些成土因素包括母质、气候、生物、地形、时间和人为因素。因此，它的发展与自然条件密切相关，同时，人类的生产活动对它又产生广泛而深刻的影响。本地开垦年限相对较短，人类生产活动对土壤的影响没有达到改变原来面貌的程度。因此，各种土壤类型的发育和发展，主要受自然条件的影响。由于自然条件的千差万别，因而形成了各种不同类型的土壤。

全县地形、母质、水文和水文地质情况都很复杂，因此，土壤的成土过程不一。主要有以下几个成土过程。

一是腐质化过程。受气候条件的影响，生长茂密的草甸草原旱生草本植物。特别是高温季节，"五花草"生长非常繁茂，根系致密地分布在土壤表层，到了晚秋天寒地冻才死亡，大量的植物残体留在地表或地下，由于土温低，土壤冻层较深，微生物活动很弱，来不及分解，待来春冻土逐渐融化，土温逐渐升高，微生物开始活动。但由于冻融水的下降，土壤过湿，通气不良，只有在厌氧条件下才能进行有机质分解。待到夏季以后，土壤变干，微生物活动加强，下部仍处嫌气条件，使植物残本有利于转化成腐殖质在土壤中积累。在干湿和冻融的交替作用下，加之根系的穿插，新鲜的腐殖质能和土壤黏粒互相交结，形成水稳性团粒结构，使土壤其有良好的物理性状。但由于本地所处半干旱地带，降水较少，且分布不均，多变幅较大，因而使植被生长疏密不均，自然肥力不高，腐殖质积累少，层次较薄，颜色较淡。积累部位是地上、地下同时积累，而以地下为主。

二是钙积化过程。碳酸盐是比较容易淋溶和迁移的物质，其淋溶程度与当地的气候、植被类型和母质有关。本地土壤成土母质多数都含有碳酸盐，有的含量很高，由于气候干旱少雨，碳酸盐的淋溶程度较少。有的土壤表层碳酸盐基本全部淋失，有的没有全部淋失，仍有石灰反应。碳酸盐的淋溶与积聚过程是：植物残体在被微生物分解过程中产生大量二氧化碳，溶于水中形成碳酸，碳酸与土壤表层的碳酸钙作用，形成重碳酸钙。重碳酸钙溶解度较碳酸钙大，溶于水中的重碳酸钙随下降水流，由土壤表层向下移动。向下移动中随水分的减少，重碳酸钙又变为碳酸钙而淀积于土层中下部，年复一年的淀积而使土壤中下部形成一个碳酸钙聚积层。因碳酸钙含量和土壤类型的不同，有的为假菌丝体，有的为眼状石灰斑或层状。淀积层的厚度和出现部位因土壤类型不同而异，也和母质中原来含碳酸盐多少有重要关系。

三是草甸化与沼泽化过程。草甸化过程包括潜育化和有机质积累两个过程。潜育化过程就是土体下部水分过多，而且经常处于上升下降的移动状态，也就是土体下部经常发生干湿交替、好气嫌气、氧化还原交替过程，使土体中铁锰等元素，有时被还原而移动，有时被氧化而沉积，使土体构造上呈现出锈斑、铁锰结核以及灰蓝色斑块。全县平地地下水位较高，夏季草甸植被生长繁茂根系密集，有机质在土壤表层积累较多，形成良好的团粒结构。夏季降水多，使地下水位抬高，使土体下部，甚至中部受地下水浸润，呈嫌气状态，土壤中的三价氧化物又被还原成二价氧化物。干旱季节，地下水位下降，土体下部又呈好气状态。二价氧化物又被氧化为三价氧化物。在这种干湿交替情况下，土壤中铁、锰氧化物发生移动和局部沉积，使土层中出现铁锈斑和铁锰结核，从而形成了杜蒙自治县的草甸土。在多雨年份，尤其是秋季多雨，春季地表化冻后，土体冻层之上可积聚一个水层，即冻层滞水，造成冻层上土层过湿，这对土壤草甸化过程也起一定作用。

沼泽化过程包括有机质积累和潜育化 2 个过程，由于土体长期渍水氧气缺乏处于嫌气状态，沼泽植物生长繁茂，因此，土壤表层进行强烈的有机质积累过程，形成一个草根层，表层以下进行着潜育化过程，即在还原条件下，土壤中的铁、锰等高价氧化物还原为低价氧化物，使土体变为灰蓝色的潜育层。杜蒙自治县沿江低洼地和北部泡沼地区，由于常年或季节性积水，土壤过湿，呈嫌气状态，地面生长着繁茂的小叶章、芦苇等草甸沼泽植被，因而，进行着草甸沼泽化过程，形成杜蒙自治县的草甸沼泽土。

四是苏打盐渍化过程。盐渍化过程就是盐分在土体中的积聚过程，全县除沿江地带和岗地以外，平地和低洼地普遍存在苏打盐渍化过程，有的已成为苏打盐渍化土壤，如苏打盐化草甸土等。碳酸盐草甸土等非盐渍化土壤，土体中也多少含有苏打等可溶性盐分，证明也有较弱的盐渍化过程。

土壤盐分来源及苏打盐渍化的成因有以下几点：①成土母质多少含有苏打；②地下水矿化度较大，达 0.5~3g/L，而其组成以 HCO_3^-、CO_3^{2-} 和 Na^+ 型为主；③地下水位高，处于临界水位；④气候干旱，蒸发量大，尤其是春秋两季；⑤江堤隔绝了外水，也堵塞了洪水冲洗盐碱的作用；⑥草原退化，覆盖率低，变水分主要由叶面蒸腾为地面蒸发，加重了盐分在土壤表层的积累。农田由于地面缺覆盖层，加上耕作管理不善，土地不平整，灌排工程不配套，而加重了盐渍化。因此，全县平地土壤有盐渍化扩大和土壤盐分加重的趋势。

盐随水来，盐随水走，是土壤盐分运动的规律，土壤盐分有明显的季节性变化，这是本地的气候特点所决定的。春末夏初（3 月底至 6 月中旬）是土壤表层的主要积盐季节。此时，正是干旱季节，冻层聚积的盐分随毛管水上升至土壤表层，水分蒸发而盐分聚积起来。有些土壤地下水位在临界水位以下，仍有盐渍化过程，这是由于冻层接力积盐的作用所致。其积盐过程大致是：地下水位较低，毛管水上升，只能升到土壤中下层。冬季气温降到零下以后，土壤表层开始结冻，土壤空气上部绝对湿度降低，下部湿度仍然很高。土层上下部分形成一个水蒸气压差梯度，即上部水气压低，下部高，故水蒸气通过土壤孔隙不断扩散到冻层，而又不断凝聚冻解，使土壤上层冻层水分不断地增加，这样毛管水不断蒸发而又不断的补充，盐分因而也就不断的积聚在土层中下部，一直到冻层不断加深冻结为止。春季开始解冻，地表到冻层毛管水全部接通，地表水分不断蒸发，毛管水就不断把水运送到土壤表层，盐分也随之在表层中积聚起来。这就是土壤冻层接力积盐的过程。夏末秋初（6 月下旬至 9 月上旬）雨水较大，土壤表层盐分随水下渗，这是本地的主要脱盐季节。秋末冬初（9 月中旬至 11 月初），降水减少，有较明显的积盐过程。冬季土壤结冻，土层上部盐分基本处于稳定状态，下部土层仍继续积盐，这是春季土壤表层积盐的盐源。总的看平地土壤盐分积累大于淋溶，积盐是主要过程。

五是生草化过程。生草化过程是幼年土壤的形成过程。新近代风积物的母质上，开始生长植物，形成薄的生草层，层次分化不明显，所形成的土壤称为生草沙土。

六是土壤的熟化过程。开垦耕种之后，土壤不仅受自然成土因素的影响，又受人类活动的影响。人类活动的这种影响，随着社会生产力的发展，农业科学技术的进步而日益加深加强。人类通过不断的耕作、施肥、灌溉、排水和其他改良措施，充分利用土壤的有利方面，克服和改造不利方面，从而使土壤在土体构造、理化性状和肥力特性上发生很大变化。杜蒙自治县开垦历史不长，但人们从事农事活动对土壤的影响也是很深刻的，耕作土壤的变化也是很大的，其表现：一是土体构造上，通过耕作土体上部出现了两个新的层次。表层为疏松多孔，通气透水好，物质转化快，水分养分供应较多的耕作层。其下为通气透水性差，坚硬的犁底层。随着农业机械广泛使用，旧犁底层被打破，耕作层加厚，其下又形成新的犁底层。二是理化性状和肥力水平有很大改变。土壤开垦以后，人们的农事活动如耕作等主要在耕作层上进行，因此，此层土质疏松，土壤好气性微生物活动旺盛，加速了有机质的分解和养分的释放，不断供应农作物生长发育的需要。实行垄作、晒垡、排水和施热性肥料，从而提高了地温，使土壤变为热潮。黏性土掺沙改良，改善了土壤耕性，增强了通气透水性能。沙性土掺黏性土，增强了土壤的保水保肥能力。总之，通过耕作、施肥、排水和客土改良等农业技术措施，改变了自然土壤有机质多，土性生、冷、湿、黏、沙等特性，变为热潮、耕性好、松紧适宜、结构好、保水保肥强和供肥能力强的肥沃土壤。

第二节　农田基础设施

　　起伏的沙岗、湖泡、盐碱低平地及西部纵贯的嫩江河滩，构成境内多种地貌类型。耕地中有沿江平原地势低洼平坦，地下水位高，排水不畅，易受涝害；岗地土壤抗风蚀能力差，风蚀严重，每年都有不同程度的风灾。加之，十年九春旱，夏旱伏旱和秋旱也时常发生。为了保证农业生产的健康发展，农田基本建设得到了各级政府的高度重视。在农田基本建设上，主要采取了生物措施和工程措施相结合的治理方法。针对不同农田的主要问题，因地制宜进行治理。

　　营造农田防护林。多年来，坚持植树造林防风固沙、保护水土、改良土壤，促进农业增产增收。20世纪50年代全县人民大力营造了农田防护林，这对防止风沙，改善农业生产条件起了很大作用。80年代以后，根据国家"三北"防护林建设的规划要求和国家退耕还林政策，大量营造了新的防护林和用材林，并有计划改造了部分旧的防护林。90年代，大庆市实施了堵西北风口造林，充分发挥了绿色屏障的作用。到目前全县农田防风林地面积达到0.83万 hm^2，已建成农防林网格1 167个，部分已郁闭成林庇护农田8万 hm^2，已起到了防风固沙，保持水土保护农田的作用。

　　兴修水利工程。在20世纪60年代开始，全县就坚持兴修水利，改善农业生产环境，保护人民生产生活。相继实施人工修建了"乌双"水渠、"八一"运河、中南引运河、中北引运河，引水灌溉农田和草原。近年来，在沿江搞修渠建站，现已建成600 hm^2 以上中型灌区6处，设计灌溉面积1.36万 hm^2；引水工程4处，小型灌区和泵站119处；在内地大打中深井。目前，全县共有机电井1 264眼，旱田及水田小井5 215眼，有效灌溉面积已达4.84万 hm^2。沿江平原土壤地势低洼平坦，地下水位高，排水不畅，易受涝害。全县受涝害面积为1.57万 hm^2。通过截、围、堵、顺、排的方法进行了治理，同时，大力发展水田，水田面积1.72万 hm^2，在一定程度上解除了涝灾。

　　与此同时，对一些瘠薄地采取了客土改良、深耕和施肥相结合的配套措施，使这些瘠薄地在一定程度内也得到了治理。这些农田基础设施建设对于提高耕地的综合生产能力，起到了积极的作用，促进了农业生产的发展。

农田基础设施建设虽然取得了显著的成绩，但同农业生产发展相比，农田基础设施还比较薄弱，抵御各种自然灾害的能力还不强，特别是近些年来，农田基础建设相对滞后，还有部分旱田基本上没有灌溉条件，仍然处于靠天降水的状态。春旱发生年份，仅有少部分地块可以做到催芽坐水种，大多数旱田要常受天气旱灾的危害，影响了农作物产量的继续提高。水田和菜田虽能解决排灌问题，但灌溉方式落后。水田基本上仍采用土渠的输入方式，采用管道输水的基本上没有，防渗渠道极少，所以，在输水过程中，渗漏严重，水分利用率不高；菜田基本上是靠机井灌溉，方式多数是沟灌，滴灌、微灌等设备和技术利用十分稀少。水田、菜田发展节水灌溉，引进先进设施，推广先进节水技术；旱田实行水浇，特别是逐步引进大型的农田机械，推行深松节水技术，是今后农业生产中必须解决的重大问题。

第三节　土壤分布规律

全县自然条件较复杂，受植物、地形、气候、水文地质等自然生态条件的影响，加上人为的生产活动，使土壤的分布较为复杂，但纵观全县土壤类型的分布，还是有一定规律的。岗地分布着黑钙土、石灰性黑钙土和草甸风沙土类。缓坡地下部和部分平地分布着草甸黑钙土。平地大部分分布着盐化草甸土、石灰性草甸土、碱化草甸土。相当部分的平地，碟形洼地和洼地边缘，分布着盐化草甸土（或石灰性草甸土）和碱化草甸土。碱泡周围，洼处分布着草甸沼泽土。全县各种土壤分布情况详见土类分布图（图2-12）和行政区不同土壤类型面积分别情况，见表2-8（a）和表2-8（b）。

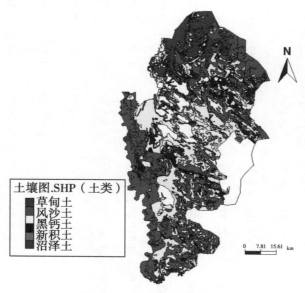

图2-12　土壤类型分布图

表2-8 (a) 行政区不同土壤类型面积分布统计表

乡镇名称	风沙土				黑钙土				草甸土			
	土壤 面积 (hm²)	占总土壤 (%)	其中耕地 面积 (hm²)	占总耕地 (%)	土壤 面积 (hm²)	占总土壤 (%)	其中耕地 面积 (hm²)	占总耕地 (%)	土壤 面积 (hm²)	占总土壤 (%)	其中耕地 面积 (hm²)	占总耕地 (%)
合计	191 925.87	34.54	49 398.61	36.12	64 913.27	1.17	18 673.10	13.65	247 551.73	44.55	65 463.45	47.87
泰康镇	4 083.53	0.73	2 486.65	1.82	1 131.60	0.02	359.45	0.26	6 526.73	1.17	1 215.86	0.89
一心乡	13 052.13	2.35	3 337.64	2.44	10 764.33	0.19	3 163.02	2.31	18 357.13	3.30	4 552.36	3.33
烟筒屯镇	5 622.87	1.01	3 922.33	2.87	3 465.93	0.06	1 590.84	1.16	23 446.20	4.22	4 718.78	3.45
克尔台乡	11 209.80	2.02	5 274.37	3.86	5 553.33	0.10	1 478.12	1.08	11 245.60	2.02	2 214.54	1.62
白音诺勒乡	21 875.13	3.94	7 012.10	5.13	4 047.80	0.07	1 342.80	0.98	13 598.93	2.45	962.39	0.70
敖林西伯乡	31 431.20	5.66	6 232.84	4.56	8 663.20	0.16	1 337.03	0.98	28 054.13	5.05	6 306.11	4.61
胡吉吐莫镇	17 469.27	3.14	3 560.99	2.60	5 094.20	0.09	1 451.76	1.06	10 275.87	1.85	762.25	0.56
巴彦查干乡	10 726.60	1.93	3 121.75	2.28	2 630.53	0.05	1 229.87	0.90	29 792.00	5.36	16 368.48	11.97
他拉哈镇	10 329.87	1.86	4 467.02	3.27	2 489.40	0.04	944.49	0.69	29 787.27	5.36	10 577.47	7.73
腰新屯	12 073.53	2.17	6 399.92	4.68	3 125.33	0.06	1 528.73	1.12	21 458.73	3.86	6 258.34	4.58
江湾乡	4 957.60	0.89	757.31	0.55	2 114.87	0.04	925.79	0.68	16 560.13	2.98	5 375.38	3.93
各场	49 094.34	8.83	2 825.68	2.07	15 832.75	0.28	3 321.20	2.43	38 449.01	6.92	6 151.50	4.50

表2-8（b） 行政区不同土壤类型面积分布统计表

乡镇名称	新积土				沼泽土				合计			
	土壤		其中耕地		土壤		其中耕地		土壤		其中耕地	
	面积(hm²)	占总土壤(%)	面积(hm²)	占总耕地(%)	面积(hm²)	占总土壤(%)	面积(hm²)	占总耕地(%)	面积(hm²)	占总土壤(%)	面积(hm²)	占总耕地(%)
合计	1 801.47	0.32	160.74	0.12	49 526.93	8.91	3 061.01	2.24	555 719.27	100.00	136 756.91	100.00
泰康镇	0.00	0.00	0.00	0.00	0.00	0.00	0.00	0.00	11 741.86	2.11	4 061.96	2.97
一心乡	0.00	0.00	0.00	0.00	0.00	0.00	0.00	0.00	42 173.59	7.59	11 053.02	8.08
烟筒屯镇	0.00	0.00	0.00	0.00	26 115.60	4.70	514.03	0.38	58 650.60	10.55	10 745.98	7.86
克尔台乡	0.00	0.00	0.00	0.00	19 286.87	3.47	392.06	0.29	47 295.60	8.51	9 359.09	6.84
白音诺勒乡	1 534.40	0.28	57.87	0.04	2 909.67	0.52	1 179.84	0.86	43 965.93	7.91	10 554.99	7.72
敖林西伯乡	0.00	0.00	0.00	0.00	0.00	0.00	0.00	0.00	68 148.53	12.26	13 875.98	10.15
胡吉吐莫镇	0.00	0.00	0.00	0.00	0.00	0.00	0.00	0.00	32 839.34	5.91	5 775.00	4.22
巴彦查干乡	267.07	0.05	102.87	0.08	0.00	0.00	0.00	0.00	43 416.20	7.81	20 822.98	15.23
他拉哈镇	0.00	0.00	0.00	0.00	0.00	0.00	0.00	0.00	42 606.54	7.67	15 988.97	11.69
腰新电	0.00	0.00	0.00	0.00	0.00	0.00	0.00	0.00	36 657.59	6.60	14 186.99	10.37
江湾乡	0.00	0.00	0.00	0.00	930.67	0.17	857.52	0.63	24 563.27	4.42	7 916.01	5.79
各场	0.00	0.00	0.00	0.00	284.12	0.05	117.56	0.09	103 660.22	18.65	12 415.94	9.08

第四节　土壤分类系统

第二次土壤普查结果，全县土壤分类是 7 个土纲、7 个亚纲、7 个土类、37 个土属、79 个土种，这次按照国家分类统一标准，分成新的 4 个土纲、4 个亚纲、5 个土类、11 个亚类、23 个土属、50 个土种。详见表 2-9。

表 2-9　土壤分类系统表

土纲	亚纲	土类		亚类		土属		新土种（地力评价时）		原土种（二次普查时）	
		代码	名称	代码	名称	代码	名称	新代码	名称	原代码	原名称
初育土	土质初育土	16	风沙土	161	草甸风沙土	1611	流动草甸风沙土	16111	流动草甸风沙土	I4-101	沙丘流沙土
						1612	半固定草甸风沙土	16121	半固定草甸风沙土	I1-101	黄色岗地生草沙土
										I1-102	棕色岗地生草沙土
										I1-103	灰色岗地生草沙土
										I1-202	棕色平地生草沙土
										I1-401	黄色岗地石灰性生草沙土
										I1-402	棕色岗地石灰性生草沙土
										I1-403	灰色岗地石灰性生草沙土
										I1-501	黄色平地石灰性生草沙土
										I1-502	棕色平地石灰性生草沙土
						1613	固定草甸风沙土	16131	固定草甸风沙土	I2-103	厚层沙底黑钙土型沙土
										I2-102	中层沙底黑钙土型沙土
										I2-101	薄层沙底黑钙土型沙土
										I2-203	厚底黏底黑钙土型沙土
										I2-202	中层黏底黑钙土型沙土
										I2-201	薄层黏底黑钙土型沙土
										I3-102	棕色平地草甸土型沙土
										I3-103	灰色平地草甸土型沙土
										I3-201	中层盐化草甸土型沙土
		15	新积土	151	冲积土	1513	沙质冲积土	15133	薄层沙质冲积土	VI2-101	沙质沙底石灰性生草泛滥土
										VI2-103	黏质沙底石灰性生草泛滥土

（续表）

土纲	亚纲	土类		亚类		土属		新土种（地力评价时）		原土种（二次普查时）	
		代码	名称	代码	名称	代码	名称	新代码	名称	原代码	原名称
钙层土	半湿温钙层土	06	黑钙土	061	黑钙土	0613	黄土质黑钙土	06131	厚层黄土质黑钙土	Ⅱ1-103	厚层黏底黑钙土
								06132	中层黄土质黑钙土	Ⅱ1-102	中层黏底黑钙土
								06133	薄层黄土质黑钙土	Ⅱ1-101	薄层黏底黑钙土
						0612	沙石底黑钙土	06121	厚层沙质黑钙土	Ⅱ1-203	厚层沙底黑钙土
										Ⅱ1-202	厚层沙埌质黑钙土
								06122	中层沙质黑钙土	Ⅱ1-201	中层沙底黑钙土
										Ⅱ1-303	中层沙埌质黑钙土
								06123	薄层沙质黑钙土	Ⅱ1-302	薄层沙底黑钙土
										Ⅱ1-301	薄层沙埌质黑钙土
				063	石灰性黑钙土	0632	沙壤质石灰性黑钙土	06321	厚层沙壤质石灰性黑钙土	Ⅱ2-103	厚层沙底碳酸盐黑钙土
								06322	中层沙壤质石灰性黑钙土	Ⅱ2-102	中层沙底碳酸盐黑钙土
										Ⅱ2-302	中层沙埌质碳酸盐黑钙土
								06323	薄层沙壤质石灰性黑钙土	Ⅱ2-101	薄层沙底碳酸盐黑钙土
										Ⅱ2-301	薄层沙埌质碳酸盐黑钙土
						0633	黄土质石灰性黑钙土	06331	厚层黄土质石灰性黑钙土	Ⅱ2-203	厚层黏底碳酸盐黑钙土
								06332	中层黄土质石灰性黑钙土	Ⅱ2-202	中层黏底碳酸盐黑钙土
								06333	薄层黄土质石灰性黑钙土	Ⅱ2-201	薄层黏底碳酸盐黑钙土
				064	草甸黑钙土	0642	沙底草甸黑钙土	06422	中层沙底草甸黑钙土	Ⅱ3-102	中层沙底草甸黑钙土
								06423	薄层沙底草甸黑钙土	Ⅱ3-101	薄层沙底草甸黑钙土
						0643	黄土质草甸黑钙土	06432	中层黄土质草甸黑钙土	Ⅱ3-202	中层黏底草甸黑钙土
								06433	薄层黄土质草甸黑钙土	Ⅱ3-201	薄层黏底草甸黑钙土
						0644	石灰性草甸黑钙土	06442	中层石灰性草甸黑钙土	Ⅱ4-102	中层沙底碳酸盐草甸黑钙土
										Ⅱ4-202	中层黏底碳酸盐草甸黑钙土
								06443	薄层石灰性草甸黑钙土	Ⅱ4-101	薄层沙底碳酸盐草甸黑钙土

（续表）

土纲	亚纲	土类		亚类		土属		新土种（地力评价时）		原土种（二次普查时）	
		代码	名称	代码	名称	代码	名称	新代码	名称	原代码	原名称
半水成土	暗半水成土	08	草甸土	081	草甸土	0812	沙砾底草甸土	08121	厚层沙砾底草甸土	Ⅲ1-103	厚层沙底草甸土
								08122	中层沙砾底草甸土	Ⅲ1-102	中层沙底草甸土
								08123	薄层沙砾底草甸土	Ⅲ1-101	薄层沙底草甸土
						0814	黏壤质草甸土	08141	厚层黏壤质草甸土	Ⅲ1-203	厚层黏底草甸土
								08142	中层黏壤质草甸土	Ⅲ1-202	中层黏底草甸土
								08143	薄层黏壤质草甸土	Ⅲ1-201	薄层黏底草甸土
				082	石灰性草甸土	0822	沙质石灰性草甸土	08221	厚层沙质石灰性草甸土	Ⅲ2-103	厚层沙底碳酸盐草甸土
								08222	中层沙质石灰性草甸土	Ⅲ2-102	中层沙底碳酸盐草甸土
								08223	薄层沙质石灰性草甸土	Ⅲ2-101	薄层沙底碳酸盐草甸土
						0823	黏壤质石灰性草甸土	08231	厚层黏壤质石灰性草甸土	Ⅲ2-203	厚层黏底碳酸盐草甸土
								08232	中层黏壤质石灰性草甸土	Ⅲ2-202	中层黏底碳酸盐草甸土
								08233	薄层黏壤质石灰性草甸土	Ⅲ2-201	薄层黏底碳酸盐草甸土
				084	潜育草甸土	0842	黏壤质潜育草甸土	08421	厚层黏壤质潜育草甸土	Ⅲ5-103	厚层黏底潜育草甸土
								08422	中层黏壤质潜育草甸土	Ⅲ5-102	中层黏底潜育草甸土
								08423	薄层黏壤质潜育草甸土	Ⅲ5-101	薄层黏底潜育草甸土
						0841	沙砾底潜育草甸土	08413	薄层沙砾底潜育草甸土	Ⅲ5-201	薄层沙底潜育草甸土
						0843	石灰性潜育草甸土	08431	厚层石灰性潜育草甸土	Ⅲ6-203	厚层黏底石灰性潜育草甸土
								08432	中层石灰性潜育草甸土	Ⅲ6-202	中层黏底石灰性潜育草甸土
										Ⅲ6-102	中层沙底石灰性潜育草甸土
								08433	薄层石灰性潜育草甸土	Ⅲ6-201	薄层黏底石灰性潜育草甸土
										Ⅲ6-101	薄层沙底石灰性潜育草甸土
				085	盐化草甸土	0851	苏打盐化草甸土	08513	重度苏打盐化草甸土	Ⅲ3-203	厚层黏埌质盐化草甸土
								08512	中度苏打盐化草甸土	Ⅲ3-202	中层黏埌质盐化草甸土
										Ⅴ2-202	中位苏打碱化盐土
								08511	轻度苏打盐化草甸土	Ⅲ3-201	薄层黏埌质盐化草甸土
										Ⅲ3-101	薄层沙埌质盐化草甸土
										Ⅴ1-1	苏打草甸盐土
										Ⅴ2-201	浅位苏打碱化盐土
				086	碱化草甸土	0861	苏打碱化草甸土	08611	深位苏打碱化草甸土	Ⅳ1-105	深位柱状苏打盐化草甸碱土
								08612	中位苏打碱化草甸土	Ⅳ1-104	中位柱状苏打盐化草甸碱土
								08613	浅位苏打碱化草甸土	Ⅲ4-101	高位苏打碱化草甸土
水成土	矿质水成土	09	沼泽土	093	草甸沼泽土	0931	沙底草甸沼泽土	09313	薄层沙底草甸沼泽土	Ⅶ2-103	强潜育蝶形洼地生草沼泽土
						0932	黏质草甸沼泽土	09323	薄层黏质草甸沼泽土	Ⅶ1-1	芦苇沼泽土
						0933	石灰性草甸沼泽土	09333	薄层石灰性草甸沼泽土	Ⅶ1-2	石灰性芦苇沼泽土

第五节　土壤类型概述

　　根据土壤分类系统可知，全县分布土壤是风沙土、草甸土、黑钙土、沼泽土、新积土5个土类、11个亚类、23个土属、50个土种。

一、风沙土类

风沙土是杜蒙自治县分布广泛的一种土壤，主要由于嫩江和乌裕尔河两大水系泛滥所遗留下来的沙土，经过风力搬运堆积，在植物作用下形成的。其特点是：通体含沙，黑土层薄，保水保肥能力差，易受风蚀。主要分布在境内沙岗和坡地上部地形部位。总面积191 925.87 hm²，占全县土壤面积的 34.54%，已耕地 49 398.61 hm²，占全县总耕地的36.12%。在本次普查中划分 1 个亚类，3 个土属，3 个土种。①流动草甸风沙土：成土过程微弱，风蚀严重，植物难定居。②半固定草甸风沙土：随流动风沙土着生植物的增多，覆盖增大，风蚀作用和缓，土壤表面变紧实并出现薄层结皮，流动性变小，而呈半固定状态。土壤有机质有所增加。③固定草甸风沙土：除有沙生植物外，还掺入一些地带性植物种，地表结皮增厚，沙面更紧实，剖面分化明显，有团块状结构出现，抗风能力增强，土壤理化性质变化明显。详述如下。

（一）流动草甸风沙土

流动草甸风沙土主要集中在敖林西伯、白音诺勒、胡吉吐莫等乡的流动沙岗上。发育在风积物的母质上，有生草化过程是一种幼年土壤，质地较粗层次分化不明显，土体结构剖面特征如下。

Ap—A1—AB—Bc—C。类型剖面以敖林西伯乡五马沙陀西北 144 号剖面为例：地势岗顶，海拔 140m。

Ap 层：0~12cm，灰棕色，无结构。地质沙，湿润，中量根系，层次过渡不明显，无石灰反应。

A 层：12~39cm，灰棕色，无结构，质地沙，土体松，湿润，中量根系，无石灰反应。

BC 层：61~180cm，暗黄棕色，无结构，土质紧沙，土体较松，润，无根系，无石灰反应。

该土的理化性质，见表 2-10 至表 2-13。

表 2-10 流动草甸风沙土土物理性质表

剖面号	取土深度（cm）	容量（g/cm³）	总孔隙度（%）	毛管孔隙度（%）	非毛管孔隙度（%）
144	5~10	1.30	51.05	18.12	32.93
	25~30	1.49	44.79	18.61	26.18

表 2-11 流动草甸风沙土化学性质表

剖面号	取土深度（cm）	全量（g/kg） 氮	磷	钾	有机质（g/kg）	pH 值	代换量（mEq/100g 土）
144	0~10	0.77	0.48	34.2	12.6	6.5	9.42
	20~30	0.59	0.39	34.1	9.3	6.7	
	45~55				7.3	7.1	
	110~120				4.7	7.1	

表 2-12　流动草甸风沙土机械组成

剖面号	土壤各粒级含量（%）						物理黏粒（%）	物理沙粒（%）	质地名称
	粒径（mm）								
	0.25~1.00	0.05~0.25	0.01~0.05	0.005~0.010	0.001~0.005	<0.001			
144	3.4	80.3	6.1	1.0	3.1	6.1	10.2	89.8	沙壤
	7.7	76.0	6.1	2.0	1.1	7.1	10.2	89.8	沙壤
	9.0	75.7	6.1	1.1	6.1	6.1	9.2	90.8	紧沙
	6.4	80.4	5.1	1.0	1.0	6.1	8.1	91.9	紧沙

表 2-13　流动草甸风沙土农化样统计表

项目	平均含量	标准差	最高	最低	极差
有机质（g/kg）	14.5	4.5	41.3	3.7	37.6
全氮（g/kg）	1.03	0.3	2.21	0.41	1.8
碱解氮（mg/kg）	70	20	160	2	158
速效磷（mg/kg）	10	8	54	3	51
速效钾（mg/kg）	157	61	498	70	428

（二）半固定草甸风沙土

半固定草甸风沙土主要分布在敖林西伯、一心、白音诺勒、克尔台、烟筒屯等乡镇，其中，敖林西伯乡面积最大。自然植被为灰蒿、星星草、针茅、山杏、狗尾草、达子筋等。

母质为风积物，主要剖面特征是灰棕至浅棕黄色逐渐过渡，有或无石灰反应，通体沙—沙壤，质地均一，没有明显的钙积。土体构型一般为 A—AB—BC—C 或 Ap—A₁—AB—C，现以 759 号剖面为例，说明如下。

剖面来自：烟筒镇玙奈村东北 1km，玉米地，地势岗坡，海拔 152m。

Ap 层：0~16cm，颜色棕黄，极少量团粒，质地沙壤，土体松散，湿润，有大量根系，石灰反应强烈，层次过渡不明显。

AB 层：16~62cm，浅棕黄，无结构，质地沙壤，土体较紧，湿润，有石灰结核，少量根系，石灰反应强烈。

BC 层：62~120cm，浅棕黄，块状结构，质地沙壤，土体较紧，湿润，有石灰结核，锈斑，无根系，有石灰反应。

C 层：120~150cm，浅黄，无结构，质地紧沙，土体较紧，湿润，有石灰结核，无根系，有石灰反应。

该土壤理化性质，见表 2-14 至表 2-17。

表 2-14　半固定草甸风沙土物理性质表

剖面号	取土深度（cm）	容重（g/cm³）	总孔隙度（%）	毛管孔隙度（%）	非毛管孔隙度（%）
759	4~9	1.55	42.81	9.32	33.49
	37~42	1.54	43.14	7.05	36.09

表 2-15　半固定草甸风沙土化学性质表

剖面号	取土深度（cm）	全量（g/kg）			有机质（g/kg）	pH 值	代换量（mEq/100g 土）
		氮	磷	钾			
759	3~13	0.44	0.51		6.4	7.3	9.88
	35~45	0.23	0.44		1.8	7.8	
	85~95				1.0	8.1	
	130~140				0.6	8.3	

表 2-16　半固定草甸风沙土机械组成

剖面号	土壤各粒级含量（%）						物理黏粒（%）	物理沙粒（%）	质地名称
	粒径（mm）								
	0.25~1.00	0.05~0.25	0.01~0.05	0.005~0.010	0.001~0.005	<0.001			
759	41.4	41.3	6.1	1.0	4.1	6.1	11.2	88.8	沙壤
	21.1	49.3	15.3	2.1	4.0	8.2	14.3	85.7	沙壤
	28.2	50.5	11.1	1.1	3.0	6.1	10.2	89.8	沙壤
	38.7	53.2	3.0	1.1	0	4.0	5.1	94.9	紧沙

表 2-17　半固定草甸风沙土农化样统计表

项目	平均含量	标准差	最高	最低	极差
有机质（g/kg）	17.4	5.4	36.4	8.1	28.3
全氮（g/kg）	1.18	0.32	2.16	0.65	1.51
碱解氮（mg/kg）	81	20	138	33	105
速效磷（mg/kg）	12	11	85	3	82
速效钾（mg/kg）	162	48	301	75	226

（三）固定草甸风沙土

固定草甸风沙土主要分布在敖林西伯，克尔台乡的平地稍高处，母质为风积沙，主要成土过程为生草化和钙化过程，附加弱的黏化过程。土体构型类似黑钙土，表层为较厚的黑沙土层，通体质地轻，沙至沙壤，B 层有明显钙积现象，剖面层次明显，C 层为沙，土体结构一般为 A1—AB—Bca—C。现以 14 号剖面为例，说明如下。

剖面来自泰康镇五一大队绿豆地，地势沙岗，海拔 142m。

Ap 层：0~8cm，灰棕，块状结构，质地沙，土体松散、干、少量根系、层次过渡明显。

A$_1$ 层：8~39cm，暗灰棕，无结构，质地沙，土体紧润，少量根系，无石灰效应。

AB 层：39~55cm，浅灰棕，无结构，质地沙壤，土质紧，湿润，少量石灰斑，石灰反应强烈。

Bca 层：55~140cm，浅棕黄，无结构，质地沙壤，有钙的淀积，土体稍紧，湿润，石灰反应强烈。

C 层：140~150cm，黄棕，无结构，质地沙壤，土体稍紧，湿润，有石灰反应。

此种土壤通体质地较轻，含沙量大，结构不太好，溶重较大，保水保肥能力较差，土热潮发小苗，基础肥力低，土壤呈碱性。固定草甸风沙土，在利用土上如加强施肥、防沙措施，还是发展农业较好的土壤。

其土壤理化性质，见表 2-18 至表 2-21。

表 2-18 固定草甸风沙土物理性质表

剖面号	取土深度（cm）	容重（g/cm³）	总孔隙度（%）	毛管孔隙度（%）	非毛管孔隙度（%）
14	2~7	1.29	51.38	16.54	34.84
	25~30	1.49	44.79	22.12	22.67

表 2-19 固定草甸风沙土化学性质表

剖面号	取土深度（cm）	全量（g/kg）			有机质（g/kg）	pH 值	代换量（mEq/100g 土）	石灰含量（%）
		氮	磷	钾				
14	0~8	1.07	0.78	31.7	17.4	8.2	13.43	0.25
	20~30	1.23	0.6	29.4	23.8	8.1		4.32
	40~50				6.8	8.2		1.56
	80~90				1.7	7.9		
	140~150				1.5	8.1		

表 2-20 固定草甸风沙土机械组成

剖面号	土壤各粒级含量（%）						物理黏粒（%）	物理沙粒（%）	质地名称
	粒径（mm）								
	0.25~1.00	0.05~0.25	0.01~0.05	0.005~0.010	0.001~0.005	<0.001			
14	24.2	52.4	9.2	2.0	5.1	7.1	14.2	85.8	沙壤
	18.1	53.3	10.2	2.1	5.1	11.2	18.4	81.6	沙壤
	21.2	53.4	8.1	2.1	4.0	11.2	17.3	82.7	沙壤
	23.1	55.6	7.1	2.0	3.0	9.2	14.2	85.8	沙壤
	18.9	63.9	6.1	1.0	2.0	8.1	11.1	88.9	沙壤

表 2-21　固定草甸风沙土农化样分析结果统计表

土壤类型	有机质		全氮		碱解氮		速效磷		速效钾		样品数（个）
	平均（g/kg）	标准差	平均（g/kg）	标准差	平均（mg/kg）	标准差	平均（mg/kg）	标准差	平均（mg/kg）	标准差	
固定草甸风沙土	20.5	7.1	1.35	0.4	85	24	15	18	191	70	27

二、黑钙土类

黑钙土类是全县分布十分广泛的土壤，各乡镇波状平原中的平地和漫岗缓坡处均有分布。当地群众称为破皮黄，总面积 64 908.47 hm²，占土壤总面积的 11.68%，它是全县优质耕地的主要土壤，耕地面积 18 673.10hm²，占全县总耕地的 13.65%。

黑钙土是在温带半湿润半干旱气候条件和草甸草原植被下形成的。成土过程为：①腐殖质累积过程：与黑土大体类似，但与黑土相比，其腐殖层的厚度较薄，一般为 30~40cm，0~60cm 土层中腐殖质的贮量也较低。②钙化过程：由于半干旱半湿润地区的年降水量不多，水分不足，钙镁等盐类有一部分残留于土壤中，使土壤胶体表面和土壤溶液都为钙（或镁）所饱和，呈中性和碱性反应。土壤表层的钙离子与植物残体分解所产生的碳酸结合，形成重碳酸钙向下移动，并以碳酸钙的形式在腐殖质层以下淀积，形成钙积层。此外，本地区受季风气候的影响，黑钙土的形成过程中尚有明显的草甸化过程特征（如土层中有铁锰结核）。

根据主要的和附加的成土过程，本次普查中划分为黑钙土，草甸黑钙土，石灰性黑钙土3 个亚类，又续分为 7 个土属，18 个土种。其共性事均分布在波状平原中的平地和漫岗缓坡处，母质为黄土状堆积物，有石灰反应，有假菌系体和石灰斑块，有机质含量较高，是本县主要色农业用地。

（一）黄土质黑钙土

黄土质黑钙土是黑钙土亚类中的一个土属，按 A 层厚度分为薄层（A<20cm），中层（A20~40cm），厚层（A>40cm）3 个土种。本土壤分布在漫岗和岗平地上，主要成土过程为繁殖化过程和钙积过程，附加黏化过程。

成土母质为黄土状堆积物，质地较细，剖面层次明显，现以 718 号剖面为例，说明如下。

剖面采自克尔台乡后伍代村，腰伍代后岗糜子地，地势岗坡，海拔 147m。

Ap 层：0~27cm，灰棕色，块状结构，质地中壤，土体较紧，润，大量根系，无石灰反应，层次逐渐过渡。

AB 层：27~82cm，棕灰色，块状结构，质地中壤，土体极紧，润，中量根系，无石灰反应，层次逐渐过渡。

Bca 层：82~107cm，棕黄色，块状结构，质地重壤，土体极紧，润，大量石灰斑块，无根系，石灰反应强烈过渡明显。

BC 层：107~130cm，黄色，无结构，质地沙壤，土体极紧，润，大量菌丝体，无根系，石灰反应强烈，过渡明显。

C 层：130~150cm，棕黄色，块状结构，质地中壤，土体紧，润，大量菌丝体，无根系，石灰反应强烈。

该土壤表层有机质较高，容量适中，地势较平坦，保肥保水能力均较高，是良好的农业用地。其理化性质，见表2-22至表2-25。

表2-22 黄土质黑钙土物理性质表

剖面号	取土深度（cm）	容重（g/cm³）	总孔隙度（%）	毛管孔隙度（%）	非毛管孔隙度（%）
718	13~18	1.49	44.79	23.88	20.91
	40~50	1.64	39.84	31.66	8.18

表2-23 黄土质黑钙土化学性质表

剖面号	取土深度（cm）	全量（g/kg） 氮	磷	钾	有机质（g/kg）	pH值	代换量（mEq/100g土）
718	10~20	2.04	0.94	20.1	31.3	7.5	34.2
	45~55				25.5	7.5	
	90~100				9.4	7.8	
	110~120				3.3	7.9	
	135~145				4.9	7.8	

表2-24 黄土质黑钙土机械组成

剖面号	土壤各粒级含量（%） 粒径（mm） 0.25~1.00	0.05~0.25	0.01~0.05	0.005~0.010	0.001~0.005	<0.001	物理黏粒（%）	物理沙粒（%）	质地名称
718	15.3	35.2	14.4	4.2	9.3	21.6	45.1	54.9	中壤
	12.1	23.5	21.8	5.2	12.5	24.9	42.6	57.4	中壤
	11.8	21.3	20.6	6.2	18.5	21.6	46.3	53.7	重壤
	34.3	42.5	7.0	1.1	3.0	12.1	16.2	83.8	沙壤
	12.2	33.9	17.3	5.1	12.2	19.3	36.6	63.4	中壤

表2-25 黄土质黑钙土农化样分析结果统计

土壤类型	有机质 平均（g/kg）	标准差	全氮 平均（g/kg）	标准差	碱解氮 平均（mg/kg）	标准差	速效磷 平均（mg/kg）	标准差	速效钾 平均（mg/kg）	标准差	样品数（个）
薄层黄土质黑钙土	18.8	7.2	1.5	0.66	78	18	18	13	148	65	9
中层黄土质黑钙土	18.5	7.1	1.26	0.41	85	29	21	12	199	68	13
厚层黄土质黑钙土	22.5	3.9	1.5	0.31	106	6	18	10	195	26	2

（二）沙石底黑钙土

沙石底黑钙土是黑钙土亚类中的一个土属，按 A 层厚度分为薄，中，厚 3 个土种。本土壤的特点是，剖面通体含沙量高，质地较轻，是黑钙土中成土较晚的年青土壤，现以 631 号剖面为例，说明如下。

剖面采自白音诺勒乡龙坑村，老耕地，当年作物谷子，地势平坦，海拔高度 142m。

Ap 层：0~20cm，灰棕色，团粒结构，质地沙壤，土体散，润，大量根系，无石灰反应，层次逐渐过渡。

A₁ 层：20~30cm，暗灰棕色，团粒结构，质地沙壤，土体紧，润，中量根系，无石灰反应，层次过渡明显。

AB 层：30~60cm，浅黄棕色，团块结构，质地轻壤，土体紧，润，少量根系，无石灰反应，层次过渡明显。

Bca 层：60~100cm，浅灰色，块状结构，质地中壤，土体紧，润，大量石灰斑块，根少量根系，石灰反应强烈，层次逐渐过渡。

BC 层：100~130cm，黄棕色，团块状结构，质地沙壤，土体紧，润，少量石灰斑块，无根系，石灰反应强烈，层次逐渐过渡。

C 层：130~150cm，黄棕色，无结构，质地沙壤。土体散，润，无根系，石灰反应较强烈。

该土壤理化性质，见表 2-26 至表 2-29，耕层养分状况，见表 2-29。沙质黑钙土容量，孔隙度较适中，基础肥力低，耕层有机质均低于 20g/kg，但保肥能力较强，代换量 10~18mEq/100g 土，地势较平坦，在不断培肥地力的前提下，还是较好的农用土壤。

表 2-26 沙石底黑钙土物理性质表

剖面号	取土深度（cm）	容重（g/cm³）	总孔隙度（%）	毛管孔隙度（%）	非毛管孔隙度（%）
631	7~12	1.55	42.81	12.46	30.35
	23~28	1.45	46.10	23.28	22.82
	40~45	1.36	49.07	33.39	15.68

表 2-27 沙石底黑钙土化学性质表

剖面号	取土深度（cm）	全量（g/kg） 氮	磷	钾	有机质（g/kg）	pH 值	代换量（mEq/100g 土）
631	0~20	0.65	0.43	32.9	8.7	7.9	10.7
	20~30	1.18	0.47	35.5	13.3	8.0	18.2
	40~50				13.7	7.9	
	75~85				4.1	8.0	
	110~120				1.7	8.1	
	135~145				1.8	8.0	

表 2-28　沙石底黑钙土机械组成

| 剖面号 | 土壤各粒级含量（%） | | | | | | 物理黏粒（%） | 物理沙粒（%） | 质地名称 |
| | 粒径（mm） | | | | | | | | |
	0.25~1.00	0.50~0.25	0.01~0.05	0.005~0.010	0.001~0.005	<0.001			
	4.0	82.9	2.0	1.0	1.0	9.1	11.1	88.9	沙壤
	12.5	55.9	13.2	1.1	3.0	14.3	18.4	81.6	轻壤
631	24.3	36.1	15.2	4.1	4.0	16.3	24.4	75.6	轻壤
	16.1	36.1	13.3	4.0	16.3	14.2	34.5	65.5	中壤
	27.1	47.8	8.0	2.0	5.0	10.1	17.1	82.9	沙壤
	30.7	53.2	5.1	1.0	4.0	6.0	11.0	89.0	沙壤

表 2-29　沙石底黑钙土农化样分析结果统计表

| 土壤类型 | 有机质 | | 全氮 | | 碱解氮 | | 速效磷 | | 速效钾 | | 样品数（个） |
	平均（g/kg）	标准差	平均（g/kg）	标准差	平均（mg/kg）	标准差	平均（mg/kg）	标准差	平均（mg/kg）	标准差	
薄层沙石底黑钙土	18.3	4.6	1.28	0.22	85	20	18	11	195	98	7
中层沙石底黑钙土	18.3	7.8	1.26	0.31	100	34	21	21	173	30	12
厚层沙石底黑钙土	19.7	7.7	1.50	0.45	96	19	18	20	196	37	3

（三）沙壤质石灰性黑钙土

沙壤石灰性黑钙土是石灰性黑钙土亚类中的一个土属，按 A 层厚度分为薄，中，厚层 3 个土种，本土壤的主要特性是通体有石灰反应，心土层有较多的菌丝体和石灰斑块，底层为细沙，其成土过程、成土母质同于黑钙土，现以 1020 剖面为例，说明如下。

剖面采自一心国营苗卜房西树地，地势平坦，海拔 144.0m，植被杨树苗。

Ap 层：0~19cm，灰棕色，团粒结构，质地轻壤，土体散，润，多量根系，石灰反应强烈，层次过渡明显。

AB 层：19~54cm，浅黄棕色，块状结构，质地轻壤，土体散，润，有菌丝体，中量根系，石灰反应强烈，层次过渡明显。

B 层：54~115cm，棕色，块状结构，质地沙壤，土体紧，润，有菌丝体和少量石灰斑块，极少量根系，石灰反应强烈，层次过渡明显。

C 层：115~150cm，浅黄色，无结构，质地紧沙，土体松，润，无根系，有石灰反应。

其土壤的物理性质、化学性质，见表 2-30 至表 2-33。土壤成微碱性，土壤容重较高，耕层代换量 15mEq/100g 土，保水保肥能力较强，是较好的农田土壤。

表2-30 沙壤质石灰性黑钙土物理性质表

剖面号	取土深度（cm）	容重（g/cm³）	总孔隙度（%）	毛管孔隙度（%）	非毛管孔隙度（%）
1020	5~10	1.43	46.76	18.01	28.75
	32~37	1.57	41.49	16.09	25.40

表2-31 沙壤质石灰性黑钙土化学性质表

剖面号	取土深度（cm）	氮	磷	钾	有机质（g/kg）	pH值	代换量（mEq/100g土）	石灰含量（%）
1020	5~15	1.41	0.76	29.2	18.4	7.9	16.1	4.39
	30~40	0.25	0.4	29	4	8.4	15.2	11.83
	80~90				2.4	8.3		26.30
	135~145				0.6	8.5		2.15

表2-32 沙壤质石灰性黑钙土机械组成

剖面号	0.25~1.00	0.05~0.25	0.01~0.05	0.005~0.010	0.001~0.005	<0.001	物理黏粒（%）	物理沙粒（%）	质地名称
1020	9.7	50.8	16.2	3.1	8.1	12.1	23.3	76.7	轻壤
	8.2	51.3	16.2	3.0	9.1	12.2	24.3	75.7	轻壤
	21.1	47.6	12.1	2.0	6.1	11.1	19.2	80.8	沙壤
	25.0	65.5	2.5	0.5	2.5	4.0	7.0	93.0	紧壤

表3-33 沙底碳酸盐黑钙土农化样分析结果统计表

土壤类型	有机质平均（g/kg）	标准差	全氮平均（g/kg）	标准差	碱解氮平均（mg/kg）	标准差	速效磷平均（mg/kg）	标准差	速效钾平均（mg/kg）	标准差	样品数（个）
薄层沙壤质石灰性黑钙土	23.6	5.6	1.66	0.33	97	27	17	20	201	36	29
中层沙壤质石灰性黑钙土	26	3.1	1.89	0.17	115	11	17	15	217	56	9
厚层沙壤质石灰性黑钙土	20	3.5	1.36	0.2	95	17	11	2	197	8	3

（四）黄土质石灰性黑钙土

本土壤成土过程和成土母质与沙壤质石灰性黑钙土相同，其主要特征是心土和底土质地黏重，中壤—重壤，现以 22 号剖面为例，说明如下。

剖面采自泰康镇富强一队，饭豆地，地势平坦，海拔 147.7m，植被饭豆。

Ap 层：0~9cm，灰棕色，团粒状结构，质地轻壤，土体疏松，湿润，多量根系，有石灰反应，层次过渡不明显。

A_1 层：9~21cm，黄棕色，团粒状结构，质地中壤，土体松，湿润，中量根系，有石灰反应，层次逐渐过渡。

AB 层 21~39cm，黄棕色，粒状结构，质地中壤，土体紧，润，少量根系，有石灰反应，层次逐渐过渡。

Bca 层：39~62cm，棕黄色，小核状结构，质地重壤，土体紧，润，少量根系，少量菌丝体，有石灰斑，石灰反应较强烈，层次过渡不明显。

Bca_2 层：62~110cm，棕黄色，小核状结构，质地重壤，土体紧，润，极少量根系，大量菌丝体和石灰斑块，石灰反应强烈，层次过渡不明显。

BC 层：110~150cm，浅棕黄色，小核状结构，质地重壤，土体紧，潮湿，无根系，大量菌丝体，石灰反应强烈。

该土壤物理、化学性质性质，见表 2-34 至表 2-37。

表 2-34　黄土质石灰性黑钙土物理性质表

剖面号	取土深度（cm）	容重（g/cm³）	总孔隙度（%）	毛管孔隙度（%）	非毛管孔隙度（%）
	3~8	1.03	59.96	21.92	38.04
22	13~18	1.16	55.67	22.60	33.07
	33~38	1.30	51.05	25.82	25.23

表 2-35　黄土质石灰性黑钙土化学性质表

剖面号	取土深度（cm）	全量（g/kg）			有机质（g/kg）	pH 值	代换量（mEq/100g 土）
		氮	磷	钾			
	0~9	1.75	0.78		28	7.4	24.29
	10~20	1.35	0.68		24.4	7.4	24.29
22	25~35	0.75	0.4		11	7.5	
	45~55				7.3	7.8	
	80~90				6.1	8.3	
	130~140				5.1	8.2	

表2-36 黄土质石灰性黑钙土机械组成

剖面号	土壤各粒级含量（%）						物理黏粒（%）	物理沙粒（%）	质地名称
	粒径（mm）								
	0.25~1.00	0.05~0.25	0.01~0.05	0.005~0.010	0.001~0.005	<0.001			
22	15.4	37.1	19.6	5.2	10.3	12.4	27.9	72.1	轻壤
	10.5	31.3	24.9	6.3	12.4	14.6	33.3	66.7	中壤
	9.4	19.6	29.2	7.3	11.5	23.0	41.8	58.2	中壤
	3.1	15.2	32.5	8.3	16.8	24.1	49.2	50.8	重壤
	2.0	11.2	31.4	10.4	17.8	27.2	55.4	44.6	重壤
	3.9	18.8	30.9	8.3	14.4	23.7	46.4	53.6	重壤

表2-37 黄土质石灰性黑钙土农化样分析结果统计表

土壤类型	有机质		全氮		碱解氮		速效磷		速效钾		样品数（个）
	平均（g/kg）	标准差	平均（g/kg）	标准差	平均（mg/kg）	标准差	平均（mg/kg）	标准差	平均（mg/kg）	标准差	
薄层黄土质石灰性黑钙土	25.2	7.9	1.78	0.6	108	28	14	15	203	98	7
中层黄土质石灰性黑钙土	24	1.5	1.72	0.68	92	25	17	7	217	84	7
厚层黄土质石灰性黑钙土	25.5	7	1.65	0.4	141	48	15	6	243	146	2

（五）沙底草甸黑钙土

本土壤主要特征是底土层质地为沙，其他与黄土质草甸黑钙土相似。现已984号剖面为例，说明如下。

剖面采自靠上畜牧场总场，地势低平，海拔142m。

A_1层：0~37cm，浅灰棕色，团粒结构，质地沙壤，土体散，润，大量根系，层次过渡明显。

Bca层：37~63cm，浅黄棕色，核块状结构，质地轻壤，土体散，湿润，有少量锈斑，根系少量，石灰反应较强烈，层次逐渐过渡。

C层：63~150cm，浅白棕色，小核块状结构，质地沙壤，土体散，潮湿，有锈斑，石灰反应强烈。

其土壤理化性质，见表2-38至表2-41。土壤表层有机质含量较高，保肥能力较强，土发冷浆，在加强土壤改良措施，增施有机肥的前提下，可建成高产、稳产田。

表2-38 沙底草甸黑钙土物理性质表

剖面号	取土深度（cm）	容重（g/cm³）	总孔隙度（%）	毛管孔隙度（%）	非毛管孔隙度（%）
984	13~18	1.60	41.16	14.78	26.38
	45~50	1.32	50.39	19.91	30.48

表 2-39　沙底草甸黑钙土化学性质表

剖面号	取土深度（cm）	全量（g/kg）			有机质（g/kg）	pH 值	代换量（mEq/100g 土）
		氮	磷	钾			
984	8~18	1.85	0.7	33.6	25.7	6.8	14.7
	45~55				3.7	7.8	15.5
	110~120				2.1	8.5	

表 2-40　沙底草甸黑钙土机械组成

剖面号	土壤各粒级含量（%）						物理黏粒（%）	物理沙粒（%）	质地名称
	粒径（mm）								
	0.25~1.00	0.05~0.25	0.01~0.05	0.005~0.010	0.001~0.005	<0.001			
984	11.3	57.3	15.2	2.0	2.1	12.1	16.2	83.8	沙壤
	12.6	56.12	11.1	1.0	6.1	13.1	20.2	79.8	轻壤
	17.8	58.0	9.1	1.0	1.0	13.1	15.1	84.9	沙壤

表 2-41　沙底草甸黑钙土农化样分析结果统计表

土壤类型	有机质		全氮		碱解氮		速效磷		速效钾		样品数（个）
	平均（g/kg）	标准差	平均（g/kg）	标准差	平均（mg/kg）	标准差	平均（mg/kg）	标准差	平均（mg/kg）	标准差	
薄层沙底草甸黑钙土	16	2.5	1.17	0.16	65	12	8	2	180	24	3
中层沙底草甸黑钙土	22.6	3.6	1.46	0.06	85	11	8	1	252	24	2

（六）黄土质草甸黑钙土

本土壤分布在黑钙土向草甸土过渡地段的波状平原与平地的稍低处。主要成土过程与普通黑钙土相同，在土壤发育过程中，附加草甸化过程。土体中有石灰反应，或出现菌丝体，底土层有明显锈斑、锈纹。底土层质地黏重，母质为黄土状黏质沉积物。现以 1160 号剖面为例，说明如下。

剖面采自江湾乡九扇门村南向日葵地，地势低注，海拔 137.5m。

Ap 层：0~19cm，灰棕色，团块结构，质地沙壤，土体松，润，大量根系，无石灰反应，层次过渡不明显。

AB：19~70cm，棕色，少量团块结构，质地沙壤，土体松，湿润，大量锈斑，中量根系，无石灰反应，层次过渡明显。

Bca 层：70~139cm，浅灰色，核块状结构，质地中壤，土体紧，湿润，大量石灰锈斑，极少量根系，石灰反应强烈，层次过渡明显。

C 层：139~150cm。灰棕色，核块状结构，质地中壤，土体稍紧，湿润，大量锈斑，少量石灰斑块，无根系，石灰反应强烈。

其土壤理化性质，见表2-42至表2-45。

此种土壤表层有机质含量偏高，潜在肥力高，土发冷浆，不易发小苗，有后劲，增施有机肥，防内涝，可建成高产、稳产农田。

表2-42　黄土质草甸黑钙土物理性质表

剖面号	取土深度（cm）	容重（g/cm³）	总孔隙度（%）	毛管孔隙度（%）	非毛管孔隙度（%）
1160	14~19	1.46	45.77	9.98	35.79
	35~40	1.55	42.81	19.27	23.54

表2-43　黄土质草甸黑钙土物理性质表

剖面号	取土深度（cm）	全量（g/kg）			有机质（g/kg）	pH值	代换量（mEq/100g土）	石灰含量（%）
		氮	磷	钾				
1160	0~10	1.05	0.61	32.6	18.8	7.1	9.14	0.12
	40~50				3.6	7.6		0.33
	100~110				4.2	8.2		3.26
	140~150				2.8	8.3		

表2-44　黄土质草甸黑钙土机械组成

剖面号	土壤各粒级含量（%）						物理黏粒（%）	物理沙粒（%）	质地名称
	粒径（mm）								
	0.25~1.00	0.05~0.25	0.01~0.05	0.005~0.010	0.001~0.005	<0.001			
1160	12.0	60.5	15.3	2.0	4.1	6.1	12.2	87.8	沙壤
	11.2	63.2	9.2	2.1	2.0	12.3	16.4	83.6	沙壤
	7.2	33.4	24.0	4.1	10.4	20.9	35.4	64.6	中壤
	4.6	34.3	30.1	5.1	9.3	16.6	31.0	69.0	中壤

表2-45　黄土质草甸黑钙土农化样统计表

项目	平均含量	标准差	最高	最低	极差
有机质（g/kg）	32.9	11.5	30.5	18.8	11.7
全氮（g/kg）	1.51	0.45	1.82	1.19	0.63
碱解氮（mg/kg）	106	11	114	98	16
速效磷（mg/kg）	11	1	11	10	1
速效钾（mg/kg）	164	33	187	141	46

（七）石灰性草甸黑钙土

本土壤的主要特征是通体有石灰反应，其中，特征特性同于黄土质草甸黑钙土，现以779号剖面为例，说明如下。

剖面采自烟筒屯镇广胜村刘家窑高粱地，地势低平，海拔145.5cm。

Ap层：0~24cm，灰色，小粒块结构，质地沙壤，土体松，润，大量根系，石灰反应较强烈，层次逐渐过渡。

AB层：24~45cm，浅灰色，粒状结构，质地中壤，土体紧，润，少量假菌丝体，少量石灰斑块，重量根系，石灰反应较强烈，层次逐渐过渡。

B层：45~72cm，棕黄色，小粒状结构，质地重壤，土体紧，湿润，大量假菌丝体，大量石灰斑块，少量根系，石灰反应强烈。

C层：72~150cm，棕黄色，小粒状结构，质地重壤，土体紧，湿润，大量假菌丝体，大量石灰斑块，少量根系，石灰反应强烈。

其土壤的理化性质，见表2-46至表2-49。

该土壤质地较重，土壤容重，孔隙较适宜，表层有机质含量较高，保水保肥性能较强，潜在肥力高，是较好的农业用地。

表2-46 石灰性草甸黑钙土物理性质表

剖面号	取土深度（cm）	容重（g/cm³）	总孔隙度（%）	毛管孔隙度（%）	非毛管孔隙度（%）
779	10~15	1.47	45.44	17.47	27.97
	33~38	1.37	48.74	28.27	20.47

表2-47 石灰性草甸黑钙土化学性质表

剖面号	取土深度（cm）	全量（g/kg） 氮	磷	钾	有机质（g/kg）	pH值	代换量（mEq/100g土）
779	8~18	1.34	0.82		26.3	7.7	18.28
	30~40	0.87	0.62		15.8	7.8	
	50~60				8.8	8.4	
	100~110				6.7	8.1	

表2-48 石灰性草甸黑钙土机械组成

剖面号	土壤各粒级含量（%） 粒径（mm） 0.25~1.00	0.05~0.25	0.01~0.05	0.005~0.010	0.001~0.005	<0.001	物理黏粒（%）	物理沙粒（%）	质地名称
779	18.8	36.9	16.5	3.1	7.2	17.5	27.8	72.2	沙壤
	19.0	25.0	16.6	6.2	13.5	19.7	39.4	60.6	中壤
	8.3	24.9	20.9	7.3	12.5	26.1	45.9	54.1	重壤
	7.6	22.3	20.9	8.4	12.6	28.2	49.2	50.8	重壤

表 2-49　石灰性草甸黑钙土农化样统计表

项目	平均含量	标准差	最高	最低	极差
有机质（g/kg）	27.6	6.9	38.3	19.3	19
全氮（g/kg）	1.66	0.43	2.07	1.07	1
碱解氮（mg/kg）	117	23	147	92	55
速效磷（mg/kg）	19	8	32	12	20
速效钾（mg/kg）	285	149	351.65	1.65	350

三、草甸土

草甸土类主要分布在杜蒙自治县嫩江沿岸及湖泡周围的低平地上，总面积 247 556.53 hm²，占全县总土壤面积的 44.55%，耕地面积 65 463.45 hm²，占全县耕地的 47.87%。全县各乡镇均有分布，分布面积比较大的有巴彦查干乡、他拉哈镇、敖林乡、烟筒屯镇等。

草甸土的形成主要是草甸化过程，是直接受地下水浸润，在草甸植被下发育形成的非地带性半水成土壤，主要有 2 个过程：①潜育过程：在地下水或潜水（1~3m）的影响下，水分通过土壤毛细管作用，浸润土层上部。土壤中的氧化、还原过程也随水分的季节变化和干湿交替而交错进行，在土壤剖面上形成锈色斑纹和铁锰结核。由于各地气候以及母质和地下水的组成不同，在土壤剖面上有的出现白色二氧化硅粉末，有的则有盐化现象，或有石灰反应和石灰结核。在接近地下水和潜水的地方，还可见到潜育层。②腐殖质累积过程：由于草本植物生长茂盛和土壤水分较多，土壤的腐殖质积累过程较为明显，形成不同厚度的暗色腐殖质层。

由于成土过程不同，将草甸土类分为 5 个亚类 9 个土属 25 个土种。①草甸土亚类：有 2 个土属，6 个土种，分布面积比较大的有巴彦查干乡、他拉哈镇、江湾乡等沿江乡镇。面积 16 240.33 hm²，占草甸土 6.56%。②石灰性草甸土亚类：2 个土属，6 个土种各个乡镇均有分布。面积 70 800.73 hm²，占本土类 28.60%。③潜育草甸土亚类：3 个土属，7 个土种，面积 43 144.73 hm²，占本土类 17.43%，一般分布在平地的小盆地和水线等低洼处，由于所处的地形部位较低，地下水位高。④盐化草甸土亚类：1 个土属，3 个土种，它是各土类面积中较大的一种土壤，面积为 64 820.27 hm²，占草甸土 26.18%。⑤碱化草甸土亚类：1 个土属，3 个土种。面积 52 550.47 hm²，占本土类 21.23%。具体分析如下。

（一）沙砾底草甸土

沙砾底草甸土主要特征是母质层为沙，本土壤分布在河漫滩和一级阶地中的平地及低平地。主要成土过程是草甸化过程，母质为冲积物，剖面特征是通体无石灰反应，各层过渡不明显，BC 层或 C 层有锈斑，质地沙壤—沙。现以 116 号剖面为例，说明如下。

剖面采自县第二良种场马铃薯地，地势低平，海拔 134.0m。

Ap 层：0~10cm，灰色，团粒结构，质地中壤，土体紧，干，少量根系，无石灰反应，层次过渡不明显。

A₁ 层 10~19cm，棕灰色，核灰色，核粒状结构，质地重壤，土体紧，润，极少量根系，无石灰反应，层次过渡不明显。

Bg 层：19~97cm，棕黄色，小核状结构，质地轻壤，土体紧，湿润，潜育斑和少量锈斑，无根系，无石灰反应，层次过渡明显。

C 层：97~150cm，黄棕色，无结构，质地松沙，土体稍紧，潮湿，大量锈斑，无根系，无石灰反应。

其土壤理化性质，见表2-50至表2-53。

表2-50　沙砾底草甸土物理性质表

剖面号	取土深度（cm）	容重（g/cm³）	总孔隙度（%）	毛管孔隙度（%）	非毛管孔隙度（%）
116	5~10	1.29	51.38	24.56	26.82
	12~17	1.37	48.74	29.15	19.59
	35~40	1.41	47.42	44.04	3.38

表2-51　沙砾底草甸土化学性质表

剖面号	取土深度（cm）	全量（g/kg） 氮	磷	钾	有机质（g/kg）	pH 值	代换量（mEq/100g 土）
116	0~10	1.1	0.87	22.9	26.1	6.2	33.57
	10~19	1.21	0.84	23.6	24.5	6.8	27.45
	50~60				5.5	7.7	
	110~120				0.5	7.7	

表2-52　沙砾底草甸土机械组成

剖面号	土壤各粒级含量（%） 粒径（mm） 0.25~1.00	0.05~0.25	0.01~0.05	0.005~0.010	0.001~0.005	<0.001	物理黏粒（%）	物理沙粒（%）	质地名称
116	1.7	13.5	6.4	31.8	221.2	25.4	78.4	21.6	中壤
	1.7	14.5	25.5	9.5	20.2	28.6	58.3	41.7	重壤
	2.6	4.5	29.5	12.7	19.0	63.4	63.4	36.6	轻壤
	1.6	94.2	0.8	0.4	0.7	3.4	3.4	96.6	松沙

表2-53　沙砾底草甸土农化样分析结果统计表

土壤类型	有机质 平均（g/kg）	标准差	全氮 平均（g/kg）	标准差	碱解氮 平均（mg/kg）	标准差	速效磷 平均（mg/kg）	标准差	速效钾 平均（mg/kg）	标准差	样品数（个）
薄层沙砾底草甸土	40.6	9.9	2.95	0.65	163	44	28	24	212	120	16
中层沙砾底草甸土	29.5	9.7	2.17	0.53	137	40	17	8	142	31	9

（二）黏壤质草甸土

本土壤分布在河漫滩和一级阶地中的平地及低平地。主要成土过程是草甸化过程，母质为冲积物，剖面特征是通体无石灰反应，各层过渡不明显，BC 层或 C 层有锈斑，质地黏重。现以 238 号剖面为例，说明如下。

剖面采自他拉哈镇大排排玉米地，地势低平，海拔 132m。

Ap 层：0～10cm，暗灰色，团块结构，质地轻壤，土体散，干，大量根系，无石灰反应，层次过渡不明显。

AB 层：10～28cm，棕灰色，粒状结构，质地轻壤，土体紧，润，中量根系，无石灰反应，层次过渡不明显。

B 层：28～140cm，灰色，核粒状结构，质地轻壤，土体较紧，湿润，中量根系，无石灰反应，层次过渡不明显。

C 层：140～150cm，浅黄棕色，核粒状结构，质地重壤，土体紧，湿，中量锈斑，无根系，无石灰反应。

其土壤的理化性质，见表 2-54 至表 2-56。从表 2-54 至表 2-56 中可以看出黏壤质草甸土浅在肥力高，土壤冷浆，在肥力上表现为有效性差，有后劲，没前劲。土壤呈中性或微酸性，是主要的农业用地。

表 2-54 黏壤质草甸土化学性质表

剖面号	取土深度（cm）	全量（g/kg）			有机质（g/kg）	pH 值	代换量（mEq/100g 土）
		氮	磷	钾			
238	0～10	2.7	1.2		44.4	5.4	33.58
	14～24	1.24	0.86		24.9	6.3	39.56
	78～88				15.6	6.8	
	140～150				3.9	7.1	

表 2-55 黏壤质草甸土机械组成

剖面号	土壤各粒级含量（%）						物理黏粒（%）	物理沙粒（%）	质地名称
	粒径（mm）								
	0.25～1.00	0.05～0.25	0.01～0.05	0.005～0.010	0.001～0.005	<0.001			
238	0.3	10.4	26.6	11.7	20.2	30.8	62.7	37.3	轻壤
	0.2	4.9	21.6	11.9	18.3	43.1	73.3	26.7	轻壤
	0.2	4.9	20.5	11.9	18.3	44.2	74.4	25.6	轻壤
	0.1	9.5	37.8	11.6	11.6	29.4	52.6	47.6	重壤

表 2-56　黏壤质草甸土农化样统计表

项目	平均含量	标准差	最高	最低	极差
有机质（g/kg）	31.7	13.8	53.4	10.4	43
全氮（g/kg）	1.96	0.79	3.27	0.89	2.38
碱解氮（mg/kg）	141	50	207	51	156
速效磷（mg/kg）	16	6	25	8	17
速效钾（mg/kg）	155	26	194	113	81

（三）沙质石灰性草甸土

本土壤主要特征是通体或某一层有石灰反应，C 层为沙土，有大量锈斑，现以 118 号剖面为例，说明如下。

剖面采自巴彦查干乡河南村大豆地，地势低平，海拔 134.5m。

Ap 层：0~14cm，棕灰色，团粒结构，质地中壤，土体较松，润，少量根系，有石灰反应，层次过渡不明显。

AB 层：14~36cm，黄灰色，粒状结构，质地中壤，土体较紧，润，少量菌丝体，极少量根系，有石灰反应，层次过渡不明显。

B 层：36~80cm，灰棕色，核状结构，质地中壤，土体紧，润，下部有明显锈斑，极少量根系，无石灰反应，层次过渡明显。

Cg 层：80~120cm，浅黄棕色，无结构，质地松沙，土体松，湿润，大量锈斑，无根系，无石灰反应。

其土壤理化性质，见表 2-57 至表 2-60。从表上可以看出该土壤养分含量高，是发展农业的优质土壤。

表 2-57　沙质石灰性草甸土物理性质表

剖面号	取土深度（cm）	容重（g/cm³）	总孔隙度（%）	毛管孔隙度（%）	非毛管孔隙度（%）
118	7~12	1.42	47.09	44.69	2.40
	25~30	1.43	46.76	45.71	1.05

表 2-58　沙质石灰性草甸土化学性质表

剖面号	取土深度（cm）	全量（g/kg）			有机质（g/kg）	pH 值	代换量（mEq/100g土）
		氮	磷	钾			
118	0~14	1	0.56	26.6	19.7	7.3	38.81
	20~30	0.36	0.47	29.6	6.9	7.5	20.78
	50~60				4.5	7.1	
	90~100				0.9	7.9	

表2-59 沙质石灰性草甸土机械组成

剖面号	土壤各粒级含量（%）						物理黏粒（%）	物理沙粒（%）	质地名称
	粒径（mm）								
	0.25~1.00	0.05~0.25	0.01~0.05	0.005~0.010	0.001~0.005	<0.001			
118	1.7	35.6	25.1	4.1	11.5	22.0	37.6	62.4	中壤
	0.6	34.5	27.2	4.2	10.5	23.0	37.7	62.3	中壤
	1.5	42.6	24.8	4.2	7.2	19.7	31.1	68.9	中壤
	4.4	90.0	2.5	0.7	0.6	1.8	3.1	96.9	松沙

表2-60 沙质石灰性草甸土农化样分析结果统计表

土壤类型	有机质		全氮		碱解氮		速效磷		速效钾		样品数（个）
	平均（g/kg）	标准差	平均（g/kg）	标准差	平均（mg/kg）	标准差	平均（mg/kg）	标准差	平均（mg/kg）	标准差	
薄层沙质石灰性草甸土	31.2	13.1	1.94	0.86	128	52	15	11	224	147	28
中层沙质石灰性草甸土	28.2	10.6	1.86	0.76	115	41	10	3	189	58	9

（四）黏壤质石灰性草甸土

本土壤主要特征是通体或某一层有石灰反应，C层为黏土或黏壤土，有大量锈斑，现以76号剖面为例，说明如下。

剖面采自胡吉吐莫镇胡吉吐莫村草甸子，地势低平，海拔133m。

As层：0~10cm，浅棕灰色，团粒结构，质地中壤，土体较紧，干，多量根系，石灰反应强烈，层次逐渐过渡。

A_1层：10~64cm，暗棕灰色，团块结构，质地重壤，土体紧，润，少量根系，石灰反应强烈，层次过渡明显。

B_1层：64~92cm，浅棕灰色，核块状结构，质地中壤，土体紧，潮湿，有少量锈斑、层次逐渐过渡。

B_2层：92~122cm，棕灰色，核块状结构，质地中壤，土体紧，潮湿，大量潜育斑，少量锈斑，层次逐渐过渡。

C层：122~150cm，棕灰色，核块状结构，质地中壤，土体紧，潮湿，大量潜育斑，大量锈斑。

其土壤理化性质，见表2-61至表2-64。从表2-61至表2-64中可以看出，黏壤质石灰性草甸土通体质地较重，容重偏高，土壤养分含量丰富，潜在肥力高，保水保肥能力强，是较好的农牧兼用土壤。

表 2-61　黏壤质石灰性草甸土物理性质表

剖面号	取土深度（cm）	容重（g/cm³）	总孔隙度（%）	毛管孔隙度（%）	非毛管孔隙度（%）
76	2~7	1.43	46.76	33.73	13.03
	22~27	1.71	37.63	21.61	16.02

表 2-62　黏壤质石灰性草甸土化学性质表

剖面号	取土深度（cm）	全量（g/kg） 氮	磷	钾	有机质（g/kg）	pH 值	代换量（mEq/100g 土）
76	0~10	4.2	1.43	27.2	88.9	7.8	24.16
	35~45	1.41	0.87	29.8	24	8.2	
	70~80				8.8	7.7	
	100~110				4.9	7.3	
	130~140				4.2	7.1	

表 2-63　黏壤质石灰性草甸土机械组成

剖面号	0.25~1.00	0.05~0.25	0.01~0.05	0.005~0.010	0.001~0.005	<0.001	物理黏粒（%）	物理沙粒（%）	质地名称
76	1.7	26.5	38.0	7.4	12.7	13.7	33.8	66.2	中壤
	1.4	22.5	30.7	7.4	10.5	27.5	45.4	54.6	重壤
	0	22.5	34.6	7.3	10.5	25.1	42.9	57.1	中壤
	0	17.2	38.8	8.4	11.5	24.1	44.0	56.0	中壤
	0	29.0	33.4	8.4	8.3	20.9	37.6	62.4	中壤

表 2-64　黏壤质石灰性草甸土农化样分析结果统计表

土壤类型	有机质 平均（g/kg）	标准差	全氮 平均（g/kg）	标准差	碱解氮 平均（mg/kg）	标准差	速效磷 平均（mg/kg）	标准差	速效钾 平均（mg/kg）	标准差	样品数（个）
薄层黏壤质石灰性草甸土	35.5	21.6	2.31	1.36	142	78	23	15	216	112	19
中层黏壤质石灰性草甸土	40.3	13.8	2.71	0.73	163	74	17	10	200	66	14
厚层黏壤质石灰性草甸土	41.8	10.8	2.64	0.57	150	32	18	3	280	97	3

（五）黏壤质潜育草甸土

本土壤分布面窄，多分布在平原中的碟形洼地中，黑土层薄，质地黏重，母质为冲积物，成土过程除草甸化过程外，还有潜育化过程，心土层以下底土层以上有大量锈斑，底土层上面有大量潜育斑或形成一层灰蓝色黏软无结构的潜育层，现以 125 号剖面为例，说明如下。

剖面采自腰新乡兴龙村西江湾稻田地，地势低洼，海拔 130.0m。

Ap 层：0~17cm，棕灰色，团块状结构，质地重壤，土体紧，润，中量根系，层次过渡不明显。

A_1 层：17~28cm，棕灰色，粒状结构，质地重壤，土体稍紧，润，中量锈斑，少量根系，层次过渡不明显。

B_1 层：28~60cm，浅灰棕色，小粒状结构，质地中壤，土体紧，润，大量锈斑，少量根系，层次过渡不明显。

B_2 层：60~104cm，棕黄色，小块状结构，质地中壤，土体紧，润，大量锈斑，极少量根系，层次过渡不明显。

C_1 层：104~139cm，暗棕灰色，核块状结构，质地轻黏，土体紧，湿润，中量锈斑，无根系，层次过渡不明显。

C_2 层：139~150cm，灰黄棕色，核块状结构，质地中壤，土体紧，湿润，中量锈斑，无根系，通体无石灰反应。

此种土壤分布在低洼地，水分状况好，表层有机质含量高，肥力好，适于农牧业生产，其理化性质，见表 2-65 至表 2-68。

表 2-65　黏壤质潜育草甸土物理性质表

剖面号	取土深度（cm）	容重（g/cm³）	总孔隙度（%）	毛管孔隙度（%）	非毛管孔隙度（%）
125	7~13	1.41	47.42	24.65	22.77
	30~35	1.67	38.85	28.95	9.90

表 2-66　黏壤质潜育草甸土化学性质表

剖面号	取土深度（cm）	全量（g/kg）			有机质（g/kg）	pH 值	代换量（mEq/100g 土）
		氮	磷	钾			
125	0~10	2.78	1.55	27.2	68.9	5.7	34.27
	10~20	1.75	1.47	28.7	42.5	5.8	31.10
	20~30	0.81	1.23	28.5	14.7	6.5	
	30~40				6.5	6.2	
	40~50				24	5.1	
	50~60				8.6	5.5	

表 2-67　黏壤质潜育草甸土机械组成

剖面号	土壤各粒级含量（%）						物理黏粒（%）	物理沙粒（%）	质地名称
	粒径（mm）								
	0.25~1.00	0.05~0.25	0.01~0.05	0.005~0.010	0.001~0.005	<0.001			
125		10.2	33.8	13.7	16.9	25.4	56.0	44.0	重壤
		10.3	32.7	14.8	14.8	27.4	57.0	43.0	重壤
		14.4	40.7	9.4	11.5	24.0	44.9	55.1	中壤
		35.9	31.1	6.2	7.3	19.6	33.1	66.9	中壤
		14.6	24.2	12.7	19.0	29.5	61.2	38.8	轻黏
	1.1	27.2	28.1	8.3	10.4	24.9	43.6	56.4	中壤

表 2-68　黏壤质潜育草甸土农化样分析结果统计表

土壤类型	有机质		全氮		碱解氮		速效磷		速效钾		样品数（个）
	平均（g/kg）	标准差	平均（g/kg）	标准差	平均（mg/kg）	标准差	平均（mg/kg）	标准差	平均（mg/kg）	标准差	
薄层黏壤质潜育草甸土	46.3	17.3	3.02	0.48	186	65	38	36	185	46	6
中层黏壤质潜育草甸土	37.1	13.9	2.24	0.84	150	34	52	13	127	21	2
厚层黏壤质潜育草甸土	40.4	27.6	1.59	0.14	148	55	37	23	277	84	3

（六）沙砾底潜育草甸土

本土壤的主要特征是母质为沙，其他与黏壤质潜育草甸土相似，现以 1174 号剖面为例，说明如下。

剖面采自江湾乡渔场，拉海亮子南地势低平，海拔 136.7m。

A_1 层：0~12cm，灰棕色，团粒结构，质地中壤，土体松，潮湿，大量根系，层次过渡不明显。

AB 层：12~37cm，浅棕灰色，团粒结构，质地轻壤，土体松，潮湿，大量锈斑，中量根系，层次过渡不明显。

B 层：37~105cm，暗棕灰色，小棱块状结构，质地中壤，土体稍紧，潮湿，大量锈斑，极少量根系，层次逐渐过渡。

C 层：105~150cm，棕黄色，无结构，质地松沙，土体松散，潮湿，大量锈斑，无根系。

其土壤理化性质，见表 2-69 至表 2-71。该土壤地势低洼，土壤冷凉，潜在肥力较高，保肥能力强，地下水分充足，是开发种植水稻的良好土壤，也是牧业发展的基地。

表 2-69　沙砾底潜育草甸土化学性质表

剖面号	取土深度（cm）	全量（g/kg）			有机质（g/kg）	pH 值	代换量（mEq/100g 土）
		氮	磷	钾			
1174	0~10	2.38	1.1	27.8	59.7	5.5	20.77
	20~30	0.62	0.73	30.6	11.4	5.7	
	80~90				12.1	6.0	
	120~130				1	6.6	

表 2-70　沙砾底潜育草甸土机械组成

剖面号	土壤各粒级含量（%）						物理黏粒（%）	物理沙粒（%）	质地名称
	粒径（mm）								
	0.25~1.00	0.05~0.25	0.01~0.05	0.005~0.010	0.001~0.005	<0.001			
1174	3.7	34.0	28.1	7.2	9.4	17.6	34.2	65.8	中壤
	4.8	49.1	22.5	5.2	5.1	13.3	23.6	76.4	轻壤
	0.5	22.6	37.4	8.3	10.4	0.8	39.5	60.5	中壤
	34.4	60.5	1.2	0.3	1.1	2.5	3.9	96.1	松沙

表 2-71　沙砾底潜育草甸土农化样统计表

项目	平均含量	标准差	最高	最低	极差
有机质（g/kg）	41.0	9.2	57	27.9	29.1
全　氮（g/kg）	2.54	0.34	2.63	2.29	0.34
碱解氮（mg/kg）	169	22	222	115	107
速效磷（mg/kg）	34	14	64	18	46
速效钾（mg/kg）	154	32	207	119	88

（七）石灰性潜育草甸土

本土壤的主要特征是通体或某一层有石灰反应，质地较重中壤——重壤土或沙底，现以74 号剖面为例，加以说明。

剖面采自巴彦查干乡乌古墩北放牧地，地势低平，海拔 132.4m。

As 层：0~6m，暗棕灰色，团粒结构，质地中壤，土体较松，干，大量根系，层次过渡不明显。

A_1 层：6~26cm，暗灰色，核块状结构，质地重壤，土体紧，干，中量根系，层次过渡不明显。

ABg 层：26~37cm，棕灰色，核状结构，质地轻黏，土体紧，润，少量根系，下部有石灰反应，层次过渡较明显。

Bg层：37~83cm，灰黄色（不均匀），核状结构，质地轻黏，土体黏紧，湿润，大量潜育斑和少量锈斑，层次逐渐过渡。

Cg层：83~150cm，灰黄棕色，小核状结构，质地轻黏，土体紧，潮湿，大量锈斑及潜育斑。其土壤理化性质发，见表2-72至表2-75。石灰性潜育草甸土是水稻生产的良好土壤。

表2-72 石灰性潜育草甸土物理性质表

剖面号	取土深度（cm）	容重（g/cm³）	总孔隙度（%）	毛管孔隙度（%）	非毛管孔隙度（%）
74	15~20	1.41	47.42	35.47	11.95
	30~35	1.67	38.85	29.69	9.16

表2-73 石灰性潜育草甸土化学性质表

剖面号	取土深度（cm）	全量（g/kg）			有机质（g/kg）	pH值	代换量（mEq/100g土）
		氮	磷	钾			
74	0~6	5.09	1.25	25.6	114.4	7.2	34.57
	10~20	1.89	0.7	25.2	37	8.1	34.49
	25~35	0.75	0.58	23.8	14.5	8.8	
	60~70				6.7	9.2	
	120~130				3.3	8.6	

表2-74 黏底石灰性潜育草甸土机械组成

剖面号	土壤各粒级含量（%）						物理黏粒（%）	物理沙粒（%）	质地名称
	粒径（mm）								
	0.25~1.00	0.05~0.25	0.01~0.05	0.005~0.010	0.001~0.005	<0.001			
74	0.7	23.7	38.9	6.3	10.5	19.9	36.7	63.3	中壤
	0.9	13.5	28.5	6.4	12.7	38.0	57.1	42.9	重壤
	1.0	8.7	25.5	8.5	13.8	42.5	64.8	35.2	轻黏
	3.3	3.2	24.4	12.8	21.2	35.1	69.1	30.9	轻黏
	1.6	3.7	26.3	12.7	22.0	33.7	68.4	31.6	轻黏

表2-75 石灰性潜育草甸土农化样分析结果统计表

土壤类型	有机质		全氮		碱解氮		速效磷		速效钾		样品数（个）
	平均（g/kg）	标准差	平均（g/kg）	标准差	平均（mg/kg）	标准差	平均（mg/kg）	标准差	平均（mg/kg）	标准差	
薄层石灰性潜育草甸土	42.8	17.1	3.58	0.3	175	63	15	5	190	62	6
中层石灰性潜育草甸土	32.9	2.5	2.05	0.23	131	39	16	5	182	51	7

（八）苏打盐化草甸土

本土壤分布在低河漫滩，无尾河下稍低平地，常与苏打碱化草甸土呈复区分布，母质为冲积物，主要成土过程是草甸化过程，次要过程是盐化过程，剖面特征是表层亚表层颜色灰白，有积盐特征，有机质含量较高，色较深，通体质地轻黏—沙壤，有石灰反应，现以 561 号剖面为例，说明如下。

剖面采自白音诺勒乡他拉红村放牧地，地势低平，海拔 139.0cm。

A_1 层：0~15cm，棕灰色，棱块状结构，质地中壤，土体极紧，润，中量根系，石灰反应较强烈，层次过渡明显。

B_{Na} 层：15~85cm，灰白色，小核块状结构，质地轻黏，土体紧，潮湿，少量锈斑，石灰反应强烈，层次过渡不明显。

B 层：85~120cm，棕黄色，小团块结构，质地重壤，土体紧，湿，中量锈斑，石灰反应强烈，层次过渡不明显。

C 层：120~150cm，棕黄色，团块结构，质地重壤，土体紧，潮湿，大量锈斑，无根系，石灰反应强烈。

苏打盐化草甸土地下水位高，亚表层有盐分积累，总盐量平均为 0.143%，属轻度盐化草甸土，一般作物能生长，但怕旱，又同苏打碱化草甸土呈复区，所以，应作为发展牧业基地不宜开荒种地。

其土壤理化性质，见表 2-76 至表 2-79。

表 2-76　苏打盐化草甸土物理性质表

剖面号	取土深度（cm）	容重（g/cm³）	总孔隙度（%）	毛管孔隙度（%）	非毛管孔隙度（%）
561	5~10	1.48	45.11	30.81	14.30
	25~30	1.52	43.80	35.09	8.71

表 2-77　苏打盐化草甸土化学性质表

剖面号	取土深度（cm）	全量（g/kg）			有机质（g/kg）	pH 值	代换量（mEq/100g 土）	可溶盐总量（%）
		氮	磷	钾				
561	0~10	1.26	0.74	28.2	20.4	9.3	16.46	0.086
	10~20	0.43	0.41	20.9	6.7	9.0	15.66	0.241
	20~30	0.31	0.4		5.7	8.1		0.147
	30~40	0.24	0.36		3.9	7.8		0.098
	40~50				3.9	8.0		
	50~60				4.7	7.9		

表 2-78　苏打盐化草甸土机械组成

剖面号	土壤各粒级含量（%）						物理黏粒（%）	物理沙粒（%）	质地名称
	粒径（mm）								
	0.25~1.00	0.05~0.25	0.01~0.05	0.005~0.010	0.001~0.005	<0.001			
	19.7	40.0	12.4	2.0	5.2	20.7	27.9	72.1	中壤
	18.1	30.8	7.4	2.1	6.2	33.4	41.7	58.3	轻黏
561	17.2	31.3	11.3	3.1	24.7	12.4	40.2	59.8	轻黏
	23.0	31.4	10.4	4.1	20.7	10.4	35.2	64.8	重壤
	18.2	33.1	10.5	4.3	23.3	10.6	38.2	61.8	重壤
	20.9	33.3	12.5	3.1	21.9	8.3	33.3	66.7	重壤

表 2-79　苏打盐化草甸土农化样分析结果统计表

土壤类型	有机质		全氮		碱解氮		速效磷		速效钾		样品数（个）
	平均（g/kg）	标准差	平均（g/kg）	标准差	平均（mg/kg）	标准差	平均（mg/kg）	标准差	平均（mg/kg）	标准差	
轻度苏打盐化草甸土	32.7	7.2	2.1	0.56	119	22	11	3	211	81	12
中度苏打盐化草甸土	25.3	13.7	1.98	0.89	92	51	23	31	255	104	17
重度苏打盐化草甸土	26.6	8.6	1.18	0.58	105	34	20	21	298	199	8

（九）苏打碱化草甸土

本土壤分布在境内平地、低平地，常和苏打盐化草甸土呈复区存在。成土过程主要在草甸化过程，附加碱化过程。母质为冲积物，通体或某层有石灰反应，亚表层有明显的柱状碱化层，这是与苏打盐化草甸土具有明显的差异，质地黏重，土体较紧，颜色较深，土壤 pH值较高，黑土层薄，剖面层次明显，现以 317 号剖面为例，说明其剖面特征如下。

剖面采自巴彦查干乡前巴彦他拉村丁家窑西放牧地，地势低平，海拔 133.4m。

A_1 层：0~7cm，浅灰色，块状结构，质地沙壤，土体极紧，干，大量根系，有石灰反应，层次过渡明显。

碱化层：7~44cm，棕灰色，棱柱状结构，质地重壤，土体紧，湿润，极少量根系，石灰反应强烈，层次过渡明显。

B 层：44~100cm，灰白色，核块状结构，质地中壤，土体较松，潮湿，石灰反应强烈，层次过渡明显。

C 层：100~150cm，浅黄色，小块状结构，质地中壤，土体较松，潮湿，无根系，质地中壤，有石灰反应。

此种土壤，碱化层较厚，但表层含盐少，草甸植被生育好，可发展牧业。

其土壤理化性质，见表2-80至表2-83。

表2-80　苏打碱化草甸土物理性质表

剖面号	取土深度 （cm）	容重 （g/cm³）	总孔隙度 （%）	毛管孔隙度 （%）	非毛管孔隙度 （%）
317	2~7	1.30	51.05	23.86	27.19
	25~30	1.43	46.76	33.78	12.98

表2-81　苏打碱化草甸土化学性质表

剖面号	取土深度 （cm）	全量（g/kg）			有机质 （g/kg）	pH 值	代换量 （mEq/100g 土）
		氮	磷	钾			
317	0~10	0.71	0.50	34.9	13.8	9.7	7.54
	10~20	0.29	0.42	30.0	6.5	10.2	8.47
	20~30	0.13	0.32		2.9	10.2	
	30~40	0.16	0.36		3.1	10.3	
	40~50				3.2	10.2	
	50~60				2.9	10.2	

表2-82　苏打碱化草甸土机械组成

剖面号	土壤各粒级含量（%）						物理 黏粒 （%）	物理 沙粒 （%）	质地 名称
	粒径（mm）								
	0.25~ 1.00	0.05~ 0.25	0.01~ 0.05	0.005~ 0.010	0.001~ 0.005	<0.001			
317	6.4	68.1	12.3	1.0	3.0	9.2	13.2	86.8	沙壤
	8.7	67.9	11.2	1.0	2.0	9.2	12.2	87.8	沙壤
	13.8	67.9	7.1	1.0	1.0	9.1	11.2	88.8	沙壤
	19.8	55.7	7.1	1.1	3.0	13.3	17.4	82.6	轻壤
	10.0	46.7	11.3	2.1	7.2	22.7	32.0	68.0	重壤
	9.8	48.1	12.3	2.1	7.2	20.5	29.8	70.2	中壤

表2-83　苏打碱化草甸土农化样统计表

项目	平均含量	标准差	最高	最低	极差
有机质（g/kg）	28.6	11.3	49.4	8.7	40.7
全　氮（g/kg）	1.85	0.33	2.26	1.44	0.82
碱解氮（mg/kg）	104	33	155	82	73
速效磷（mg/kg）	36	36	113	8	105
速效钾（mg/kg）	361	221	975	142	833

四、新积土类

本次普查化分冲积土一个亚类和沙质冲积土一个土属，本土壤分布在低平河漫滩处，母质为冲积物，主要成土过程是生草化过程，A层薄，质地轻，B层发育不明显，底部为沙，潜育性强，现以113号剖面为例，说明如下。

剖面采自巴彦查干乡宫屯村东北荒地格子，地势低洼，海拔134cm。

A_S层：0~7cm，灰棕色，团粒机构，质地重壤，土体较轻，干，有锈斑，大量草根，无石灰反应，层次逐渐过渡。

ABg层：7~19cm，灰棕色，粒状结构，质地重壤，土体紧，润，大量锈斑，大量草根，无石灰反应，层次逐渐过渡。

BCg层：19~60cm，暗灰棕色，核块状结构，质地轻黏，土体较紧，湿润，大量锈斑和潜育斑，中量根系，有石灰反应，层次过渡较明显。

DAg层：60~105cm，灰色，粒状结构，质地轻黏，土体稍紧，潮湿，极少量根系，无石灰反应，层次逐渐过渡。

DBg层：105~150cm，黄棕色，无结构，质地松沙，土体紧、湿润，大量锈斑，无根系，无石灰反应。

土壤农化样统计分析，见表2-84。该土壤可以开发种植水稻。

表2-84　沙质冲积土农化样统计表

项目	平均含量	标准差	最高	最低	极差
有机质（g/kg）	17.2	7.4	22.4	11.9	10.5
全　氮（g/kg）	1.14	0.42	1.43	0.84	0.59
碱解氮（mg/kg）	63	19	76	49	27
速效磷（mg/kg）	10	3	12	8	4
速效钾（mg/kg）	253	152	360	145	215
pH 值	9.6	0.4	9.9	9.3	0.6

五、沼泽土类

沼泽土是一种水成土壤，本次普查化分草甸沼泽土1个亚类和3个土属，分布在低湿地，河曲地，母质为河湖相沉积物，主要成土过程是沼泽化。剖面特征是表层有较厚的腐殖质层，无泥炭层，有大量锈斑，表层以下有潜育层。境内沼泽土集中分布在烟筒屯镇、克尔台乡和白音诺勒乡的闭合洼地，面积为49.53万hm²，占土壤总面积的8.91%。本次普查划分为草甸沼泽土一个亚类，沙质草甸沼泽土、黏质草甸沼泽土和石灰性草甸沼泽3个土属。随着农业科技进步，该土壤适合开发种植水稻。

（一）沙质草甸沼泽土

沙质草甸沼泽地多分布在低湿地处，母质为河湖相沉积物，主要成土过程是生草化和潜育化，剖面特征A层较薄，色淡，多植物根，表层多锈斑，潜育斑，底层为灰蓝色的潜育层。现以 39 号剖面为例，说明如下。

剖面采自江湾乡什毡铺北泡子边，地势低洼，海拔 133.9m。

A 层：0~17cm，浅灰棕色，团粒结构，质地中壤，土体松，润，大量根系，大量锈斑和潜育斑，无石灰反应，层次过渡不明显。

ABg 层：17~50cm，浅棕灰色，无结构，质地重壤，土体紧、湿润、极少量根系，大量锈斑，无石灰反应，层次过渡较明显。

Bg 层：50~70cm，蓝灰色，无结构，质地重壤，土体紧，湿润，少量根系，大量锈斑和潜育斑，无石灰反应，层次过渡不明显。

BCg 层：70~100cm，浅蓝灰色，无结构，质地中壤，土体紧，湿润，极少量锈斑，大量潜育斑，无石灰反应，层次过渡不明显。

G 层：100~130cm，浅蓝灰色，无结构，质地沙壤，无石灰反应，少量锈斑。

此种土壤，有机质偏高，潜在肥力高，显酸性，地势低洼常年水害，目前尚未利用。其土壤化学性质，见表 2-85、表 2-86。

表 2-85　沙质草甸沼泽土化学性质表

剖面号	取土深度（cm）	全量（g/kg）			有机质（g/kg）	pH 值	代换量（mEq/100g 土）
		氮	磷	钾			
39	5~15	1.34	1.09		24.3	5.8	23.71
	30~40	0.84	1.45		16.8	6.0	
	55~65				1.60	4.6	
	80~90				9.8	4.5	
	100~110				2.7	4.4	

表 2-86　沙质草甸沼泽土机械组成

剖面号	土壤各粒级含量（%）						物理黏粒（%）	物理沙粒（%）	质地名称
	粒径（mm）								
	0.25~1.00	0.05~0.25	0.01~0.05	0.005~0.010	0.001~0.005	<0.001			
39	2.4	30.9	22.9	8.4	13.5	21.9	43.8	56.2	中壤
	0.8	17.8	28.2	11.4	14.7	27.1	53.2	46.8	重壤
	0.8	18.7	28.3	10.4	16.7	25.1	52.2	47.8	重壤
	0.4	41.6	20.7	6.2	10.4	20.7	37.3	62.7	中壤
	0.3	78.6	6.3	3.2	3.1	8.5	14.8	85.2	沙壤

（二）黏质草甸沼泽土

本土壤分布在沼泽土区内常年积水较深的部位，除生长茂盛的芦苇外，还生长一些其他水生植物，表层有大量植物枯根和残体，是养鱼育苇的好地方。本土壤因受水浸取样困难，只能在冬季破冰取到 60cm 左右的土样。现以 108 号剖面为例，说明如下。

剖面采自烟筒屯镇三合村杨水站，苇塘，海拔 140.5m。

A 层：0~24cm，灰色，小块结构，质地中壤，土体松，大量根系，水浸，无石灰反应，层次逐渐过渡。

AB 层：24~59cm，暗灰色，块状结构，质地中壤，土体较紧，水浸，大量根系，无石灰反应。

此种土壤目前只能利用养鱼，育苇发展副业生产。其理化性质，见表 2-87 至表 2-89。

表 2-87　黏质草甸沼泽土化学性质表

剖面号	取土深度（cm）	全量（g/kg）			有机质（g/kg）	pH 值	代换量（mEq/100g 土）
		氮	磷	钾			
108	0~24	5.35	1.17	29.6	95.6	7.8	
	24~59	4.74	1.04	29.8	78.9	7.7	

表 2-88　黏质草甸沼泽土机械组成

剖面号	土壤各粒级含量（%）						物理黏粒（%）	物理沙粒（%）	质地名称
	粒径（mm）								
	0.25~1.00	0.05~0.25	0.01~0.05	0.005~0.010	0.001~0.005	<0.001			
108	10.2	31.7	23.8	5.2	10.4	18.7	34.3	65.7	中壤
	11.1	30.9	24.9	6.2	10.3	16.8	33.1	66.9	中壤

表 2-89　黏质草甸沼泽土农化样统计表

项目	平均含量	标准差	最高	最低	极差
有机质（g/kg）	56.8	30.1	95.6	26.9	68.7
全　氮（g/kg）	5.86	0.71	6.36	5.35	1.01
碱解氮（mg/kg）	108	43	147	61	86
速效磷（mg/kg）	17	6	24	12	12
速效钾（mg/kg）	366	221	619	212	407

（三）石灰性草甸沼泽土

石灰性草甸沼泽土，主要成土过程草甸沼泽化附加积钙过程，剖面特征有石灰反应，其他与黏质草甸沼泽土相似，现以 103 号剖面为例，说明如下。

剖面采自烟筒屯镇大蒿子西北苇塘，海拔 140.5m。

A 层：0~28cm，浅灰色，小团粒结构，质地重壤，土体较紧，水浸，大量根系，石灰反应较强烈，层次过渡明显。

Bg 层：28~60cm，灰色，冻块，质地中壤，土体紧，水浸，大量潜育斑，少量根系，石灰反应较强烈。

此种土壤有机质含量高，有大量根系，常年积水，目前只能利用养鱼育苇，发展副业生产。其理化性质，见表2-90、表2-91。

表2-90　黏质草甸沼泽土化学性质表

剖面号	取土深度（cm）	全量（g/kg）			有机质（g/kg）	pH值	代换量（mEq/100g土）
		氮	磷	钾			
103	0~28	2.99	1.02	26.9	49.5	7.6	
	28~60	1.98	0.88	27.7	32.8	7.6	

表2-91　黏质草甸沼泽土机械组成

剖面号	土壤各粒级含量（%）						物理黏粒（%）	物理沙粒（%）	质地名称
	粒径（mm）								
	0.25~1.00	0.05~0.25	0.01~0.05	0.005~0.010	0.001~0.005	<0.001			
103	10.0	21.0	19.6	8.2	16.5	24.7	49.4	50.6	重壤
	15.5	25.6	15.2	3.0	12.2	28.5	43.7	56.3	中壤

第六节　土壤资源评价

一、土壤利用评价

根据本次土壤普查计算，全县土壤总面积555 719.27 hm²，其中，耕地136 756.91 hm²，草原211 362.00 hm²，其他用地207 600.36 hm²，各土壤类型面积详见表2-92。全县草甸土面积最大，占总土壤面积的44.55%，其次是风沙土、黑钙土，各占总土壤面积的34.54%和11.68%，这三类土壤在境内行政区均有分布。

全县农业发展历史较短，垦殖率为24.61%。从各类土壤看（表2-92），主要宜耕土壤，如黑钙土垦殖率为28.77%。开垦有一定难度或不完全适于开垦的土壤，垦殖率较低，如新积土垦殖率8.92%，沼泽土6.18%。

表2-92　土壤垦殖情况

土壤名称	面积（hm²）	耕地面积（hm²）	垦殖率（%）
草甸土	247 556.53	65 463.45	26.44
黑钙土	64 908.47	18 673.10	28.77
风沙土	191 925.87	49 398.61	25.74

（续表）

土壤名称	面积（hm²）	耕地面积（hm²）	垦殖率（%）
新积土	1 801.47	160.74	8.92
沼泽土	49 526.93	3 061.01	6.18
总面积	555 719.27	136 756.91	24.61

全县地处松嫩平原中部，草原辽阔，面积广大，是"以牧为主，农、林、牧、副、渔结合，因地制宜，全面发展。"的县。近几年，由于畜牧业的迅速发展，草原载畜量的增加，加之靠天养畜，没有对草场进行合理的规划使用，使草原退化，产草量下降已成为牧业发展中的突出矛盾。据草原调查资料表明，全县有82.7%的天然草场均有程度不同的退化现象，退化面积高达25.93万hm²。

对多年的生产实践总结，由于我们对土壤的特性认识不够，土壤资源的利用上带有很大的盲目性，使之自然生态平衡受到了不同程度的破坏，如风沙土的过度开垦，风蚀现象严重，沙丘面积逐年扩大，从实地调查和多年的历史经验昭示我们，境内宜耕土壤较少，土壤开垦的后备资源已经不多，大面积的开垦已告一段落，如再盲目开垦，势必破坏生态平衡，加重恶性循环。今后的任务是逐步对现有土地进行合理调整，部分不适于做耕地用的土壤，如风蚀严重的风沙土，碱性大的草甸土，适当退耕还林还牧。而将部分适于开垦的黑钙土，经过改造，垦为农田，扩大农田面积，今后的工作重点应放到提高粮食单产和多种经营方面，做到地尽其用。

二、土壤化学性质评价

土壤养分含量的高低是土壤肥力重要指标之一。全县各地土壤养分千变万化，通过对全县911土壤表层农化样的分析统计中可以看出（表2-93）：全县土壤养分含量偏低，亟待补充。由于受自然条件和人为耕种的综合影响，表现出明显的地区差异，为了合理利用，培肥和改良土壤，有必要按一定的标准把土壤养分含量分类排队，进行土壤养分分级。其分级标准，见表2-94。

表2-93　土壤养分平均含量

项目	有机质（g/kg）	全氮（g/kg）	碱解氮（mg/kg）	速效磷（mg/kg）	速效钾（mg/kg）
平均值	24.4	1.67	103	19	198
农化样（个）	911	592	911	911	911

表2-94　黑龙江省土壤养分含量分级表

级别	有机质（g/kg）	全氮（g/kg）	碱解氮（mg/kg）	速效磷（mg/kg）	速效钾（mg/kg）
一级	>60	>4.0	>200	>100	>200
二级	40~60	2.0~4.0	150~200	40~100	150~200

（续表）

级别	有机质 （g/kg）	全氮 （g/kg）	碱解氮 （mg/kg）	速效磷 （mg/kg）	速效钾 （mg/kg）
三级	30~40	1.5~2.0	120~150	20~40	100~150
四级	20~30	1.0~1.5	90~120	10~20	50~100
五级	10~20	<1.0	60~90	5~10	30~50
六级	<10		30~60	3~5	<30
七级			<30	<3	

（一）土壤养分基本情况

本次土壤普查，采用了2种土样：其一是典型剖面的分层土样即诊断样，对境内各行政区和具有代表性的土壤类型进行采样，但为数不多，共化验85个剖面样；另一种是按土种采集的0~20cm农化样，数量较大达911个。下面对0~20cm农化样所得数据经统计分析对比，分别总结如下。

1. 土壤有机质含量分级及分布情况

从农化样化验分析结果中可以看出（表2-95），土壤有机质含量偏低，从0~20cm土壤有机质的平均水平来看，最低的是流动草甸风沙土和苏打盐化草甸土分别为2.40g/kg和11.90g/kg，最高的是黏质草甸沼泽土为56.80g/kg。其他土壤均在10~40g/kg。平均值为24.4g/kg，低湿地的土壤有机质变化较大，标准偏差达±11.0~30.1g/kg。土壤总面积中有机质含量一级的仅占3.84%，二级的占16.67%，并且多分布在沼泽土上，不能被农业所利用；而四级、五级的则占26.81%和35.08%，说明有机质含量低，潜在肥力差，是全县土壤的共性。按省分级标准，全县土壤有机质含量共分六级，各级所占面积及行政区分布情况，见表2-96；土壤有机质不同等级面积比例，见图2-13。

表 2-95 不同土属土壤有机质含量统计表

序号	土壤名称	耕层土壤有机质（g/kg）					样品数 （个）
		平均含量	标准差	最大	最小	极差	
1	流动草甸风沙土	2.40	—	—	—	—	1
2	半固定草甸风沙土	14.50	4.50	41.30	3.70	37.60	170
3	固定草甸风沙土	19.10	6.10	35.40	9.00	26.40	64
4	沙质冲积土	25.10	14.70	40.90	11.90	29.00	3
5	黄土质黑钙土	19.00	6.80	35.60	9.70	25.90	24
6	沙石底黑钙土	18.80	7.80	40.20	10.90	29.30	22

序号	土壤名称	耕层土壤有机质（g/kg）					样品数（个）
		平均含量	标准差	最大	最小	极差	
7	沙壤质石灰性黑钙土	21.70	4.00	30.50	14.60	15.90	15
8	黄土质石灰性黑钙土	24.70	8.50	42.80	14.10	28.70	16
9	沙底草甸黑钙土	18.60	4.40	25.10	13.20	11.90	5
10	黄土质草甸黑钙土	24.70	8.30	35.00	18.80	16.20	2
11	石灰性草甸黑钙土	21.40	4.70	38.00	16.60	21.40	9
12	沙砾底草甸土	36.60	11.00	54.90	16.80	38.10	25
13	黏壤质草甸土	31.70	13.80	53.40	10.40	40.00	8
14	沙质石灰性草甸土	31.10	12.70	53.80	6.60	47.20	38
15	黏壤质石灰性草甸土	37.90	18.00	107.60	9.90	97.70	36
16	黏壤质潜育草甸土	43.00	18.40	72.10	14.50	57.60	11
17	沙砾底潜育草甸土	41.00	9.20	57.00	27.90	29.10	10
18	石灰性潜育草甸土	37.50	12.70	63.10	13.30	49.80	13
19	苏打盐化草甸土	28.00	11.20	62.30	6.30	56.00	37
20	苏打碱化草甸土	29.00	11.10	49.40	8.70	40.70	16
21	沙质草甸沼泽土	—	—	—	—	—	
22	黏质草甸沼泽土	56.80	30.10	95.60	26.90	68.70	3
23	石灰性草甸沼泽土	24.40	16.90	49.50	7.10	42.40	4

表 2-96 行政区土壤有机质分级面积统计表

乡镇名称	一级 面积（hm²）	一级 （%）	二级 面积（hm²）	二级 （%）	三级 面积（hm²）	三级 （%）	四级 面积（hm²）	四级 （%）	五级 面积（hm²）	五级 （%）	六级 面积（hm²）	六级 （%）	合计（hm²）
合计	21 313.40	3.84	93 127.80	16.76	80 160.70	14.42	149 007.50	26.81	194 960.37	35.08	17 149.50	3.09	555 719.27
泰康镇	179.00	0.03	772.00	0.14	3 965.80	0.71	3 039.10	0.55	3 640.46	0.66	145.50	0.03	11 741.86
一心乡	215.30	0.04	2 388.80	0.43	3 907.10	0.70	24 889.90	4.48	10 772.49	1.94	0.00	0.00	42 173.59
烟筒屯镇	8 313.90	1.50	25 691.50	4.62	14 702.70	2.65	4 579.50	0.82	5 136.00	0.92	227.00	0.04	58 650.6
克尔台乡	6 259.10	1.13	14 802.30	2.66	7 326.50	1.32	7 630.90	1.37	11 065.20	1.99	211.60	0.04	47 295.6
白音诺勒乡	2 284.40	0.41	2 574.80	0.46	5 515.50	0.99	5 790.60	1.04	22 838.43	4.11	4 962.20	0.89	43 965.93
敖林西伯乡	0.00	0.00	0.00	0.00	5 391.20	0.97	31 038.30	5.59	29 605.53	5.33	2 113.50	0.38	68 148.53
胡吉吐莫镇	0.00	0.00	3 519.10	0.63	6 119.70	1.10	7 721.30	1.39	12 747.74	2.29	2 731.50	0.49	32 839.34
巴彦查干乡	2 123.50	0.38	18 417.20	3.31	4 229.10	0.76	5 625.10	1.01	12 532.40	2.26	488.90	0.09	43 416.2
他拉哈镇	1 826.40	0.33	6 832.90	1.23	5 155.00	0.93	7 926.40	1.43	16 654.44	3.00	4 211.40	0.76	42 606.54
腰新屯乡	111.30	0.02	3 861.90	0.69	6 943.90	1.25	5 100.30	0.92	19 096.29	3.44	1 543.90	0.28	36 657.59
江湾乡	0.20	0.00	8 019.70	1.44	8 267.90	1.49	1 833.80	0.33	6 441.67	1.16	0.00	0.00	24 563.27
各场	0.30	0.00	6 247.60	1.12	8 636.30	1.55	43 832.30	7.89	44 429.72	7.99	514.00	0.09	103 660.22

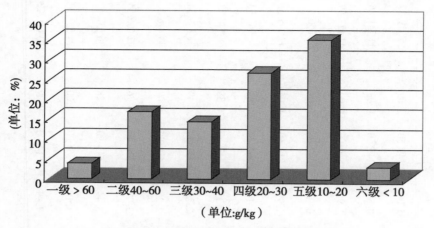

（单位:g/kg）

图2-13 土壤有机质不同等级面积比例图

2. 土壤全氮含量分级及分布情况

土壤中的全氮是与有机质含量密切相关，有机质含量较多，其氮素含量也越高。全县全氮平均含量为1.67g/kg。含量最低的是流动草甸风沙土为0.16g/kg，含量最高的是黏质草甸沼泽土，为5.86g/kg，详见表2-97。

表2-97 不同土属土壤全氮量统计表

序号	土壤名称	耕层土壤全氮（g/kg）					样品数（个）
		平均含量	标准差	最大	最小	极差	
1	流动草甸风沙土	0.16	—	—	—	—	1
2	半固定草甸风沙土	1.03	0.30	2.21	0.41	1.80	170
3	固定草甸风沙土	1.26	0.35	2.08	0.71	1.37	64
4	沙质冲积土	1.14	0.42	1.43	0.84	0.59	3
5	黄土质黑钙土	1.39	0.49	2.53	0.82	1.71	24
6	沙石底黑钙土	1.31	0.30	1.96	0.38	1.58	22
7	沙壤质石灰性黑钙土	1.67	0.32	2.18	1.07	1.11	15
8	黄土质石灰性黑钙土	1.71	0.59	2.75	1.01	1.74	16
9	沙底草甸黑钙土	1.55	0.30	2.03	1.04	0.99	5

（续表）

序号	土壤名称	耕层土壤全氮（g/kg）					样品数（个）
		平均含量	标准差	最大	最小	极差	
10	黄土质草甸黑钙土	1.51	0.45	1.82	1.19	0.63	2
11	石灰性草甸黑钙土	1.38	0.29	2.02	1.15	0.87	9
12	沙砾底草甸土	2.35	0.58	3.25	1.54	1.71	25
13	黏壤质草甸土	1.96	0.79	3.27	0.89	2.38	8
14	沙质石灰性草甸土	1.92	0.81	3.40	0.60	2.80	38
15	黏壤质石灰性草甸土	2.51	1.05	5.97	0.18	5.49	36
16	黏壤质潜育草甸土	2.41	0.80	3.36	1.48	1.88	11
17	沙砾底潜育草甸土	2.54	0.34	2.93	2.29	0.64	10
18	石灰性潜育草甸土	2.56	0.82	2.79	1.80	1.99	13
19	苏打盐化草甸土	2.00	0.69	3.96	1.09	2.82	37
20	苏打碱化草甸土	1.85	0.33	2.26	1.44	0.82	16
21	沙底草甸沼泽土	—	—	—	—	—	—
22	黏质草甸沼泽土	5.86	0.71	6.36	5.35	1.01	3
23	石灰性草甸沼泽土	1.64	1.07	2.99	0.71	2.28	4

按省分级标准，全县土壤全氮含量共分五级，土壤总面积中，全氮含量为一级的仅占0.69%，二级占28.71%，多分布在克尔台、腰新屯等乡镇的沼泽土和沿江的草甸土上。土壤全氮含量最多为四级，占土壤总面积的36.20%。各乡分布情况，见表2-98；土壤不同等级面积比例，见图2-14。

表 2-98　行政区土壤全氮分级面积统计表

乡镇名称	一级		二级		三级		四级		五级		合计（hm²）
	面积（hm²）	（%）	面积（hm²）	（%）	面积（hm²）	（%）	面积（hm²）	（%）	面积（hm²）	（%）	
合计	3 808.60	0.69	159 521.10	28.71	108 912.50	19.60	201 170.20	36.20	82 306.88	14.81	555 719.27
泰康镇	0.00	0.00	4 871.10	0.88	1 836.00	0.33	2 869.46	0.52	2 165.30	0.39	11 741.86
一心乡	0.00	0.00	7 109.70	1.28	10 562.30	1.90	20 074.39	3.61	4 427.20	0.80	42 173.59
烟筒屯镇	0.00	0.00	42 975.30	7.73	7 966.80	1.43	5 748.10	1.03	1 960.40	0.35	58 650.6
克尔台乡	1 724.80	0.31	17 186.20	3.09	16 212.70	2.92	10 317.20	1.86	1 854.70	0.33	47 295.6
白音诺勒乡	0.00	0.00	4 465.40	0.80	4 408.50	0.79	16 413.23	2.95	18 678.80	3.36	43 965.93
敖林西伯乡	0.00	0.00	6 311.70	1.14	18 375.10	3.31	35 214.43	6.34	8 247.30	1.48	68 148.53
胡吉吐莫镇	0.00	0.00	8 997.60	1.62	2 691.70	0.48	11 011.34	1.98	10 138.70	1.82	32 839.34
巴彦查干乡	350.10	0.06	23 602.80	4.25	3 889.70	0.70	9 584.10	1.72	5 989.50	1.08	43 416.2
他拉哈	229.50	0.04	12 903.50	2.32	4 884.70	0.88	14 817.04	2.67	9 771.80	1.76	42 606.54
腰新屯乡	1 493.90	0.27	3 673.20	0.66	7 705.90	1.39	13 779.89	2.48	10 004.70	1.80	36 657.59
江湾乡	0.00	0.00	14 042.30	2.53	3 746.60	0.67	6 589.19	1.19	185.18	0.03	24 563.27
各场	10.30	0.00	13 382.30	2.41	26 632.50	4.79	54 751.82	9.85	8 883.30	1.60	103 660.22

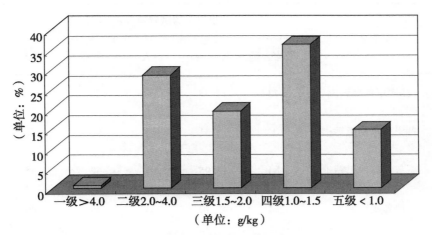

图 2-14　土壤全氮不同等级面积比例图

3. 土壤碱解氮含量分级及分布情况

从全县平均水平来看，碱解氮含量 103mg/kg，属中等水平。多数在 60~120mg/kg，含量最高的土壤是潜育草甸土为 169mg/kg。从极值来看，最小值仅 2mg/kg（表 2-99）。

表 2-99　不同土属土壤碱解氮统计表

序号	土壤名称	耕层土壤碱解氮（mg/kg）					样品数（个）
		平均含量	标准差	最大	最小	极差	
1	流动草甸风沙土	23	—	—	—	—	1
2	半固定草甸风沙土	70	19.85	160	2	158	170
3	固定草甸风沙土	88	23.36	147	40	107	64
4	沙质冲积土	92	52.29	150	49	101	3
5	黄土质黑钙土	84	24.84	146	47	99	24
6	沙石底黑钙土	95	28.28	181	58	123	22
7	沙壤质石灰性黑钙土	96	16.67	137	70	67	15
8	黄土质石灰性黑钙土	105	31.33	175	71	104	16

（续表）

序号	土壤名称	耕层土壤碱解氮（mg/kg）					样品数（个）
		平均含量	标准差	最大	最小	极差	
9	沙底草甸黑钙土	73	14.78	93	53	40	5
10	黄土质草甸黑钙土	106	11.31	114	98	16	2
11	石灰性草甸黑钙土	84	12.95	107	62	45	9
12	沙砾底草甸土	154	43.70	233	85	148	25
13	黏壤质草甸土	141	50.47	207	52	155	8
14	沙质石灰性草甸土	127	50.51	217	20	197	38
15	黏壤质石灰性草甸土	151	72.89	370	29	341	36
16	黏壤质潜育草甸土	169	56.86	251	76	175	11
17	沙砾底潜育草甸土	169	29.11	222	115	107	10
18	石灰性潜育草甸土	151	53.95	240	67	173	13
19	苏打盐化草甸土	103	41.01	151	20	131	37
20	苏打碱化草甸土	104	33.24	155	82	73	16
21	沙底草甸沼泽土	—	—	—	—	—	—
22	黏质草甸沼泽土	108	43.00	147	61	86	3
23	石灰性草甸沼泽土	56	37.86	111	26	85	4

　　按省分级标准，全县土壤碱解氮含量共分为七级，各乡（镇）不同等级及面积情况，见表2-100；全县碱解氮不同等级面积比例，见图2-15。

表2-100 行政区土壤碱解氮分级面积统计表

乡镇名称	一级		二级		三级		四级		五级		六级		七级		合计 (hm²)
	面积 (hm²)	(%)	面积 (hm²)	(%)	面积 (hm²)	(%)	面积 (hm²)	(%)	面积 (hm²)	(%)	面积 (hm²)	(%)	面积 (hm²)	(%)	
合计	66 625.47	11.99	45 798.13	8.24	47 908.07	8.62	112 635.94	20.27	219 043.33	39.42	58 393.33	10.51	5 315.00	0.96	555 719.27
泰康镇	0.00	0.00	1 332.26	0.24	1 812.30	0.33	3 442.80	0.62	3 470.90	0.62	1 683.60	0.30	0.00	0.00	11 741.86
一心乡	83.70	0.02	524.22	0.09	3 165.00	0.57	15 641.90	2.81	18 484.70	3.33	4 274.07	0.77	0.00	0.00	42 173.59
烟筒屯镇	16 336.50	2.94	2 418.70	0.44	7 891.20	1.42	18 706.10	3.37	6 680.90	1.20	6 617.20	1.19	0.00	0.00	58 650.60
克尔台乡	19 564.97	3.52	2 652.90	0.48	3 711.70	0.67	13 598.26	2.45	6 827.30	1.23	820.20	0.15	120.27	0.02	47 295.60
白音诺勒乡	2 288.07	0.41	837.50	0.15	2 265.90	0.41	5 082.56	0.91	18 530.30	3.33	13 699.80	2.47	1 261.80	0.23	43 965.93
敖林西伯乡	0.00	0.00	269.10	0.05	4 070.70	0.73	20 514.37	3.69	33 540.50	6.04	9 726.53	1.75	27.33	0.00	6 8148.53
胡吉吐莫镇	343.00	0.06	6 918.60	1.24	2 280.70	0.41	4 991.94	0.90	12 998.90	2.34	5 306.20	0.95	0.00	0.00	32 839.34
巴彦查干乡	13 542.20	2.44	9 271.90	1.67	2 244.07	0.40	5 004.12	0.90	10 609.64	1.91	2 734.27	0.49	10.00	0.00	43 416.20
他拉哈镇	6 394.30	1.15	2 283.30	0.41	3 862.10	0.69	4 659.24	0.84	19 128.40	3.44	3 578.73	0.64	2 700.47	0.49	42 606.54
腰新屯乡	1 580.50	0.28	2 888.70	0.52	4 928.00	0.89	4 862.87	0.88	16 717.46	3.01	4 921.73	0.89	758.33	0.14	36 657.59
江湾乡	3 603.90	0.65	6 825.70	1.23	6 267.10	1.13	2 656.67	0.48	5 209.90	0.94	0.00	0.00	0.00	0.00	24 563.27
各场	2 888.33	0.52	9 575.25	1.72	5 409.30	0.97	13 475.11	2.43	66 844.43	12.03	5 031.00	0.91	436.80	0.08	103 660.22

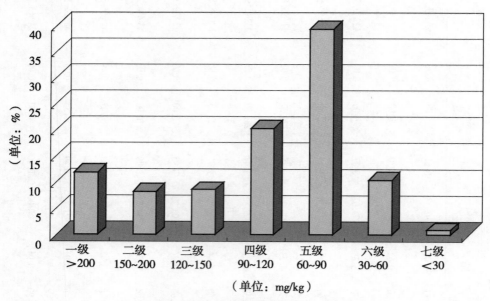

图 2-15 土壤碱解氮不同等级面积比例图

4. 土壤速效磷含量分级及分布情况

全县土壤速效磷普遍偏低，大多数土壤低于 20mg/kg，最小值 3mg/kg，处于强烈缺磷状态（表 2-101）。因此，施用磷肥肥效特别显著，居于首位。

表 2-101 不同土属土壤速效磷统计表

序号	土壤名称	耕层土壤速效磷（mg/kg）					样品数（个）
		平均含量	标准差	最大	最小	极差	
1	流动草甸风沙土	6	—	—	—	—	1
2	半固定草甸风沙土	10	7.96	54	3	51	170
3	固定草甸风沙土	14	13.21	86	5	81	64
4	沙质冲积土	13	5.03	18	8	10	3
5	黄土质黑钙土	20	11.93	49	5	44	24
6	沙石底黑钙土	18	13.74	53	4	49	22
7	沙壤质石灰性黑钙土	17	15.01	64	4	60	15

（续表）

序号	土壤名称	耕层土壤速效磷（mg/kg）					样品数（个）
		平均含量	标准差	最大	最小	极差	
8	黄土质石灰性黑钙土	15	10.58	47	5	42	16
9	沙底草甸黑钙土	8	1.22	10	7	3	5
10	黄土质草甸黑钙土	11	0.71	11	10	1	2
11	石灰性草甸黑钙土	13	15.53	53	4	49	9
12	沙砾底草甸土	24	20.33	76	8	68	25
13	黏壤质草甸土	16	5.55	25	8	17	8
14	沙质石灰性草甸土	15	10.39	64	4	60	38
15	黏壤质石灰性草甸土	20	12.62	61	6	55	36
16	黏壤质潜育草甸土	40	28.36	111	12	99	11
17	沙砾底潜育草甸土	34	14.06	64	18	46	10
18	石灰性潜育草甸土	16	5.04	25	8	17	13
19	苏打盐化草甸土	19	23.08	135	5	130	37
20	苏打碱化草甸土	36	36.36	113	8	105	16
21	沙底草甸沼泽土	—		—		—	—
22	黏质草甸沼泽土	17	6.24	24	12	12	3
23	石灰性草甸沼泽土	35	37.18	91	16	75	4

按省分级标准，全县土壤速效磷含量共分七级，四级、五级即 20~5mg/kg 含量的面积为 406 103.13 hm²，占总土壤面积的 73.07%。其他等级面积不大，总土壤面积中一级、二级共占 5.49%，三级占 13.19%，六级占 8.25%，七级没有。缺磷面积占土壤总面积的 81.32%，见表 2-102；土壤速效磷不同等级面积比例，见图 2-16。

表 2-102 行政区土壤速效磷分级面积统计表

乡镇名称	一级		二级		三级		四级		五级		六级		合计（hm²）
	面积（hm²）	(%)	面积（hm²）	(%)	面积（hm²）	(%)	面积（hm²）	(%)	面积（hm²）	(%)	面积（hm²）	(%)	
合计	1 896.88	0.34	28 604.14	5.15	73 305.40	13.19	218 970.47	39.40	187 132.66	33.67	45 809.72	8.25	555 719.27
泰康镇	0.00	0.00	1 442.60	0.26	3 506.07	0.63	3 540.99	0.64	3 252.20	0.59	0.00	0.00	11 741.86
一心乡	83.69	0.02	1 025.20	0.18	3 171.40	0.57	17 992.70	3.24	19 729.67	3.55	170.93	0.03	42 173.59
烟筒屯镇	0.00	0.00	2 975.47	0.54	10 972.40	1.97	37 801.46	6.80	6 901.27	1.24	0.00	0.00	58 650.6
克尔台乡	0.00	0.00	31.20	0.01	6 228.73	1.12	28 218.47	5.08	12 692.93	2.28	124.27	0.02	47 295.6
白音诺勒乡	352.53	0.06	159.00	0.03	3 036.53	0.55	20 647.01	3.72	18 372.53	3.31	1 398.33	0.25	43 965.93
敖林西伯乡	0.00	0.00	0.00	0.00	1 861.20	0.33	25 998.20	4.68	30 934.73	5.57	9 354.40	1.68	68 148.53
胡吉吐莫镇	0.00	0.00	82.67	0.01	2 966.07	0.53	14 338.94	2.58	14 215.93	2.56	1 235.73	0.22	32 839.34
巴彦查干乡	529.53	0.10	5 286.20	0.95	11 691.27	2.10	18 610.20	3.35	7 299.00	1.31	0.00	0.00	43 416.2
他拉哈镇	504.20	0.09	7 246.27	1.30	11 584.20	2.08	13 668.54	2.46	9 458.33	1.70	145.00	0.03	42 606.54
腰新屯乡	98.13	0.02	5 203.60	0.94	5 514.00	0.99	2 716.66	0.49	20 748.27	3.73	2 376.93	0.43	36 657.59
江湾乡	0.00	0.00	2 694.80	0.48	5 631.20	1.01	10 456.07	1.88	5 614.27	1.01	166.93	0.03	24 563.27
各场	328.80	0.06	2 457.13	0.45	7 142.33	1.29	24 981.23	4.50	37 913.53	6.82	30 837.20	5.55	103 660.22

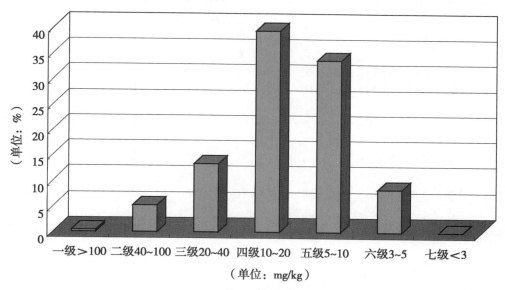

图 2-16　土壤速效磷不同等级面积比例图

5. 土壤速效钾含量分级及分布情况

本县各种土壤速效钾平均含量变动在 109~366mg/kg，极差最大的苏打碱化草甸土和苏打盐化草甸土分别达 833mg/kg 和 673mg/kg，说明土壤速效钾高低相差悬殊（表 2-103）全县各种土壤全钾含量均在 30g/kg 左右，变幅较小，均属极丰富，可称钾素供应水平较高的地区之一，所以，一般不需要施用钾肥。

表 2-103　不同土属土壤速效钾统计表

序号	土壤名称	耕层土壤速效钾 （mg/kg）					样品数 （个）
		平均含量	标准差	最大	最小	极差	
1	流动草甸风沙土	109	—	—	—	—	1
2	半固定草甸风沙土	157	60.78	498	70	428	170
3	固定草甸风沙土	182	68.79	487	100	387	64
4	沙质冲积土	211	129.32	360	128	232	3
5	黄土质黑钙土	192	60.73	319	102	217	24
6	沙石底黑钙土	188	61.80	380	121	259	22
7	沙壤质石灰性黑钙土	188	54.32	269	102	167	15

（续表）

序号	土壤名称	耕层土壤速效钾（mg/kg）					样品数（个）
		平均含量	标准差	最大	最小	极差	
8	黄土质石灰性黑钙土	214	90.95	408	106	302	16
9	沙底草甸黑钙土	209	44.53	269	162	107	5
10	黄土质草甸黑钙土	164	32.53	187	141	46	2
11	石灰性草甸黑钙土	180	32.11	229	126	103	9
12	沙砾底草甸土	187	102.46	627	86	541	25
13	黏壤质草甸土	155	26.18	194	113	81	8
14	沙质石灰性草甸土	215	129.73	919	98	821	38
15	黏壤质石灰性草甸土	215	94.86	540	104	436	36
16	黏壤质潜育草甸土	200	74.05	356	112	244	11
17	沙砾底潜育草甸土	154	32.02	207	119	88	10
18	石灰性潜育草甸土	186	54.09	292	122	170	13
19	苏打盐化草甸土	250	124.69	765	92	673	37
20	苏打碱化草甸土	361	220.92	975	142	833	16
21	沙底草甸沼泽土	—	—	—	—	—	—
22	黏质草甸沼泽土	366	220.82	619	212	407	3
23	石灰性草甸沼泽土	215	65.83	283	150	133	4

　　按省分级标准，土壤速效钾含量共分六级，全县土壤一级、二级即 150mg/kg 以上的占总土壤面积的 73.07%，五级、六级没有。缺钾面积仅占 3.29%。行政区不同等级及面积情况，见表 2-104，土壤速效钾不同等级面积比例，见图 2-17。

表2-104　行政区土壤速效钾分级面积统计表

乡镇名称	一级		二级		三级		四级		合计（hm²）
	面积（hm²）	(%)	面积（hm²）	(%)	面积（hm²）	(%)	面积（hm²）	(%)	
合计	246 995.56	44.45	159 058.46	28.62	131 402.25	23.65	18 263.00	3.29	555 719.27
泰康镇	4 667.39	0.84	6 304.67	1.13	769.80	0.14	0.00	0.00	11 741.86
一心乡	17 756.59	3.20	21 110.87	3.80	3 306.13	0.59	0.00	0.00	42 173.59
烟筒屯镇	52 005.67	9.36	4 690.53	0.84	1 954.40	0.35	0.00	0.00	58 650.60
克尔台乡	31 352.27	5.64	10 582.40	1.90	5 111.80	0.92	249.13	0.04	47 295.60
白音诺勒乡	24 553.53	4.42	9 623.47	1.73	8 356.53	1.50	1 432.40	0.26	43 965.93
敖林西伯乡	32 962.33	5.93	13 451.13	2.42	21 236.00	3.82	499.07	0.09	68 148.53
胡吉吐莫镇	11 825.41	2.13	12 806.87	2.30	6 817.13	1.23	1 389.93	0.25	32 839.34
巴彦查干乡	15 249.27	2.74	16 194.13	2.91	10 011.93	1.80	1 960.87	0.35	43 416.20
他拉哈镇	15 731.81	2.83	14 373.27	2.59	12 496.13	2.25	5.33	0.00	42 606.54
腰新屯乡	5 152.52	0.93	10 417.93	1.87	12 759.27	2.30	8 327.87	1.50	36 657.59
江湾乡	2 253.48	0.41	17 057.13	3.07	5 081.73	0.91	170.93	0.03	24 563.27
各场	33 485.29	6.02	22 446.06	4.04	43 501.40	7.83	4 227.47	0.76	103 660.22

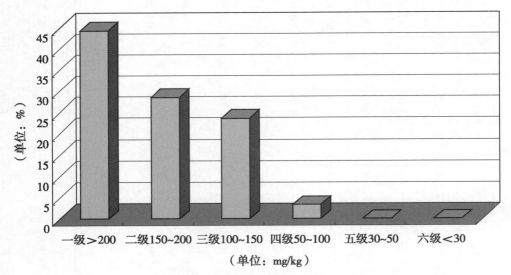

（单位：mg/kg）

图 2-17 土壤速效钾不同等级面积比例图

（二）土壤养分状况分析

土壤养分是土壤肥力的主要指标，也是作物营养的物质基础。因此，摸清土壤养分状况及其变化规律，提供科学依据，采取合理措施，调节土壤养分，提高土壤肥力，对农业生产有着重要意义。

从本次普查得到的大量化验数据中可以看出，全县土壤有机质含量偏低，速效磷含量低于碱解氮含量。就土壤类型来说通过多年的试验，氮、磷比例为 1：1.25，较为理想，但目前还达不到此水平，处于氮磷比例失调。

土壤养分的丰缺，不仅取决于养分的总量，还决定于养分存在的形态和转化。在自然条件下，水、气、热对养分存在的形态及转化影响很大，人为的耕作水平，对养分的积累与消耗也有着决定性的影响。为此，在本次普查大量化验数据的基础上，分析整理出本县土壤有机质与全氮相关关系；全氮与碱解氮的相关关系以及速效氮磷、钾的比例关系。从这些分析中不但摸清了养分存在的形态以及转化状态，还可以通过氮、磷、钾的比例关系指量农业生产，为制订科学的施肥方案提供依据。

1. 分析内容

（1）有机质与全氮的相关关系。

（2）全氮与碱解氮的相关关系。

（3）碱解氮、速效磷、速效钾之间的比例关系。

2. 分析材料与方法

（1）供统计分析的材料是从本次土壤普查农化样中随机抽取的，每个项目随机抽取 50 个样本，直接统计。

（2）有机质与全氮，全氮与碱解氮采用直线回归与相关关系加以说明。在分析的有机质与全氮又以土类为单位，分析了风沙土类、黑钙土类、草甸土类的相关关系。

（3）碱解氮、速效磷、速效钾之间比例关系，是采用相互比较的方法，找出三者的比例关系。

3. 分析结果

（1）有机质与全氮。

①有机质与全氮的相关性：从运算与统计结果得出，风沙土类、黑钙土类、草甸土类的相关系数分别为 $r_1 = 0.928$、$r_2 = 0.950$、$r_3 = 0.980$，经差异显著性检验，有机质与全氮呈极显著正相关。

②回归关系：有机质与全氮呈极显著正相关，说明有机质增高或下降全氮也随着增高或下降，这就可以用回归方程来进一步分析有机质与全氮的关系。

a. 风沙土类　统计运算出的全氮依有机质的回归方程为 $y = 0.066x + 0.016$ 回归关系经 F 检验达极显著水平（表 2-105）说明 $y = 0.066x + 0.016$ 这一回归方程式有意义。

表 2-105　风沙土类有机质与全氮回归分析表

变异	自由度	平方和	方差	F	$F_{0.01}$
回归	1	0.036 5	0.036 5	663.60**	7.19
剩余	48	0.003 6	0.000 055		
总变异	49	0.039 2			

b. 黑钙土类　统计运算出全氮依有机质的回归方程为 $y = 0.059x + 0.022$ 回归关系经 F 检验达极显著水平（表 2-106），说明 $y = 0.059x + 0.022$ 这一回归方程式是有意义。

表 2-106　黑钙土类有机质与全氮回归分析表

变异	自由度	平方和	方差	F	$F_{0.01}$
回归	1	0.079 3	0.079 3	440.60**	7.19
剩余	48	0.008 6	0.000 18		
总变异	49	0.087 9			

c. 草甸土类　统计运算出全氮依有机质的回归方程为 $y = 0.055x + 0.029$ 回归关系经 F 检验达极显著水平（表 2-107），说明 $y = 0.055x + 0.029$ 这一回归方程式是有意义的。

表 2-107　草甸土类有机质与全氮回归分析表

变异	自由度	平方和	方差	F	$F_{0.01}$
回归	1	0.290 0	0.290 0	1 170.76**	7.19
剩余	48	0.011 9	0.000 2		
总变异	49	0.301 5			

风沙土类、黑钙土类、草甸土类各方程曲线，见图 2-18。

（2）全氮与碱解氮。

①全氮与碱解氮的相关性：运算统计结果得出全氮与碱解氮相关系数为 $r = 0.940$，经显

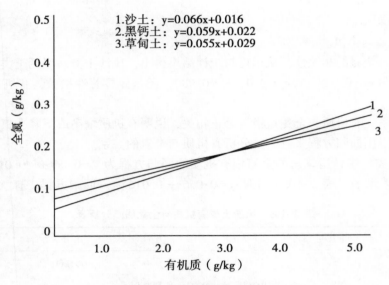

1.沙土：y=0.066x+0.016
2.黑钙土：y=0.059x+0.022
3.草甸土：y=0.055x+0.029

图 2-18 不同土类有机质全氮回归关系图

著性测定后 r=0.940 达极显著水平，全氮与碱解氮有非常显著的正相关关系。

②回归关系：全氮与碱解氮为显著的正相关关系，说明全氮增高或下降碱解氮也随着升高或下降，这就可以用回归方程来进一步分析全氮与碱解氮的关系。

统计运算出的碱解氮依全氮的回归方程为 $y=717.14x-12.81$ 经 F 经验全氮与碱解氮呈极显著水平（表 2-108），方程 $y=717.14x-12.81$ 是有意义的。

表 2-108 土壤全氮与碱解氮回归分析表

变异	自由度	平方和	方差	F	$F_{0.01}$
回归	1	128 951.45	128 951.45	336.78**	7.19
剩余	48	18 379.047	382.90		
总变异	49	147 330.50			

全氮与碱解氮回归方程曲线，见图 2-19。

（3）土壤碱解氮、速效磷、速效钾的比率。在抽取变数的基础上，运算碱解氮与速效磷、速效钾的比率平均数为 1：0.17：1.81。因为，速效性养分含量变化幅度较大，抽取变数不多，所以，平均数 1：0.17：1.81 代表总体的可靠性不大，但还能够看出一个大概趋势。

（4）养分评述。

①从土壤特征上分析，有机质与全氮之间的回归变化很有规律（图 2-19）有机质矿化强度与土壤温度，土壤含水量有着密切的关系，风沙土热潮，有利于有机质的分解，黑钙土水热状况较好，有机质分解较快，草甸土低洼冷浆，含水量高，有机质积累大于分解。其土壤矿化强度为：风沙土>黑钙土>草甸土。

②土壤的氮、磷比例没有达到最佳比例（1：1.25），主要表现为磷素的缺乏。

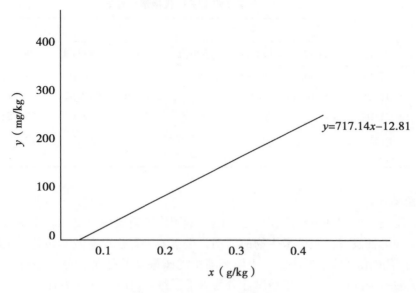

图 2-19　土壤全氮速氮回归关系

③土壤三要素含量状况是缺磷少氮钾有余。

全县行政区境内土壤类型多，养分含量高低不一，但总体上很有规律。风沙土养分含量低，黑钙土，新积土养分含量中等，草甸土、沼泽土养分含量较高，见表 2-109。

表 2-109　土壤类型养分含量统计表

土壤类型	有机质 （g/kg）	全氮 （g/kg）	碱解氮 （mg/kg）	速效磷 （mg/kg）	速效钾 （mg/kg）
风沙土	16.3	1.15	78	11	166
黑钙土	21.0	1.45	98	18	198
草甸土	33.7	2.18	14	23	222
新积土	25.1	1.14	92	13	211
沼泽土	40.6	3.05	78	27	280

（三）土壤代换量及酸碱度

1. 土壤代换量

代换量是土壤保肥能力的重要指标。代换量大的土壤，保肥性强，供肥稳肥性好，施肥后漏肥少，有后劲，作物不易脱肥，一次施肥量大些，也不会引起作物疯长；代换量小的土壤则相反。土壤的代换量与土壤质地，有机质含量和酸碱度有密切的关系，含黏粒，有机质高的土壤代换量大，同一土壤类型中，土壤在碱性条件下比在中性和酸性条件时高。一般土壤代换量大于 20mEq/100g 为保肥力强；10~20mEq/100g 为保肥中等；小于 10mEq/100g 为保肥力弱。

全县土壤代换量平均变幅在 12.51~21.08mEq/100g，最小值为 6.25mEq/100g。土壤含黏粒少，有机质低是全县土壤的共性。在各土壤类型中，风沙土带换量最低，草甸土最高，但标准差也大（表 2-110）。从总体看土壤代换量居中等水平。

表 2-110　土壤（阳离子）代换量统计表　　　　　（单位：mEq/100g）

土壤名称	表层				亚表层			
	平均值	标准差	最大值	最小值	平均值	标准差	最大值	最小值
风沙土	12.51	3.96	20.80	6.3	15.07	4.08	23.10	8.26
黑钙土	16.08	6.18	34.2	9.14	19.86	3.52	24.79	15.2
草甸土	21.03	9.53	38.81	6.25	21.20	8.63	39.56	8.47
新积土	—	—	—	—	—	—	—	—
沼泽土	23.71	—	—	—	—	—	—	—

2. 土壤酸碱度

土壤酸碱度是土壤的基本性质，也是影响土壤肥力的重要因素之一。土壤酸碱度的大小直接影响作物的生长发育，土壤微生物的活动，土壤养分存在形态及其转化。土壤酸碱度用 pH 值表示。土壤的酸碱性主要决定于土壤溶液中的碳酸及其盐类，可溶性有机酸和可水解的有机、无机酸盐类的组成。土壤酸碱性分为以下五级：pH 值<5.0 为强酸性；5.0~6.5 为酸性；6.5~7.5 为中性；7.5~8.5 为碱性；pH 值>8.5 为强碱性。

全县土壤表层 pH 值 6.3~9.6，由于土壤富含石灰，加之乌欲尔河在境内成无尾状漫散，年蒸发量大于降水量，河水多为碱性，最高的 pH 值达 10.4，只有沿江一带的草甸土呈中性或微酸性。其土壤的酸碱度，见表 2-111。

表 2-111　不同土属土壤 pH 值统计表

序号	土壤名称	耕层土壤 pH 值					样品数（个）
		平均含量	标准差	最大	最小	极差	
1	流动草甸风沙土	7.9	—	—	—	—	1
2	半固定草甸风沙土	7.7	0.50	10	6.2	3.8	166
3	固定草甸风沙土	8	0.40	8.5	7.1	1.4	29
4	沙质冲积土	9.6	0.40	9.9	9.3	0.6	2
5	黄土质黑钙土	8	0.30	8.6	7.4	1.2	13
6	沙石底黑钙土	7.7	0.40	8.5	7.1	1.4	12
7	沙壤质石灰性黑钙土	8.5	0.40	9.9	7.7	2.2	29
8	黄土质石灰性黑钙土	8.3	0.20	8.6	8.1	0.5	7
9	沙底草甸黑钙土	8.8	0.90	10.1	7.8	2.3	3
10	黄土质草甸黑钙土	8.3	0.30	8.5	7.7	0.8	5
11	石灰性草甸黑钙土	8.4	0.30	9.5	7.1	2.4	8
12	沙砾底草甸土	7	1.00	8.6	5.6	3	16
13	黏壤质草甸土	7.2	0.90	8.4	5.7	2.7	9
14	沙质石灰性草甸土	8.3	0.80	10.3	6.5	3.8	28
15	黏壤质石灰性草甸土	7.9	1.20	10.3	5.9	4.4	19
16	黏壤质潜育草甸土	6.9	0.80	8	6	2	6

（续表）

序号	土壤名称	耕层土壤 pH 值					样品数（个）
		平均含量	标准差	最大	最小	极差	
17	沙砾底潜育草甸土	6.3	0.70	8.2	5.6	2.6	10
18	石灰性潜育草甸土	8.1	1.10	9.3	6.6	2.7	7
19	苏打盐化草甸土	9.1	0.60	10.4	8.4	2	17
20	苏打碱化草甸土	8.8	0.80	10	7.6	2.4	16
21	沙底草甸沼泽土	—	—	—	—	—	
22	黏质草甸沼泽土	9.6	0.40	10.1	9.2	0.9	3
23	石灰性草甸沼泽土	9.5	0.90	10.4	8.6	1.8	4

三、土壤物理性状评价

全县土壤以草甸土面积最大，占总土壤面积的 44.55%，其次是风沙土占土壤面积的 34.54%，黑钙土占 11.61%，沼泽土占 8.91%，新积土面积最小占 0.32%。各类土壤水分，物理性质差别很大，机械组成沙粒所占比例较大，质地较轻，紧沙—沙壤—轻壤不等。

（一）容重

容重可以作为土壤肥力指标，容重的大小直接关系到土壤孔隙的大小，影响土壤水分状况，一般地说土壤容重小，表明土壤孔隙多，土体疏松；容重大则说明土壤孔隙少，土体紧实。从调查分析结果表明，土壤表层有机质含量少，结构不良，表层板结，容重很大，一般在 1.30~1.50g/cm³。苏打碱化草甸土表层紧实，在亚表层有黏硬的碱化层，所以，容重更大，亚表层竟达 1.65g/cm³。各土壤类型的容重，见表 2-112。土壤容重还受开发年限和耕作熟化程度的影响。本地开发历史较短，土壤熟化程度较差，容重大，肥力低。对多数作物来说，土壤容重在 1.0~1.3g/cm³ 较为适宜，而对土壤容重来说，黑钙土较适宜，容重在 1.05~1.46 g/cm³，其次是草甸土和沙土。

表 2-112　土壤容重统计表　　　　　　　（单位：g/cm³）

土壤名称	容重	
	表层	亚表层
半固定草甸风沙土	1.30	1.49
固定草甸风沙土	1.27	1.48
沙石底黑钙土	1.05	1.34
沙壤质石灰性黑钙土	1.32	1.53
黄土质草甸黑钙土	1.46	1.55
沙砾底草甸土	1.29	1.37
沙质石灰性草甸土	1.58	1.60
苏打盐化草甸土	1.60	1.65
苏打碱化草甸土	1.50	1.51

（二）质地

土壤质地较轻，这是各类土壤共性。根据土壤颗粒分析看出，土壤表层多为沙壤到中壤，只有盐化和盐碱化草甸土表层才达中壤或重壤。各土壤类型中，草甸土表层物理性黏粒最高；风沙土最低，耕作阻力不大，生产上则表现不抗旱。

（三）水分

土壤砂性较大，土体表现干燥，水分状况不佳，轻微降水表层容纳，很快蒸发掉，不能供给作物根系吸收，作物处于缺水状态，影响生长和发育。由于所处气候因素限制，年降水量不大，土壤经常处于干燥环境，影响作物扎根，限制产量提高。

（四）孔隙度

土壤孔隙度是土壤颗粒间的间隙，是土壤空气，水分运动的途径，也是寄居地，两者经常交换不能共存，随着条件的改变，水分和空气经常发生变化，在土壤中不断地进行运动，影响着土壤四性协调程度，所以，土壤孔隙的多少和有效性等对农业生产关系极大。从分析结果可以看出，风沙土和黑钙土孔隙适中，物理性状良好，有效孔隙度较好，四性协调，肥力较好，草甸土孔隙度较差，透气性不良，各种土壤上层孔隙度好于底层，越向下土壤有效孔隙越低，土壤四性不协调，见表2-113。

表2-113　土壤孔隙度统计表　　　　　　　　　　　（单位：%）

土壤名称	总孔隙度		毛管孔隙度		非毛管孔	
	一层	二层	一层	二层	一层	二层
半固定草甸风沙土	51.05	44.79	18.12	18.61	32.93	26.18
固定草甸风沙土	52.04	45.11	15.92	22.57	36.12	22.54
沙石底黑钙土	59.30	49.78	16.07	37.86	33.23	17.87
沙壤质石灰性黑钙土	50.39	43.47	15.82	29.88	34.57	19.59
黄土质草甸黑钙土	45.77	42.81	9.98	19.27	35.79	23.54
沙砾底草甸土	51.38	48.74	24.56	29.15	26.82	19.59
沙质石灰性草甸土	41.82	41.16	16.28	26.79	25.54	14.37
苏打盐化草甸土	41.16	39.51	23.61	33.05	17.55	6.46
苏打碱化草甸土	44.46	44.13	17.32	14.47	27.14	29.66

从土壤物理性状分析看，风沙土—沙到底，草甸土上硬下黏，黑钙土表松心实，均属低产土壤类型。要改变这种性质，最好的办法是增施含有机质高的农家肥，降低土壤表层容重，调节水、肥、气、热四性，创建获得高产稳产的土壤。

四、土壤综合评价

土壤资源评价，目的在于分区利用改良提供科学依据。

土壤的综合评价是在土壤利用评价，理化性质评价的基础上进行的。按照土壤类型的理化特性及剖面特征确定农、林、牧用地及土壤利用发展方向。

（一）风沙土

风沙土总面积为 191 925.87 hm^2，其中，耕地 49 398.61 hm^2。风沙土主要分布在馒头岗及带状漫岗上，土壤质地以沙为主，物理性黏粒平均不超过 12.5%，土壤易风蚀，养分含量低，平均为：有机质 16.3g/kg，全氮 1.15g/kg，碱解氮 78mg/kg，速效磷 11mg/kg，速效钾 166mg/kg，原则上不宜农用，对现有耕地应退耕还牧，以草固沙，对风蚀严重的应退耕还林。风沙土的利用方向是植树造林，以林固沙，促使自然生态平衡向有利于人类需要的方向发展。

（二）黑钙土

黑钙土总面积为 64 913.27 hm^2，其中，耕地 18 673.10 hm^2。黑钙土多分布在二肋地段上，地势平坦，土壤质地适中，养分含量较高，平均为：有机质 21.0g/kg，全氮 1.45g/kg，碱解氮 98mg/kg，速效磷 18mg/kg，速效钾 198mg/kg。是较好的耕地土壤，但在利用上要注意培肥地力，调节养分平衡。

（三）草甸土

草甸土总面积为 247 551.73 hm^2，其中，耕地 65 463.45 hm^2。草甸土分布低平地上，土壤含水量较高，土性冷凉，物理性黏粒较高，平均为 31.1%，养分含量较高，平均为：有机质 33.7g/kg，全氮 2.18g/kg，碱解氮 136 mg/kg，速效磷 23 mg/kg，速效钾 222 mg/kg。是农牧兼用土壤，其中，部分草甸土盐碱化程度较重的，可溶盐以苏打为主，可溶盐总量为 0.454% 以上的，应以牧为主。但要避免过度放牧，防止次生盐渍化的加重。

（四）新积土

新积土分布面积最小，总面积为 1 801.47 hm^2，其中，耕地 160.74hm^2。目前主要为牧业用地。是天然放牧场。少部分宜发展水稻种植。

（五）沼泽土

沼泽土总面积为 49 546.93 hm^2，其中耕地 3 061.01 hm^2。主要分布在烟筒屯、克尔台，白音偌勒等乡（镇）的闭合洼地上，是杜蒙自治县芦苇生产基地。少部分适宜发展水稻生产。

对现有耕地从生产性能和基础肥力上，多数土壤基础肥力偏低，属于中等的占 36.1%，偏低的占 63.9%，可见，改良土壤培肥地力的任务是十分繁重而又亟待解决的问题。土壤是人们赖以生存的基础，必须加以保护，促进生态平衡，要为子孙后代造福，种地养地相结合，农、林、牧用地要科学规划，合理使用。

第四章 耕地土壤属性

土壤属性是耕地地力调查的核心，对当前的农业生产、管理和规划起着指导作用，也是土肥事业历史的精华。它包括土壤化学性状、物理性状，土壤微生物作用等。

第一节 土壤养分状况

土壤养分（soil nutrient）主要指由（通过）土壤所提供的植物生活所必需的营养元素，是土壤肥力的重要物质基础，植物体内已知的化学元素达 40 余种，按照植物体内的化学元素含量多少，可分为大量元素（major element, macro element）和微量元素（microelement）两类。目前，已知的大量元素有 C、H、O、N、P、K、Ca、Mg、S 等，微量元素有 Fe、Mn、B、Mo、Cu、Zn 及 Cl 等。植物体内 Fe 含量较其他微量元素多（100mg/kg），所以，也有人把它归于大量元素。

杜蒙自治县受自然因素和人为因素的综合影响，土壤在不停地发展和变化着。作为基本特性的土壤肥力，也随之发展和变化，总观看，土壤向良性发展。就杜蒙自治县土壤养分状况，做以综述。

一、土壤有机质

土壤有机质是土壤固相部分的重要组成成分，尽管土壤有机质的含量只占土壤总量的很小一部分，但它对土壤形成、土壤肥力、环境保护及农林业可持续发展等方面都有着极其重要的作用。土壤有机质是植物养分的主要来源，可改善土壤的物理和化学性质，给微生物提供主要能源，给植物提供一些维生素、刺激素等。

（一）行政区土壤有机质含量情况

本次地力评价土壤化验分析结果，全县有机质最大值是 56.5g/kg，最小值是 3.2g/kg，平均值 15.8g/kg，比二次土壤普查降低 0.75g/kg，有机质含量较高的巴彦查干乡比二次土壤普查降低 0.60g/kg、他拉哈镇比二次土壤普查降低 0.90g/kg、一心乡比二次土壤普查降低 0.40g/kg、克尔台乡比二次土壤普查降低 1.10g/kg，其降幅最大，详见表 2-114。

表 2-114 行政区有机质含量表 （单位：g/kg）

乡镇名称	本次地力评价			二次土壤普查		
	最大值	最小值	平均值	最大值	最小值	平均值
全县	56.5	3.2	15.8	—	—	16.55
泰康镇	34.7	4.5	15.1	—	—	15.9

（续表）

乡镇名称	本次地力评价			二次土壤普查		
	最大值	最小值	平均值	最大值	最小值	平均值
胡吉吐莫镇	44.5	3.6	16.0	—	—	16.9
烟筒屯镇	39.8	4.5	19.9	—	—	20.5
他拉哈镇	50.4	5.1	18.8	—	—	19.7
一心乡	49.6	5.5	18.0	—	—	18.4
克尔台乡	37.7	4.4	17.0	—	—	18.1
白音诺勒乡	39.8	3.9	14.1	—	—	14.8
敖林西伯乡	34.0	3.7	14.5	—	—	15.3
巴彦查干乡	56.5	3.2	17.8	—	—	18.4
腰新乡	28.8	3.7	10.8	—	—	11.6
江湾乡	35.8	4.5	16.6	—	—	17.4
四家子林场	25.3	3.3	9.7	—	—	10.5
新店林场	23.3	5.9	15.0	—	—	15.9
靠山种畜场	20.4	4.8	12.0	—	—	12.7
红旗牧场	34.1	5.4	21.1	—	—	21.8
连环湖渔业有限公司	25.7	7.8	16.8	—	—	17.5
石人沟渔业有限公司	35.5	7.0	20.1	—	—	20.8
齐家泡渔业有限公司	23.7	6.8	15.0	—	—	15.6
野生饲养场	13.0	10.6	11.3	—	—	12.1
一心果树场	19.2	12.6	16.3	—	—	17.0

（二）不同土壤类型土壤有机质含量情况

全县不同土类有机质情况，本次地力评价土壤化验分析结果，风沙土有机质最大值是46.3g/kg，最小值是4.7g/kg，平均值11.34g/kg，比二次土壤普查降低0.52g/kg。黑钙土有机质最大值是32.9g/kg，最小值是5.0g/kg，平均值10.41g/kg，比二次土壤普查降低0.82g/kg。草甸土有机质最大值是66.9g/kg，最小值是5.0g/kg，平均值12.48g/kg，比二次土壤普查降低0.75g/kg。沼泽土有机质最大值是33.0g/kg，最小值是5.0g/kg，平均值12.85g/kg，比二次土壤普查降低0.86g/kg。新积土有机质最大值是19.6g/kg，最小值是7.4g/kg，平均值11.28g/kg，比二次土壤普查降低0.70g/kg，详见表2-115。

表 2-115 土壤类型有机质情况统计表 （单位：g/kg）

土类、亚类、土属和土种名称	本次地力评价			1984年土壤普查		
	最大值	最小值	平均值	最大值	最小值	平均值
一、风沙土	46.3	4.7	11.34	—	—	11.860
草甸风沙土	46.3	4.7	11.34	—	—	11.860
1. 流动草甸风沙土	10.9	8.2	9.54	—	—	10.010
流动草甸风沙土	10.9	8.2	9.54	—	—	10.010
2. 半固定草甸风沙土	40.3	4.7	12.08	—	—	12.580
半固定草甸风沙土	40.3	4.7	12.08	—	—	12.580

（续表）

土类、亚类、土属和土种名称	本次地力评价			1984 年土壤普查		
	最大值	最小值	平均值	最大值	最小值	平均值
3. 固定草甸风沙土	46.3	5.0	12.40	—	—	12.990
固定草甸风沙土	46.3	5.0	12.40	—	—	12.990
二、新积土	19.6	7.4	11.28	—	—	11.980
冲积土	19.6	7.4	11.28	—	—	11.980
沙质冲积土	19.6	7.4	11.28	—	—	11.980
薄层沙质冲积土	19.6	7.4	11.28	—	—	11.980
三、黑钙土	32.9	5.0	10.41	—	—	11.232
（一）黑钙土	32.9	5.2	11.40	—	—	12.120
1. 黄土质黑钙土	28.8	5.2	11.62	—	—	12.310
（1）厚层黄土质黑钙土	14.7	6.1	10.25	—	—	11.020
（2）中层黄土质黑钙土	28.8	6.2	14.48	—	—	15.110
（3）薄层黄土质黑钙土	26.8	5.2	10.12	—	—	10.800
2. 沙石底黑钙土	32.9	5.3	11.19	—	—	11.930
（1）厚层沙质黑钙土	30.8	5.8	11.82	—	—	12.550
（2）中层沙质黑钙土	32.9	5.7	10.60	—	—	11.230
（3）薄层沙质黑钙土	23.2	5.3	11.14	—	—	12.010
（二）石灰性黑钙土	28.8	5.0	8.90	—	—	9.787
1. 沙壤质石灰性黑钙土	28.8	5.0	8.94	—	—	9.887
（1）厚层沙壤质石灰性黑钙土	7.9	5.0	7.01	—	—	8.190
（2）中层沙壤质石灰性黑钙土	28.8	5.2	10.40	—	—	11.230
（3）薄层沙壤质石灰性黑钙土	26.7	5.3	9.42	—	—	10.240
2. 黄土质石灰性黑钙土	23.9	5.2	8.85	—	—	9.687
（1）厚层黄土质石灰性黑钙土	8.1	6.5	7.50	—	—	8.360
（2）中层黄土质石灰性黑钙土	14.9	5.2	8.44	—	—	9.280
（3）薄层黄土质石灰性黑钙土	23.9	5.7	10.63	—	—	11.420
（三）草甸黑钙土	22.8	5.5	10.93	—	—	11.790
1. 沙底草甸黑钙土	19.0	8.6	11.51	—	—	12.370
（1）中层沙底草甸黑钙土	11.1	8.6	9.49	—	—	10.510
（2）薄层沙底草甸黑钙土	19.0	9.9	13.52	—	—	14.230
2. 黄土质草甸黑钙土	19.5	8.2	10.28	—	—	11.080
（1）中层黄土质草甸黑钙土	19.5	8.4	12.01	—	—	12.810
（2）薄层黄土质草甸黑钙土	8.8	8.2	8.56	—	—	9.350
3. 石灰性草甸黑钙土	22.8	5.5	11.00	—	—	11.845
（1）中层石灰性草甸黑钙土	22.8	5.5	9.89	—	—	10.690
（2）薄层石灰性草甸黑钙土	21.4	6.8	12.12	—	—	13.000

（续表）

土类、亚类、土属和土种名称	本次地力评价			1984 年土壤普查		
	最大值	最小值	平均值	最大值	最小值	平均值
四、草甸土	66.9	5.0	12.48	—	—	13.234
（一）草甸土	49.3	6.4	15.43	—	—	16.183
1. 沙砾底草甸土	49.3	6.4	16.12	—	—	16.883
（1）厚层沙砾底草甸土	20.6	6.4	12.20			12.910
（2）中层沙砾底草甸土	49.3	6.8	18.09	—	—	18.780
（3）薄层沙砾底草甸土	49.0	6.7	18.07			18.960
2. 黏壤质草甸土	40.5	7.6	14.73			15.483
（1）厚层黏壤质草甸土	9.6	8.2	9.13			9.950
（2）中层黏壤质草甸土	40.5	7.6	18.91			19.620
（3）薄层黏壤质草甸土	23.8	8.5	16.15			16.880
（二）石灰性草甸土	49.0	5.1	13.30			14.077
1. 沙质石灰性草甸土	44.4	5.1	14.67			15.463
（1）厚层沙质石灰性草甸土	33.0	7.0	21.26			22.210
（2）中层沙质石灰性草甸土	44.4	6.1	10.11			10.820
（3）薄层沙质石灰性草甸土	42.5	5.1	12.65			13.360
2. 黏壤质石灰性草甸土	49.0	5.2	11.93			12.690
（1）厚层黏壤质石灰性草甸土	8.5	8.5	8.50			9.300
（2）中层黏壤质石灰性草甸土	49.0	5.8	13.59			14.310
（3）薄层黏壤质石灰性草甸土	46.4	5.2	13.71			14.460
（三）潜育草甸土	66.9	5.3	12.92			13.657
1. 黏壤质潜育草甸土	66.9	5.3	16.15			16.910
（1）厚层黏壤质潜育草甸土	18.0	7.5	10.45			11.250
（2）中层黏壤质潜育草甸土	40.5	5.3	19.26			19.980
（3）薄层黏壤质潜育草甸土	66.9	5.3	18.72			19.500
2. 沙砾底潜育草甸土	25.0	6.3	10.54			11.280
薄层沙砾底潜育草甸土	25.0	6.3	10.54			11.280
3. 石灰性潜育草甸土	26.7	5.5	12.09			12.780
（1）厚层石灰性潜育草甸土	18.9	6	12.45			13.180
（2）中层石灰性潜育草甸土	26.7	5.5	9.94			10.540
（3）薄层石灰性潜育草甸土	22.9	8.4	13.88			14.620
（四）盐化草甸土	26.8	5	10.70	—	—	11.420
苏打盐化草甸土	26.8	5.0	10.70			11.420
（1）重度苏打盐化草甸土	24.5	5.4	11.28			11.990
（2）中度苏打盐化草甸土	26.8	5.3	10.23			10.950
（3）轻度苏打盐化草甸土	26.7	5.0	10.60	—	—	11.320

（续表）

土类、亚类、土属和土种名称	本次地力评价			1984 年土壤普查		
	最大值	最小值	平均值	最大值	最小值	平均值
（五）碱化草甸土	44.7	5.0	10.03	—	—	10.833
苏打碱化草甸土	44.7	5.0	10.03	—	—	10.833
（1）深位苏打碱化草甸土	19.5	5.9	9.48	—	—	10.320
（2）中位苏打碱化草甸土	8.6	8.3	8.40	—	—	9.200
（3）浅位苏打碱化草甸土	44.7	5.0	12.23	—	—	12.980
五、沼泽土	33.0	5.0	12.85	—	—	13.710
草甸沼泽土	33.0	5.0	12.85	—	—	13.710
1. 黏质草甸沼泽土	15.4	15.4	15.40	—	—	16.330
薄层黏质草甸沼泽土	15.4	15.4	15.40	—	—	16.330
2. 石灰性草甸沼泽土	33.0	5.0	10.29	—	—	11.090
薄层石灰性草甸沼泽土	33.0	5.0	10.29	—	—	11.090

（三）黑龙江省土壤有机质分级指标

黑龙江省有机质分级指标（表 2-116）。

表 2-116　黑龙江省耕地土壤有机质分级指标　　　　　（单位：g/kg）

养分名称	水旱田	一级	二级	三级	四级	五级	六级
有机质	旱田	>60	40.1~60	30.1~40	20.1~30	10.1~20	≤10
	水田	>50	35.1~50	25.1~35	15.1~25	10.1~15	≤10

（四）土壤有机质频率分布比较

本次土壤普查与 20 世纪 80 年代开展的第二次土壤普查结果比较，土壤有机质平均下降了 6.3 个百分点（第二次土壤普查的有机质平均为 16.55）。而且土壤有机质的分布也发生了相应的变化。上次普查时，二级、三级、四级的土壤具有一定的面积，百分比分别是3.88%、18.87%、23.16%，这次分别降到了 0.3%、3.97%、20.13%；而五级、六级的面积，百分比分别由上次普查的 53.54%、0.54% 上升到了 57.83%、17.77%。总体是高的降到低的；低的面积有了一定的提高，特别是六级土壤提高了 17.23%。有机质主要集中在10.1~20g/kg 的五级，面积占总耕地面积的 57.83%。表明了土壤有机质有缓慢下降趋势，见表 2-117、图 2-20。

表 2-117　土壤有机质频率分布比较

项目	一级	二级	三级	四级	五级	六级
	>60g/kg	40.1~60g/kg	30.1~40g/kg	20.1~30g/kg	10.1~20g/kg	≤10g/kg
本次地力评价（%）	0.00	0.30	3.97	20.13	57.83	17.77
1984 年土壤普查（%）	0.00	3.88	18.87	23.16	53.54	0.54

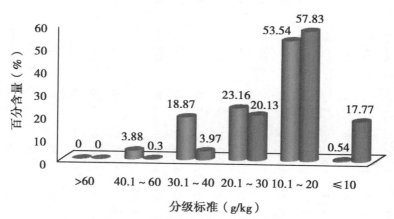

图 2-20　土壤耕层有机质频率分布对比图

（五）行政区土壤有机质分级面积情况

按照黑龙江省耕地有机质养分分级标准，有机质养分一级没有。有机质养分二级耕地面积 410.50hm²，占总耕地面积 0.30%。有机质养分三级耕地面积 5 434.75hm²，占总耕地面积 3.97%。有机质养分四级耕地面积 27 528.07hm²，占总耕地面积 20.13%。有机质养分五级耕地面积 79 088.70hm²，占总耕地面积 57.83%。有机质养分六级耕地面积 24 294.89hm²，占总耕地面积 17.77%。

从行政区看，他拉哈镇、巴彦查干乡、石人沟渔场、腰新乡、江湾乡、一心乡、烟筒屯镇有机质含量高；敖林乡、新甸林场、靠山畜牧场等地有机质含量低。从土壤上看，沼泽土、黑钙土有机质含量高；草甸土、风沙土有机质含量低。

全县土壤有机质含量分级的分布情况从下表中可以看出，土壤有机质为一级的没有，二级的仅有他拉哈镇、巴彦查干乡、一心乡，面积分别为 324.88hm²，71.97hm² 和 11.9hm²，其他乡镇没有；土壤有机质含量为三级的除腰新、四家子林场、新甸林场、靠山种畜场和一心果树场之外均有分布，占全县土壤面积的 3.97%，以他拉哈面积最大，分布面积达 1 538.69hm²，占三级面积的 1.13%。其次是巴彦查干乡面积较大，面积为 1 105.18hm²，占 18.8%。其他乡镇面积较小；土壤有机质含量为四级的，全县各乡镇均有分布，面积为 27 528.07hm²，占全县土壤面积的 20.13%，以烟筒屯镇面积最大，面积达 5 036.40hm²；土壤有机质含量为五级的面积最大，面积为 79 088.70hm²，占全县土壤面积的 57.83%。全县各乡镇均有分布，以巴彦查干乡面积最大，分布面积达 11 699.42hm²，占五级面积的 14.99%，其次是敖林乡、他拉哈镇、江湾乡、腰新乡、一心乡、白音诺勒乡较大，其余乡镇面积较小；有机质含量为六级的面积，占全县土壤面积的 17.77%，六级的全县均有分布，腰新乡面积最大，面积 7 063.12hm²，占六级面积的 29.07%。

各乡镇面积分级情况，详见表 2-118。

表2-118 行政区耕地土壤有机质分级面积统计

乡镇名称	合计面积(hm²)	一级 面积(hm²)	一级 占总面积(%)	二级 面积(hm²)	二级 占总面积(%)	三级 面积(hm²)	三级 占总面积(%)	四级 面积(hm²)	四级 占总面积(%)	五级 面积(hm²)	五级 占总面积(%)	六级 面积(hm²)	六级 占总面积(%)
合计	136 756.91	0.00	0.00	410.50	0.30	5 434.75	3.97	27 528.07	20.13	79 088.70	57.83	24 294.89	17.77
泰康镇	4 061.96	0.00	0.00	0.00	0.00	0.58	0.00	647.11	0.47	3 019.25	2.21	395.02	0.29
胡吉吐莫镇	5 775.00	0.00	0.00	1.75	0.00	44.83	0.03	468.47	0.34	3 976.46	2.91	1 283.49	0.94
烟筒屯镇	10 745.98	0.00	0.00	0.00	0.00	559.89	0.41	5 036.40	3.68	4 920.85	3.60	228.84	0.17
他拉哈镇	15 988.97	0.00	0.00	324.88	0.24	1 538.69	1.13	4 472.56	3.27	7 375.82	5.39	2 277.02	1.67
一心乡	11 053.02	0.00	0.00	11.90	0.01	97.69	0.07	4 036.77	2.95	5 625.02	4.11	1 281.64	0.94
克尔台乡	9 359.09	0.00	0.00	0.00	0.00	48.93	0.04	2 539.83	1.86	5 067.60	3.71	1 702.73	1.25
白音诺勒乡	10 554.99	0.00	0.00	0.00	0.00	123.78	0.09	992.51	0.73	7 897.16	5.77	1 541.54	1.13
敖林西伯乡	13 875.98	0.00	0.00	0.00	0.00	381.74	0.28	1 721.08	1.26	9 943.84	7.27	1 829.32	1.34
巴彦查干乡	20 822.98	0.00	0.00	71.97	0.05	1 105.18	0.81	5 078.71	3.71	11 699.42	8.55	2 867.70	2.10
腰新乡	14 186.99	0.00	0.00	0.00	0.00	0.00	0.00	1 261.88	0.92	5 861.99	4.29	7 063.12	5.16
江湾乡	7 916.01	0.00	0.00	0.00	0.00	33.76	0.02	709.57	0.52	6 427.40	4.70	745.28	0.54
四家子林场	812.01	0.00	0.00	0.00	0.00	0.00	0.00	1.44	0.00	38.14	0.03	772.43	0.56
新店林场	3 016.01	0.00	0.00	0.00	0.00	0.00	0.00	85.36	0.06	2 860.39	2.09	70.26	0.05
靠山种畜场	4 348.97	0.00	0.00	0.00	0.00	0.00	0.00	17.74	0.01	2 661.80	1.95	1 669.43	1.22
红旗牧场	1 801.99	0.00	0.00	0.00	0.00	840.91	0.61	59.15	0.04	568.12	0.42	333.81	0.24
连环湖渔业有限公司	157.98	0.00	0.00	0.00	0.00	0.00	0.00	103.49	0.08	43.01	0.03	11.48	0.01
石人沟渔业有限公司	1 886.99	0.00	0.00	0.00	0.00	658.77	0.48	292.75	0.21	714.77	0.52	220.70	0.16
齐家泡渔业有限公司	51.00	0.00	0.00	0.00	0.00	0.00	0.00	3.25	0.00	46.67	0.03	1.08	0.00
野生同养场	108.99	0.00	0.00	0.00	0.00	0.00	0.00	0.00	0.00	108.99	0.08	0.00	0.00
一心果树场	232.00	0.00	0.00	0.00	0.00	0.00	0.00	0.00	0.00	232.00	0.17	0.00	0.00

（六）耕地土壤有机质分级面积情况

按照黑龙江省耕地土壤有机养分分级标准，各土壤类型土壤有机质分级情况如下。

风沙土类：土壤有机质养分一级没有。有机质养分二级耕地面积 35.57hm²，占总耕地面积 0.03%。土壤有机质养分三级耕地面积 1 010.19hm²，占总耕地面积 0.74%。土壤有机质养分四级耕地面积 10 283.50hm²，占总耕地面积 7.25%。土壤有机质养分五级耕地面积 28 340.90hm²，占总耕地面积 20.72%。土壤有机质养分六级耕地面积 9 728.45hm²，占总耕地面积 7.11%。

黑钙土类：土壤有机质养分一级、二级没有。土壤有机质养分三级耕地面积 364.46hm²，占总耕地面积 0.27%。土壤有机质养分四级耕地面积 3 663.89hm²，占总耕地面积 2.68%。土壤有机质养分五级耕地面积 11 912.63hm²，占总耕地面积 8.71%。土壤有机质养分六级耕地面积 2 732.12hm²，占总耕地面积 2.00%。

草甸土类：土壤有机质养分一级没有。土壤有机质养分二级耕地面积 374.93hm²，占总耕地面积 0.27%。土壤有机质养分三级耕地面积 3 987.12hm²，占总耕地面积 2.92%。土壤有机质养分四级耕地面积 12 827.33hm²，占总耕地面积 9.38%。土壤有机质养分五级耕地面积 36 511.70hm²，占总耕地面积 26.70%。土壤有机质养分六级耕地面积 11 762.37hm²，占总耕地面积 8.60%。

沼泽土类：土壤有机质养分一级耕地面积 85.01hm²，占总耕地面积 0.01%。土壤有机质养分二级耕地面积 53.28hm²，占总耕地面积 0.04%。土壤有机质养分三级耕地面积 63.33hm²，占总耕地面积 0.05%。土壤有机质养分四级耕地面积 153.00hm²，占总耕地面积 0.11%。土壤有机质养分五级耕地面积 1 749.57hm²，占总耕地面积 1.28%。土壤有机质养分六级耕地面积 956.82hm²，占总耕地面积 0.70%。

新积土类：土壤有机质养分一级至三级没有。土壤有机质养分四级耕地面积 0.79hm²。土壤有机质养分五级耕地面积 159.25hm²，占总耕地面积 0.12%。土壤有机质养分六级耕地面积 0.70hm²。

各土壤亚类、土属、土种耕地面积分级，详见表 2-119。

二、土壤全氮

土壤全氮包括有机氮和无机氮，是土壤肥力一项重要指标。

（一）行政区土壤全氮含量情况

本次地力评价土壤化验分析结果，全氮最大值 2.651g/kg，最小值是 0.430g/kg，平均值 1.049g/kg，比二次土壤普查平均降低 0.119g/kg，全氮较高的巴彦查干乡比二次土壤普查平均降低 0.105g/kg，降幅最大的是新店林场，比二次土壤普查平均降低 0.174g/kg，白音诺勒乡、一心乡、烟筒屯镇等有不同程度的降低，详见表 2-120。

（二）不同土壤类型土壤全氮情况

本次地力评价各土类土壤全氮含量与二次土壤普查比均呈下降趋势，风沙土类下降 0.081g/kg，黑钙土类下降 0.131g/kg，草甸土土类下降 0.151g/kg，沼泽土类下降 0.142g/kg，新积土下降 0.105g/kg，详见表 2-121。

表2-119 不同土壤类型耕地土壤有机质分级面积统计

土类、亚类、土属和土种名称	合计面积(hm²)	一级		二级		三级		四级		五级		六级	
		面积(hm²)	占总面积(%)	面积(hm²)	占总面积(%)	面积(hm²)	占总面积(%)	面积(hm²)	占总面积(%)	面积(hm²)	占总面积(%)	面积(hm²)	占总面积(%)
合 计	136 756.91	0.00	0.00	410.50	0.30	5 434.75	3.97	27 528.07	20.13	79 088.70	57.83	24 294.89	17.77
一、风沙土	49 398.61	0.00	0.00	35.57	0.03	1 010.19	0.74	10 283.50	7.52	28 340.90	20.72	9 728.45	7.11
草甸风沙土	49 398.61	0.00	0.00	35.57	0.03	1 010.19	0.74	10 283.50	7.52	28 340.90	20.72	9 728.45	7.11
1. 流动草甸风沙土	257.22	0.00	0.00	0.00	0.00	0.00	0.00	6.43	0.00	184.48	0.13	66.31	0.05
流动草甸风沙土	257.22	0.00	0.00	0.00	0.00	0.00	0.00	6.43	0.00	184.48	0.13	66.31	0.05
2. 半固定草甸风沙土	42 644.48	0.00	0.00	33.82	0.02	968.65	0.71	9 106.86	6.66	23 559.90	17.23	8 975.25	6.56
半固定草甸风沙土	42 644.48	0.00	0.00	33.82	0.02	968.65	0.71	9 106.86	6.66	23 559.90	17.23	8 975.25	6.56
3. 固定草甸风沙土	6 496.91	0.00	0.00	1.75	0.00	41.54	0.03	1 170.21	0.86	4 596.52	3.36	686.89	0.50
固定草甸风沙土	6 496.91	0.00	0.00	1.75	0.00	41.54	0.03	1 170.21	0.86	4 596.52	3.36	686.89	0.50
二、新积土	160.74	0.00	0.00	0.00	0.00	0.00	0.00	0.79	0.00	159.25	0.12	0.70	0.00
冲积土	160.74	0.00	0.00	0.00	0.00	0.00	0.00	0.79	0.00	159.25	0.12	0.70	0.00
沙质冲积土	160.74	0.00	0.00	0.00	0.00	0.00	0.00	0.79	0.00	159.25	0.12	0.70	0.00
薄层沙质冲积土	160.74	0.00	0.00	0.00	0.00	0.00	0.00	0.79	0.00	159.25	0.12	0.70	0.00
三、黑钙土	18 673.10	0.00	0.00	0.00	0.00	364.46	0.27	3 663.89	2.68	11 912.63	8.71	2 732.12	2.00
(一)黑钙土	7 357.17	0.00	0.00	0.00	0.00	170.08	0.12	846.87	0.62	5 114.82	3.74	1 225.40	0.90
1. 黄土质黑钙土	2 596.69	0.00	0.00	0.00	0.00	97.61	0.07	286.86	0.21	1 756.96	1.28	455.26	0.33
(1) 厚层黄土质黑钙土	908.10	0.00	0.00	0.00	0.00	58.34	0.04	6.34	0.00	815.55	0.60	27.87	0.02
(2) 中层黄土质黑钙土	989.77	0.00	0.00	0.00	0.00	39.27	0.03	122.94	0.09	534.13	0.39	293.43	0.21
(3) 薄层黄土质黑钙土	698.82	0.00	0.00	0.00	0.00	0.00	0.00	157.58	0.12	407.28	0.30	133.96	0.10
2. 沙石底黑钙土	4 760.48	0.00	0.00	0.00	0.00	72.47	0.05	560.01	0.41	3 357.86	2.46	770.14	0.56
(1) 厚层沙质黑钙土	2 812.38	0.00	0.00	0.00	0.00	26.36	0.02	138.34	0.10	2 357.27	1.72	290.41	0.21
(2) 中层沙质黑钙土	1 811.52	0.00	0.00	0.00	0.00	46.11	0.03	401.74	0.29	891.75	0.65	471.92	0.35

(续表)

土类、亚类、土属和土种名称	合计面积(hm²)	一级 面积(hm²)	一级 占总面积(%)	二级 面积(hm²)	二级 占总面积(%)	三级 面积(hm²)	三级 占总面积(%)	四级 面积(hm²)	四级 占总面积(%)	五级 面积(hm²)	五级 占总面积(%)	六级 面积(hm²)	六级 占总面积(%)
(3) 薄层沙质黑钙土	136.58	0.00	0.00	0.00	0.00	0.00	0.00	19.93	0.01	108.84	0.08	7.81	0.01
(二) 石灰性黑钙土	7 104.17	0.00	0.00	0.00	0.00	15.01	0.01	1 611.10	1.18	4 509.91	3.30	968.15	0.71
1. 沙壤质石灰性黑钙土	5 507.55	0.00	0.00	0.00	0.00	6.91	0.01	1 119.48	0.82	3 607.64	2.64	773.52	0.57
(1) 厚层沙壤质石灰性黑钙土	1 148.87	0.00	0.00	0.00	0.00	0.00	0.00	648.31	0.47	500.56	0.37	0.00	0.00
(2) 中层沙壤质石灰性黑钙土	1 866.83	0.00	0.00	0.00	0.00	0.00	0.00	156.09	0.11	1 685.68	1.23	25.06	0.02
(3) 薄层沙壤质石灰性黑钙土	2 491.85	0.00	0.00	0.00	0.00	6.91	0.01	315.08	0.23	1 421.40	1.04	748.46	0.55
2. 黄土质石灰性黑钙土	1 596.62	0.00	0.00	0.00	0.00	8.10	0.01	491.62	0.36	902.27	0.66	194.63	0.14
(1) 厚层黄土质石灰性黑钙土	9.45	0.00	0.00	0.00	0.00	0.00	0.00	0.94	0.00	3.93	0.00	4.58	0.00
(2) 中层黄土质石灰性黑钙土	411.16	0.00	0.00	0.00	0.00	0.00	0.00	148.51	0.11	262.65	0.19	0.00	0.00
(3) 薄层黄土质石灰性黑钙土	1 176.01	0.00	0.00	0.00	0.00	8.10	0.01	342.17	0.25	635.69	0.46	190.05	0.14
(三) 草甸黑钙土	4 211.76	0.00	0.00	0.00	0.00	179.37	0.13	1 205.92	0.88	2 287.90	1.67	538.57	0.39
1. 沙底草甸黑钙土	428.34	0.00	0.00	0.00	0.00	0.00	0.00	18.55	0.01	283.15	0.21	126.64	0.09
(1) 中层沙底草甸黑钙土	341.99	0.00	0.00	0.00	0.00	0.00	0.00	5.91	0.00	229.74	0.17	106.34	0.08
(2) 薄层沙底草甸黑钙土	86.35	0.00	0.00	0.00	0.00	0.00	0.00	12.64	0.01	53.41	0.04	20.30	0.01
2. 黄土质草甸黑钙土	1 353.98	0.00	0.00	0.00	0.00	179.37	0.13	636.85	0.47	488.94	0.36	48.82	0.04
(1) 中层黄土质草甸黑钙土	1 201.63	0.00	0.00	0.00	0.00	179.37	0.13	636.85	0.47	336.59	0.25	48.82	0.04
(2) 薄层黄土质草甸黑钙土	152.35	0.00	0.00	0.00	0.00	0.00	0.00	0.00	0.00	152.35	0.11	0.00	0.00
3. 石灰性草甸黑钙土	2 429.44	0.00	0.00	0.00	0.00	0.00	0.00	550.52	0.40	1 515.81	1.11	363.11	0.27
(1) 中层石灰性草甸黑钙土	916.97	0.00	0.00	0.00	0.00	0.00	0.00	330.57	0.24	423.48	0.31	162.92	0.12
(2) 薄层石灰性草甸黑钙土	1 512.47	0.00	0.00	0.00	0.00	0.00	0.00	219.95	0.16	1 092.33	0.80	200.19	0.15
四、草甸土	65 463.45	0.00	0.00	374.93	0.27	3 987.12	2.92	12 827.33	9.38	36 511.70	26.70	11 762.37	8.60
(一) 草甸土	5 041.94	0.00	0.00	11.90	0.01	12.30	0.01	1 114.42	0.81	2 187.25	1.60	1 716.07	1.25

（续表）

土类、亚类、土属和土种名称	合计 面积(hm²)	一级 面积(hm²)	占总面积(%)	二级 面积(hm²)	占总面积(%)	三级 面积(hm²)	占总面积(%)	四级 面积(hm²)	占总面积(%)	五级 面积(hm²)	占总面积(%)	六级 面积(hm²)	占总面积(%)
1. 沙砾底草甸土	4 409.50	0.00	0.00	0.00	0.00	10.38	0.01	892.83	0.65	1 804.95	1.32	1 701.34	1.24
(1) 厚层沙砾底草甸土	63.65	0.00	0.00	0.00	0.00	0.00	0.00	63.37	0.05	0.28	0.00	0.00	0.00
(2) 中层沙砾底草甸土	1 078.38	0.00	0.00	0.00	0.00	0.00	0.00	76.75	0.06	610.82	0.45	390.81	0.29
(3) 薄层沙砾底草甸土	3 267.47	0.00	0.00	0.00	0.00	10.38	0.01	752.71	0.55	1 193.85	0.87	1 310.53	0.96
2. 黏壤质草甸土	632.44	0.00	0.00	11.90	0.01	1.92	0.00	221.59	0.16	382.30	0.28	14.73	0.01
(1) 厚层黏壤质草甸土	36.08	0.00	0.00	0.00	0.00	0.00	0.00	15.93	0.01	20.15	0.01	0.00	0.00
(2) 中层黏壤质草甸土	579.71	0.00	0.00	11.90	0.00	1.92	0.00	205.66	0.15	362.15	0.26	0.00	0.00
(3) 薄层黏壤质草甸土	16.65	0.00	0.00	0.00	0.00	0.00	0.00	0.00	0.00	0.00	0.00	14.73	0.01
（二）石灰性草甸土	24 872.64	0.00	0.00	309.20	0.23	1 773.47	1.30	4 822.93	3.53	14 948.44	10.93	3 018.60	2.21
1. 沙质石灰性草甸土	12 977.82	0.00	0.00	2.22	0.00	1 321.44	0.97	1 897.64	1.39	8 139.42	5.95	1 617.10	1.18
(1) 厚层沙质石灰性草甸土	211.86	0.00	0.00	0.00	0.00	0.00	0.00	1.50	0.00	207.23	0.15	3.13	0.00
(2) 中层沙质石灰性草甸土	4 460.03	0.00	0.00	0.00	0.00	31.84	0.02	153.36	0.11	4 120.68	3.01	154.15	0.11
(3) 薄层沙质石灰性草甸土	8 305.93	0.00	0.00	2.22	0.00	1 289.60	0.94	1 742.78	1.27	3 811.51	2.79	1 459.82	1.07
2. 黏壤质石灰性草甸土	11 894.82	0.00	0.00	306.98	0.22	452.03	0.33	2 925.29	2.14	6 809.02	4.98	1 401.50	1.02
(1) 厚层黏壤质石灰性草甸土	4.23	0.00	0.00	0.00	0.00	0.00	0.00	0.00	0.00	0.00	0.00	4.23	0.00
(2) 中层黏壤质石灰性草甸土	3 170.15	0.00	0.00	0.00	0.00	1.50	0.00	393.42	0.29	2 543.25	1.86	231.98	0.17
(3) 薄层黏壤质石灰性草甸土	8 720.44	0.00	0.00	306.98	0.22	450.53	0.33	2 531.87	1.85	4 265.77	3.12	1 165.29	0.85
（三）潜育草甸土	11 338.63	0.00	0.00	6.00	0.00	831.74	0.61	2 671.93	1.95	5 276.80	3.86	2 552.16	1.87
1. 黏壤质潜育草甸土	7 295.20	0.00	0.00	0.00	0.00	831.19	0.61	898.25	0.66	3 092.69	2.26	2 473.07	1.81
(1) 厚层黏壤质潜育草甸土	564.16	0.00	0.00	0.00	0.00	0.00	0.00	9.14	0.01	98.64	0.07	456.38	0.33
(2) 中层黏壤质潜育草甸土	677.66	0.00	0.00	0.00	0.00	0.00	0.00	0.00	0.00	170.33	0.12	507.33	0.37
(3) 薄层黏壤质潜育草甸土	6 053.38	0.00	0.00	0.00	0.00	831.19	0.61	889.11	0.65	2 823.72	2.06	1 509.36	1.10

（续表）

土类、亚类、土属和土种名称	合计面积(hm²)	一级 面积(hm²)	一级 占总面积(%)	二级 面积(hm²)	二级 占总面积(%)	三级 面积(hm²)	三级 占总面积(%)	四级 面积(hm²)	四级 占总面积(%)	五级 面积(hm²)	五级 占总面积(%)	六级 面积(hm²)	六级 占总面积(%)
2. 沙砾底潜育草甸土	2 241.72	0.00	0.00	0.00	0.00	0.00	0.00	792.65	0.58	1 372.94	1.00	76.13	0.06
薄层沙砾底潜育草甸土	2 241.72	0.00	0.00	0.00	0.00	0.00	0.00	792.65	0.58	1 372.94	1.00	76.13	0.06
3. 石灰性潜育草甸土	1 801.71	0.00	0.00	7.06	0.01	396.88	0.29	665.19	0.49	541.32	0.40	191.26	0.14
(1) 厚层石灰性潜育草甸土	115.93	0.00	0.00	0.00	0.00	0.00	0.00	0.00	0.00	115.93	0.08	0.00	0.00
(2) 中层石灰性潜育草甸土	618.36	0.00	0.00	0.55	0.00	0.00	0.00	402.86	0.29	200.65	0.15	14.30	0.01
(3) 薄层石灰性潜育草甸土	1 067.42	0.00	0.00	6.51	0.00	396.88	0.29	262.33	0.19	224.74	0.16	176.96	0.13
(四) 盐化草甸土	12 232.06	63.99	0.01	161.18	0.12	563.25	0.41	2 381.30	1.74	6 461.73	4.72	2 600.61	1.90
苏打盐化草甸土	12 232.06	63.99	0.01	161.18	0.12	563.25	0.41	2 381.30	1.74	6 461.73	4.72	2 600.61	1.90
(1) 重度苏打盐化草甸土	1 271.33	0.00	0.00	0.00	0.00	51.95	0.04	37.66	0.03	810.84	0.59	370.88	0.27
(2) 中度苏打盐化草甸土	5 412.81	0.00	0.00	0.00	0.00	55.00	0.04	1 340.80	0.98	2 825.57	2.07	1 191.44	0.87
(3) 轻度苏打盐化草甸土	5 547.92	63.99	0.01	161.18	0.12	456.30	0.33	1 002.84	0.73	2 825.32	2.07	1 038.29	0.76
(五) 碱化草甸土	11 978.18	295.01	0.03	511.58	0.37	508.99	0.37	1 513.34	1.11	6 620.50	4.84	2 528.76	1.85
苏打碱化草甸土	11 978.18	295.01	0.03	511.58	0.37	508.99	0.37	1 513.34	1.11	6 620.50	4.84	2 528.76	1.85
(1) 深位苏打碱化草甸土	889.30	0.00	0.00	0.00	0.00	0.00	0.00	237.70	0.17	642.96	0.47	8.64	0.01
(2) 中位苏打碱化草甸土	203.35	0.00	0.00	0.00	0.00	0.00	0.00	0.00	0.00	0.00	0.00	203.35	0.15
(3) 浅位苏打碱化草甸土	10 885.53	295.01	0.03	511.58	0.37	508.99	0.37	1 275.64	0.93	5 977.54	4.37	2 316.77	1.69
五、沼泽土	3 061.01	85.01	0.01	53.28	0.04	63.33	0.05	153.00	0.11	1 749.57	1.28	956.82	0.70
(一) 草甸沼泽土	3 061.01	85.01	0.01	53.28	0.04	63.33	0.05	153.00	0.11	1 749.57	1.28	956.82	0.70
1. 黏质草甸沼泽土	94.24	0.00	0.00	0.00	0.00	0.00	0.00	24.56	0.02	0.00	0.00	69.68	0.05
薄层黏质草甸沼泽土	94.24	0.00	0.00	0.00	0.00	0.00	0.00	24.56	0.02	0.00	0.00	69.68	0.05
2. 石灰性草甸沼泽土	2 966.77	85.01	0.01	53.28	0.04	63.33	0.05	128.44	0.09	1 749.57	1.28	887.14	0.65
薄层石灰性草甸沼泽土	2 966.77	85.01	0.01	53.28	0.04	63.33	0.05	128.44	0.09	1 749.57	1.28	887.14	0.65

表 2-120 行政区土壤全氮含量情况统计 （单位：g/kg）

乡镇名称	本次地力评价			1984 年土壤普查		
	最大值	最小值	平均值	最大值	最小值	平均值
全　县	2.651	0.430	1.049	—	—	1.168
泰康镇	1.825	0.560	1.130	—	—	1.25
胡吉吐莫镇	1.913	0.506	1.150	—	—	1.28
烟筒屯镇	2.364	0.604	1.313	—	—	1.42
他拉哈镇	1.848	0.513	0.860	—	—	0.99
一心乡	2.289	0.514	1.179	—	—	1.31
克尔台乡	2.043	0.567	1.202	—	—	1.32
白音诺勒乡	2.532	0.504	0.897	—	—	1.01
敖林西伯乡	1.698	0.515	0.972	—	—	1.11
巴彦查干乡	2.651	0.528	1.185	—	—	1.29
腰新乡	2.161	0.430	0.758	—	—	0.92
江湾乡	2.103	0.557	1.136	—	—	1.23
四家子林场	1.003	0.678	0.848	—	—	0.98
新店林场	1.425	0.635	0.956	—	—	1.13
靠山种畜场	1.463	0.602	1.100	—	—	1.21
红旗牧场	2.115	0.540	0.734	—	—	0.85
连环湖渔业有限公司	1.913	0.555	1.163	—	—	1.25
石人沟渔业有限公司	1.945	0.629	1.274	—	—	1.38
齐家泡渔业有限公司	1.624	0.796	1.155	—	—	1.25
野生饲养场	0.997	0.646	0.749	—	—	0.86
一心果树场	1.370	1.041	1.219	—	—	1.31

表 2-121 土壤类型土壤全氮情况统计 （单位：g/kg）

土类、亚类、土属和土种名称	本次地力评价			1984 年土壤普查		
	最大值	最小值	平均值	最大值	最小值	平均值
一、风沙土	2.532	0.430	1.062	—	—	1.143
草甸风沙土	2.532	0.430	1.062	—	—	1.143
1. 流动草甸风沙土	1.665	0.925	1.106	—	—	1.190
流动草甸风沙土	1.665	0.925	1.106	—	—	1.190
2. 半固定草甸风沙土	2.532	0.430	0.998	—	—	1.080
半固定草甸风沙土	2.532	0.430	0.998	—	—	1.080
3. 固定草甸风沙土	1.771	0.542	1.081	—	—	1.160
固定草甸风沙土	1.771	0.542	1.081	—	—	1.160
二、新积土	1.519	1.226	1.315	—	—	1.420
冲积土	1.519	1.226	1.315	—	—	1.420
1. 沙质冲积土	1.519	1.226	1.315	—	—	1.420
薄层沙质冲积土	1.519	1.226	1.315	—	—	1.420

（续表）

土类、亚类、土属和土种名称	本次地力评价			1984 年土壤普查		
	最大值	最小值	平均值	最大值	最小值	平均值
三、黑钙土	2.406	0.506	1.112	—	—	1.243
（一）黑钙土	2.406	0.506	1.065	—	—	1.168
1. 黄土质黑钙土	2.406	0.526	1.035	—	—	1.157
（1）厚层黄土质黑钙土	1.321	0.526	0.965	—	—	1.090
（2）中层黄土质黑钙土	2.406	0.544	1.221	—	—	1.380
（3）薄层黄土质黑钙土	1.886	0.544	0.920	—	—	1.000
2. 沙石底黑钙土	2.003	0.506	1.094	—	—	1.180
（1）厚层沙质黑钙土	1.703	0.565	0.951	—	—	1.050
（2）中层沙质黑钙土	2.003	0.506	0.998	—	—	1.090
（3）薄层沙质黑钙土	1.804	0.710	1.333	—	—	1.480
（二）石灰性黑钙土	2.079	0.539	1.229	—	—	1.345
1. 沙壤质石灰性黑钙土	2.079	0.539	1.314	—	—	1.430
（1）厚层沙壤质石灰性黑钙土	2.079	0.699	1.609	—	—	1.730
（2）中层沙壤质石灰性黑钙土	1.730	0.633	1.144	—	—	1.250
（3）薄层沙壤质石灰性黑钙土	1.969	0.539	1.188	—	—	1.310
2. 黄土质石灰性黑钙土	1.727	0.602	1.144	—	—	1.260
（1）厚层黄土质石灰性黑钙土	1.544	0.942	1.261	—	—	1.410
（2）中层黄土质石灰性黑钙土	1.727	0.657	1.091	—	—	1.200
（3）薄层黄土质石灰性黑钙土	1.631	0.602	1.080	—	—	1.220
（三）草甸黑钙土	1.825	0.577	1.042	—	—	1.217
1. 沙底草甸黑钙土	1.652	0.577	0.978	—	—	1.135
（1）中层沙底草甸黑钙土	1.160	0.642	0.863	—	—	1.020
（2）薄层沙底草甸黑钙土	1.652	0.577	1.093	—	—	1.250
2. 黄土质草甸黑钙土	1.825	0.854	1.064	—	—	1.240
（1）中层黄土质草甸黑钙土	1.825	0.893	1.211	—	—	1.390
（2）薄层黄土质草甸黑钙土	0.976	0.854	0.917	—	—	1.090
3. 石灰性草甸黑钙土	1.825	0.581	1.083	—	—	1.275
（1）中层石灰性草甸黑钙土	1.825	0.581	1.048	—	—	1.210
（2）薄层石灰性草甸黑钙土	1.463	0.694	1.118	—	—	1.340
四、草甸土	2.651	0.504	0.986	—	—	1.137
（一）草甸土	2.103	0.528	1.206	—	—	1.325
1. 沙砾底草甸土	1.825	0.528	1.102	—	—	1.207
（1）厚层沙砾底草甸土	1.108	0.925	1.016	—	—	1.150
（2）中层沙砾底草甸土	1.719	0.528	1.108	—	—	1.160
（3）薄层沙砾底草甸土	1.825	0.684	1.182	—	—	1.310

（续表）

土类、亚类、土属和土种名称	本次地力评价			1984 年土壤普查		
	最大值	最小值	平均值	最大值	最小值	平均值
2. 黏壤质草甸土	2.103	0.616	1.311	—	—	1.443
（1）厚层黏壤质草甸土	1.542	1.410	1.498	—	—	1.630
（2）中层黏壤质草甸土	1.694	0.616	1.044	—	—	1.190
（3）薄层黏壤质草甸土	2.103	0.676	1.390	—	—	1.510
（二）石灰性草甸土	2.364	0.513	0.969	—	—	1.180
1. 沙质石灰性草甸土	1.825	0.513	0.922	—	—	1.080
（1）厚层沙质石灰性草甸土	0.916	0.528	0.708	—	—	0.860
（2）中层沙质石灰性草甸土	1.716	0.554	1.054	—	—	1.200
（3）薄层沙质石灰性草甸土	1.825	0.513	1.004	—	—	1.180
2. 黏壤质石灰性草甸土	2.364	0.528	1.016	—	—	1.163
（1）厚层黏壤质石灰性草甸土	0.724	0.724	0.724	—	—	0.870
（2）中层黏壤质石灰性草甸土	1.858	0.557	1.182	—	—	1.330
（3）薄层黏壤质石灰性草甸土	2.364	0.528	1.142	—	—	1.290
（三）潜育草甸土	2.651	0.525	0.952	—	—	1.119
1. 黏壤质潜育草甸土	2.651	0.581	1.021	—	—	1.157
（1）厚层黏壤质潜育草甸土	1.561	0.653	0.942	—	—	1.090
（2）中层黏壤质潜育草甸土	1.795	0.585	0.924	—	—	1.110
（3）薄层黏壤质潜育草甸土	2.651	0.581	1.196	—	—	1.270
2. 沙砾底潜育草甸土	1.380	0.637	0.773	—	—	0.990
薄层沙砾底潜育草甸土	1.380	0.637	0.773	—	—	0.990
3. 石灰性潜育草甸土	1.666	0.525	1.062	—	—	1.210
（1）厚层石灰性潜育草甸土	1.023	0.999	1.011	—	—	1.110
（2）中层石灰性潜育草甸土	1.623	0.588	1.132	—	—	1.320
（3）薄层石灰性潜育草甸土	1.666	0.525	1.044	—	—	1.200
（四）盐化草甸土	2.097	0.504	1.002	—	—	1.120
苏打盐化草甸土	2.097	0.504	1.002	—	—	1.120
（1）重度苏打盐化草甸土	1.659	0.666	0.996	—	—	1.040
（2）中度苏打盐化草甸土	1.858	0.514	1.059	—	—	1.230
（3）轻度苏打盐化草甸土	2.097	0.504	0.951	—	—	1.090
（五）碱化草甸土	1.886	0.530	0.801	—	—	0.941
苏打碱化草甸土	1.886	0.530	0.801	—	—	0.941
（1）深位苏打碱化草甸土	1.038	0.542	0.738	—	—	0.881
（2）中位苏打碱化草甸土	0.712	0.676	0.702	—	—	0.801
（3）浅位苏打碱化草甸土	1.886	0.530	0.963	—	—	1.141
五、沼泽土	2.532	0.620	1.166	—	—	1.308

（续表）

土类、亚类、土属和土种名称	本次地力评价			1984年土壤普查		
	最大值	最小值	平均值	最大值	最小值	平均值
草甸沼泽土	2.532	0.620	1.166	—	—	1.308
1. 黏质草甸沼泽土	1.220	1.024	1.122			1.283
薄层黏质草甸沼泽土	1.220	1.024	1.122			1.283
2. 石灰性草甸沼泽土	2.532	0.620	1.210			1.333
薄层石灰性草甸沼泽土	2.532	0.620	1.210			1.333

（三）黑龙江省土壤全氮分级指标

黑龙江省全氮分级指标，见表2-122。

表2-122　黑龙江省耕地土壤全氮分级指标　（单位：g/kg）

养分名称	水旱田	一级	二级	三级	四级	五级
全氮	旱田	>2.5	2.1~2.5	1.6~2	1.1~1.5	≤1
	水田	>2.5	2.1~2.5	1.6~2	1.1~1.5	≤1

（四）土壤全氮频率分布比较

土壤中的氮素仍然是我国农业生产中最重要的养分限制因子。土壤全氮是土壤供氮能力的重要指标，在生产实际中有着重要的意义。

全县耕地土壤中全氮含量平均为1.049g/kg，变化幅度在0.03~4.93g/kg。与第二次土壤普查的调查结果进行比较，全县全氮含量降低了11.9个百分点（原来平均含量为1.168g/kg）。从图2-20看出，全氮含量主要集中在1.1~1.5g/kg，约占39.91%。调查结果还表明，全县石人沟含量最高，平均达到1.274mg/kg，最低为红旗牧场，平均含量0.734mg/kg，其分布与有机质的变化情况相似，见表2-123、图2-21。

表2-123　土壤全氮频率分布比较　（单位：g/kg、%）

项目	一级	二级	三级	四级	五级
	>2.5	2.1~2.5	1.6~2	1.1~1.5	≤1
本次地力评价	0.14	0.84	8.54	39.91	50.57
1984年土壤普查	17.90	1.94	21.44	58.18	0.54

（五）行政区土壤全氮分级面积情况

按照黑龙江省耕地全氮养分分级标准，全氮养分一级耕地面积186.08hm²，占总耕地0.14%。全氮养分二级耕地面积1 152.80hm²，占总耕地0.84%，全氮养分三级耕地面积11 673.98hm²，占总耕地面积8.54%。全氮养分四级耕地面积54 582.5hm²，占总耕地面积39.91%。全氮养分五级耕地面积69 161.55hm²，占总耕地面积50.57%。

其分布情况在土壤全氮含量分级的分布一览表中看出，土壤全氮含量为一级的，仅分布在白音诺勒乡、巴彦查干乡2个乡，面积很少，为186.08hm²；土壤全氮含量为二级的，全

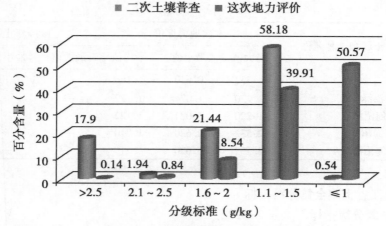

图 2-21　土壤全氮频率分布对比图

县面积仅有 1 152.80hm²；三级和四级土壤全氮含量是大于 1 小于 2 的，面积 66 256.48hm²；五级是土壤全氮含量小于 1 的，面积是 69 161.54hm²；三级、四级、五级全县各乡镇都有分布，占全县耕地土壤总面积的 99.02%。说明杜蒙自治县耕地土壤从南到北，从东到西，土壤全氮含量是非常低的，均在 2.0g/kg 以下。各乡镇分级情况，详见表 2-124。

（六）耕地土壤全氮分级面积情况

按照黑龙江省耕地全氮养分分级标准，各种土类分级情况如下。

风沙土类：土壤全氮养分一级耕地面积 119.69hm²，占总耕地 0.09%。土壤全氮养分二级耕地面积 368.37hm²，占总耕地 0.27%，土壤全氮养分三级耕地面积 3 060.85hm²，占总耕地面积 2.24%。土壤全氮养分四级耕地面积 19 918.70hm²，占总耕地面积 14.57%。全氮养分五级耕地面积 25 931.00hm²，占总耕地面积 18.96%

黑钙土类：土壤全氮养分一级耕地没有。土壤全氮养分二级耕地面积 65.69hm²，占总耕地 0.05%，土壤全氮养分三级耕地面积 4 979.89hm²，占总耕地面积 3.64%。土壤全氮养分四级耕地面积 5 846.93hm²，占总耕地面积 4.28%。全氮养分五级耕地面积 7 760.59hm²，占总耕地面积 5.69%。

草甸土类：土壤全氮养分一级耕地面积 63.48hm²，占总耕地 0.05%。土壤全氮养分二级耕地面积 655.79hm²，占总耕地 0.48%。土壤全氮养分三级耕地面积 3 465.58hm²，占总耕地面积 2.53%。土壤全氮养分四级耕地面积 26 450.19hm²，占总耕地面积 19.34%。土壤全氮养分五级耕地面积 34 828.41hm²，占总耕地面积 25.47%。

沼泽土类：土壤全氮养分一级耕地面积 2.91hm²。土壤全氮养分二级耕地面积 62.95hm²，占总耕地 0.05%。土壤全氮养分三级耕地面积 145.77hm²，占总耕地面积 0.11%。土壤全氮养分四级耕地面积 2 227.83hm²，占总耕地面积 1.63%。土壤全氮养分五级耕地面积 621.55hm²，占总耕地面积 0.45%。

新积土类：土壤全氮养分一级、二级、四级、五级没有。土壤全氮养分三级耕地面积 21.89hm²，占总耕地 0.02%，土壤全氮养分四级耕地面积 138.85hm²，占总耕地面积 0.01%。

各土壤亚类、土属、土种分级情况，详见表 2-125。

表2-124 行政区土壤全氮分级面积统计

乡镇名称	合计 面积(hm²)	一级 面积(hm²)	一级 占总面积(%)	二级 面积(hm²)	二级 占总面积(%)	三级 面积(hm²)	三级 占总面积(%)	四级 面积(hm²)	四级 占总面积(%)	五级 面积(hm²)	五级 占总面积(%)
全县	136 756.91	186.08	0.14	1 152.80	0.84	11 673.98	8.54	54 582.50	39.91	69 161.55	50.57
泰康镇	4 061.96	0.00	0.00	0.00	0.00	181.65	0.13	2 512.51	1.84	1 367.80	1.00
胡吉吐莫镇	5 775.00	0.00	0.00	0.00	0.00	515.24	0.38	3 137.78	2.29	2 121.98	1.55
烟筒屯镇	10 745.98	0.00	0.00	671.83	0.49	2 313.48	1.69	5 546.43	4.06	2 214.24	1.62
他拉哈镇	15 988.97	0.00	0.00	0.00	0.00	370.99	0.27	4 137.14	3.03	11 480.84	8.40
一心乡	11 053.02	0.00	0.00	4.51	0.00	1 818.42	1.33	6 638.08	4.85	2 592.01	1.90
克尔台乡	9 359.09	0.00	0.00	39.27	0.03	885.71	0.65	6 319.24	4.62	2 114.87	1.55
白音诺勒乡	10 554.99	122.60	0.09	1.18	0.00	150.56	0.11	1 527.06	1.12	8 753.59	6.40
敖林西伯乡	13 875.98	0.00	0.00	0.00	0.00	376.65	0.28	3 771.65	2.76	9 727.68	7.11
巴彦查干乡	20 822.98	63.48	0.05	42.92	0.03	4 114.10	3.01	9 740.69	7.12	6 861.79	5.02
腰新乡	14 186.99	0.00	0.00	363.86	0.27	54.62	0.04	744.75	0.54	13 023.76	9.52
江湾乡	7 916.01	0.00	0.00	1.92	0.00	448.87	0.33	3 223.15	2.36	4 242.07	3.10
四家子林场	812.01	0.00	0.00	0.00	0.00	0.00	0.00	80.63	0.06	731.38	0.53
新店林场	3 016.01	0.00	0.00	0.00	0.00	0.00	0.00	1 692.06	1.24	1 323.95	0.97
靠山种畜场	4 348.97	0.00	0.00	0.00	0.00	0.00	0.00	3 888.91	2.84	460.06	0.34
红旗牧场	1 801.99	0.00	0.00	27.31	0.02	9.35	0.01	19.41	0.01	1 745.92	1.28
连环湖渔业有限公司	157.98	0.00	0.00	0.00	0.00	81.14	0.06	54.07	0.04	22.77	0.02
石人沟渔业有限公司	1 886.99	0.00	0.00	0.00	0.00	349.95	0.26	1 270.27	0.93	266.77	0.20
齐家泡渔业有限公司	51.00	0.00	0.00	0.00	0.00	3.25	0.00	46.67	0.03	1.08	0.00
野生饲养场	108.99	0.00	0.00	0.00	0.00	0.00	0.00	0.00	0.00	108.99	0.08
一心果树场	232.00	0.00	0.00	0.00	0.00	0.00	0.00	232.00	0.17	0.00	0.00

表2-125 不同土壤类型耕地土壤全氮分级面积统计

土类、亚类、土属和土种名称	合计面积 (hm²)	一级 面积 (hm²)	占总面积 (%)	二级 面积 (hm²)	占总面积 (%)	三级 面积 (hm²)	占总面积 (%)	四级 面积 (hm²)	占总面积 (%)	五级 面积 (hm²)	占总面积 (%)
合计	136 756.91	186.08	0.14	1 152.80	0.84	11 673.98	8.54	54 582.50	39.91	69 161.55	50.57
一、风沙土	49 398.61	119.69	0.09	368.37	0.27	3 060.85	2.24	19 918.70	14.57	25 931.00	18.96
草甸风沙土	49 398.61	119.69	0.09	368.37	0.27	3 060.85	2.24	19 918.70	14.57	25 931.00	18.96
1. 流动草甸风沙土	257.22	0.00	0.00	0.00	0.00	6.43	0.00	103.07	0.08	147.72	0.11
流动草甸风沙土	257.22	0.00	0.00	0.00	0.00	6.43	0.00	103.07	0.08	147.72	0.11
2. 半固定草甸风沙土	42 644.48	119.69	0.09	368.37	0.27	2 942.20	2.15	15 243.81	11.15	23 970.41	17.53
半固定草甸风沙土	42 644.48	119.69	0.09	368.37	0.27	2 942.20	2.15	15 243.81	11.15	23 970.41	17.53
3. 固定草甸风沙土	6 496.91	0.00	0.00	0.00	0.00	112.22	0.08	4 571.82	3.34	1 812.87	1.33
固定草甸风沙土	6 496.91	0.00	0.00	0.00	0.00	112.22	0.08	4 571.82	3.34	1 812.87	1.33
二、新积土	160.74	0.00	0.00	0.00	0.00	21.89	0.02	138.85	0.10	0.00	0.00
冲积土	160.74	0.00	0.00	0.00	0.00	21.89	0.02	138.85	0.10	0.00	0.00
沙质冲积土	160.74	0.00	0.00	0.00	0.00	21.89	0.02	138.85	0.10	0.00	0.00
薄层沙质冲积土	160.74	0.00	0.00	0.00	0.00	21.89	0.02	138.85	0.10	0.00	0.00
三、黑钙土	18 673.10	0.00	0.00	65.69	0.05	4 979.89	3.64	5 846.93	4.28	7 780.59	5.69
(一)黑钙土	7 357.17	0.00	0.00	65.69	0.05	237.04	0.17	1 862.90	1.36	5 191.54	3.80
1. 黄土质黑钙土	2 596.69	0.00	0.00	64.51	0.05	30.69	0.02	539.52	0.39	1 961.97	1.43
(1)厚层黄土质黑钙土	908.10	0.00	0.00	0.00	0.00	0.00	0.00	101.74	0.07	806.36	0.59
(2)中层黄土质黑钙土	989.77	0.00	0.00	64.51	0.05	28.47	0.02	395.99	0.29	500.80	0.37
(3)薄层黄土质黑钙土	698.82	0.00	0.00	0.00	0.00	2.22	0.00	41.79	0.03	654.81	0.48
2. 沙石底黑钙土	4 760.48	0.00	0.00	1.18	0.00	206.35	0.15	1 323.38	0.97	3 229.57	2.36
(1)厚层沙质黑钙土	2 812.38	0.00	0.00	0.00	0.00	16.26	0.01	499.89	0.37	2 296.23	1.68
(2)中层沙质黑钙土	1 811.52	0.00	0.00	1.18	0.00	163.42	0.12	725.72	0.53	921.20	0.67

（续表）

土类、亚类、土属和土种名称	合计面积（hm²）	一级		二级		三级		四级		五级	
		面积（hm²）	占总面积（%）	面积（hm²）	占总面积（%）	面积（hm²）	占总面积（%）	面积（hm²）	占总面积（%）	面积（hm²）	占总面积（%）
（3）薄层沙质黑钙土	136.58	0.00	0.00	0.00	0.00	26.67	0.02	97.77	0.07	12.14	0.01
（二）石灰性黑钙土	7 104.17	0.00	0.00	0.00	0.00	4 631.85	3.39	2 026.26	1.48	446.06	0.33
1.沙壤质石灰性黑钙土	5 507.55	0.00	0.00	0.00	0.00	41 55.14	3.04	1 119.48	0.82	232.93	0.17
（1）厚层沙壤质石灰性黑钙土	1 148.87	0.00	0.00	0.00	0.00	385.33	0.28	648.31	0.47	115.23	0.08
（2）中层沙壤质石灰性黑钙土	1 866.83	0.00	0.00	0.00	0.00	1 611.99	1.18	156.09	0.11	98.75	0.07
（3）薄层沙壤质石灰性黑钙土	2 491.85	0.00	0.00	0.00	0.00	2 157.82	1.58	315.08	0.23	18.95	0.01
2.黄土质石灰性黑钙土	1 596.62	0.00	0.00	0.00	0.00	476.71	0.35	906.78	0.66	213.13	0.16
（1）厚层黄土质石灰性黑钙土	9.45	0.00	0.00	0.00	0.00	2.37	0.00	3.15	0.00	3.93	0.00
（2）中层黄土质石灰性黑钙土	411.16	0.00	0.00	0.00	0.00	122.05	0.09	147.33	0.11	141.78	0.10
（3）薄层黄土质石灰性黑钙土	1 176.01	0.00	0.00	0.00	0.00	12.29	0.01	756.30	0.55	407.42	0.30
（三）草甸黑钙土	4 211.76	0.00	0.00	0.00	0.00	111.00	0.08	1 957.77	1.43	2 142.99	1.57
1.沙底草甸黑钙土	428.34	0.00	0.00	0.00	0.00	3.77	0.00	232.62	0.17	191.95	0.14
（1）中层沙底草甸黑钙土	341.99	0.00	0.00	0.00	0.00	0.00	0.00	222.29	0.16	119.70	0.09
（2）薄层沙底草甸黑钙土	86.35	0.00	0.00	0.00	0.00	3.77	0.00	10.33	0.01	72.25	0.05
2.黄土质草甸黑钙土	1 353.98	0.00	0.00	0.00	0.00	98.52	0.07	344.84	0.25	910.62	0.67
（1）中层黄土质草甸黑钙土	1 201.63	0.00	0.00	0.00	0.00	98.52	0.07	344.84	0.25	758.27	0.55
（2）薄层黄土质草甸黑钙土	152.35	0.00	0.00	0.00	0.00	0.00	0.00	0.00	0.00	152.35	0.11
3.石灰性草甸黑钙土	2 429.44	0.00	0.00	0.00	0.00	8.71	0.01	1 380.31	1.01	1 040.42	0.76
（1）中层石灰性草甸黑钙土	916.97	0.00	0.00	0.00	0.00	8.71	0.01	456.31	0.33	451.95	0.33
（2）薄层石灰性草甸黑钙土	1 512.47	0.00	0.00	0.00	0.00	0.00	0.00	924.00	0.68	588.47	0.43
四、草甸土	65 463.45	63.48	0.05	655.79	0.48	3 465.58	2.53	26 450.19	19.34	34 828.41	25.47
（一）草甸土	5 041.94	0.00	0.00	26.30	0.02	503.35	0.37	2 206.24	1.61	2 306.05	1.69

（续表）

土类、亚类、土属和土种名称	合计面积(hm²)	一级 面积(hm²)	一级 占总面积(%)	二级 面积(hm²)	二级 占总面积(%)	三级 面积(hm²)	三级 占总面积(%)	四级 面积(hm²)	四级 占总面积(%)	五级 面积(hm²)	五级 占总面积(%)
1. 沙砾底草甸土	4 409.50	0.00	0.00	12.48	0.01	354.17	0.26	1 774.86	1.30	2 267.99	1.66
（1）厚层沙砾底草甸土	63.65	0.00	0.00	0.00	0.00	58.97	0.04	0.28	0.00	4.40	0.00
（2）中层沙砾底草甸土	1 078.38	0.00	0.00	0.00	0.00	65.17	0.05	312.02	0.23	701.19	0.51
（3）薄层沙砾底草甸土	3 267.47	0.00	0.00	12.48	0.01	230.03	0.17	1 462.56	1.07	1 562.40	1.14
2. 黏壤质草甸土	632.44	0.00	0.00	13.82	0.01	149.18	0.11	431.38	0.32	38.06	0.03
（1）厚层黏壤质草甸土	36.08	0.00	0.00	0.00	0.00	15.93	0.01	20.15	0.01	0.00	0.00
（2）中层黏壤质草甸土	579.71	0.00	0.00	11.90	0.01	133.25	0.10	396.50	0.29	38.06	0.03
（3）薄层黏壤质草甸土	16.65	0.00	0.00	1.92	0.00	0.00	0.00	14.73	0.01	0.00	0.00
（二）石灰性草甸土	24 872.64	0.00	0.00	100.60	0.07	1 313.95	0.96	9 466.76	6.92	13 991.33	10.23
1. 沙质石灰性草甸土	12 977.82	0.00	0.00	62.70	0.05	456.08	0.33	4 623.64	3.38	7 835.40	5.73
（1）厚层沙质石灰性草甸土	211.86	0.00	0.00	0.00	0.00	0.00	0.00	1.50	0.00	210.36	0.15
（2）中层沙质石灰性草甸土	4 460.03	0.00	0.00	5.87	0.00	0.36	0.00	271.33	0.20	4 182.47	3.06
（3）薄层沙质石灰性草甸土	8 305.93	0.00	0.00	56.83	0.04	455.72	0.33	4 350.81	3.18	3 442.57	2.52
2. 黏壤质石灰性草甸土	11 894.82	0.00	0.00	37.90	0.03	857.87	0.63	4 843.12	3.54	6 155.93	4.50
（1）厚层黏壤质石灰性草甸土	4.23	0.00	0.00	0.00	0.00	0.00	0.00	4.23	0.00	0.00	0.00
（2）中层黏壤质石灰性草甸土	3 170.15	0.00	0.00	7.00	0.01	127.03	0.09	975.63	0.71	2 060.49	1.51
（3）薄层黏壤质石灰性草甸土	8 720.44	0.00	0.00	30.90	0.02	730.84	0.53	3 863.26	2.82	4 095.44	2.99
（三）潜育草甸土	11 338.63	0.00	0.00	394.01	0.29	976.04	0.71	4 519.78	3.30	5 448.80	3.98
1. 黏壤质潜育草甸土	7 295.20	0.00	0.00	386.95	0.28	486.79	0.36	3 426.20	2.51	2 995.26	2.19
（1）厚层黏壤质潜育草甸土	564.16	0.00	0.00	0.00	0.00	13.87	0.01	196.96	0.14	353.33	0.26
（2）中层黏壤质潜育草甸土	677.66	0.00	0.00	0.00	0.00	53.92	0.04	244.66	0.18	379.08	0.28
（3）薄层黏壤质潜育草甸土	6 053.38	0.00	0.00	386.22	0.28	419.00	0.31	2 985.31	2.18	2 262.85	1.65

（续表）

土类、亚类、土属和土种名称	合计面积（hm²）	一级		二级		三级		四级		五级	
		面积（hm²）	占总面积（%）	面积（hm²）	占总面积（%）	面积（hm²）	占总面积（%）	面积（hm²）	占总面积（%）	面积（hm²）	占总面积（%）
2. 沙砾底潜育草甸土	2 241.72	0.00	0.00	0.00	0.00	92.37	0.07	315.97	0.23	1 833.38	1.34
薄层沙砾底潜育草甸土	2 241.72	0.00	0.00	0.00	0.00	92.37	0.07	315.97	0.23	1 833.38	1.34
3. 石灰性潜育草甸土	1 801.71	0.00	0.00	7.06	0.01	396.88	0.29	777.61	0.57	620.16	0.45
（1）厚层石灰性潜育草甸土	115.93	0.00	0.00	0.00	0.00	0.00	0.00	2.56	0.00	113.37	0.08
（2）中层石灰性潜育草甸土	618.36	0.00	0.00	0.55	0.00	0.00	0.00	413.83	0.30	203.98	0.15
（3）薄层石灰性潜育草甸土	1 067.42	0.00	0.00	6.51	0.00	396.88	0.29	361.22	0.26	302.81	0.22
（四）盐化草甸土	12 232.06	63.48	0.05	134.88	0.10	672.24	0.49	4 899.73	3.58	6 461.73	4.72
1. 苏打盐化草甸土	12 232.06	63.48	0.05	161.18	0.12	363.25	0.27	5 182.42	3.79	6 461.73	4.72
（1）重度苏打盐化草甸土	1 271.33	0.00	0.00	0.00	0.00	51.95	0.04	200.74	0.15	1 018.64	0.74
（2）中度苏打盐化草甸土	5 412.81	0.00	0.00	0.00	0.00	55.00	0.04	2 940.99	2.15	2 416.82	1.77
（3）轻度苏打盐化草甸土	5 547.92	63.48	0.05	161.18	0.12	256.30	0.19	2 040.69	1.49	3 026.27	2.21
（五）碱化草甸土	11 978.18	0.00	0.00	0.00	0.00	0.00	0.00	5 357.68	3.92	6 620.50	4.84
1. 苏打碱化草甸土	11 978.18	0.00	0.00	111.58	0.08	308.99	0.23	4 937.11	3.61	6 620.50	4.84
（1）深位苏打碱化草甸土	889.30	0.00	0.00	0.00	0.00	0.00	0.00	303.98	0.22	585.32	0.43
（2）中位苏打碱化草甸土	203.35	0.00	0.00	0.00	0.00	0.00	0.00	203.35	0.15	0.00	0.00
（3）浅位苏打碱化草甸土	10 885.53	0.00	0.00	511.58	0.37	308.99	0.23	4 029.78	2.95	6 035.18	4.41
五、沼泽土	3 061.01	2.91	0.00	62.95	0.05	145.77	0.11	2 227.83	1.63	621.55	0.45
草甸沼泽土	3 061.01	2.91	0.00	62.95	0.05	145.77	0.11	2 227.83	1.63	621.55	0.45
1. 黏质草甸沼泽土	94.24	0.00	0.00	0.00	0.00	0.00	0.00	94.24	0.07	0.00	0.00
薄层黏质草甸沼泽土	94.24	0.00	0.00	0.00	0.00	0.00	0.00	94.24	0.07	0.00	0.00
2. 石灰性草甸沼泽土	2 966.77	2.91	0.00	62.95	0.05	145.77	0.11	2 133.59	1.56	621.55	0.45
薄层石灰性草甸沼泽土	2 966.77	2.91	0.00	62.95	0.05	145.77	0.11	2 133.59	1.56	621.55	0.45

三、土壤有效磷

土壤中的有效磷是土壤磷素供应的重要指标，是合理施用磷肥的依据之一。

（一）行政区土壤有效磷含量情况

本次地力评价土壤化验分析发现，有效磷最大值是 119.8mg/kg，最小值是 1.0mg/kg，平均值 20.83 mg/kg，比二次土壤普查下降 0.27mg/kg。有效磷含量较高的江湾乡下降最大，比二次土壤普查下降 4.76mg/kg。而泰康镇比二次土壤普查提高了 2.37mg/kg，详见表 2-126。

表 2-126　行政区土壤有效磷含量情况统计分析 （单位：mg/kg）

乡镇名称	本次地力评价			1984 年二次土壤普查		
	最大值	最小值	平均值	最大值	最小值	平均值
全县	119.8	1.0	20.83	—	—	21.10
泰康镇	119.5	2.7	22.71	—	—	20.34
胡吉吐莫镇	54.0	1.1	13.58	—	—	16.14
烟筒屯镇	81.7	3.6	19.42	—	—	17.55
他拉哈镇	86.7	2.6	19.20	—	—	17.34
一心乡	119.6	3.2	21.84	—	—	20.76
克尔台乡	66.9	3.7	18.33	—	—	20.55
白音诺勒乡	74.0	2.4	18.27	—	—	21.37
敖林西伯乡	68.2	1.0	15.04	—	—	17.36
巴彦查干乡	64.2	1.1	19.59	—	—	18.47
腰新乡	82.7	1.8	16.45	—	—	18.56
江湾乡	119.8	6.4	21.11	—	—	25.87
四家子林场	38.9	2.8	15.71	—	—	18.55
新店林场	71.2	2.2	15.19	—	—	16.98
靠山种畜场	45.4	3.2	16.69	—	—	18.54
红旗牧场	35.7	4.0	21.22	—	—	20.64
连环湖渔业有限公司	53.9	4.9	18.99	—	—	16.87
石人沟渔业有限公司	57.4	9.9	23.83	—	—	22.46
齐家泡渔业有限公司	50.3	10.3	28.71	—	—	25.68
野生饲养场	30.4	29.8	29.98	—	—	28.74
一心果树场	51.5	27.5	40.72	—	—	39.21

（二）不同土壤类型土壤有效磷情况

全县各土类本次地力评价土壤有效磷与二次土壤普查比稍有下降趋势，风沙土类下降 3.48mg/kg，黑钙土类上升 5.42mg/kg，草甸土土类下降 3.67mg/kg，沼泽土土类上升 2.17mg/kg，新积土类下降 5.46mg/kg，详见表 2-127。

表 2-127　土壤类型土壤有效磷情况统计　（单位：mg/kg）

土类、亚类、土属和土种名称	本次地力评价			1984 年土壤普查		
	最大值	最小值	平均值	最大值	最小值	平均值
一、风沙土	119.50	1.00	21.75	—	—	25.227
草甸风沙土	119.50	1.00	21.75	—	—	25.227
1. 流动草甸风沙土	34.10	20.30	25.03	—	—	26.910
流动草甸风沙土	34.10	20.30	25.03	—	—	26.910
2. 半固定草甸风沙土	119.50	1.00	18.08	—	—	23.150
半固定草甸风沙土	119.50	1.00	18.08	—	—	23.150
3. 固定草甸风沙土	119.50	1.90	22.16	—	—	25.620
固定草甸风沙土	119.50	1.90	22.16	—	—	25.620
二、新积土	37.30	10.30	19.41	—	—	24.870
冲积土	37.30	10.30	19.41	—	—	24.870
沙质冲积土	37.30	10.30	19.41	—	—	24.870
薄层沙质冲积土	37.30	10.30	19.41	—	—	24.870
三、黑钙土	119.60	1.10	19.42	—	—	14.001
（一）黑钙土	66.90	1.10	18.42	—	—	17.128
1. 黄土质黑钙土	54.00	3.10	16.66	—	—	15.900
（1）厚层黄土质黑钙土	28.70	5.80	17.98	—	—	16.160
（2）中层黄土质黑钙土	45.50	3.10	16.51	—	—	15.230
（3）薄层黄土质黑钙土	54.00	3.70	15.49	—	—	16.310
2. 沙石底黑钙土	66.90	1.10	20.19	—	—	18.357
（1）厚层沙质黑钙土	49.40	1.10	16.10	—	—	17.280
（2）中层沙质黑钙土	66.90	5.30	18.56	—	—	17.160
（3）薄层沙质黑钙土	45.00	9.10	25.90	—	—	20.630
（二）石灰性黑钙土	119.60	1.70	18.99	—	—	9.483
1. 沙壤质石灰性黑钙土	119.60	1.70	20.43	—	—	17.707
（1）厚层沙壤质石灰性黑钙土	63.50	11.00	28.68	—	—	20.450
（2）中层沙壤质石灰性黑钙土	45.70	1.70	14.14	—	—	15.360
（3）薄层沙壤质石灰性黑钙土	119.60	1.90	18.47	—	—	17.310
2. 黄土质石灰性黑钙土	59.40	4.50	17.55	—	—	1.260
（1）厚层黄土质石灰性黑钙土	40.00	6.30	16.78	—	—	15.150
（2）中层黄土质石灰性黑钙土	59.40	6.80	18.76	—	—	16.880
（3）薄层黄土质石灰性黑钙土	50.30	4.50	17.13	—	—	14.230
（三）草甸黑钙土	86.70	5.10	20.84	—	—	15.392
1. 沙底草甸黑钙土	86.70	6.80	25.71	—	—	19.430
（1）中层沙底草甸黑钙土	20.40	14.50	18.38	—	—	13.220
（2）薄层沙底草甸黑钙土	86.70	6.80	33.03	—	—	25.640

（续表）

土类、亚类、土属和土种名称	本次地力评价			1984 年土壤普查		
	最大值	最小值	平均值	最大值	最小值	平均值
2. 黄土质草甸黑钙土	34.50	7.70	16.81	—	—	12.390
（1）中层黄土质草甸黑钙土	34.50	7.70	19.95	—	—	14.550
（2）薄层黄土质草甸黑钙土	17.00	12.00	13.66	—	—	10.230
3. 石灰性草甸黑钙土	72.10	5.10	20.00	—	—	14.355
（1）中层石灰性草甸黑钙土	72.10	5.10	24.33	—	—	18.350
（2）薄层石灰性草甸黑钙土	43.20	5.70	15.67	—	—	10.360
四、草甸土	119.80	1.10	19.34	—	—	23.011
（一）草甸土	119.80	3.20	28.47	—	—	32.057
1. 沙砾底草甸土	38.00	3.20	15.70	—	—	17.553
（1）厚层沙砾底草甸土	14.10	3.50	9.77	—	—	10.630
（2）中层沙砾底草甸土	33.40	8.50	18.81	—	—	19.880
（3）薄层沙砾底草甸土	38.00	3.20	18.53	—	—	22.150
2. 黏壤质草甸土	119.80	3.70	41.25	—	—	46.560
（1）厚层黏壤质草甸土	35.20	31.00	32.40	—	—	36.580
（2）中层黏壤质草甸土	30.40	3.70	13.44	—	—	22.140
（3）薄层黏壤质草甸土	119.80	36.00	77.90	—	—	80.960
（二）石灰性草甸土	108.90	1.10	15.76	—	—	20.235
1. 沙质石灰性草甸土	108.90	4.50	16.83	—	—	20.700
（1）厚层沙质石灰性草甸土	11.50	9.20	10.09	—	—	13.550
（2）中层沙质石灰性草甸土	39.60	7.20	19.69	—	—	22.890
（3）薄层沙质石灰性草甸土	108.90	4.50	20.72	—	—	25.660
2. 黏壤质石灰性草甸土	64.20	1.10	14.70	—	—	19.770
（1）厚层黏壤质石灰性草甸土	11.20	11.20	11.20	—	—	13.180
（2）中层黏壤质石灰性草甸土	64.20	5.30	17.51	—	—	23.460
（3）薄层黏壤质石灰性草甸土	44.30	1.10	15.37	—	—	22.670
（三）潜育草甸土	70.00	2.60	16.26	—	—	21.461
1. 黏壤质潜育草甸土	70.00	3.70	18.87	—	—	23.887
（1）厚层黏壤质潜育草甸土	31.40	7.60	15.76	—	—	19.870
（2）中层黏壤质潜育草甸土	70.00	5.80	21.78	—	—	26.350
（3）薄层黏壤质潜育草甸土	44.90	3.70	19.06	—	—	25.440
2. 沙砾底潜育草甸土	19.20	7.80	13.21	—	—	19.680
薄层沙砾底潜育草甸土	19.20	7.80	13.21	—	—	19.680
3. 石灰性潜育草甸土	39.90	2.60	16.70	—	—	20.817
（1）厚层石灰性潜育草甸土	19.40	12.20	15.80	—	—	19.870
（2）中层石灰性潜育草甸土	31.10	2.60	18.43	—	—	22.430

（续表）

土类、亚类、土属和土种名称	本次地力评价			1984 年土壤普查		
	最大值	最小值	平均值	最大值	最小值	平均值
（3）薄层石灰性潜育草甸土	39.90	3.10	15.86	—	—	20.150
（四）盐化草甸土	119.50	1.50	17.88	—	—	20.810
苏打盐化草甸土	119.50	1.50	17.88	—	—	20.810
（1）重度苏打盐化草甸土	37.20	1.50	14.91	—	—	15.660
（2）中度苏打盐化草甸土	72.10	2.60	18.43	—	—	20.880
（3）轻度苏打盐化草甸土	119.50	2.70	20.31	—	—	25.890
（五）碱化草甸土	81.70	1.70	18.32	—	—	20.493
苏打碱化草甸土	81.70	1.70	18.32	—	—	20.493
（1）深位苏打碱化草甸土	43.70	8.30	26.95	—	—	28.630
（2）中位苏打碱化草甸土	12.20	11.60	12.05	—	—	15.870
（3）浅位苏打碱化草甸土	81.70	1.70	15.95	—	—	16.980
五、沼泽土	16.80	15.60	17.60	—	—	15.435
草甸沼泽土	16.80	15.60	17.60	—	—	15.435
1. 黏质草甸沼泽土	16.80	15.60	16.20	—	—	15.320
薄层黏质草甸沼泽土	16.80	15.60	16.20	—	—	15.320
2. 石灰性草甸沼泽土	52.00	2.60	19.00	—	—	15.550
薄层石灰性草甸沼泽土	52.00	2.60	19.00	—	—	15.550

（三）黑龙江省土壤有效磷分级指标

黑龙江省有效磷分级指标（见表 2-128）。

表 2-128　黑龙江省耕地土壤有效磷分级指标　　　（单位：mg/kg）

养分名称	水旱田	一级	二级	三级	四级	五级	六级
有效磷	旱田	>60	40.1~60	20.1~40	10.1~20	5.1~10	≤5
	水田	>60	40.1~60	20.1~40	10.1~20	5.1~10	≤5

（四）土壤有效磷频率分布比较

磷是构成植物体的重要组成元素之一。土壤中易被植物吸收利用的部分称之为有效磷，它是土壤磷素供应水平的重要指标。

这次调查表明耕地有效磷平均为 20.83mg/kg，变化幅度在 0.27~4.76mg/kg。其中，风沙土含量较高，平均为 21.75mg/kg，沼泽土最低，平均为 17.06mg/kg，尽管近十几年大量施用磷肥，但磷肥的有效性不同。与第二次土壤普查的调查结果进行比较，杜蒙县耕地磷素状况总体上没有大的改变，从图 2-22 上可以看出，30 年前耕地土壤有效磷多在 20mg/kg 以下，这次调查，按照含量分级数字出现频率分析，土壤有效磷也多在 20mg/kg 范围内，大于 20mg/kg 的面积也明显的增加了，有上升的趋势，详见表 2-129。

表 2-129　土壤有效磷频率分布比较

项目	一级 >60g/kg	二级 40.1～ 60g/kg	三级 30.1～ 40g/kg	四级 20.1～ 30g/kg	五级 10.1～ 20g/kg	六级 ≤10g/kg
本次地力评价	0.71	2.97	29.47	47.02	15.62	4.22
第二次土壤普查	0.54	1.94	8.41	4.85	60.96	23.29

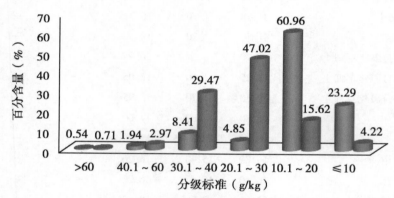

图 2-22　土壤耕层有效磷对比分布图

（五）行政区土壤有效磷分级面积情况

按照黑龙江省耕地有效磷养分分级标准，有效磷养分一级耕地面积 977.48hm²，占总耕地面积 0.71%。有效磷养分二级耕地面积 4 075.40hm²，占总耕地面积 2.98%。有效磷养分三级耕地面积 40 498.82hm²，占总耕地面积 29.61%。有效磷养分四级耕地面积 64 610.33hm²，占总耕地面积 47.24%。有效磷养分五级耕地面积 21 470.12hm²，占总耕地面积 15.70%。有效磷养分六级耕地面积 5 124.76hm²，占总耕地面积 3.75%。

从表 2-130 中各乡镇行政区域看，土壤速效磷含量为一级的分布在泰康镇、他拉哈镇、一心乡、腰新乡，面积很小，其中，一心乡分布的面积为 202.75hm²，也只是一级总面积的 20.74%。土壤速效磷含量为二级的以他拉哈镇面积最大，其面积为 1 093.11hm²，占二级总面积的 26.82%；其次，泰康镇、一心乡、腰新乡、巴彦查干乡等乡镇面积较大；胡吉吐莫镇、敖林乡等乡镇面积较小。土壤速效磷含量为三级的，全县各乡镇均有分布，烟筒屯镇最多，其面积占三级总面积的 12.07%，其他各乡镇分布面积相近。土壤速效磷含量为四级的面积最大，分布全县各乡镇，其中，以巴彦查干乡、腰新乡、他拉哈镇面积最大；其次，一心乡、克尔台乡、烟筒屯镇面积较大；白音诺勒乡、江湾乡等乡镇面积较小。土壤速效磷含量为五级的，以敖林乡、腰新乡两乡镇面积最大；其次，他拉哈镇、胡吉吐莫镇、白音诺勒乡、巴彦查干乡等乡镇面积较大；而江湾、泰康镇等乡镇面积较小。土壤速效磷含量为六级的，面积较小，全县也都有分布，其中，新甸林场面积最大，占六级总面积的 20.91%。各乡镇分级情况，详见表 2-130。

表2-130 行政区有效磷分级面积统计

乡镇名称	合计 面积(hm²)	一级 面积(hm²)	一级 占总面积(%)	二级 面积(hm²)	二级 占总面积(%)	三级 面积(hm²)	三级 占总面积(%)	四级 面积(hm²)	四级 占总面积(%)	五级 面积(hm²)	五级 占总面积(%)	六级 面积(hm²)	六级 占总面积(%)
合计	136 756.91	977.48	0.71	4 075.40	2.98	40 498.82	29.61	64 610.33	47.24	21 470.12	15.70	5 124.76	3.75
秦康镇	4 061.96	170.18	0.12	501.58	0.37	837.61	0.61	1 392.15	1.02	793.36	0.58	367.08	0.27
胡吉吐莫镇	5 775.00	0.00	0.00	2.80	0.00	999.21	0.73	3 075.46	2.25	975.11	0.71	722.42	0.53
烟筒屯镇	10 745.98	3.62	0.00	203.79	0.15	4 890.06	3.58	4 315.03	3.16	1 232.05	0.90	101.43	0.07
他拉哈镇	15 988.97	86.68	0.06	1 093.11	0.80	4 193.92	3.07	6 995.84	5.12	2 804.73	2.05	814.69	0.60
一心乡	11 053.02	202.75	0.15	606.83	0.44	2 963.52	2.17	5 021.40	3.67	2 185.52	1.60	73.00	0.05
克尔台乡	9 359.09	12.39	0.01	190.03	0.14	2 279.03	1.67	5 322.36	3.89	1 522.55	1.11	32.73	0.02
白音诺勒乡	10 554.99	24.32	0.02	367.17	0.27	3 586.81	2.62	4 457.19	3.26	1 632.59	1.19	486.91	0.36
敖林西伯乡	13 875.98	2.78	0.00	61.70	0.05	3 162.87	2.31	6 342.21	4.64	3 868.43	2.83	437.99	0.32
巴彦查干乡	20 822.98	1.15	0.00	361.06	0.26	7 360.42	5.38	11 211.19	8.20	1 202.87	0.88	686.29	0.50
腰新乡	14 186.99	418.48	0.31	401.96	0.29	1 747.97	1.28	8 158.64	5.97	3 260.92	2.38	199.02	0.15
江湾乡	7 916.01	1.92	0.00	0.00	0.00	4 353.43	3.18	3 075.05	2.25	485.61	0.36	0.00	0.00
四家子林场	812.01	0.00	0.00	0.00	0.00	281.74	0.21	421.38	0.31	8.94	0.01	99.95	0.07
新店林场	3 016.01	53.21	0.04	16.37	0.01	522.58	0.38	612.42	0.45	756.08	0.55	1 071.72	0.78
靠山种畜场	4 348.97	0.00	0.00	0.00	0.00	910.34	0.67	2 745.49	2.01	659.96	0.48	16.81	0.01
红旗牧场	1 801.99	0.00	0.00	0.00	0.00	1 262.04	0.92	509.06	0.37	16.33	0.01	14.56	0.01
连环湖渔业有限公司	157.98	0.00	0.00	47.13	0.03	15.54	0.01	33.64	0.02	61.51	0.04	0.16	0.00
石人沟渔业有限公司	1 886.99	0.00	0.00	143.04	0.10	821.82	0.60	918.57	0.67	3.56	0.00	0.00	0.00
齐家泡渔业有限公司	51.00	0.00	0.00	1.08	0.00	46.67	0.03	3.25	0.00	0.00	0.00	0.00	0.00
野生饲养场	108.99	0.00	0.00	0.00	0.00	108.99	0.08	0.00	0.00	0.00	0.00	0.00	0.00
一心果树场	232.00	0.00	0.00	77.75	0.06	154.25	0.11	0.00	0.00	0.00	0.00	0.00	0.00

(六) 耕地土壤有效磷分级面积情况

按照黑龙江省耕地有效磷养分分级标准，全县各土类有效磷养分分级情况如下。

风沙土类：土壤有效磷养分一级耕地面积 721.31hm²，占总耕地面积 0.53%。土壤有效磷养分二级耕地面积 1 800.85hm²，占总耕地面积 1.32%。土壤有效磷养分三级耕地面积 14 141.20hm²，占总耕地面积 10.34%。土壤有效磷养分四级耕地面积 24 031.82hm²，占总耕地面积 17.57%。土壤有效磷养分五级耕地面积 6 091.40hm²，占总耕地面积 4.45%。土壤有效磷养分六级耕地面积 2 612.03hm²，占总耕地面积 1.91%。

黑钙土类：土壤有效磷养分一级耕地面积 60.16hm²，占总耕地面积 0.04%。土壤有效磷养分二级耕地面积 776.52hm²，占总耕地面积 0.57%。土壤有效磷养分三级耕地面积 4 510.67hm²，占总耕地面积 3.30%。土壤有效磷养分四级耕地面积 8 791.96hm²，占总耕地面积 6.43%。土壤有效磷养分五级耕地面积 4 120.95hm²，占总耕地面积 3.01%。土壤有效磷养分六级耕地面积 412.84hm²，占总耕地面积 0.30%。

草甸土类：土壤有效磷养分一级耕地面积 196.01hm²，占总耕地面积 0.14%。土壤有效磷养分二级耕地面积 1 401.19hm²，占总耕地面积 1.02%。土壤有效磷养分三级耕地面积 20 608.81hm²，占总耕地面积 15.07%。土壤有效磷养分四级耕地面积 30 421.33hm²，占总耕地面积 22.24%。土壤有效磷养分五级耕地面积 10 745.54hm²，占总耕地面积 7.86%。土壤有效磷养分六级耕地面积 2 090.57hm²，占总耕地面积 1.53%。

沼泽土类：土壤有效磷养分一级没有。土壤有效磷养分二级耕地面积 96.84hm²，占总耕地面积 0.07%。土壤有效磷养分三级耕地面积 1 206.58hm²，占总耕地面积 0.88%。土壤有效磷养分四级耕地面积 1 236.04hm²，占总耕地面积 0.90%。有效磷养分五级耕地面积 512.23hm²，占总耕地面积 0.37%。土壤有效磷养分六级耕地面积 9.32hm²，占总耕地面积 0.01%。

新积土类：土壤有效磷养分一级、二级、五级、六级没有。土壤有效磷养分三级耕地面积 31.56hm²，占总耕地面积 0.02%。土壤有效磷养分四级耕地面积 129.18hm²，占总耕地面积 0.09%。

各土壤亚类、土属、土种分级情况，详见表2-131。

四、土壤速效钾

(一) 行政区土壤速效钾含量情况

本次地力评价土壤化验分析发现，速效钾最大值是454mg/kg，最小值是43mg/kg，平均值135 mg/kg，比二次土壤普查降低3.0 mg/kg，降幅最大是白音诺勒乡，降低4.5 mg/kg，降幅最小是一心果树场，降低0.4mg/kg，详见表2-132。

(二) 不同土壤类型土壤速效钾情况

全县各土类本次地力评价速效钾与二次土壤普查比呈下降趋势，风沙土类下降5.6mg/kg，黑钙土类下降2.1mg/kg，草甸土土类下降1.8mg/kg，沼泽土类2.3 mg/kg，新积土类下降3.3mg/kg，详见表2-133。

(三) 黑龙江省土壤速效钾分级指标

黑龙江省速效钾分级指标，详见表2-134。

表2-131　不同土壤类型耕地土壤有效磷分级面积统计

土类、亚类、土属和土种名称	合计面积(hm²)	一级 面积(hm²)	一级 占总面积(%)	二级 面积(hm²)	二级 占总面积(%)	三级 面积(hm²)	三级 占总面积(%)	四级 面积(hm²)	四级 占总面积(%)	五级 面积(hm²)	五级 占总面积(%)	六级 面积(hm²)	六级 占总面积(%)
合计	136 756.91	977.48	0.71	4 075.40	2.98	40 498.82	29.61	64 610.33	47.24	21 470.12	15.70	5 124.76	3.75
一、风沙土	49 398.61	721.31	0.53	1 800.85	1.32	14 141.20	10.34	24 031.82	17.57	6 091.40	4.45	2 612.03	1.91
草甸风沙土	49 398.61	721.31	0.53	1 800.85	1.32	14 141.20	10.34	24 031.82	17.57	6 091.40	4.45	2 612.03	1.91
1. 流动草甸风沙土	257.22	0.00	0.00	0.00	0.00	257.22	0.19	0.00	0.00	0.00	0.00	0.00	0.00
流动草甸风沙土	257.22	0.00	0.00	0.00	0.00	257.22	0.19	0.00	0.00	0.00	0.00	0.00	0.00
2. 半固定草甸风沙土	42 644.48	576.80	0.42	936.15	0.68	12 451.37	9.10	20 746.99	15.17	5 512.91	4.03	2 420.26	1.77
半固定草甸风沙土	42 644.48	576.80	0.42	936.15	0.68	12 451.37	9.10	20 746.99	15.17	5 512.91	4.03	2 420.26	1.77
3. 固定草甸风沙土	6 496.91	144.51	0.11	864.70	0.63	1 432.61	1.05	3 284.83	2.40	578.49	0.42	191.77	0.14
固定草甸风沙土	6 496.91	144.51	0.11	864.70	0.63	1 432.61	1.05	3 284.83	2.40	578.49	0.42	191.77	0.14
二、新积土	160.74	0.00	0.00	0.00	0.00	31.56	0.02	129.18	0.09	0.00	0.00	0.00	0.00
冲积土	160.74	0.00	0.00	0.00	0.00	31.56	0.02	129.18	0.09	0.00	0.00	0.00	0.00
1. 沙质冲积土	160.74	0.00	0.00	0.00	0.00	31.56	0.02	129.18	0.09	0.00	0.00	0.00	0.00
薄层沙质冲积土	160.74	0.00	0.00	0.00	0.00	31.56	0.02	129.18	0.09	0.00	0.00	0.00	0.00
三、黑钙土	18 673.10	60.16	0.04	776.52	0.57	4 510.67	3.30	8 791.96	6.43	4 120.95	3.01	412.84	0.30
(一)黄土质黑钙土	7 357.17	3.97	0.00	172.75	0.13	1 120.23	0.82	4 661.41	3.41	1 215.08	0.89	183.73	0.13
1. 黄土质黑钙土	2 596.69	0.00	0.00	31.30	0.02	112.83	0.08	2 128.44	1.56	236.87	0.17	87.25	0.06
(1)厚层黄土质黑钙土	908.10	0.00	0.00	0.00	0.00	19.70	0.01	881.49	0.64	6.91	0.01	0.00	0.00
(2)中层黄土质黑钙土	989.77	0.00	0.00	1.53	0.00	85.06	0.06	821.62	0.60	38.91	0.03	42.65	0.03
(3)薄层黄土质黑钙土	698.82	0.00	0.00	29.77	0.02	8.07	0.01	425.33	0.31	191.05	0.14	44.60	0.03
2. 沙石底黑钙土	4 760.48	3.97	0.00	141.45	0.10	1 007.40	0.74	2 532.97	1.85	978.21	0.72	96.48	0.07
(1)厚层沙质黑钙土	2 812.38	0.00	0.00	1.45	0.00	560.88	0.41	1 838.81	1.34	362.04	0.26	49.20	0.04
(2)中层沙质黑钙土	1 811.52	3.97	0.00	50.75	0.04	417.62	0.31	691.83	0.51	600.07	0.44	47.28	0.03

（续表）

土类、亚类、土属和土种名称	合计面积(hm²)	一级 面积(hm²)	一级 占总面积(%)	二级 面积(hm²)	二级 占总面积(%)	三级 面积(hm²)	三级 占总面积(%)	四级 面积(hm²)	四级 占总面积(%)	五级 面积(hm²)	五级 占总面积(%)	六级 面积(hm²)	六级 占总面积(%)
（3）薄层沙质黑钙土	136.58	0.00	0.00	89.25	0.07	28.90	0.02	2.33	0.00	16.10	0.01	0.00	0.00
（二）石灰性黑钙土	7 104.17	3.70	0.00	422.47	0.31	2 241.66	1.64	2 526.45	1.85	1 680.78	1.23	229.11	0.17
1. 沙壤质石灰性黑钙土	5 507.55	3.70	0.00	356.59	0.26	2 038.71	1.49	1 441.61	1.05	1 505.78	1.10	161.16	0.12
（1）厚层沙壤质石灰性黑钙土	1 148.87	3.10	0.00	0.00	0.00	999.49	0.73	146.28	0.11	0.00	0.00	0.00	0.00
（2）中层沙壤质石灰性黑钙土	1 866.83	0.00	0.00	1.26	0.00	199.37	0.15	517.20	0.38	992.76	0.73	156.24	0.11
（3）薄层沙壤质石灰性黑钙土	2 491.85	0.60	0.00	355.33	0.26	839.85	0.61	778.13	0.57	513.02	0.38	4.92	0.00
2. 黄土质石灰性黑钙土	1 596.62	0.00	0.00	65.88	0.05	202.95	0.15	1 084.84	0.79	175.00	0.13	67.95	0.05
（1）厚层黄土质石灰性黑钙土	9.45	0.00	0.00	0.00	0.00	0.94	0.00	2.21	0.00	6.30	0.00	0.00	0.00
（2）中层黄土质石灰性黑钙土	411.16	0.00	0.00	63.39	0.05	46.87	0.03	166.49	0.12	134.41	0.10	0.00	0.00
（3）薄层黄土质石灰性黑钙土	1 176.01	0.00	0.00	2.49	0.00	155.14	0.11	916.14	0.67	34.29	0.03	67.95	0.05
（三）草甸黑钙土	4 211.76	52.49	0.04	181.30	0.13	1 148.78	0.84	1 604.10	1.17	1 225.09	0.90	0.00	0.00
1. 沙底草甸黑钙土	428.34	12.64	0.01	0.00	0.00	12.08	0.01	389.15	0.28	14.47	0.01	0.00	0.00
（1）中层沙底草甸黑钙土	341.99	0.00	0.00	0.00	0.00	5.91	0.00	336.08	0.25	0.00	0.00	0.00	0.00
（2）薄层沙底草甸黑钙土	86.35	12.64	0.01	0.00	0.00	6.17	0.00	53.07	0.04	14.47	0.01	0.00	0.00
2. 黄土质草甸黑钙土	1 353.98	0.00	0.00	0.00	0.00	578.90	0.42	717.13	0.52	57.95	0.04	0.00	0.00
（1）中层黄土质草甸黑钙土	1 201.63	0.00	0.00	0.00	0.00	578.90	0.42	564.78	0.41	57.95	0.04	0.00	0.00
（2）薄层黄土质草甸黑钙土	152.35	0.00	0.00	0.00	0.00	0.00	0.00	152.35	0.11	0.00	0.00	0.00	0.00
3. 石灰性草甸黑钙土	2 429.44	39.85	0.03	181.30	0.13	557.80	0.41	497.82	0.36	1 152.67	0.84	0.00	0.00
（1）中层石灰性草甸黑钙土	916.97	39.85	0.03	14.88	0.01	531.24	0.39	248.81	0.18	82.19	0.06	0.00	0.00
（2）薄层石灰性草甸黑钙土	1 512.47	0.00	0.00	166.42	0.12	26.56	0.02	249.01	0.18	1 070.48	0.78	0.00	0.00
四、草甸土	65 463.45	196.01	0.14	1 401.19	1.02	20 608.81	15.07	30 421.33	22.24	10 745.54	7.86	2 090.57	1.53
（一）草甸土	5 041.94	1.92	0.00	0.00	0.00	1 502.22	1.10	2 303.94	1.68	1 121.55	0.82	112.31	0.08

（续表）

土类、亚类、土属和土种名称	合计面积(hm²)	一级		二级		三级		四级		五级		六级	
		面积(hm²)	占总面积(%)	面积(hm²)	占总面积(%)	面积(hm²)	占总面积(%)	面积(hm²)	占总面积(%)	面积(hm²)	占总面积(%)	面积(hm²)	占总面积(%)
1. 沙砾底草甸土	4 409.50	0.00	0.00	0.00	0.00	1 376.69	1.01	2 171.07	1.59	853.41	0.62	8.33	0.01
（1）厚层沙砾底草甸土	63.65	0.00	0.00	0.00	0.00	0.00	0.00	63.37	0.05	0.00	0.00	0.28	0.00
（2）中层沙砾底草甸土	1 078.38	0.00	0.00	0.00	0.00	274.88	0.20	682.70	0.50	120.80	0.09	0.00	0.00
（3）薄层沙砾底草甸土	3 267.47	0.00	0.00	0.00	0.00	1 101.81	0.81	1 425.00	1.04	732.61	0.54	8.05	0.01
2. 黏壤质草甸土	632.44	1.92	0.00	0.00	0.00	125.53	0.09	132.87	0.10	268.14	0.20	103.98	0.08
（1）厚层黏壤质草甸土	36.08	0.00	0.00	0.00	0.00	36.08	0.03	0.00	0.00	0.00	0.00	0.00	0.00
（2）中层黏壤质草甸土	579.71	0.00	0.00	0.00	0.00	74.72	0.05	132.87	0.10	268.14	0.20	103.98	0.08
（3）薄层黏壤质草甸土	16.65	1.92	0.01	0.00	0.00	14.73	0.01	0.00	0.00	0.00	0.00	0.00	0.00
（二）石灰性草甸土	24 872.64	14.72	0.01	210.32	0.15	9 840.22	7.20	10 670.69	7.80	3 406.65	2.49	730.04	0.53
1. 沙质石灰性草甸土	12 977.82	13.57	0.01	108.07	0.08	6 277.46	4.59	5 444.95	3.98	941.80	0.69	191.97	0.14
（1）厚层沙质石灰性草甸土	211.86	0.00	0.00	0.00	0.00	0.00	0.00	143.15	0.10	68.71	0.05	0.00	0.00
（2）中层沙质石灰性草甸土	4 460.03	0.00	0.00	0.00	0.00	3 408.90	2.49	929.33	0.68	121.80	0.09	0.00	0.00
（3）薄层沙质石灰性草甸土	8 305.93	13.57	0.01	108.07	0.08	2 868.56	2.10	4 372.47	3.20	751.29	0.55	191.97	0.14
2. 黏壤质石灰性草甸土	11 894.82	1.15	0.00	102.25	0.07	3 562.76	2.61	5 225.74	3.82	2 464.85	1.80	538.07	0.39
（1）厚层黏壤质石灰性草甸土	4.23	0.00	0.00	0.00	0.00	0.00	0.00	4.23	0.00	0.00	0.00	0.00	0.00
（2）中层黏壤质石灰性草甸土	3 170.15	1.15	0.00	3.74	0.00	1 498.34	1.10	1 288.31	0.94	376.98	0.28	1.63	0.00
（3）薄层黏壤质石灰性草甸土	8 720.44	0.00	0.00	98.51	0.07	2 064.42	1.51	3 933.20	2.88	2 087.87	1.53	536.44	0.39
（三）潜育草甸土	11 338.63	53.92	0.04	339.98	0.25	3 200.07	2.34	5 788.52	4.23	1 732.45	1.27	223.69	0.16
1. 黏壤质潜育草甸土	7 295.20	53.92	0.04	339.98	0.25	2 688.14	1.97	3 313.04	2.42	894.49	0.65	5.63	0.00
（1）厚层黏壤质潜育草甸土	564.16	0.00	0.00	0.00	0.00	50.10	0.04	93.11	0.07	420.95	0.31	0.00	0.00
（2）中层黏壤质潜育草甸土	677.66	53.92	0.04	327.76	0.24	39.17	0.03	171.49	0.13	79.69	0.06	5.63	0.00
（3）薄层黏壤质潜育草甸土	6 053.38	0.00	0.00	12.22	0.01	2 598.87	1.90	3 048.44	2.23	393.85	0.29	0.00	0.00

（续表）

土类、亚类、土属和土种名称	合计面积(hm²)	一级 面积(hm²)	一级 占总面积(%)	二级 面积(hm²)	二级 占总面积(%)	三级 面积(hm²)	三级 占总面积(%)	四级 面积(hm²)	四级 占总面积(%)	五级 面积(hm²)	五级 占总面积(%)	六级 面积(hm²)	六级 占总面积(%)
2. 沙砾底潜育草甸土	2 241.72	0.00	0.00	0.00	0.00	0.00	0.00	1 759.77	1.29	481.95	0.35	0.00	0.00
薄层沙砾底潜育草甸土	2 241.72	0.00	0.00	0.00	0.00	0.00	0.00	1 759.77	1.29	481.95	0.35	0.00	0.00
3. 石灰性潜育草甸土	1 801.71	0.00	0.00	0.00	0.00	511.93	0.37	715.71	0.52	356.01	0.26	218.06	0.16
(1) 厚层石灰性潜育草甸土	115.93	0.00	0.00	0.00	0.00	0.00	0.00	115.93	0.08	0.00	0.00	0.00	0.00
(2) 中层石灰性潜育草甸土	618.36	0.00	0.00	0.00	0.00	371.05	0.27	151.69	0.11	80.89	0.06	14.73	0.01
(3) 薄层石灰性潜育草甸土	1 067.42	0.00	0.00	0.00	0.00	140.88	0.10	448.09	0.33	275.12	0.20	203.33	0.15
(四) 盐化草甸土	12 232.06	98.78	0.07	647.48	0.47	3 086.63	2.26	5 647.07	4.13	2 460.12	1.80	291.98	0.21
1. 苏打盐化草甸土	12 232.06	98.78	0.07	647.48	0.47	3 086.63	2.26	5 647.07	4.13	2 460.12	1.80	291.98	0.21
(1) 重度苏打盐化草甸土	1 271.33	0.00	0.00	0.00	0.00	291.10	0.21	685.50	0.50	241.69	0.18	53.04	0.04
(2) 中度苏打盐化草甸土	5 412.81	91.44	0.07	117.84	0.09	1 124.10	0.82	2 713.97	1.98	1 260.41	0.92	105.05	0.08
(3) 轻度苏打盐化草甸土	5 547.92	7.34	0.01	529.64	0.39	1 671.43	1.22	2 247.60	1.64	958.02	0.70	133.89	0.10
(五) 碱化草甸土	11 978.18	26.67	0.02	203.41	0.15	3 730.24	2.73	5 260.54	3.85	2 024.77	1.48	732.55	0.54
1. 苏打碱化草甸土	11 978.18	26.67	0.02	203.41	0.15	3 730.24	2.73	5 260.54	3.85	2 024.77	1.48	732.55	0.54
(1) 深位苏打碱化草甸土	889.30	0.00	0.00	0.00	0.00	676.39	0.49	44.90	0.03	58.39	0.04	0.00	0.00
(2) 中位苏打碱化草甸土	203.35	0.00	0.00	0.00	0.00	0.00	0.00	203.35	0.15	0.00	0.00	0.00	0.00
(3) 浅位苏打碱化草甸土	10 885.53	26.67	0.02	93.79	0.07	3 053.85	2.23	5 012.29	3.67	1 966.38	1.44	732.55	0.54
五、沼泽土	3 061.01	0.00	0.00	96.84	0.07	1 206.58	0.88	1 236.04	0.90	512.23	0.37	9.32	0.01
草甸沼泽土	3 061.01	0.00	0.00	96.84	0.07	1 206.58	0.88	1 236.04	0.90	512.23	0.37	9.32	0.01
1. 黏质草甸沼泽土	94.24	0.00	0.00	0.00	0.00	0.00	0.00	94.24	0.07	0.00	0.00	0.00	0.00
薄层黏质草甸沼泽土	94.24	0.00	0.00	0.00	0.00	0.00	0.00	94.24	0.07	0.00	0.00	0.00	0.00
2. 石灰性草甸沼泽土	2 966.77	0.00	0.00	96.84	0.07	1 206.58	0.88	1 141.80	0.83	512.23	0.37	9.32	0.01
薄层石灰性草甸沼泽土	2 966.77	0.00	0.00	96.84	0.07	1 206.58	0.88	1 141.80	0.83	512.23	0.37	9.32	0.01

表 2-132 行政区土壤速效钾含量情况统计 （单位：mg/kg）

乡镇名称	本次地力评价			1984 年二次土壤普查		
	最大值	最小值	平均值	最大值	最小值	平均值
全县	454	43	135.0	—	—	138.0
泰康镇	330	84	139.5			143.2
胡吉吐莫镇	236	60	120.5			126.1
烟筒屯镇	454	69	157.6			159.3
他拉哈镇	415	44	129.0			133.5
一心乡	311	53	126.1			130.2
克尔台乡	396	58	136.3			140.3
白音诺勒乡	369	43	105.8			110.3
敖林西伯乡	296	46	116.7			119.2
巴彦查干乡	289	49	140.3			143.8
腰新乡	346	49	113.2			116.4
江湾乡	172	47	125.3			127.4
四家子林场	251	60	152.2			155.1
新店林场	172	51	108.0			110.5
靠山种畜场	244	61	117.7			120.5
红旗牧场	329	66	210.2			212.1
连环湖渔业有限公司	172	63	119.6			120.5
石人沟渔业有限公司	278	58	150.0			153.8
齐家泡渔业有限公司	160	113	141.0			142.8
野生饲养场	126	92	116.2			119.0
一心果树场	240	147	174.8			175.2

表 2-133 土壤类型土壤速效钾情况统计 （单位：mg/kg）

土类、亚类、土属和土种名称	本次地力评价			1984 年土壤普查		
	最大值	最小值	平均值	最大值	最小值	平均值
一、风沙土	415	46	136.3	—	—	141.9
草甸风沙土	415	46	136.3			141.9
1. 流动草甸风沙土	217	108	156.5			158.6
流动草甸风沙土	217	108	156.5			158.6
2. 半固定草甸风沙土	415	46	126.9			130.6
半固定草甸风沙土	415	46	126.9			130.6

（续表）

土类、亚类、土属和土种名称	本次地力评价			1984 年土壤普查		
	最大值	最小值	平均值	最大值	最小值	平均值
3. 固定草甸风沙土	363	58	125.5	—	—	136.5
固定草甸风沙土	363	58	125.5	—	—	136.5
二、新积土	282	74	159.1	—	—	162.4
冲积土	282	74	159.1	—	—	162.4
沙质冲积土	282	74	159.1	—	—	162.4
薄层沙质冲积土	282	74	159.1	—	—	162.4
三、黑钙土	454	43	134.1	—	—	136.2
（一）黑钙土	396	43	121.4	—	—	125.2
1. 黄土质黑钙土	230	61	112.6	—	—	117.8
（1）厚层黄土质黑钙土	140	66	106.0	—	—	106.5
（2）中层黄土质黑钙土	230	70	134.2	—	—	146.7
（3）薄层黄土质黑钙土	177	61	97.6	—	—	100.3
2. 沙石底黑钙土	396	43	130.2	—	—	132.6
（1）厚层沙质黑钙土	234	43	109.6	—	—	102.6
（2）中层沙质黑钙土	396	60	132.7	—	—	139.5
（3）薄层沙质黑钙土	214	83	148.3	—	—	155.8
（二）石灰性黑钙土	454	56	148.0	—	—	149.2
1. 沙壤质石灰性黑钙土	454	56	160.7	—	—	158.3
（1）厚层沙壤质石灰性黑钙土	454	110	221.6	—	—	218.3
（2）中层沙壤质石灰性黑钙土	289	69	134.5	—	—	130.8
（3）薄层沙壤质石灰性黑钙土	354	56	126.1	—	—	125.9
2. 黄土质石灰性黑钙土	302	58	135.4	—	—	140.1
（1）厚层黄土质石灰性黑钙土	302	58	144.5	—	—	146.6
（2）中层黄土质石灰性黑钙土	290	76	143.6	—	—	151.3
（3）薄层黄土质石灰性黑钙土	288	66	118.0	—	—	122.4
（三）草甸黑钙土	415	59	133.0	—	—	134.3
1. 沙底草甸黑钙土	415	59	145.2	—	—	147.5
（1）中层沙底草甸黑钙土	160	70	116.5	—	—	119.3
（2）薄层沙底草甸黑钙土	415	59	173.9	—	—	175.6
2. 黄土质草甸黑钙土	396	73	135.3	—	—	135.7
（1）中层黄土质草甸黑钙土	396	73	156.7	—	—	161.5

土类、亚类、土属和土种名称	本次地力评价			1984 年土壤普查		
	最大值	最小值	平均值	最大值	最小值	平均值
（2）薄层黄土质草甸黑钙土	138	98	113.8	—	—	109.9
3. 石灰性草甸黑钙土	213	76	118.5	—	—	119.7
（1）中层石灰性草甸黑钙土	213	79	121.9	—	—	122.6
（2）薄层石灰性草甸黑钙土	154	76	115.0	—	—	116.7
四、草甸土	376	44	127.3	—	—	129.1
（一）草甸土	262	49	139.4	—	—	141.1
1. 沙砾底草甸土	253	49	120.0	—	—	123.0
（1）厚层沙砾底草甸土	140	83	114.3	—	—	117.4
（2）中层沙砾底草甸土	144	80	115.0	—	—	118.6
（3）薄层沙砾底草甸土	253	49	130.6	—	—	133.1
2. 黏壤质草甸土	262	58	158.7	—	—	159.2
（1）厚层黏壤质草甸土	262	246	256.7	—	—	254.2
（2）中层黏壤质草甸土	140	58	99.1	—	—	100.5
（3）薄层黏壤质草甸土	168	73	120.5	—	—	122.9
（二）石灰性草甸土	363	44	119.5	—	—	122.2
1. 沙质石灰性草甸土	329	44	127.1	—	—	130.5
（1）厚层沙质石灰性草甸土	147	63	101.5	—	—	106.3
（2）中层沙质石灰性草甸土	320	60	146.9	—	—	150.0
（3）薄层沙质石灰性草甸土	329	44	132.8	—	—	135.2
2. 黏壤质石灰性草甸土	363	47	112.0	—	—	114.0
（1）厚层黏壤质石灰性草甸土	70	70	70.0	—	—	72.2
（2）中层黏壤质石灰性草甸土	363	47	140.6	—	—	142.1
（3）薄层黏壤质石灰性草甸土	304	64	125.4	—	—	127.6
（三）潜育草甸土	295	58	116.8	—	—	119.4
1. 黏壤质潜育草甸土	295	58	126.0	—	—	125.3
（1）厚层黏壤质潜育草甸土	213	67	113.4	—	—	115.3
（2）中层黏壤质潜育草甸土	295	58	132.6	—	—	130.5
（3）薄层黏壤质潜育草甸土	282	70	132.0	—	—	130.2
2. 沙砾底潜育草甸土	141	65	102.4	—	—	105.6
薄层沙砾底潜育草甸土	141	65	102.4	—	—	105.6
3. 石灰性潜育草甸土	279	65	122.1	—	—	127.3

（续表）

土类、亚类、土属和土种名称	本次地力评价			1984 年土壤普查		
	最大值	最小值	平均值	最大值	最小值	平均值
（1）厚层石灰性潜育草甸土	133	82	107.5	—	—	109.5
（2）中层石灰性潜育草甸土	195	65	126.2	—	—	128.3
（3）薄层石灰性潜育草甸土	279	92	132.5	—	—	144.1
（四）盐化草甸土	329	53	122.3	—	—	124.4
苏打盐化草甸土	329	53	122.3	—	—	124.4
（1）重度苏打盐化草甸土	201	68	101.4	—	—	103.6
（2）中度苏打盐化草甸土	244	53	125.2	—	—	127.3
（3）轻度苏打盐化草甸土	329	64	140.2	—	—	142.2
（五）碱化草甸土	376	59	138.3	—	—	138.2
苏打碱化草甸土	376	59	138.3	—	—	138.2
（1）深位苏打碱化草甸土	308	59	194.1	—	—	189.9
（2）中位苏打碱化草甸土	107	87	93.3	—	—	98.3
（3）浅位苏打碱化草甸土	376	51	127.5	—	—	126.4
五、沼泽土	375	56	117.2	—	—	119.5
草甸沼泽土	375	56	117.2	—	—	119.5
1. 黏质草甸沼泽土	87	86	86.5	—	—	88.6
薄层黏质草甸沼泽土	87	86	86.5	—	—	88.6
2. 石灰性草甸沼泽土	375	56	147.9	—	—	150.4
薄层石灰性草甸沼泽土	375	56	147.9	—	—	150.4

表 2-134 黑龙江省耕地土壤速效钾分级指标　　　（单位：mg/kg）

养分名称	水旱田	一级	二级	三级	四级	五级	六级
速效钾	旱田	>200	150.1~200	100.1~150	50.1~100	30.1~50	≤30
	水田	>200	150.1~200	100.1~150	50.1~100	30.1~50	≤30

（四）土壤速效钾频率分布比较

调查表明全县速效钾平均在 135.0mg/kg，变化幅度在 94.93~122.56mg/kg。其中，新积土最高，平均为 159.1mg/kg，沼泽土最低平均为 117.2mg/kg。

按照含量分级数字出现频率分析，全县大于 200mg/kg 占 7.67%，150~200mg/kg 占 12.38%，100~150mg/kg 占 53.11%，50~100mg/kg 占 26.69%。第二次土壤普查时，全县小于 100mg/kg 面积大约为 3.52%。因为土壤钾丰缺指标值（过去认为 150mg/kg 为丰缺临界值）是相对值，它应当随着产量水平的变化而变化。生产实践和试验都证明，近 20 年随着粮食产量的大幅度的提高，全县耕地土壤施用钾肥有效面积逐步扩大，详见表2-135，图2-23。

表2-135　土壤速效钾频率分布比较

项目	一级 >200mg/kg	二级 150.1~200mg/kg	三级 100.1~150mg/kg	四级 50.1~100mg/kg	五级 30.1~50mg/kg	六级 ≤30mg/kg
本次地力评价	7.67	12.38	53.11	26.69	0.16	0
1984年土壤普查	24.67	71.71	0.05	0.00	0.00	3.56

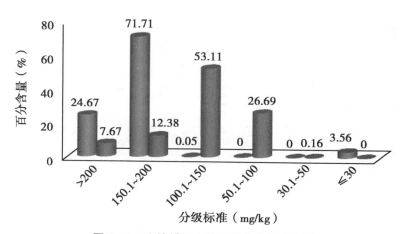

图2-23　土壤耕层速效钾频率分布对比图

（五）行政区土壤速效钾分级面积情况

按照黑龙江省耕地速效钾养分分级标准，速效钾养分一级耕地面积10 485.27hm²，占总耕地面积7.67%。速效钾二级耕地面积16 923.97hm²，占总耕地面积12.38%。速效钾养分三级耕地面积72 629.32hm²，占总耕地面积53.11%。有效磷养分四级耕地面积36 499.71hm²，占总耕地面积26.69%。速效钾养分五级耕地面积218.64hm²，占总耕地面积0.16%。有效磷养分六级耕地面积没有。

其分布情况从土壤速效钾含量分级的分布一览表2-136中看出，土壤速效钾含量为一级的，以巴彦查干乡分布的面积最大，其面积达2 226.61hm²，占一级总面积的21.2%；其次，烟筒屯镇、他拉哈镇、腰新乡、红旗马场等乡镇场面积较大；一心乡、克尔台乡、胡吉吐莫镇等乡镇面积较小。土壤速效钾含量为二级的，以烟筒屯镇面积最大，其面积为3 356.93hm²，占一级总面积的19.84%；其次，巴彦查干乡、他拉哈镇、一心乡、江湾乡、克尔台乡等乡镇面积较大；腰新乡、白音诺勒乡面积较小。土壤速效钾含量为三级的，全县各乡镇都有分布。其中，巴彦查干乡面积最大，面积是11 731.73hm²，占三级面积的16.2%；最少的是泰康镇和烟筒屯镇。土壤速效钾含量为四级、五级的也是全县都有分布。六级的没有。各乡镇分级情况，详见表2-136。

表2-136 行政区土壤速效钾分级面积统计

乡镇名称	合计面积(hm²)	一级面积(hm²)	一级占总面积(%)	二级面积(hm²)	二级占总面积(%)	三级面积(hm²)	三级占总面积(%)	四级面积(hm²)	四级占总面积(%)	五级面积(hm²)	五级占总面积(%)	六级面积(hm²)	六级占总面积(%)
合计	136 756.91	10 485.27	7.67	16 923.97	12.38	72 629.32	53.11	36 499.71	26.69	218.64	0.16	0.00	0.00
泰康镇	4 061.96	548.05	0.40	899.99	0.66	2 183.40	1.60	430.52	0.31	0.00	0.00	0.00	0.00
胡吉吐莫镇	5 775.00	1.84	0.00	869.18	0.64	3 089.04	2.26	1 814.94	1.33	0.00	0.00	0.00	0.00
烟筒屯镇	10 745.98	2 041.02	1.49	3 356.93	2.45	4 560.99	3.34	787.04	0.58	0.00	0.00	0.00	0.00
他拉哈镇	15 988.97	1 555.97	1.14	1 518.26	1.11	5 645.77	4.13	7 165.43	5.24	103.54	0.08	0.00	0.00
一心乡	11 053.02	109.32	0.08	1 380.92	1.01	6 645.89	4.86	2 916.89	2.13	0.00	0.00	0.00	0.00
克尔台乡	9 359.09	304.04	0.22	1 451.96	1.06	6 403.04	4.68	1 200.05	0.88	0.00	0.00	0.00	0.00
白音诺勒乡	10 554.99	126.51	0.09	446.28	0.33	4 823.61	3.53	5 149.32	3.77	9.27	0.01	0.00	0.00
敖林西伯乡	13 875.98	994.66	0.73	965.27	0.71	7 464.20	5.46	4 416.50	3.23	35.35	0.03	0.00	0.00
巴彦查干乡	20 822.98	2 226.61	1.63	2 746.24	2.01	11 731.73	8.58	4 058.56	2.97	59.84	0.04	0.00	0.00
腰新乡	14 186.99	1 023.29	0.75	604.76	0.44	6 396.06	4.68	6 159.95	4.50	2.93	0.00	0.00	0.00
江湾乡	7 916.01	0.00	0.00	1 242.70	0.91	5 685.76	4.16	979.84	0.72	7.71	0.01	0.00	0.00
四家子林场	812.01	35.30	0.03	348.11	0.25	420.08	0.31	8.52	0.01	0.00	0.00	0.00	0.00
新店林场	3 016.01	0.00	0.00	53.21	0.04	2 817.53	2.06	145.27	0.11	0.00	0.00	0.00	0.00
靠山种畜场	4 348.97	276.14	0.20	278.44	0.20	2 746.51	2.01	1 047.88	0.77	0.00	0.00	0.00	0.00
红旗牧场	1 801.99	1 194.92	0.87	135.51	0.10	357.99	0.26	113.57	0.08	0.00	0.00	0.00	0.00
连环湖渔业有限公司	157.98	0.00	0.00	9.90	0.01	125.63	0.09	22.45	0.02	0.00	0.00	0.00	0.00
石人沟渔业有限公司	1 886.99	33.58	0.02	410.59	0.30	1 414.10	1.03	28.72	0.02	0.00	0.00	0.00	0.00
齐家泡渔业有限公司	51.00	0.00	0.00	26.84	0.02	24.16	0.02	0.00	0.00	0.00	0.00	0.00	0.00
野生鱼养场	108.99	0.00	0.00	0.00	0.00	54.73	0.04	54.26	0.04	0.00	0.00	0.00	0.00
一心果树场	232.00	14.02	0.01	178.88	0.13	39.10	0.03	0.00	0.00	0.00	0.00	0.00	0.00

（六）耕地土壤速效钾分级面积情况

按照黑龙江省耕地速效钾养分分级标准，各土类速效钾养分情况如下。

风沙土类：速效钾养分一级耕地面积 4 146.64hm²，占总耕地面积 3.03%。速效钾二级耕地面积 6 111.50hm²，占总耕地面积 4.47%。速效钾养分三级耕地面积 26 146.71hm²，占总耕地面积 19.12%。速效钾养分四级耕地面积 12 948.27hm²，占总耕地面积 9.47%。速效钾养分五级耕地面积 45.49hm²，占总耕地面积 0.03%。

黑钙土类：速效钾养分一级耕地面积 1 235.49hm²，占总耕地面积 0.90%。速效钾二级耕地面积 2 289.37hm²，占总耕地面积 1.67%。速效钾养分三级耕地面积 8 849.24hm²，占总耕地面积 6.47%。速效钾养分四级耕地面积 6 296.94hm²，占总耕地面积 4.60%。速效钾养分五级耕地面积 2.06hm²。

草甸土类：速效钾养分一级耕地面积 4 809.72hm²，占总耕地面积 3.52%。速效钾二级耕地面积 8 132.55hm²，占总耕地面积 5.95%。速效钾养分三级耕地面积 35 782.78hm²，占总耕地面积 26.17%。速效钾养分四级耕地面积 16 567.31hm²，占总耕地面积 12.11%。速效钾养分五级耕地面积 171.09hm²，占总耕地面积 0.13%。

沼泽土类：速效钾养分一级耕地面积 240.67hm²，占总耕地面积 0.18%。速效钾二级耕地面积 387.00hm²，占总耕地面积 0.28%。速效钾养分三级耕地面积 1 792.70hm²，占总耕地面积 1.31%。有效磷养分四级耕地面积 640.64hm²，占总耕地面积 0.47%。

新积土类：速效钾养分一级耕地面积 52.75hm²，占总耕地面积 0.04%。速效钾二级耕地面积 3.55hm²。速效钾养分三级耕地面积 57.89hm²，占总耕地面积 0.04%。速效钾养分四级耕地面积 46.55hm²，占总耕地面积 0.03%。

各土壤亚类、土属、土种分级情况，详见表 2-137。

五、土壤碱解氮

（一）土壤碱解氮含量情况

土壤碱解氮是土壤速效性氮，可直接被植物吸收利用。本次地力评价结果，碱解氮有所提高，全县土壤碱解氮最大值为 349.8mg/kg，最小值为 13.6mg/kg，平均值为 107.8mg/kg，比二次土壤普查的 103.0mg/kg，提高 4.8mg/kg，详见表 2-138。

调查表明，全县耕地风沙土、草甸土、黑钙土等耕地土壤碱解氮平均为 107.8mg/kg，变化幅度在 49.00~342.46mg/kg。其中，新积土最高，平均达到 156.65mg/kg，最低为风沙土，平均 81.58mg/kg。

（二）黑龙江省土壤碱解氮分级指标

黑龙江省土壤碱解氮分级指标，详见表 2-139。

（三）土壤碱解氮频率分布比较

土壤碱解氮频率分布。见表 2-140、图 2-24。

表2-137 不同土壤类型耕地土壤速效钾统计

土类、亚类、土属和土种名称	合计 面积(hm²)	一级 面积(hm²)	占总面积(%)	二级 面积(hm²)	占总面积(%)	三级 面积(hm²)	占总面积(%)	四级 面积(hm²)	占总面积(%)	五级 面积(hm²)	占总面积(%)	六级 面积(hm²)	占总面积(%)
合 计	136 756.91	10 485.27	7.67	16 923.97	12.38	72 629.32	53.11	36 499.71	26.69	218.64	0.16	0.00	0.00
一、风沙土	49 398.61	4 146.64	3.03	6 111.50	4.47	26 146.71	19.12	12 948.27	9.47	45.49	0.03	0.00	0.00
草甸风沙土	49 398.61	4 146.64	3.03	6 111.50	4.47	26 146.71	19.12	12 948.27	9.47	45.49	0.03	0.00	0.00
1. 流动草甸风沙土	257.22	6.43	0.00	195.70	0.14	55.09	0.04	0.00	0.00	0.00	0.00	0.00	0.00
流动草甸风沙土	257.22	6.43	0.00	195.70	0.14	55.09	0.04	0.00	0.00	0.00	0.00	0.00	0.00
2. 半固定草甸风沙土	42 644.48	3 645.54	2.67	5 253.10	3.84	22 815.60	16.68	10 884.75	7.96	45.49	0.03	0.00	0.00
半固定草甸风沙土	42 644.48	3 645.54	2.67	5 253.10	3.84	22 815.60	16.68	10 884.75	7.96	45.49	0.03	0.00	0.00
3. 固定草甸风沙土	6 496.91	494.67	0.36	662.70	0.48	3 276.02	2.40	2 063.52	1.51	0.00	0.00	0.00	0.00
固定草甸风沙土	6 496.91	494.67	0.36	662.70	0.48	3 276.02	2.40	2 063.52	1.51	0.00	0.00	0.00	0.00
二、新积土	160.74	52.75	0.04	3.55	0.00	57.89	0.04	46.55	0.03	0.00	0.00	0.00	0.00
冲积土	160.74	52.75	0.04	3.55	0.00	57.89	0.04	46.55	0.03	0.00	0.00	0.00	0.00
沙质冲积土	160.74	52.75	0.04	3.55	0.00	57.89	0.04	46.55	0.03	0.00	0.00	0.00	0.00
薄层沙质冲积土	160.74	52.75	0.04	3.55	0.00	57.89	0.04	46.55	0.03	0.00	0.00	0.00	0.00
三、黑钙土	18 673.10	1 235.49	0.90	2 289.37	1.67	8 849.24	6.47	6 296.94	4.60	2.06	0.00	0.00	0.00
(一)黑土质黑钙土	7 357.17	380.15	0.28	286.36	0.21	3 557.91	2.60	3 130.69	2.29	2.06	0.00	0.00	0.00
1. 黄土质黑钙土	2 596.69	138.41	0.10	41.95	0.03	795.13	0.58	1 621.20	1.19	0.00	0.00	0.00	0.00
(1)厚层黄土质黑钙土	908.10	0.00	0.00	0.00	0.00	109.69	0.08	798.41	0.58	0.00	0.00	0.00	0.00
(2)中层黄土质黑钙土	989.77	138.41	0.10	12.68	0.01	450.58	0.33	388.10	0.28	0.00	0.00	0.00	0.00
(3)薄层黄土质黑钙土	698.82	0.00	0.00	29.27	0.02	234.86	0.17	434.69	0.32	0.00	0.00	0.00	0.00
2. 沙石底黑钙土	4 760.48	241.74	0.18	244.41	0.18	2 762.78	2.02	1 509.49	1.10	2.06	0.00	0.00	0.00
(1)厚层沙质黑钙土	2 812.38	22.35	0.02	3.74	0.00	1 983.06	1.45	801.17	0.59	2.06	0.00	0.00	0.00
(2)中层沙质黑钙土	1 811.52	123.95	0.09	222.29	0.16	765.55	0.56	699.73	0.51	0.00	0.00	0.00	0.00

（续表）

土类、亚类、土属和土种名称	合计面积（hm²）	一级 面积（hm²）	一级 占总面积（%）	二级 面积（hm²）	二级 占总面积（%）	三级 面积（hm²）	三级 占总面积（%）	四级 面积（hm²）	四级 占总面积（%）	五级 面积（hm²）	五级 占总面积（%）	六级 面积（hm²）	六级 占总面积（%）
（3）薄层沙质黑钙土	136.58	95.44	0.07	18.38	0.01	14.17	0.01	8.59	0.01	0.00	0.00	0.00	0.00
（二）石灰性黑钙土	7 104.17	832.43	0.61	1 571.15	1.15	3 061.74	2.24	1 638.85	1.20	0.00	0.00	0.00	0.00
1.沙壤质石灰性黑钙土	5 507.55	755.12	0.55	1 285.60	0.94	2 504.66	1.83	962.17	0.70	0.00	0.00	0.00	0.00
（1）厚层沙壤质石灰性黑钙土	1 148.87	426.23	0.31	292.87	0.21	429.77	0.31	0.00	0.00	0.00	0.00	0.00	0.00
（2）中层沙壤质石灰性黑钙土	1 866.83	152.89	0.11	968.93	0.71	302.30	0.22	442.71	0.32	0.00	0.00	0.00	0.00
（3）薄层沙壤质石灰性黑钙土	2 491.85	176.00	0.13	23.80	0.02	1 772.59	1.30	519.46	0.38	0.00	0.00	0.00	0.00
2.黄土质石灰性黑钙土	1 596.62	77.31	0.06	285.55	0.21	557.08	0.41	676.68	0.49	0.00	0.00	0.00	0.00
（1）厚层黄土质石灰性黑钙土	9.45	0.94	0.00	0.00	0.00	3.93	0.00	4.58	0.00	0.00	0.00	0.00	0.00
（2）中层黄土质石灰性黑钙土	411.16	63.39	0.05	36.12	0.03	191.44	0.14	120.21	0.09	0.00	0.00	0.00	0.00
（3）薄层黄土质石灰性黑钙土	1 176.01	12.98	0.01	249.43	0.18	361.71	0.26	551.89	0.40	0.00	0.00	0.00	0.00
（三）草甸黑钙土	4 211.76	22.91	0.02	431.86	0.32	2 229.59	1.63	1 527.40	1.12	0.00	0.00	0.00	0.00
1.沙底草甸黑钙土	428.34	12.64	0.01	14.27	0.01	316.43	0.23	85.00	0.06	0.00	0.00	0.00	0.00
（1）中层沙底草甸黑钙土	341.99	0.00	0.00	14.27	0.01	310.55	0.23	17.17	0.01	0.00	0.00	0.00	0.00
（2）薄层沙底草甸黑钙土	86.35	12.64	0.01	0.00	0.00	5.88	0.00	67.83	0.05	0.00	0.00	0.00	0.00
2.黄土质草甸黑钙土	1 353.98	5.90	0.00	49.70	0.04	263.41	0.19	1 034.97	0.76	0.00	0.00	0.00	0.00
（1）中层黄土质草甸黑钙土	1 201.63	5.90	0.00	49.70	0.04	236.46	0.17	909.57	0.67	0.00	0.00	0.00	0.00
（2）薄层黄土质草甸黑钙土	152.35	0.00	0.00	0.00	0.00	26.95	0.02	125.40	0.09	0.00	0.00	0.00	0.00
3.石灰性草甸黑钙土	2 429.44	4.37	0.00	367.89	0.27	1 649.75	1.21	407.43	0.30	0.00	0.00	0.00	0.00
（1）中层石灰性草甸黑钙土	916.97	4.37	0.00	183.00	0.13	492.50	0.36	237.10	0.17	0.00	0.00	0.00	0.00
（2）薄层石灰性草甸黑钙土	1 512.47	0.00	0.00	184.89	0.14	1 157.25	0.85	170.33	0.12	0.00	0.00	0.00	0.00
四、草甸土	65 463.45	4 809.72	3.52	8 132.55	5.95	35 782.78	26.17	16 567.31	12.11	171.09	0.13	0.00	0.00
（一）草甸土	5 041.94	39.67	0.03	757.19	0.55	2 752.87	2.01	1 447.87	1.06	44.34	0.03	0.00	0.00

（续表）

土类、亚类、土属和土种名称	合计 面积(hm²)	一级 面积(hm²)	一级 占总面积(%)	二级 面积(hm²)	二级 占总面积(%)	三级 面积(hm²)	三级 占总面积(%)	四级 面积(hm²)	四级 占总面积(%)	五级 面积(hm²)	五级 占总面积(%)	六级 面积(hm²)	六级 占总面积(%)
1. 沙砾底草甸土	4 409.50	3.59	0.00	755.27	0.55	2 281.57	1.67	1 324.73	0.97	44.34	0.03	0.00	0.00
（1）厚层沙砾底草甸土	63.65	0.00	0.00	0.00	0.00	63.37	0.05	0.28	0.00	0.00	0.00	0.00	0.00
（2）中层沙砾底草甸土	1 078.38	0.00	0.00	0.00	0.00	830.69	0.61	247.69	0.18	0.00	0.00	0.00	0.00
（3）薄层沙砾底草甸土	3 267.47	3.59	0.00	755.27	0.55	1 387.51	1.01	1 076.76	0.79	44.34	0.03	0.00	0.00
2. 黏壤质草甸土	632.44	36.08	0.03	1.92	0.00	471.30	0.34	123.14	0.09	0.00	0.00	0.00	0.00
（1）厚层黏壤质草甸土	36.08	36.08	0.03	0.00	0.00	0.00	0.00	0.00	0.00	0.00	0.00	0.00	0.00
（2）中层黏壤质草甸土	579.71	0.00	0.00	0.00	0.00	471.30	0.34	108.41	0.08	0.00	0.00	0.00	0.00
（3）薄层黏壤质草甸土	16.65	0.00	0.00	1.92	0.00	0.00	0.00	14.73	0.01	0.00	0.00	0.00	0.00
（二）石灰性草甸土	24 872.64	1 692.90	1.24	3 684.00	2.69	13 448.07	9.83	5 920.92	4.33	126.75	0.09	0.00	0.00
1. 沙质石灰性草甸土	12 977.82	1 185.14	0.87	2 009.79	1.47	6 911.94	5.05	2 751.91	2.01	119.04	0.09	0.00	0.00
（1）厚层沙质石灰性草甸土	211.86	0.00	0.00	0.00	0.00	150.23	0.11	61.63	0.05	0.00	0.00	0.00	0.00
（2）中层沙质石灰性草甸土	4 460.03	50.50	0.04	737.12	0.54	3 500.51	2.56	171.90	0.13	0.00	0.00	0.00	0.00
（3）薄层沙质石灰性草甸土	8 305.93	1 134.64	0.83	1 272.67	0.93	3 261.20	2.38	2 518.38	1.84	119.04	0.09	0.00	0.00
2. 黏壤质石灰性草甸土	11 894.82	507.76	0.37	1 674.21	1.22	6 536.13	4.78	3 169.01	2.32	7.71	0.01	0.00	0.00
（1）厚层黏壤质石灰性草甸土	4.23	0.00	0.00	0.00	0.00	0.00	0.00	4.23	0.00	0.00	0.00	0.00	0.00
（2）中层黏壤质石灰性草甸土	3 170.15	9.22	0.01	223.19	0.16	2 608.12	1.91	321.91	0.24	7.71	0.01	0.00	0.00
（3）薄层黏壤质石灰性草甸土	8 720.44	498.54	0.36	1 451.02	1.06	3 928.01	2.87	2 842.87	2.08	0.00	0.00	0.00	0.00
（三）潜育草甸土	11 338.63	811.28	0.59	1 505.42	1.10	5 465.48	4.00	3 556.45	2.60	0.00	0.00	0.00	0.00
1. 黏壤质潜育草甸土	7 295.20	798.50	0.58	1 157.28	0.85	3 653.23	2.67	1 686.19	1.23	0.00	0.00	0.00	0.00
（1）厚层黏壤质潜育草甸土	564.16	13.87	0.01	28.30	0.02	17.07	0.01	504.92	0.37	0.00	0.00	0.00	0.00
（2）中层黏壤质潜育草甸土	677.66	241.28	0.18	140.40	0.10	207.56	0.15	88.42	0.06	0.00	0.00	0.00	0.00
（3）薄层黏壤质潜育草甸土	6 053.38	543.35	0.40	988.58	0.72	3 428.60	2.51	1 092.85	0.80	0.00	0.00	0.00	0.00

（续表）

土类、亚类、土属和土种名称	合计面积（hm²）	一级 面积（hm²）	一级 占总面积（%）	二级 面积（hm²）	二级 占总面积（%）	三级 面积（hm²）	三级 占总面积（%）	四级 面积（hm²）	四级 占总面积（%）	五级 面积（hm²）	五级 占总面积（%）	六级 面积（hm²）	六级 占总面积（%）
2. 沙砾底潜育草甸土	2 241.72	0.00	0.00	0.00	0.00	933.79	0.68	1 307.93	0.96	0.00	0.00	0.00	0.00
薄层沙砾底潜育草甸土	2 241.72	0.00	0.00	0.00	0.00	933.79	0.68	1 307.93	0.96	0.00	0.00	0.00	0.00
3. 石灰性潜育草甸土	1 801.71	12.78	0.01	348.14	0.25	878.46	0.64	562.33	0.41	0.00	0.00	0.00	0.00
(1) 厚层石灰性潜育草甸土	115.93	0.00	0.00	0.00	0.00	113.37	0.08	2.56	0.00	0.00	0.00	0.00	0.00
(2) 中层石灰性潜育草甸土	618.36	0.00	0.00	321.80	0.24	155.45	0.11	141.11	0.10	0.00	0.00	0.00	0.00
(3) 薄层石灰性潜育草甸土	1 067.42	12.78	0.01	26.34	0.02	609.64	0.45	418.66	0.31	0.00	0.00	0.00	0.00
(四) 盐化草甸土	12 232.06	501.32	0.37	897.69	0.66	7 164.94	5.24	3 668.11	2.68	0.00	0.00	0.00	0.00
苏打盐化草甸土	12 232.06	501.32	0.37	897.69	0.66	7 164.94	5.24	3 668.11	2.68	0.00	0.00	0.00	0.00
(1) 重度苏打盐化草甸土	1 271.33	12.88	0.01	18.49	0.01	335.68	0.25	904.28	0.66	0.00	0.00	0.00	0.00
(2) 中度苏打盐化草甸土	5 412.81	160.20	0.12	309.22	0.23	3 066.13	2.24	1 877.26	1.37	0.00	0.00	0.00	0.00
(3) 轻度苏打盐化草甸土	5 547.92	328.24	0.24	569.98	0.42	3 763.13	2.75	886.57	0.65	0.00	0.00	0.00	0.00
(五) 碱化草甸土	11 978.18	1 764.55	1.29	1 288.25	0.94	6 951.42	5.08	1 973.96	1.44	0.00	0.00	0.00	0.00
苏打碱化草甸土	11 978.18	1 764.55	1.29	1 288.25	0.94	6 951.42	5.08	1 973.96	1.44	0.00	0.00	0.00	0.00
(1) 深位苏打碱化草甸土	889.30	514.61	0.38	117.62	0.09	101.63	0.07	155.44	0.11	0.00	0.00	0.00	0.00
(2) 中位苏打碱化草甸土	203.35	0.00	0.00	0.00	0.00	120.25	0.09	83.10	0.06	0.00	0.00	0.00	0.00
(3) 浅位苏打碱化草甸土	10 885.53	1 249.94	0.91	1 170.63	0.86	6 729.54	4.92	1 735.42	1.27	0.00	0.00	0.00	0.00
五、沼泽土	3 061.01	240.67	0.18	387.00	0.28	1 792.70	1.31	640.64	0.47	0.00	0.00	0.00	0.00
草甸沼泽土	3 061.01	240.67	0.18	387.00	0.28	1 792.70	1.31	640.64	0.47	0.00	0.00	0.00	0.00
1. 黏质草甸沼泽土	94.24	0.00	0.00	0.00	0.00	0.00	0.00	94.24	0.07	0.00	0.00	0.00	0.00
薄层黏质草甸沼泽土	94.24	0.00	0.00	0.00	0.00	0.00	0.00	94.24	0.07	0.00	0.00	0.00	0.00
2. 石灰性草甸沼泽土	2 966.77	240.67	0.18	387.00	0.28	1 792.70	1.31	546.40	0.40	0.00	0.00	0.00	0.00
薄层石灰性草甸沼泽土	2 966.77	240.67	0.18	387.00	0.28	1 792.70	1.31	546.40	0.40	0.00	0.00	0.00	0.00

表 2-138　土壤碱解氮值变化对比　　　　　　　　　　　　　（单位：mg/kg）

项目	本次地力评价	二次土壤普查
最大值	349.8	169.0
最小值	13.6	12.3
平均值	107.8	103.0

表 2-139　黑龙江省耕地土壤碱解氮分级指标　　　　　　（单位：mg/kg）

养分名称	水旱田	一级	二级	三级	四级	五级	六级
速效钾	旱田	>250	180.1~250	150.1~180	120.1~150	80.1~120	≤80
	水田	>250	180.1~250	150.1~180	120.1~150	80.1~120	≤80

表 2-140　土壤碱解氮频率分布比较

项目	一级 >250g/kg	二级 180.1~ 250g/kg	三级 150.1~ 180g/kg	四级 120.1~ 150g/kg	五级 80.1~ 120g/kg	六级 ≤80g/kg
本次地力评价	0.97	3.69	7.84	16.87	52.16	18.48
二次土壤普查	0.00	0.00	14.34	16.39	46.89	22.38

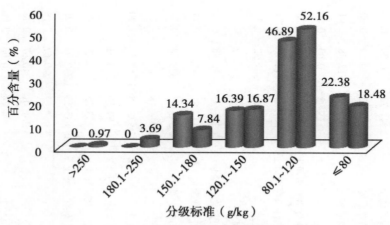

图 2-24　土壤耕层碱解氮频率分布对比图

（四）行政区土壤碱解氮分级面积情况

按照黑龙江省耕地土壤碱解氮养分分级标准，碱解氮养分一级耕地面积 1 322.45hm²，占总耕地面积 0.97%。碱解氮二级耕地面积 5 041.98hm²，占总耕地面积 3.69%。碱解氮养分三级耕地面积 10 717.73 hm²，占总耕地面积 7.84%。碱解氮养分四级耕地面积 23 069.14hm²，占总耕地面积 16.87%。碱解氮养分五级耕地面积 71 337.33hm²，占总耕地面积 52.16%。碱解氮养分六级耕地面积 25 268.28hm²，占总耕地面积 18.48%。

土壤碱解氮为一级的分布在烟筒屯、他拉哈镇，面积仅有 1 322.45hm²；二级、三级的面积 15 758.9hm²，占总面积的 11.53%，分布在他拉哈镇、巴彦查干乡、江湾乡、克尔台乡、一心乡等；五级的面积最大，面积是 71 337.33hm²，占总面积的 52.6%。全县各地都有分布。总体上看，全县耕地土壤碱解氮水平低下，含量在 120mg/kg 以下即五级、六级的占耕地面积的 65.36%，土壤供给能力弱，详见表 2-141。

（五）耕地土壤碱解氮分级面积情况

按照黑龙江省耕地土壤碱解氮养分分级标准，各土壤类型土壤碱解氮养分情况如下。

风沙土类：土壤碱解氮养分一级耕地面积 68.32hm²，占总耕地面积 0.01%。土壤碱解氮二级耕地面积 1 902.35hm²，占总耕地面积 1.39%。土壤碱解氮养分三级耕地面积 3 235 hm²，占总耕地面积 2.37%。土壤碱解氮养分四级耕地面积 9 154.03hm²，占总耕地面积 6.69%。土壤碱解氮养分五级耕地面积 24 749.09hm²，占总耕地面积 18.10%。土壤碱解氮养分六级耕地面积 10 289.82hm²，占总耕地面积 7.52%。

黑钙土类：土壤碱解氮养分一级耕地面积 451.56hm²，占总耕地面积 0.04%。土壤碱解氮养分二级耕地面积 122.52hm²，占总耕地面积 0.09%。土壤碱解氮养分三级耕地面积 2 458.23hm²，占总耕地面积 1.80%。土壤碱解氮养分四级耕地面积 2 298.45hm²，占总耕地面积 1.68%。土壤碱解氮养分五级耕地面积 9 911.29hm²，占总耕地面积 7.25%。土壤碱解氮养分六级耕地面积 3 431.05hm²，占总耕地面积 2.51%。

草甸土类：土壤碱解氮养分一级耕地面积 717.56hm²，占总耕地面积 0.06%。土壤碱解氮养分二级耕地面积 2 941.94hm²，占总耕地面积 2.15%。土壤碱解氮养分三级耕地面积 4 961.17hm²，占总耕地面积 3.63%。土壤碱解氮养分四级耕地面积 11 462.87hm²，占总耕地面积 8.38%。土壤碱解氮养分五级耕地面积 34 828.41hm²，占总耕地面积 25.47%。土壤碱解氮养分六级耕地面积 10 551.50hm²，占总耕地面积 7.72%。

沼泽土类：土壤碱解氮养分一级耕地面积 85.01hm²，占总耕地面积 0.01%。土壤碱解氮养分二级耕地面积 53.28hm²，占总耕地面积 0.04%。土壤碱解氮养分三级耕地面积 63.33hm²，占总耕地面积 0.05%。土壤碱解氮养分四级耕地面积 153.00hm²，占总耕地面积 0.11%。土壤碱解氮养分五级耕地面积 1 749.57hm²，占总耕地面积 1.28%。土壤碱解氮养分六级耕地面积 956.82hm²，占总耕地面积 0.70%。

新积土类：土壤碱解氮养分一级、三级的没有。土壤碱解氮养分二级耕地面积 21.89hm²，占总耕地面积 0.023%。土壤碱解氮养分四级耕地面积 0.79hm²。土壤碱解氮养分五级耕地面积 98.97hm²，占总耕地面积 0.07%。土壤碱解氮养分六级耕地面积 39.09hm²，占总耕地面积 0.03%。

各土壤亚类、土属、土种分级情况，详见表 2-142。

表2-141 行政区土壤碱解氮分级面积统计

乡镇名称	合计面积(hm²)	一级 面积(hm²)	一级 占总面积(%)	二级 面积(hm²)	二级 占总面积(%)	三级 面积(hm²)	三级 占总面积(%)	四级 面积(hm²)	四级 占总面积(%)	五级 面积(hm²)	五级 占总面积(%)	六级 面积(hm²)	六级 占总面积(%)
合计	136 756.91	1 322.45	0.97	5 041.98	3.69	10 717.73	7.84	23 069.14	16.87	71 337.33	52.16	25 268.28	18.48
泰康镇	4 061.96	0.00	0.00	4.57	0.00	75.56	0.06	287.55	0.21	2 344.53	1.71	1 349.75	0.99
胡吉吐莫镇	5 775.00	0.00	0.00	14.62	0.01	1 027.56	0.75	1 099.24	0.80	2 022.47	1.48	1 611.11	1.18
烟筒屯镇	10 745.98	1 074.38	0.79	1 070.19	0.78	1 545.21	1.13	1 361.32	1.00	5 029.53	3.68	665.35	0.49
他拉哈镇	15 988.97	167.44	0.12	1 153.96	0.84	1 183.50	0.87	4 059.11	2.97	7 847.57	5.74	1 577.39	1.15
一心乡	11 053.02	0.00	0.00	30.82	0.02	910.29	0.67	2 889.29	2.11	6 009.46	4.39	1 213.16	0.89
克尔台乡	9 359.09	0.00	0.00	0.96	0.00	717.41	0.52	1 886.58	1.38	4 970.09	3.63	1 784.05	1.30
白音诺勒乡	10 554.99	0.00	0.00	123.78	0.09	138.62	0.10	365.33	0.27	5 832.45	4.26	4 094.81	2.99
敖林西伯乡	13 875.98	0.00	0.00	164.07	0.12	625.79	0.46	487.00	0.36	5 971.66	4.37	6 627.46	4.85
巴彦查干乡	20 822.98	0.00	0.00	1 902.69	1.39	2 051.70	1.50	6 035.61	4.41	9 007.99	6.59	1 824.99	1.33
腰新乡	14 186.99	0.00	0.00	0.00	0.00	434.51	0.32	1 884.72	1.38	8 084.84	5.91	3 782.92	2.77
江湾乡	7 916.01	0.00	0.00	238.33	0.17	664.93	0.49	384.78	0.28	6 488.09	4.74	139.88	0.10
四家子林场	812.01	80.63	0.06	0.91	0.00	672.97	0.49	16.91	0.01	40.59	0.03	0.00	0.00
新店林场	3 016.01	0.00	0.00	0.00	0.00	42.37	0.03	349.43	0.26	2 384.47	1.74	239.74	0.18
靠山种畜场	4 348.97	0.00	0.00	0.00	0.00	0.00	0.00	1 768.31	1.29	2 516.69	1.84	63.97	0.05
红旗牧场	1 801.99	0.00	0.00	81.94	0.06	17.89	0.01	20.60	0.02	1 508.31	1.10	173.25	0.13
连环湖渔业有限公司	157.98	0.00	0.00	0.00	0.00	0.00	0.00	43.54	0.03	94.82	0.07	19.62	0.01
石人沟渔业有限公司	1 886.99	0.00	0.00	255.14	0.19	606.17	0.44	101.39	0.07	824.54	0.60	99.75	0.07
齐家泡渔业有限公司	51.00	0.00	0.00	0.00	0.00	3.25	0.00	0.00	0.00	46.67	0.03	1.08	0.00
野生饲养场	108.99	0.00	0.00	0.00	0.00	0.00	0.00	0.00	0.00	108.99	0.08	0.00	0.00
一心果树场	232.00	0.00	0.00	0.00	0.00	0.00	0.00	28.43	0.02	203.57	0.15	0.00	0.00

表2-142 不同土壤类型耕地土壤碱解氮统计

土类、亚类、土属和土种名称	合计 面积 (hm²)	一级 面积 (hm²)	占总面积 (%)	二级 面积 (hm²)	占总面积 (%)	三级 面积 (hm²)	占总面积 (%)	四级 面积 (hm²)	占总面积 (%)	五级 面积 (hm²)	占总面积 (%)	六级 面积 (hm²)	占总面积 (%)
合　计	136 756.91	1 322.45	0.12	5 041.98	3.69	10 717.73	7.84	23 069.14	16.87	71 337.33	52.16	25 268.28	18.48
一、风沙土	49 398.61	68.32	0.01	1 902.35	1.39	3 235.00	2.37	9 154.03	6.69	24 749.09	18.10	10 289.82	7.52
草甸风沙土	49 398.61	68.32	0.01	1 902.35	1.39	3 235.00	2.37	9 154.03	6.69	24 749.09	18.10	10 289.82	7.52
1. 流动草甸风沙土	257.22	6.43	0.00	0.00	0.00	0.00	0.00	0.00	0.00	250.37	0.18	0.42	0.00
2. 半固定草甸风沙土	42 644.48	40.35	0.00	1 358.57	0.99	2 628.15	1.92	8 553.55	6.25	20 491.73	14.98	9 572.13	7.00
半固定草甸风沙土	42 644.48	40.35	0.00	1 358.57	0.99	2 628.15	1.92	8 553.55	6.25	20 491.73	14.98	9 572.13	7.00
3. 固定草甸风沙土	6 496.91	21.54	0.00	543.78	0.40	606.85	0.44	600.48	0.44	4 006.99	2.93	717.27	0.52
固定草甸风沙土	6 496.91	21.54	0.00	543.78	0.40	606.85	0.44	600.48	0.44	4 006.99	2.93	717.27	0.52
二、新积土	160.74	0.00	0.00	21.89	0.02	0.00	0.00	0.79	0.00	98.97	0.07	39.09	0.03
冲积土	160.74	0.00	0.00	21.89	0.02	0.00	0.00	0.79	0.00	98.97	0.07	39.09	0.03
沙质冲积土	160.74	0.00	0.00	21.89	0.02	0.00	0.00	0.79	0.00	98.97	0.07	39.09	0.03
薄层沙质冲积土	160.74	0.00	0.00	21.89	0.02	0.00	0.00	0.79	0.00	98.97	0.07	39.09	0.03
三、黑钙土	18 673.10	451.56	0.04	122.52	0.09	2 458.23	1.80	2 298.45	1.68	9 911.29	7.25	3 431.05	2.51
(一) 黑钙土	7 357.17	0.00	0.00	37.63	0.03	1 652.58	1.21	633.58	0.46	3 966.69	2.90	1 066.69	0.78
1. 黄土质黑钙土	2 596.69	0.00	0.00	25.24	0.02	167.95	0.12	248.89	0.18	1 716.82	1.26	437.79	0.32
(1) 厚层黄土质黑钙土	908.10	0.00	0.00	0.00	0.00	58.34	0.04	4.55	0.00	845.21	0.62	0.00	0.00
(2) 中层黄土质黑钙土	989.77	0.00	0.00	25.24	0.02	108.45	0.08	218.80	0.16	470.56	0.34	166.72	0.12
(3) 薄层黄土质黑钙土	698.82	0.00	0.00	0.00	0.00	1.16	0.00	25.54	0.02	401.05	0.29	271.07	0.20
2. 沙石底黑钙土	4 760.48	0.00	0.00	12.39	0.01	1 484.63	1.09	384.69	0.28	2 249.87	1.65	628.90	0.46
(1) 厚层沙质黑钙土	2 812.38	0.00	0.00	11.21	0.01	1 211.26	0.89	156.44	0.11	1 182.88	0.86	250.59	0.18
(2) 中层沙质黑钙土	1 811.52	0.00	0.00	1.18	0.00	273.37	0.20	228.25	0.17	930.41	0.68	378.31	0.28

(续表)

土类、亚类、土属和土种名称	合计面积(hm²)	一级 面积(hm²)	一级 占总面积(%)	二级 面积(hm²)	二级 占总面积(%)	三级 面积(hm²)	三级 占总面积(%)	四级 面积(hm²)	四级 占总面积(%)	五级 面积(hm²)	五级 占总面积(%)	六级 面积(hm²)	六级 占总面积(%)
(3) 薄层沙质黑钙土	136.58	0.00	0.00	0.00	0.00	84.92	0.06	19.93	0.01	31.73	0.02	0.00	0.00
(二) 石灰性黑钙土	7 104.17	451.56	0.04	80.32	0.06	606.26	0.44	1 286.46	0.94	3 465.53	2.53	1 214.04	0.89
1. 沙壤质石灰性黑钙土	5 507.55	451.56	0.04	16.93	0.01	451.09	0.33	1 219.21	0.89	2 658.63	1.94	710.13	0.52
(1) 厚层沙壤质石灰性黑钙土	1 148.87	332.95	0.03	15.22	0.01	352.03	0.26	84.99	0.06	363.68	0.27	0.00	0.00
(2) 中层沙壤质石灰性黑钙土	1 866.83	0.00	0.00	1.71	0.00	1.55	0.00	401.82	0.29	1 443.79	1.06	17.96	0.01
(3) 薄层沙壤质石灰性黑钙土	2 491.85	118.61	0.01	0.00	0.00	97.51	0.07	732.40	0.54	851.16	0.62	692.17	0.51
2. 黄土质石灰性黑钙土	1 596.62	0.00	0.00	63.39	0.05	155.17	0.11	67.25	0.05	806.90	0.59	503.91	0.37
(1) 厚层黄土质石灰性黑钙土	9.45	0.00	0.00	0.00	0.00	0.00	0.00	0.00	0.00	7.08	0.01	2.37	0.00
(2) 中层黄土质石灰性黑钙土	411.16	0.00	0.00	63.39	0.05	0.00	0.00	26.38	0.02	134.92	0.10	186.47	0.14
(3) 薄层黄土质石灰性黑钙土	1 176.01	0.00	0.00	0.00	0.00	155.17	0.11	40.87	0.03	664.90	0.49	315.07	0.23
(三) 草甸黑钙土	4 211.76	0.00	0.00	4.57	0.00	199.39	0.15	378.41	0.28	2 479.07	1.81	1 150.32	0.84
1. 沙底草甸黑钙土	428.34	0.00	0.00	0.00	0.00	0.00	0.00	0.00	0.00	77.98	0.06	350.36	0.26
(1) 中层沙底草甸黑钙土	341.99	0.00	0.00	0.00	0.00	0.00	0.00	0.00	0.00	24.40	0.02	317.59	0.23
(2) 薄层沙底草甸黑钙土	86.35	0.00	0.00	0.00	0.00	0.00	0.00	0.00	0.00	53.58	0.04	32.77	0.02
2. 黄土质草甸黑钙土	1 353.98	0.00	0.00	4.57	0.00	199.39	0.15	4.71	0.00	1 044.73	0.76	105.15	0.08
(1) 中层黄土质草甸黑钙土	1 201.63	0.00	0.00	4.57	0.00	185.27	0.14	0.86	0.00	1 010.23	0.74	5.27	0.00
(2) 薄层黄土质草甸黑钙土	152.35	0.00	0.00	0.00	0.00	14.12	0.01	3.85	0.00	34.50	0.03	99.88	0.07
3. 石灰性草甸黑钙土	2 429.44	0.00	0.00	4.57	0.00	0.00	0.00	373.70	0.27	1 356.36	0.99	694.81	0.51
(1) 中层石灰性草甸黑钙土	916.97	0.00	0.00	4.57	0.00	185.27	0.00	171.35	0.13	636.29	0.47	104.76	0.08
(2) 薄层石灰性草甸黑钙土	1 512.47	0.00	0.00	0.00	0.00	0.00	0.00	202.35	0.15	720.07	0.53	590.05	0.43
四、草甸土	65 463.45	717.56	0.06	2 941.94	2.15	4 961.17	3.63	11 462.87	8.38	34 828.41	25.47	10 551.50	7.72
(一) 草甸土	5 041.94	0.00	0.00	26.30	0.02	903.35	0.66	865.92	0.63	2 306.05	1.69	940.32	0.69

（续表）

土类、亚类、土属和土种名称	合计 面积(hm²)	一级 面积(hm²)	一级 占总面积(%)	二级 面积(hm²)	二级 占总面积(%)	三级 面积(hm²)	三级 占总面积(%)	四级 面积(hm²)	四级 占总面积(%)	五级 面积(hm²)	五级 占总面积(%)	六级 面积(hm²)	六级 占总面积(%)
1. 沙砾底草甸土	4 409.50	0.00	0.00	12.48	0.01	754.17	0.55	449.27	0.33	2 267.99	1.66	925.59	0.68
（1）厚层沙砾底草甸土	63.65	0.00	0.00	0.00	0.00	58.97	0.04	0.00	0.00	0.00	0.00	4.68	0.00
（2）中层沙砾底草甸土	1 078.38	0.00	0.00	0.00	0.00	65.17	0.05	82.20	0.06	641.50	0.47	289.51	0.21
（3）薄层沙砾底草甸土	3 267.47	0.00	0.00	12.48	0.01	630.03	0.46	367.07	0.27	1 626.49	1.19	631.40	0.46
2. 黏壤质草甸土	632.44	0.00	0.00	13.82	0.01	149.18	0.11	416.65	0.30	38.06	0.03	14.73	0.01
（1）厚层黏壤质草甸土	36.08	0.00	0.00	0.00	0.00	15.93	0.01	20.15	0.01	0.00	0.00	0.00	0.00
（2）中层黏壤质草甸土	579.71	0.00	0.00	11.90	0.01	133.25	0.10	396.50	0.29	38.06	0.03	0.00	0.00
（3）薄层黏壤质草甸土	16.65	0.00	0.00	1.92	0.00	0.00	0.00	0.00	0.00	0.00	0.00	14.73	0.01
（二）石灰性草甸土	24 872.64	358.56	0.03	1 000.60	0.73	1 813.95	1.33	4 682.45	3.42	13 991.33	10.23	3 025.75	2.21
1. 沙质石灰性草甸土	12 977.82	0.00	0.00	627.63	0.46	956.08	0.70	1 540.79	1.13	8 403.31	6.14	1 450.01	1.06
（1）厚层沙质石灰性草甸土	211.86	0.00	0.00	0.00	0.00	0.00	0.00	1.50	0.00	201.65	0.15	8.71	0.01
（2）中层沙质石灰性草甸土	4 460.03	0.00	0.00	53.77	0.04	0.36	0.00	99.16	0.07	4 013.21	2.93	293.53	0.21
（3）薄层沙质石灰性草甸土	8 305.93	0.00	0.00	573.86	0.42	955.72	0.70	1 440.13	1.05	4 188.45	3.06	1 147.77	0.84
2. 黏壤质石灰性草甸土	11 894.82	358.56	0.03	372.97	0.27	857.87	0.63	3 141.66	2.30	5 588.02	4.09	1 575.74	1.15
（1）厚层黏壤质石灰性草甸土	4.23	0.00	0.00	0.00	0.00	0.00	0.00	0.00	0.00	0.00	0.00	4.23	0.00
（2）中层黏壤质石灰性草甸土	3 170.15	0.00	0.00	7.00	0.01	127.03	0.09	815.25	0.60	1 948.50	1.42	272.37	0.20
（3）薄层黏壤质石灰性草甸土	8 720.44	358.56	0.03	365.97	0.27	730.84	0.53	2 326.41	1.70	3 639.52	2.66	1 299.14	0.95
（三）潜育草甸土	11 338.63	0.00	0.00	1 242.28	0.91	1 171.63	0.86	2 019.86	1.48	5 448.80	3.98	1 456.06	1.06
1. 黏壤质潜育草甸土	7 295.20	0.00	0.00	1 235.22	0.90	682.38	0.50	1 114.30	0.81	3 025.14	2.21	1 238.16	0.91
（1）厚层黏壤质潜育草甸土	564.16	0.00	0.00	0.00	0.00	13.87	0.01	37.44	0.03	470.30	0.34	42.55	0.03
（2）中层黏壤质潜育草甸土	677.66	0.00	0.00	0.00	0.00	53.92	0.04	187.36	0.14	217.20	0.16	219.18	0.16
（3）薄层黏壤质潜育草甸土	6 053.38	0.00	0.00	1 235.22	0.90	614.59	0.45	889.50	0.65	2 337.64	1.71	976.43	0.71

（续表）

土类、亚类、土属和土种名称	合计面积（hm²）	一级 面积（hm²）	一级 占总面积（%）	二级 面积（hm²）	二级 占总面积（%）	三级 面积（hm²）	三级 占总面积（%）	四级 面积（hm²）	四级 占总面积（%）	五级 面积（hm²）	五级 占总面积（%）	六级 面积（hm²）	六级 占总面积（%）
2. 沙砾底潜育草甸土	2 241.72	0.00	0.00	0.00	0.00	92.37	0.07	240.37	0.18	1 882.34	1.38	26.64	0.02
薄层沙砾底潜育草甸土	2 241.72	0.00	0.00	0.00	0.00	92.37	0.07	240.37	0.18	1 882.34	1.38	26.64	0.02
3. 石灰性潜育草甸土	1 801.71	0.00	0.00	7.06	0.01	396.88	0.29	665.19	0.49	541.32	0.40	191.26	0.14
(1) 厚层石灰性潜育草甸土	115.93	0.00	0.00	0.00	0.00	0.00	0.00	0.00	0.00	115.93	0.08	0.00	0.00
(2) 中层石灰性潜育草甸土	618.36	0.00	0.00	0.55	0.00	0.00	0.00	402.86	0.29	200.65	0.15	14.30	0.01
(3) 薄层石灰性潜育草甸土	1 067.42	0.00	0.00	6.51	0.00	396.88	0.29	262.33	0.19	224.74	0.16	176.96	0.13
(四) 盐化草甸土	12 232.06	63.99	0.01	161.18	0.12	563.25	0.41	2 381.30	1.74	6 461.73	4.72	2 600.61	1.90
苏打盐化草甸土	12 232.06	63.99	0.01	161.18	0.12	563.25	0.41	2 381.30	1.74	6 461.73	4.72	2 600.61	1.90
(1) 重度苏打盐化草甸土	1 271.33	0.00	0.00	0.00	0.00	51.95	0.04	37.66	0.03	810.84	0.59	370.88	0.27
(2) 中度苏打盐化草甸土	5 412.81	0.00	0.00	0.00	0.00	55.00	0.04	1 340.80	0.98	2 825.57	2.07	1 191.44	0.87
(3) 轻度苏打盐化草甸土	5 547.92	63.99	0.01	161.18	0.12	456.30	0.33	1 002.84	0.73	2 825.32	2.07	1 038.29	0.76
(五) 碱化草甸土	11 978.18	295.01	0.03	511.58	0.37	508.99	0.37	1 513.34	1.11	6 620.50	4.84	2 528.76	1.85
苏打碱化草甸土	11 978.18	295.01	0.03	511.58	0.37	508.99	0.37	1 513.34	1.11	6 620.50	4.84	2 528.76	1.85
(1) 深位苏打碱化草甸土	889.30	0.00	0.00	0.00	0.00	0.00	0.00	237.70	0.17	642.96	0.47	8.64	0.01
(2) 中位苏打碱化草甸土	203.35	0.00	0.00	0.00	0.00	0.00	0.00	0.00	0.00	0.00	0.00	203.35	0.15
(3) 浅位苏打碱化草甸土	10 885.53	295.01	0.03	511.58	0.37	508.99	0.37	1 275.64	0.93	5 977.54	4.37	2 316.77	1.69
五、草甸沼泽土	3 061.01	85.01	0.01	53.28	0.04	63.33	0.05	153.00	0.11	1 749.57	1.28	956.82	0.70
草甸沼泽土	3 061.01	85.01	0.01	53.28	0.04	63.33	0.05	153.00	0.11	1 749.57	1.28	956.82	0.70
1. 黏质草甸沼泽土	94.24	0.00	0.00	0.00	0.00	0.00	0.00	24.56	0.02	0.00	0.00	69.68	0.05
薄层黏质草甸沼泽土	94.24	0.00	0.00	0.00	0.00	0.00	0.00	24.56	0.02	0.00	0.00	69.68	0.05
2. 石灰性草甸沼泽土	2 966.77	85.01	0.01	53.28	0.04	63.33	0.05	128.44	0.09	1 749.57	1.28	887.14	0.65
薄层石灰性草甸沼泽土	2 966.77	85.01	0.01	53.28	0.04	63.33	0.05	128.44	0.09	1 749.57	1.28	887.14	0.65

六、土壤酸碱度

土壤酸碱度来源于土壤生物活动产生的二氧化碳，来源于土壤矿物质分解，来源于有机质分解。它直接影响土壤营养元素的有效性，影响土壤理化性质，影响植物生长发育，因此是土壤属性一项重要指标。

（一）土壤 pH 值情况

本次地力评价发现：pH 值范围为 5.50~9.00，平均值 7.64. 与二次土壤普查相比降低了 0.47，详见表 2-143。

表 2-143　土壤 pH 值变化对比

项目	本次地力评价	二次土壤普查
最大值	9.00	9.60
最小值	5.50	6.90
平均值	7.64	8.11

（二）黑龙江省土壤 pH 值分级指标

黑龙江省土壤 pH 值分级指标，见表 2-144。

表 2-144　黑龙江省耕地土壤 pH 值分级指标

养分名称	水旱田	一级	二级	三级	四级	五级
有效锌	旱田	>8.5	8.5~7.6	7.5~6.6	6.5~5.6	≤5.5
	水田	>8.5	8.5~7.6	7.5~6.6	6.5~5.6	≤5.5

（三）土壤 pH 值频率分布比较

土壤 pH 值频率分布，见表 2-145、图 2-25。

表 2-145　土壤 pH 值频率分布比较

项目	一级	二级	三级	四级	五级
	>8.5	8.5~7.6	7.5~6.6	6.5~5.6	≤5.5
本次地力评价（%）	1.66	56.40	37.22	4.68	0.04

（四）行政区土壤 pH 值分级面积情况

按照黑龙江省耕地有机质养分分级标准，土壤 pH 值一级耕地面积 2 267.20hm²，占总耕地面积 1.66%。土壤 pH 值二级耕地面积 77 126.43hm²，占总耕地面积 56.4%。土壤 pH 值三级耕地面积 50 903.91hm²，占总耕地面积 37.22%。土壤 pH 值四级耕地面积 6 402.99hm²，占总耕地面积 4.68%。土壤 pH 值五级耕地面积 56.38hm²，占总耕地面积 0.04%。土壤 pH 值六级耕地没有。各乡镇面积分级情况，详见表 2-146。

（五）耕地土壤 pH 值分级面积情况

按照黑龙江省耕地土壤 pH 值分级标准，各土类土壤 pH 值情况如下。

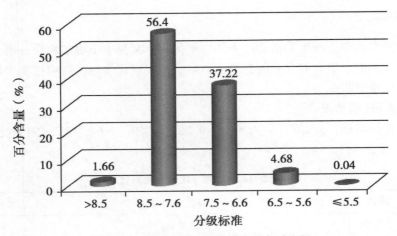

图 2-25 耕层土壤 pH 值频率分布对比图

风沙土类：土壤 pH 值一级耕地面积 888.59hm²，占总耕地面积 0.65%。土壤 pH 值二级耕地面积 25 737.20hm²，占总耕地面积 18.82%。土壤 pH 三级耕地面积 20 282.67hm²，占总耕地面积 14.83%。土壤 pH 值四级耕地面积 2 433.73hm²，占总耕地面积 1.78%。土壤 pH 值五级耕地面积 56.38hm²，占总耕地面积 0.04%。

黑钙土类：土壤 pH 值一级耕地面积 214.51hm²，占总耕地面积 0.16%。土壤 pH 值二级耕地面积 10 955.38hm²，占总耕地面积 8.01%。土壤 pH 值三级耕地面积 7 208.19hm²，占总耕地面积 5.27%。土壤 pH 值四级耕地面积 295.02hm²，占总耕地面积 0.22%。土壤 pH 值五级耕地没有。

草甸土类：土壤 pH 值一级耕地面积 1 140.07hm²，占总耕地面积 0.83%。土壤 pH 值二级耕地面积 38 118.25hm²，占总耕地面积 27.87%。土壤 pH 值三级耕地面积 22 535.29hm²，占总耕地面积 16.48%。土壤 pH 值四级耕地面积 3 669.84hm²，占总耕地面积 2.68%。土壤 pH 值五级耕地没有。

沼泽土类：土壤 pH 值一级耕地面积 24.03hm²，占总耕地面积 0.02%。土壤 pH 值二级耕地面积 2 155.52hm²，占总耕地面积 1.58%。土壤 pH 值三级耕地面积 877.06hm²，占总耕地面积 0.64%。土壤 pH 值四级耕地面积 4.40hm²。土壤 pH 值五级耕地没有。

新积土类：土壤 pH 值一级耕地没有。土壤 pH 值二级耕地面积 160.04hm²，占总耕地面积 0.12%。土壤 pH 值三级耕地面积 0.70hm²。

各土壤亚类、土属、土种面积分级情况，详见表 2-147。

七、土壤含盐量

土壤全盐量主要是钙、镁、钠、钾所形成的硫酸盐、盐酸盐和碳酸盐，通常是指盐分中阴、阳离子的总和，当纳离子进入土壤胶体表面，很大程度上改变了土壤理化性质，如 pH 值的增高，水分、空气状况的改变，不利于植物的生长。它们对作物的影响主要是通过离子起作用。对作物危害最大的是钠盐，钙盐和镁盐对作物也有一定的影响，但并不占主导地位。

表2-146　行政区土壤pH值分级面积情况统计

乡镇名称	合计 面积(hm²)	一级 面积(hm²)	一级 占总面积(%)	二级 面积(hm²)	二级 占总面积(%)	三级 面积(hm²)	三级 占总面积(%)	四级 面积(hm²)	四级 占总面积(%)	五级 面积(hm²)	五级 占总面积(%)
合计	136 756.91	2 267.20	1.66	77 126.43	56.40	50 903.91	37.22	6 402.99	4.68	56.38	0.04
泰康镇	4 061.96	207.50	0.15	3 640.55	2.66	213.91	0.16	0.00	0.00	0.00	0.00
胡吉吐莫镇	5 775.00	296.54	0.22	2 115.16	1.55	3 312.20	2.42	51.10	0.00	0.00	0.00
烟筒屯镇	10 745.98	490.12	0.36	9 346.75	6.83	903.73	0.66	5.38	0.00	0.00	0.00
他拉哈镇	15 988.97	1.13	0.00	9 112.48	6.66	5 505.86	4.03	1 369.50	0.01	0.00	0.00
一心乡	11 053.02	623.04	0.46	8 296.23	6.07	2 133.75	1.56	0.00	0.00	0.00	0.00
克尔台乡	9 359.09	85.87	0.06	6 114.70	4.47	3 152.27	2.31	6.25	0.00	0.00	0.00
白音诺勒乡	10 554.99	2.20	0.00	4 537.02	3.32	4 776.55	3.49	1 239.22	0.01	0.00	0.00
敖林西伯乡	13 875.98	27.69	0.02	8 241.08	6.03	5 163.62	3.78	443.59	0.01	0.00	0.00
巴彦查干乡	20 822.98	0.00	0.00	7 646.00	5.59	11 275.59	8.24	1 901.39	0.01	0.00	0.00
腰新乡	14 186.99	72.25	0.05	6 941.08	5.08	5 929.41	4.34	1 187.87	0.01	56.38	0.04
江湾乡	7 916.01	460.54	0.34	6 188.58	4.53	1 259.18	0.92	7.71	0.00	0.00	0.00
四家子林场	812.01	0.00	0.00	4.89	0.00	807.12	0.59	0.00	0.00	0.00	0.00
新店林场	3 016.01	0.00	0.00	892.95	0.65	2 066.61	1.51	56.45	0.00	0.00	0.00
靠山种畜场	4 348.97	0.00	0.00	1 627.31	1.19	2 721.66	1.99	0.00	0.00	0.00	0.00
红旗牧场	1 801.99	0.00	0.00	1 261.99	0.92	508.61	0.37	31.39	0.00	0.00	0.00
连环湖渔业有限公司	157.98	0.32	0.00	125.69	0.09	31.97	0.02	0.00	0.00	0.00	0.00
石人沟渔业有限公司	1 886.99	0.00	0.00	696.71	0.51	1 114.26	0.81	76.02	0.00	0.00	0.00
齐家泡渔业有限公司	51.00	0.00	0.00	51.00	0.04	0.00	0.00	0.00	0.00	0.00	0.00
野生鱼养场	108.99	0.00	0.00	54.26	0.04	27.61	0.02	27.12	0.00	0.00	0.00
一心果树场	232.00	0.00	0.00	232.00	0.17	0.00	0.00	0.00	0.00	0.00	0.00

表 2-147 不同土壤类型耕地土壤 pH 值分级面积统计

土类、亚类、土属和土种名称	合计 面积(hm²)	一级 面积(hm²)	一级 占总面积(%)	二级 面积(hm²)	二级 占总面积(%)	三级 面积(hm²)	三级 占总面积(%)	四级 面积(hm²)	四级 占总面积(%)	五级 面积(hm²)	五级 占总面积(%)
合 计	136 756.91	2 267.20	1.66	77 126.43	56.40	50 903.91	37.22	6 402.99	4.68	56.38	0.04
一、风沙土	49 398.61	888.59	0.65	25 737.24	18.82	20 282.67	14.83	2 433.73	1.78	56.38	0.04
草甸风沙土	49 398.61	888.59	0.65	25 737.24	18.82	20 282.67	14.83	2 433.73	1.78	56.38	0.04
1. 流动草甸风沙土	257.22	0.00	0.00	202.13	0.15	55.09	0.04	0.00	0.00	0.00	0.00
流动草甸风沙土	257.22	0.00	0.00	202.13	0.15	55.09	0.04	0.00	0.00	0.00	0.00
2. 半固定草甸风沙土	42 644.48	888.59	0.65	22 809.19	16.68	17 275.39	12.63	1 614.93	1.18	56.38	0.04
半固定草甸风沙土	42 644.48	888.59	0.65	22 809.19	16.68	17 275.39	12.63	1 614.93	1.18	56.38	0.04
3. 固定草甸风沙土	6 496.91	0.00	0.00	2 725.92	1.99	2 952.19	2.16	818.80	0.60	0.00	0.00
固定草甸风沙土	6 496.91	0.00	0.00	2 725.92	1.99	2 952.19	2.16	818.80	0.60	0.00	0.00
二、新积土	160.74	0.00	0.00	160.04	0.12	0.70	0.00	0.00	0.00	0.00	0.00
冲积土	160.74	0.00	0.00	160.04	0.12	0.70	0.00	0.00	0.00	0.00	0.00
沙质冲积土	160.74	0.00	0.00	160.04	0.12	0.70	0.00	0.00	0.00	0.00	0.00
薄层沙质冲积土	160.74	0.00	0.00	0.00	0.00	21.89	0.02	138.85	0.10	0.00	0.00
三、黑钙土	18 673.10	214.51	0.16	10 955.38	8.01	7 208.19	5.27	295.02	0.22	0.00	0.00
(一)黑土质黑钙土	7 357.17	99.83	0.07	3 072.17	2.25	4 104.71	3.00	80.46	0.06	0.00	0.00
1. 黄土质黑钙土	2 596.69	0.00	0.00	1 368.00	1.00	1 177.22	0.86	51.47	0.04	0.00	0.00
(1)厚层黄土质黑钙土	908.10	0.00	0.00	880.24	0.64	27.86	0.02	0.00	0.00	0.00	0.00
(2)中层黄土质黑钙土	989.77	0.00	0.00	249.14	0.18	692.23	0.51	48.40	0.04	0.00	0.00
(3)薄层黄土质黑钙土	698.82	0.00	0.00	238.62	0.17	457.13	0.33	3.07	0.00	0.00	0.00
2. 沙石底黑钙土	4 760.48	99.83	0.07	1 704.17	1.25	2 927.49	2.14	28.99	0.02	0.00	0.00
(1)厚层沙质黑钙土	2 812.38	99.83	0.07	437.72	0.32	2 345.67	1.72	28.99	0.02	0.00	0.00
(2)中层沙质黑钙土	1 811.52	99.83	0.07	1 226.93	0.90	484.76	0.35	0.00	0.00	0.00	0.00

（续表）

土类、亚类、土属和土种名称	合计面积（hm²）	一级 面积（hm²）	一级 占总面积（%）	二级 面积（hm²）	二级 占总面积（%）	三级 面积（hm²）	三级 占总面积（%）	四级 面积（hm²）	四级 占总面积（%）	五级 面积（hm²）	五级 占总面积（%）
（3）薄层沙质黑钙土	136.58	0.00	0.00	39.52	0.03	97.06	0.07	0.00	0.00	0.00	0.00
（二）石灰性黑钙土	7 104.17	26.25	0.02	5 763.12	4.21	1 269.90	0.93	44.90	0.03	0.00	0.00
1. 沙壤质石灰性黑钙土	5 507.55	19.72	0.01	4 696.94	3.43	787.72	0.58	3.17	0.00	0.00	0.00
（1）厚层沙壤质石灰性黑钙土	1 148.87	0.00	0.00	1 148.87	0.84	0.00	0.00	0.00	0.00	0.00	0.00
（2）中层沙壤质石灰性黑钙土	1 866.83	0.00	0.00	1 543.16	1.13	323.67	0.24	0.00	0.00	0.00	0.00
（3）薄层沙壤质石灰性黑钙土	2 491.85	19.72	0.01	2 004.91	1.47	464.05	0.34	3.17	0.00	0.00	0.00
2. 黄土质石灰性黑钙土	1 596.62	6.53	0.00	1 066.18	0.78	482.18	0.35	41.73	0.03	0.00	0.00
（1）厚层黄土质石灰性黑钙土	9.45	0.00	0.00	9.45	0.01	0.00	0.00	0.00	0.00	0.00	0.00
（2）中层黄土质石灰性黑钙土	411.16	6.53	0.00	404.63	0.30	0.00	0.00	0.00	0.00	0.00	0.00
（3）薄层黄土质石灰性黑钙土	1 176.01	0.00	0.00	652.10	0.48	482.18	0.35	41.73	0.03	0.00	0.00
（三）草甸黑钙土	4 211.76	88.43	0.06	2 120.09	1.55	1 833.58	1.34	169.66	0.12	0.00	0.00
1. 沙底草甸黑钙土	428.34	0.00	0.00	156.04	0.11	272.30	0.20	0.00	0.00	0.00	0.00
（1）中层沙底草甸黑钙土	341.99	0.00	0.00	137.52	0.10	204.47	0.15	0.00	0.00	0.00	0.00
（2）薄层沙底草甸黑钙土	86.35	0.00	0.00	18.52	0.01	67.83	0.05	0.00	0.00	0.00	0.00
2. 黄土质草甸黑钙土	1 353.98	57.95	0.04	367.30	0.27	928.73	0.68	0.00	0.00	0.00	0.00
（1）中层黄土质草甸黑钙土	1 201.63	57.95	0.04	229.07	0.17	914.61	0.67	0.00	0.00	0.00	0.00
（2）薄层黄土质草甸黑钙土	152.35	0.00	0.00	138.23	0.10	14.12	0.01	0.00	0.00	0.00	0.00
3. 石灰性草甸黑钙土	2 429.44	30.48	0.02	1 596.75	1.17	632.55	0.46	169.66	0.12	0.00	0.00
（1）中层石灰性草甸黑钙土	916.97	30.48	0.02	511.68	0.37	374.81	0.27	0.00	0.00	0.00	0.00
（2）薄层石灰性草甸黑钙土	1 512.47	0.00	0.00	1 085.07	0.79	257.74	0.19	169.66	0.12	0.00	0.00
四、草甸土	65 463.45	1 140.07	0.83	38 118.25	27.87	22 535.29	16.48	3 669.84	2.68	0.00	0.00
（一）草甸土	5 041.94	322.82	0.24	1 520.36	1.11	3 028.18	2.21	170.58	0.12	0.00	0.00

（续表）

土类、亚类、土属和土种名称	合计面积(hm²)	一级 面积(hm²)	占总面积(%)	二级 面积(hm²)	占总面积(%)	三级 面积(hm²)	占总面积(%)	四级 面积(hm²)	占总面积(%)	五级 面积(hm²)	占总面积(%)
1. 沙砾底草甸土	4 409.50	322.82	0.24	1 398.05	1.02	2 532.78	1.85	155.85	0.11	0.00	0.00
(1) 厚层沙砾底草甸土	63.65	0.00	0.00	4.68	0.00	58.97	0.04	0.00	0.00	0.00	0.00
(2) 中层沙砾底草甸土	1 078.38	0.00	0.00	692.19	0.51	231.80	0.17	154.39	0.11	0.00	0.00
(3) 薄层沙砾底草甸土	3 267.47	322.82	0.24	701.18	0.51	2 242.01	1.64	1.46	0.00	0.00	0.00
2. 黏壤质草甸土	632.44	0.00	0.00	122.31	0.09	495.40	0.36	14.73	0.01	0.00	0.00
(1) 厚层黏壤质草甸土	36.08	0.00	0.00	36.08	0.03	0.00	0.00	0.00	0.00	0.00	0.00
(2) 中层黏壤质草甸土	579.71	0.00	0.00	84.31	0.06	495.40	0.36	0.00	0.00	0.00	0.00
(3) 薄层黏壤质草甸土	16.65	0.00	0.00	1.92	0.00	0.00	0.00	14.73	0.01	0.00	0.00
(二) 石灰性草甸土	24 872.64	445.64	0.33	16 761.70	12.26	6 884.50	5.03	780.80	0.57	0.00	0.00
1. 沙质石灰性草甸土	12 977.82	38.58	0.03	9 060.11	6.62	3 534.39	2.58	344.74	0.25	0.00	0.00
(1) 厚层沙质石灰性草甸土	211.86	0.00	0.00	141.52	0.10	13.56	0.01	56.78	0.04	0.00	0.00
(2) 中层沙质石灰性草甸土	4 460.03	38.58	0.03	4 276.84	3.13	144.61	0.11	0.00	0.00	0.00	0.00
(3) 薄层沙质石灰性草甸土	8 305.93	0.00	0.00	4 641.75	3.39	3 376.22	2.47	287.96	0.21	0.00	0.00
2. 黏壤质石灰性草甸土	11 894.82	407.06	0.30	7 701.59	5.63	3 350.11	2.45	436.06	0.32	0.00	0.00
(1) 厚层黏壤质石灰性草甸土	4.23	0.00	0.00	4.23	0.00	0.00	0.00	0.00	0.00	0.00	0.00
(2) 中层黏壤质石灰性草甸土	3 170.15	210.87	0.15	2 747.02	2.01	107.95	0.08	104.31	0.08	0.00	0.00
(3) 薄层黏壤质石灰性草甸土	8 720.44	196.19	0.14	4 950.34	3.62	3 242.16	2.37	331.75	0.24	0.00	0.00
(三) 潜育草甸土	11 338.63	0.00	0.00	4 588.65	3.36	5 053.85	3.70	1 696.13	1.24	0.00	0.00
1. 黏壤质潜育草甸土	7 295.20	0.00	0.00	1 567.87	1.15	4 119.43	3.01	1 607.90	1.18	0.00	0.00
(1) 厚层黏壤质潜育草甸土	564.16	0.00	0.00	65.61	0.05	498.55	0.36	0.00	0.00	0.00	0.00
(2) 中层黏壤质潜育草甸土	677.66	0.00	0.00	65.97	0.05	557.77	0.41	53.92	0.04	0.00	0.00
(3) 薄层黏壤质潜育草甸土	6 053.38	0.00	0.00	1 436.29	1.05	3 063.11	2.24	1 553.98	1.14	0.00	0.00

（续表）

土类、亚类、土属和土种名称	合计面积（hm²）	一级		二级		三级		四级		五级	
		面积（hm²）	占总面积（%）	面积（hm²）	占总面积（%）	面积（hm²）	占总面积（%）	面积（hm²）	占总面积（%）	面积（hm²）	占总面积（%）
2. 沙砾底潜育草甸土	2 241.72	0.00	0.00	1 693.22	1.24	472.90	0.35	75.60	0.06	0.00	0.00
薄层沙砾底潜育草甸土	2 241.72	0.00	0.00	1 693.22	1.24	472.90	0.35	75.60	0.06	0.00	0.00
3. 石灰性潜育草甸土	1 801.71	0.00	0.00	1 327.56	0.97	461.52	0.34	12.63	0.01	0.00	0.00
（1）厚层石灰性潜育草甸土	115.93	0.00	0.00	115.93	0.08	0.00	0.00	0.00	0.00	0.00	0.00
（2）中层石灰性潜育草甸土	618.36	0.00	0.00	377.66	0.28	228.07	0.17	12.63	0.01	0.00	0.00
（3）薄层石灰性潜育草甸土	1 067.42	0.00	0.00	833.97	0.61	233.45	0.17	0.00	0.00	0.00	0.00
（四）盐化草甸土	12 232.06	368.89	0.27	8 472.29	6.20	2 831.35	2.07	559.53	0.41	0.00	0.00
苏打盐化草甸土	12 232.06	368.89	0.27	8 472.29	6.20	2 831.35	2.07	559.53	0.41	0.00	0.00
（1）重度苏打盐化草甸土	1 271.33	0.00	0.00	1 045.64	0.76	225.69	0.17	0.00	0.00	0.00	0.00
（2）中度苏打盐化草甸土	5 412.81	31.34	0.02	4 304.03	3.15	1 077.44	0.79	0.00	0.00	0.00	0.00
（3）轻度苏打盐化草甸土	5 547.92	337.55	0.25	3 122.62	2.28	1 528.22	1.12	559.53	0.41	0.00	0.00
（五）碱化草甸土	11 978.18	2.72	0.00	6 775.25	4.95	4 737.41	3.46	462.80	0.34	0.00	0.00
苏打碱化草甸土	11 978.18	2.72	0.00	6 775.25	4.95	4 737.41	3.46	462.80	0.34	0.00	0.00
（1）深位苏打碱化草甸土	889.30	0.00	0.00	669.06	0.49	220.24	0.16	0.00	0.00	0.00	0.00
（2）中位苏打碱化草甸土	203.35	0.00	0.00	0.00	0.00	203.35	0.15	0.00	0.00	0.00	0.00
（3）浅位苏打碱化草甸土	10 885.53	2.72	0.02	6 106.19	4.46	4 313.82	3.15	462.80	0.34	0.00	0.00
五、沼泽土	3 061.01	24.03	0.02	2 155.52	1.58	877.06	0.64	4.40	0.00	0.00	0.00
草甸沼泽土	3 061.01	24.03	0.02	2 155.52	1.58	877.06	0.64	4.40	0.00	0.00	0.00
1. 黏质草甸沼泽土	94.24	0.00	0.00	94.24	0.07	0.00	0.00	0.00	0.00	0.00	0.00
薄层黏质草甸沼泽土	94.24	0.00	0.00	94.24	0.07	0.00	0.00	0.00	0.00	0.00	0.00
2. 石灰性草甸沼泽土	2 966.77	24.03	0.02	2 061.28	1.51	877.06	0.64	4.40	0.00	0.00	0.00
薄层石灰性草甸沼泽土	2 966.77	24.03	0.02	2 061.28	1.51	877.06	0.64	4.40	0.00	0.00	0.00

灌溉水含盐量在 1 000mg/L 以上，对作物生长有抑制作用，有使土壤积盐的可能性。含盐 2 000mg/L 以上，使土壤积盐明显，会导致作物产量下降。土壤盐分增加，使土壤溶液浓度提高，物质形态变化，造成植物吸收水分和养分的困难，植物因缺乏养料导致减产或最后死亡。因盐类对离子的拮抗作用和协同作用，在灌溉水中，必须注意多种盐类的存在，以防治单因子盐类对作物的伤害。国标要求灌溉水的全盐量在非盐碱地区应小于 1 000mg/L，在盐碱地区应小于 2 000mg/L，有条件的地区可以适当放宽。

（一）行政区土壤含盐量情况

本次地力评价土壤化验分析结果，土壤耕层含盐量全县最大值是 0.295g/kg，最小值是 0.027g/kg，平均值 0.061g/kg，比二次土壤普查降低 0.006g/kg。土壤耕层平均含盐量最高的是连环湖渔业有限公司为 0.073g/kg，最低的是新店林场为 0.048g/kg。详见表 2-148。

表 2-148　行政区耕层含盐量情况统计 （单位：g/kg）

乡镇名称	最大值	最小值	平均值
全县	0.295	0.027	0.061
泰康镇	0.105	0.036	0.060
胡吉吐莫镇	0.113	0.037	0.062
烟筒屯镇	0.280	0.038	0.067
他拉哈镇	0.121	0.034	0.059
一心乡	0.163	0.036	0.057
克尔台乡	0.116	0.027	0.055
白音诺勒乡	0.295	0.038	0.059
敖林西伯乡	0.159	0.030	0.056
巴彦查干乡	0.144	0.038	0.069
腰新乡	0.096	0.035	0.051
江湾乡	0.141	0.043	0.072
四家子林场	0.064	0.043	0.049
新店林场	0.066	0.039	0.048
靠山种畜场	0.092	0.043	0.061
红旗牧场	0.079	0.039	0.052
连环湖渔业有限公司	0.123	0.041	0.073
石人沟渔业有限公司	0.183	0.047	0.071
齐家泡渔业有限公司	0.070	0.055	0.065
野生饲养场	0.056	0.051	0.055
一心果树场	0.092	0.065	0.074

（二）土壤含盐量分布频率比较

土壤含盐量分布频率，见图2-26。

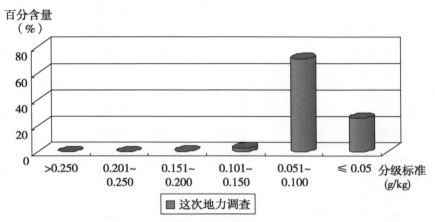

图2-26 土壤耕层含盐量分布频率对比图

（三）不同土壤类型土壤含盐量情况

本次地力评价土壤耕层含盐量各土类情况：风沙土类最大值是0.295g/kg，最小值是0.030g/kg，平均值0.058g/kg。黑钙土类最大值是0.280g/kg，最小值是0.037g/kg，平均值0.061g/kg。草甸土类最大值是0.183g/kg，最小值是0.027g/kg，平均值0.060g/kg。沼泽土类最大值是0.216g/kg，最小值是0.039g/kg，平均值0.053g/kg。新积土类最大值是0.107g/kg，最小值是0.046g/kg，平均值0.065g/kg，详见表2-149。

表2-149 不同土壤类型土壤含盐量情况统计　　　　　　　（单位：g/kg）

土类、亚类、土属和土种名称	最大值	最小值	平均值
一、风沙土	0.295	0.030	0.058
草甸风沙土	0.295	0.030	0.058
1. 流动草甸风沙土	0.109	0.050	0.058
流动草甸风沙土	0.109	0.050	0.058
2. 半固定草甸风沙土	0.295	0.030	0.058
半固定草甸风沙土	0.295	0.030	0.058
3. 固定草甸风沙土	0.121	0.034	0.057
固定草甸风沙土	0.121	0.034	0.057
二、新积土	0.107	0.046	0.065
冲积土	0.107	0.046	0.065
沙质冲积土	0.107	0.046	0.065
薄层沙质冲积土	0.107	0.046	0.065
三、黑钙土	2.406	0.037	0.061
（一）黑钙土	1.069	0.037	0.059
1. 黄土质黑钙土	0.110	0.037	0.059

（续表）

土类、亚类、土属和土种名称	最大值	最小值	平均值
（1）厚层黄土质黑钙土	0.069	0.045	0.057
（2）中层黄土质黑钙土	0.089	0.037	0.057
（3）薄层黄土质黑钙土	0.110	0.038	0.064
2. 沙石底黑钙土	0.169	0.038	0.060
（1）厚层沙质黑钙土	0.169	0.038	0.058
（2）中层沙质黑钙土	0.137	0.042	0.061
（3）薄层沙质黑钙土	0.089	0.042	0.059
（二）石灰性黑钙土	0.280	0.038	0.063
1. 沙壤质石灰性黑钙土	0.280	0.038	0.066
（1）厚层沙壤质石灰性黑钙土	0.110	0.063	0.080
（2）中层沙壤质石灰性黑钙土	0.136	0.045	0.060
（3）薄层沙壤质石灰性黑钙土	0.280	0.038	0.059
2. 黄土质石灰性黑钙土	0.120	0.044	0.060
（1）厚层黄土质石灰性黑钙土	0.088	0.045	0.059
（2）中层黄土质石灰性黑钙土	0.120	0.048	0.065
（3）薄层黄土质石灰性黑钙土	0.079	0.045	0.057
（三）草甸黑钙土	0.163	0.043	0.061
1. 沙底草甸黑钙土	0.087	0.039	0.056
（1）中层沙底草甸黑钙土	0.087	0.039	0.060
（2）薄层沙底草甸黑钙土	0.063	0.043	0.052
2. 黄土质草甸黑钙土	0.163	0.043	0.068
（1）中层黄土质草甸黑钙土	0.163	0.048	0.078
（2）薄层黄土质草甸黑钙土	0.093	0.043	0.059
3. 石灰性草甸黑钙土	0.096	0.040	0.058
（1）中层石灰性草甸黑钙土	0.096	0.042	0.059
（2）薄层石灰性草甸黑钙土	0.083	0.040	0.057
四、草甸土	0.183	0.027	0.060
（一）草甸土	0.141	0.039	0.071
1. 沙砾底草甸土	0.112	0.039	0.060
（1）厚层沙砾底草甸土	0.053	0.045	0.050
（2）中层沙砾底草甸土	0.085	0.039	0.066
（3）薄层沙砾底草甸土	0.112	0.039	0.064
2. 黏壤质草甸土	0.141	0.045	0.083
（1）厚层黏壤质草甸土	0.085	0.072	0.081
（2）中层黏壤质草甸土	0.102	0.049	0.075
（3）薄层黏壤质草甸土	0.141	0.045	0.093

（续表）

土类、亚类、土属和土种名称	最大值	最小值	平均值
（二）石灰性草甸土	0.121	0.027	0.057
1. 沙质石灰性草甸土	0.121	0.040	0.060
（1）厚层沙质石灰性草甸土	0.068	0.042	0.053
（2）中层沙质石灰性草甸土	0.102	0.041	0.065
（3）薄层沙质石灰性草甸土	0.121	0.040	0.060
2. 黏壤质石灰性草甸土	0.118	0.027	0.054
（1）厚层黏壤质石灰性草甸土	0.038	0.038	0.038
（2）中层黏壤质石灰性草甸土	0.118	0.039	0.062
（3）薄层黏壤质石灰性草甸土	0.116	0.027	0.060
（三）潜育草甸土	0.183	0.037	0.059
1. 黏壤质潜育草甸土	0.183	0.037	0.062
（1）厚层黏壤质潜育草甸土	0.107	0.038	0.064
（2）中层黏壤质潜育草甸土	0.084	0.044	0.057
（3）薄层黏壤质潜育草甸土	0.183	0.047	0.066
2. 沙砾底潜育草甸土	0.069	0.038	0.047
薄层沙砾底潜育草甸土	0.069	0.038	0.047
3. 石灰性潜育草甸土	0.121	0.039	0.067
（1）厚层石灰性潜育草甸土	0.074	0.043	0.059
（2）中层石灰性潜育草甸土	0.099	0.041	0.067
（3）薄层石灰性潜育草甸土	0.121	0.039	0.076
（四）盐化草甸土	0.136	0.036	0.056
苏打盐化草甸土	0.136	0.036	0.056
（1）重度苏打盐化草甸土	0.067	0.039	0.052
（2）中度苏打盐化草甸土	0.116	0.039	0.059
（3）轻度苏打盐化草甸土	0.136	0.036	0.058
（五）碱化草甸土	0.159	0.031	0.055
苏打碱化草甸土	0.159	0.031	0.055
（1）深位苏打碱化草甸土	0.079	0.046	0.063
（2）中位苏打碱化草甸土	0.046	0.043	0.045
（3）浅位苏打碱化草甸土	0.159	0.031	0.057
五、沼泽土	0.216	0.039	0.053
草甸沼泽土	0.216	0.039	0.053
1. 黏质草甸沼泽土	0.045	0.043	0.044
薄层黏质草甸沼泽土	0.045	0.043	0.044
2. 石灰性草甸沼泽土	0.216	0.039	0.062
薄层石灰性草甸沼泽土	0.216	0.039	0.062

第二节　土壤微量元素

土壤中的硼、铜、锌、铁、锰、钼、氯和钴等微量元素是植物正常生长发育必需的微量元素，它们多是组成酶、维生素和生长激素的成分，直接参与有机体的代谢过程。尽管作物对微量元素的需要量很少，但微量元素在作物的生长发育过程中必不可缺，在土壤中微量元素缺乏或供给不足的时候，则会成为限制产量进一步提高的限制因子。

一、土壤有效锌

土壤有效锌含量低，它包括水溶态、代换态、酸溶态和螯合态。作物以吸收代换态锌为主。影响土壤有效锌的主要因素是 pH 值。它与土壤有效锌呈负相关，但土壤 pH 值为 3~4 时，土壤锌主要是锌离子态，pH 值为 6~8 时，主要是以氢氧化锌态，是一种难溶性的锌化合物。所以土壤 pH 值>6 时，土壤就可能发生缺锌。另外，土壤黏粒和碳酸钙的含量都与土壤有效锌呈负相关。土壤黏粒越多，碳酸钙含量越高，有效锌含量越少。

全县土壤 pH 值基本上均在 7~8 以上，碳酸钙含量高，平地土壤黏粒含量高，因此，土壤有效锌含量较低，多在 0.3~0.5mg/kg，少数在 0.3mg/kg 以下和 0.5mg/kg 以上。据有关材料介绍，土壤缺锌临界值，中性土壤有效锌为 1mg/kg，石灰性土壤为 0.5mg/kg，以此临界值来衡量，杜蒙自治县大部分土壤缺锌，只有少部分土壤在临界值以下，但也不算丰富。

（一）行政区土壤有效锌含量情况

本次地力评价土壤化验分析发现，有效锌最大值是 5.00mg/kg，最小值是 0.10mg/kg，平均值 0.86mg/kg，比二次土壤普查降低 0.08 mg/kg，降幅最大是敖林西伯乡，降低 0.13 mg/kg，降幅最小的是白音诺勒乡，降低 0.10 mg/kg，详见表 2-150。

表 2-150　行政区土壤有效锌含量情况统计　　　　　　　（单位：mg/kg）

乡镇名称	本次地力评价			1984 年二次土壤普查		
	最大值	最小值	平均值	最大值	最小值	平均值
全县	5.00	0.10	0.86	—	—	0.94
泰康镇	3.87	0.24	1.13	—	—	1.19
胡吉吐莫镇	2.54	0.11	0.69	—	—	0.78
烟筒屯镇	4.22	0.16	0.98	—	—	1.05
他拉哈镇	2.75	0.12	0.69	—	—	0.78
一心乡	3.50	0.12	1.11	—	—	1.19
克尔台乡	2.65	0.11	0.77	—	—	0.85
白音诺勒乡	5.00	0.11	1.40	—	—	1.50
敖林西伯乡	4.98	0.10	0.82	—	—	0.95

（续表）

乡镇名称	本次地力评价			1984 年二次土壤普查		
	最大值	最小值	平均值	最大值	最小值	平均值
巴彦查干乡	4.35	0.12	0.85	—	—	0.91
腰新乡	2.22	0.10	0.63	—	—	0.70
江湾乡	1.90	0.20	0.74	—	—	0.80
四家子林场	0.64	0.13	0.41	—	—	0.49
新店林场	3.39	0.13	0.42	—	—	0.49
靠山种畜场	1.50	0.15	0.65	—	—	0.71
红旗牧场	1.24	0.12	0.54	—	—	0.61
连环湖渔业有限公司	2.54	0.20	1.02	—	—	1.08
石人沟渔业有限公司	4.35	0.19	0.91	—	—	1.02
齐家泡渔业有限公司	1.44	0.67	1.13	—	—	1.20
野生饲养场	1.00	0.45	0.61	—	—	0.70
一心果树场	2.07	1.49	1.70	—	—	1.72

（二）不同土壤类型土壤有效锌情况

本次地力评价各土壤有效锌含量与二次土壤普查比呈下降趋势，风沙土类下降 0.08mg/kg，黑钙土类下降 0.07mg/kg，草甸土土类下降 0.07mg/kg，沼泽土类下降 0.08mg/kg，新积土类下降 0.09mg/kg，详见表 2-151。

表 2-151 不同土壤类型土壤有效锌情况统计 （单位：mg/kg）

土类、亚类、土属和土种名称	本次地力评价			1984 年土壤普查		
	最大值	最小值	平均值	最大值	最小值	平均值
一、风沙土	5.00	0.10	1.08	—	—	1.16
草甸风沙土	5.00	0.10	1.08	—	—	1.16
1. 流动草甸风沙土	3.25	0.62	1.40	—	—	1.45
流动草甸风沙土	3.25	0.62	1.40	—	—	1.43
2. 半固定草甸风沙土	5.00	0.10	0.87	—	—	1.01
半固定草甸风沙土	5.00	0.10	0.87	—	—	1.01
3. 固定草甸风沙土	4.83	0.13	0.98	—	—	1.02
固定草甸风沙土	4.83	0.13	0.98	—	—	1.02
二、新积土	1.25	0.20	0.58	—	—	0.67
冲积土	1.25	0.20	0.58	—	—	0.67
沙质冲积土	1.25	0.20	0.58	—	—	0.67
薄层沙质冲积土	1.25	0.20	0.58	—	—	0.67

（续表）

土类、亚类、土属和土种名称	本次地力评价			1984 年土壤普查		
	最大值	最小值	平均值	最大值	最小值	平均值
三、黑钙土	5.00	0.12	0.95	—	—	1.02
（一）黑钙土	2.84	0.14	0.77	—	—	0.85
1. 黄土质黑钙土	2.66	0.20	0.81	—	—	0.87
（1）厚层黄土质黑钙土	1.52	0.23	0.78	—	—	0.82
（2）中层黄土质黑钙土	1.81	0.20	0.83	—	—	0.91
（3）薄层黄土质黑钙土	2.66	0.22	0.80	—	—	0.89
2. 沙石底黑钙土	2.84	0.15	0.74	—	—	0.82
（1）厚层沙质黑钙土	2.84	0.15	0.70	—	—	0.80
（2）中层沙质黑钙土	2.54	0.18	0.70	—	—	0.81
（3）薄层沙质黑钙土	2.32	0.14	0.81	—	—	0.85
（二）石灰性黑钙土	4.98	0.16	0.92	—	—	0.99
1. 沙壤质石灰性黑钙土	3.33	0.18	0.96	—	—	1.02
（1）厚层沙壤质石灰性黑钙土	2.68	0.37	1.21	—	—	1.30
（2）中层沙壤质石灰性黑钙土	1.81	0.22	0.88	—	—	0.91
（3）薄层沙壤质石灰性黑钙土	3.33	0.18	0.79	—	—	0.85
2. 黄土质石灰性黑钙土	4.98	0.16	0.89	—	—	0.95
（1）厚层黄土质石灰性黑钙土	1.88	0.16	0.75	—	—	0.82
（2）中层黄土质石灰性黑钙土	2.53	0.49	0.98	—	—	1.02
（3）薄层黄土质石灰性黑钙土	4.98	0.36	0.95	—	—	1.01
（三）草甸黑钙土	5.00	0.12	1.15	—	—	1.24
1. 沙底草甸黑钙土	2.75	0.36	1.03	—	—	1.09
（1）中层沙底草甸黑钙土	1.53	0.42	0.79	—	—	0.83
（2）薄层沙底草甸黑钙土	2.75	0.36	1.28	—	—	1.34
2. 黄土质草甸黑钙土	2.44	0.30	1.29	—	—	1.30
（1）中层黄土质草甸黑钙土	2.44	0.30	1.23	—	—	1.24
（2）薄层黄土质草甸黑钙土	1.91	0.42	1.35	—	—	1.36
3. 石灰性草甸黑钙土	5.00	0.12	1.12	—	—	1.33
（1）中层石灰性草甸黑钙土	4.38	0.12	1.14	—	—	1.46
（2）薄层石灰性草甸黑钙土	5.00	0.16	1.11	—	—	1.19
四、草甸土	5.00	0.10	0.90	—	—	0.97
（一）草甸土	5.00	0.20	1.21	—	—	1.26
1. 沙砾底草甸土	2.68	0.20	0.69	—	—	0.73
（1）厚层沙砾底草甸土	0.42	0.40	0.41	—	—	0.47
（2）中层沙砾底草甸土	2.68	0.20	0.76	—	—	0.81
（3）薄层沙砾底草甸土	2.00	0.20	0.89	—	—	0.92
2. 黏壤质草甸土	5.00	2.00	1.73	—	—	1.78

（续表）

土类、亚类、土属和土种名称	本次地力评价			1984 年土壤普查		
	最大值	最小值	平均值	最大值	最小值	平均值
（1）厚层黏壤质草甸土	1.87	1.19	1.64	—	—	1.70
（2）中层黏壤质草甸土	2.22	0.20	0.72	—	—	0.80
（3）薄层黏壤质草甸土	5.00	0.68	2.84	—	—	2.85
（二）石灰性草甸土	5.00	0.12	0.76	—	—	0.86
1. 沙质石灰性草甸土	5.00	0.12	0.80	—	—	0.92
（1）厚层沙质石灰性草甸土	2.68	0.17	0.92	—	—	1.09
（2）中层沙质石灰性草甸土	2.83	0.18	0.71	—	—	0.89
（3）薄层沙质石灰性草甸土	5.00	0.12	0.76	—	—	0.78
2. 黏壤质石灰性草甸土	4.02	0.12	0.72	—	—	0.79
（1）厚层黏壤质石灰性草甸土	0.30	0.30	0.30	—	—	0.38
（2）中层黏壤质石灰性草甸土	2.94	0.20	0.90	—	—	0.96
（3）薄层黏壤质石灰性草甸土	4.02	0.12	0.97	—	—	1.03
（三）潜育草甸土	2.37	0.14	0.61	—	—	0.68
1. 黏壤质潜育草甸土	2.37	0.14	0.66	—	—	0.72
（1）厚层黏壤质潜育草甸土	1.12	0.14	0.51	—	—	0.56
（2）中层黏壤质潜育草甸土	1.50	0.33	0.87	—	—	0.94
（3）薄层黏壤质潜育草甸土	2.37	0.20	0.59	—	—	0.67
2. 沙砾底潜育草甸土	0.75	0.14	0.52	—	—	0.59
薄层沙砾底潜育草甸土	0.75	0.14	0.52	—	—	0.59
3. 石灰性潜育草甸土	1.63	0.22	0.67	—	—	0.72
（1）厚层石灰性潜育草甸土	1.03	0.30	0.67	—	—	0.73
（2）中层石灰性潜育草甸土	1.41	0.34	0.63	—	—	0.66
（3）薄层石灰性潜育草甸土	1.63	0.22	0.70	—	—	0.76
（四）盐化草甸土	5.00	0.16	0.84	—	—	0.90
苏打盐化草甸土	5.00	0.16	0.84	—	—	0.90
（1）重度苏打盐化草甸土	2.30	0.16	0.58	—	—	0.65
（2）中度苏打盐化草甸土	3.16	0.16	0.87	—	—	0.93
（3）轻度苏打盐化草甸土	5.00	0.18	1.05	—	—	1.11
（五）碱化草甸土	4.87	0.10	1.10	—	—	1.17
苏打碱化草甸土	4.87	0.10	1.10	—	—	1.17
（1）深位苏打碱化草甸土	1.54	0.12	0.87	—	—	0.93
（2）中位苏打碱化草甸土	1.80	1.32	1.62	—	—	1.70
（3）浅位苏打碱化草甸土	4.87	0.10	0.82	—	—	0.88
五、沼泽土	2.25	0.11	0.87	—	—	0.95
草甸沼泽土	2.25	0.11	0.87	—	—	0.95
1. 黏质草甸沼泽土	0.92	0.85	0.89	—	—	0.95

（续表）

土类、亚类、土属和土种名称	本次地力评价			1984 年土壤普查		
	最大值	最小值	平均值	最大值	最小值	平均值
薄层黏质草甸沼泽土	0.92	0.85	0.89	—	—	0.95
2. 石灰性草甸沼泽土	2.25	0.11	0.86	—	—	0.94
薄层石灰性草甸沼泽土	2.25	0.11	0.86	—	—	0.94

（三）黑龙江省土壤有效锌分级指标

黑龙江省有效锌分级指标（表 2-152）。

表 2-152　黑龙江省耕地土壤有效锌分级指标　　　　（单位：mg/kg）

养分名称	水旱田	一级	二级	三级	四级	五级
有效锌	旱田	>2	1.51~2.00	1.01~1.50	0.51~1.00	≤0.50
	水田	>2	1.51~2.00	1.01~1.50	0.51~1.00	≤0.50

（四）土壤耕层土壤有效锌分布频率比较

土壤耕层有效锌分布频率，见图 2-27。

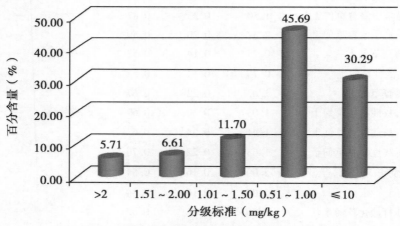

图 2-27　土壤耕层有效锌分布频率对比图

（五）行政区土壤有效锌分级面积情况

按照黑龙江省耕地土壤有效锌养分分级标准，土壤有效锌养分一级耕地面积 7 807.21hm²，占总耕地面积 5.71%。土壤有效锌养分二级耕地面积 9 038.18hm²，占总耕地面积 6.61%。土壤有效锌养分三级耕地面积 16 004.78hm²，占总耕地面积 11.70%。土壤有效锌养分四级耕地面积 62 478.03hm²，占总耕地面积 45.69%。土壤有效锌养分五级耕地面积 4 128.71hm²，占总耕地面积 30.29%。各乡镇分级情况，详见表 2-153。

表2-153 行政区土壤有效锌分级面积情况统计

乡镇名称	合计 面积(hm²)	一级 面积(hm²)	一级 占总面积(%)	二级 面积(hm²)	二级 占总面积(%)	三级 面积(hm²)	三级 占总面积(%)	四级 面积(hm²)	四级 占总面积(%)	五级 面积(hm²)	五级 占总面积(%)
合计	136 756.91	7 807.21	5.71	9 038.18	6.61	16 004.78	11.70	62 478.03	45.69	41 428.71	30.29
泰康镇	4 061.96	250.93	0.18	301.45	0.22	1 067.06	0.78	2 166.27	1.58	276.25	0.20
胡吉吐莫镇	5 775.00	59.68	0.04	106.92	0.08	287.19	0.21	2 637.70	1.93	2 683.51	1.96
烟筒屯镇	10 745.98	1 069.14	0.78	600.32	0.44	2 110.70	1.54	6 019.24	4.40	946.58	0.69
他拉哈镇	15 988.97	186.94	0.14	1 113.48	0.81	1 701.23	1.24	6 375.13	4.66	6 612.19	4.83
一心乡	11 053.02	1 837.49	1.34	560.22	0.41	1 838.99	1.34	6 077.69	4.44	738.63	0.54
克尔台乡	9 359.09	111.89	0.08	221.21	0.16	1 645.52	1.20	5 291.54	3.87	2 088.93	1.53
白音诺勒乡	10 554.99	1 657.86	1.21	1 127.21	0.82	651.20	0.48	3 328.43	2.43	3 790.29	2.77
敖林西伯乡	13 875.98	269.40	0.20	844.01	0.62	2 583.06	1.89	5 250.07	3.84	4 929.44	3.60
巴彦查干乡	20 822.98	1 593.75	1.17	2 662.00	1.95	1 297.57	0.95	9 358.81	6.84	5 910.85	4.32
腰新乡	14 186.99	189.57	0.14	832.70	0.61	961.53	0.70	7 614.59	5.57	4 588.60	3.36
江湾乡	7 916.01	0.00	0.00	459.77	0.34	440.66	0.32	3 607.59	2.64	3 407.99	2.49
四家子林场	812.01	0.00	0.00	0.00	0.00	0.00	0.00	93.42	0.07	718.59	0.53
新店林场	3 016.01	4.68	0.00	0.92	0.00	9.51	0.01	131.17	0.10	2 869.73	2.10
靠山种畜场	4 348.97	0.00	0.00	0.00	0.00	523.38	0.38	2 504.74	1.83	1 320.85	0.97
红旗牧场	1 801.99	0.00	0.00	0.00	0.00	45.95	0.03	1 345.63	0.98	410.41	0.30
连环湖渔业有限公司	157.98	49.81	0.04	4.40	0.00	50.90	0.04	39.52	0.03	13.35	0.01
石人沟渔业有限公司	1 886.99	512.05	0.37	0.00	0.00	748.00	0.55	531.54	0.39	95.40	0.07
齐家泡渔业有限公司	51.00	0.00	0.00	0.00	0.00	27.92	0.02	23.08	0.02	0.00	0.00
野生饲养场	108.99	0.00	0.00	0.00	0.00	0.00	0.00	81.87	0.06	27.12	0.02
一心果树场	232.00	14.02	0.01	203.57	0.15	14.41	0.01	0.00	0.00	0.00	0.00

（六）耕地土壤有效锌分级面积情况

按照黑龙江省耕地有效锌养分分级标准，各土类有效锌情况如下：

风沙土类：土壤有效锌养分一级耕地面积 3 400.23hm²，占总耕地面积 2.49%。土壤有效锌二级耕地面积 4 070.77hm²，占总耕地面积 2.98%。土壤有效锌养分三级耕地面积 5 598.07hm²，占总耕地面积 4.09%。土壤有效锌养分四级耕地面积 20 147.46hm²，占总耕地面积 14.73%。土壤有效锌养分五级耕地面积 16 182.08hm²，占总耕地面积 11.83%。

黑钙土类：土壤有效锌养分一级耕地面积 1 890.81hm²，占总耕地面积 1.38%。土壤有效锌二级耕地面积 855.61hm²，占总耕地面积 0.63%。土壤有效锌养分三级耕地面积 2 027.70hm²，占总耕地面积 1.48%。土壤有效锌养分四级耕地面积 9 826.62hm²，占总耕地面积 7.19%。土壤有效锌养分五级耕地面积 4 072.36hm²，占总耕地面积 2.98%。

草甸土类：土壤有效锌养分一级耕地面积 2 515.34hm²，占总耕地面积 1.84%。土壤有效锌二级耕地面积 3 964.76hm²，占总耕地面积 2.90%。土壤有效锌养分三级耕地面积 7 785.15hm²，占总耕地面积 5.69%。土壤有效锌养分四级耕地面积 30 586.88hm²，占总耕地面积 22.37%。土壤有效锌养分五级耕地面积 20 611.32hm²，占总耕地面积 15.07%。

沼泽土类：土壤有效锌养分一级耕地面积 0.83hm²。有效锌二级耕地面积 147.04hm²，占总耕地面积 0.11%。土壤有效锌养分三级耕地面积 570.30hm²，占总耕地面积 0.42%。土壤有效锌养分四级耕地面积 1 887.88hm²，占总耕地面积 1.38%。土壤有效锌养分五级耕地面积 454.96hm²，占总耕地面积 0.33%。

新积土类：土壤有效锌养分一级、二级没有。土壤有效锌养分三级耕地面积 23.56hm²，占总耕地面积 0.02%。土壤有效锌养分四级耕地面积 29.19hm²，占总耕地面积 0.02%。土壤有效锌养分五级耕地面积 107.99hm²，占总耕地面积 0.08%。

各土壤亚类、土属、土种面积分级情况，详见表 2-154。

二、土壤有效铁

土壤有效铁一般含量较高，正常情况下土壤不缺铁。但石灰性土壤，pH 值偏高，铁常以难溶性的氢氧化铁等状态存在，使土壤有效铁含量大大降低，易发生缺铁现象。土壤长期过湿，通气不良，大量铁会以亚铁离子状态存在于水溶液中，使植物产生中毒现象。

杜蒙自治县本次地力评价结果，全县土壤有效铁含量最大值是 66.9mg/kg，最小值是 3.7mg/kg，平均值 12.4mg/kg。

三、土壤有效锰

土壤中水溶性锰、交换性锰和易还原态为有效锰，前者为供应能力，后者是供应容量，并处于动态平衡中。这种平衡受各种因素影响，尤其受土壤 pH 值影响更大，pH 值越高，锰的有效性越低。因此，它的临界值因土壤类型不同而异，石灰性土壤有效锰在 3μg/kg 以上，不会出现缺锰症状。

本次地力评价结果，全县土壤有效锰含量最大值是 50.0mg/kg，最小值是 5.0mg/kg，平均值 13.6mg/kg。

土壤耕层有效锰分布频率，见图 2-28。

表2-154　不同土壤类型耕地土壤有效锌分级面积统计

土类、亚类、土属和土种名称	合计 面积（hm²）	一级 面积（hm²）	一级 占总面积（%）	二级 面积（hm²）	二级 占总面积（%）	三级 面积（hm²）	三级 占总面积（%）	四级 面积（hm²）	四级 占总面积（%）	五级 面积（hm²）	五级 占总面积（%）
合　计	136 756.91	7 807.21	5.71	9 038.18	6.61	16 004.78	11.70	62 478.03	45.69	41 428.71	30.29
一、风沙土	49 398.61	3 400.23	2.49	4 070.77	2.98	5 598.07	4.09	20 147.46	14.73	16 182.08	11.83
草甸风沙土	49 398.61	3 400.23	2.49	4 070.77	2.98	5 598.07	4.09	20 147.46	14.73	16 182.08	11.83
1. 流动草甸风沙土	257.22	55.09	0.04	0.00	0.00	11.22	0.01	190.91	0.14	0.00	0.00
流动草甸风沙土	257.22	55.09	0.04	0.00	0.00	11.22	0.01	190.91	0.14	0.00	0.00
2. 半固定草甸风沙土	42 644.48	1 754.26	1.28	3 656.13	2.67	4 392.73	3.21	18 561.09	13.57	14 280.27	10.44
半固定草甸风沙土	42 644.48	1 754.26	1.28	3 656.13	2.67	4 392.73	3.21	18 561.09	13.57	14 280.27	10.44
3. 固定草甸风沙土	6 496.91	1 590.88	1.16	414.64	0.30	1 194.12	0.87	1 395.46	1.02	1 901.81	1.39
固定草甸风沙土	6 496.91	1 590.88	1.16	414.64	0.30	1 194.12	0.87	1 395.46	1.02	1 901.81	1.39
二、新积土	160.74	0.00	0.00	0.00	0.00	23.56	0.02	29.19	0.02	107.99	0.08
冲积土	160.74	0.00	0.00	0.00	0.00	23.56	0.02	29.19	0.02	107.99	0.08
沙质冲积土	160.74	0.00	0.00	0.00	0.00	23.56	0.02	29.19	0.02	107.99	0.08
薄层沙质冲积土	160.74	0.00	0.00	0.00	0.00	23.56	0.02	29.19	0.02	107.99	0.08
三、黑钙土	18 673.10	1 890.81	1.38	855.61	0.63	2 027.70	1.48	9 826.62	7.19	4 072.36	2.98
（一）黄土质黑钙土	7 357.17	165.67	0.12	479.16	0.35	518.16	0.38	3 829.69	2.80	2 364.49	1.73
1. 厚层黄土质黑钙土	2 596.69	32.81	0.02	426.34	0.31	174.49	0.13	1 677.39	1.23	285.66	0.21
（1）厚层黄土质黑钙土	908.10	0.00	0.00	58.34	0.04	4.55	0.00	836.51	0.61	8.70	0.01
（2）中层黄土质黑钙土	989.77	0.00	0.00	368.00	0.27	123.81	0.09	285.20	0.21	212.76	0.16
（3）薄层黄土质黑钙土	698.82	32.81	0.02	0.00	0.00	46.13	0.03	555.68	0.41	64.20	0.05
2. 沙石底黑钙土	4 760.48	132.86	0.10	52.82	0.04	343.67	0.25	2 152.30	1.57	2 078.83	1.52
（1）厚层沙质黑钙土	2 812.38	6.83	0.00	0.00	0.00	129.67	0.09	1 234.28	0.90	1 441.60	1.05
（2）中层沙质黑钙土	1 811.52	41.11	0.03	52.82	0.04	195.62	0.14	901.92	0.66	620.05	0.45

（续表）

土类、亚类、土属和土种名称	合计面积（hm²）	一级 面积（hm²）	一级 占总面积（%）	二级 面积（hm²）	二级 占总面积（%）	三级 面积（hm²）	三级 占总面积（%）	四级 面积（hm²）	四级 占总面积（%）	五级 面积（hm²）	五级 占总面积（%）
（3）薄层沙质黑钙土	136.58	84.92	0.06	0.00	0.00	18.38	0.01	16.10	0.01	17.18	0.01
（二）石灰性黑钙土	7 104.17	296.70	0.22	220.87	0.16	946.11	0.69	4 388.87	3.21	1 251.62	0.92
1. 沙壤质石灰性黑钙土	5 507.55	289.31	0.21	192.87	0.14	771.04	0.56	3 095.97	2.26	1 158.36	0.85
（1）厚层沙壤质石灰性黑钙土	1 148.87	262.97	0.19	90.18	0.07	250.33	0.18	472.31	0.35	73.08	0.05
（2）中层沙壤质石灰性黑钙土	1 866.83	0.00	0.00	50.92	0.04	320.80	0.23	1 208.21	0.88	286.90	0.21
（3）薄层沙壤质石灰性黑钙土	2 491.85	26.34	0.02	51.77	0.04	199.91	0.15	1 415.45	1.04	798.38	0.58
2. 黄土质石灰性黑钙土	1 596.62	7.39	0.01	28.00	0.02	175.07	0.13	1 292.90	0.95	93.26	0.07
（1）厚层黄土质石灰性黑钙土	9.45	0.00	0.00	0.94	0.00	0.00	0.00	2.37	0.00	6.14	0.00
（2）中层黄土质石灰性黑钙土	411.16	6.53	0.00	12.53	0.01	18.20	0.01	369.68	0.27	4.22	0.00
（3）薄层黄土质石灰性黑钙土	1 176.01	0.86	0.00	14.53	0.01	156.87	0.11	920.85	0.67	82.90	0.06
（三）草甸黑钙土	4 211.76	1 428.44	1.04	155.58	0.11	563.43	0.41	1 608.06	1.18	456.25	0.33
1. 沙底草甸黑钙土	428.34	12.64	0.01	14.50	0.01	195.26	0.14	118.35	0.09	87.59	0.06
（1）中层沙底草甸黑钙土	341.99	0.00	0.00	5.91	0.00	189.09	0.14	112.47	0.08	34.52	0.03
（2）薄层沙底草甸黑钙土	86.35	12.64	0.01	8.59	0.01	6.17	0.00	5.88	0.00	53.07	0.04
2. 黄土质草甸黑钙土	1 353.98	859.89	0.63	140.28	0.10	0.00	0.00	159.46	0.12	194.35	0.14
（1）中层黄土质草甸黑钙土	1 201.63	859.89	0.63	5.90	0.00	0.00	0.00	155.61	0.11	180.23	0.13
（2）薄层黄土质草甸黑钙土	152.35	0.00	0.00	134.38	0.10	0.00	0.00	3.85	0.00	14.12	0.01
3. 石灰性草甸黑钙土	2 429.44	555.91	0.41	0.80	0.00	368.17	0.27	1 330.25	0.97	174.31	0.13
（1）中层石灰性草甸黑钙土	916.97	346.71	0.25	0.80	0.00	37.03	0.03	419.22	0.31	113.21	0.08
（2）薄层石灰性草甸黑钙土	1 512.47	209.20	0.15	0.00	0.00	331.14	0.24	911.03	0.67	61.10	0.04
四、草甸土	65 463.45	2 515.34	1.84	3 964.76	2.90	7 785.15	5.69	30 586.88	22.37	20 611.32	15.07
（一）草甸土	5 041.94	39.49	0.03	511.96	0.37	546.40	0.40	2 833.97	2.07	1 110.12	0.81

（续表）

土类、亚类、土属和土种名称	合计 面积（hm²）	一级 面积（hm²）	一级 占总面积（%）	二级 面积（hm²）	二级 占总面积（%）	三级 面积（hm²）	三级 占总面积（%）	四级 面积（hm²）	四级 占总面积（%）	五级 面积（hm²）	五级 占总面积（%）
1. 沙砾底草甸土	4 409.50	12.86	0.01	496.03	0.36	516.71	0.38	2 434.61	1.78	949.29	0.69
（1）厚层沙砾底草甸土	63.65	0.00	0.00	0.00	0.00	0.00	0.00	0.00	0.00	63.65	0.05
（2）中层沙砾底草甸土	1 078.38	12.86	0.01	102.28	0.07	218.99	0.16	578.29	0.42	165.96	0.12
（3）薄层沙砾底草甸土	3 267.47	0.00	0.00	393.75	0.29	297.72	0.22	1 856.32	1.36	719.68	0.53
2. 黏壤质草甸土	632.44	26.63	0.02	15.93	0.01	29.69	0.02	399.36	0.29	160.83	0.12
（1）厚层黏壤质草甸土	36.08	0.00	0.00	15.93	0.01	20.15	0.01	0.00	0.00	0.00	0.00
（2）中层黏壤质草甸土	579.71	11.90	0.01	0.00	0.00	9.54	0.01	397.44	0.29	160.83	0.12
（3）薄层黏壤质草甸土	16.65	14.73	0.01	0.00	0.00	0.00	0.00	1.92	0.00	0.00	0.00
（二）石灰性草甸土	24 872.64	1 367.17	1.00	2 171.72	1.59	2 299.93	1.68	10 958.51	8.01	8 075.31	5.90
1. 沙质石灰性草甸土	12 977.82	511.18	0.37	356.87	0.26	813.59	0.59	5 997.55	4.39	5 298.63	3.87
（1）厚层沙质石灰性草甸土	211.86	140.02	0.10	0.00	0.00	0.00	0.00	8.71	0.01	63.13	0.05
（2）中层沙质石灰性草甸土	4 460.03	67.96	0.05	288.48	0.21	47.83	0.03	1 466.76	1.07	2 589.00	1.89
（3）薄层沙质石灰性草甸土	8 305.93	303.20	0.22	68.39	0.05	765.76	0.56	4 522.08	3.31	2 646.50	1.94
2. 黏壤质石灰性草甸土	11 894.82	855.99	0.63	1 814.85	1.33	1 486.34	1.09	4 960.96	3.63	2 776.68	2.03
（1）厚层黏壤质石灰性草甸土	4.23	0.00	0.00	0.00	0.00	0.00	0.00	0.00	0.00	4.23	0.00
（2）中层黏壤质石灰性草甸土	3 170.15	20.98	0.02	986.02	0.72	129.02	0.09	1 268.87	0.93	765.26	0.56
（3）薄层黏壤质石灰性草甸土	8 720.44	835.01	0.61	828.83	0.61	1 357.32	0.99	3 692.09	2.70	2 007.19	1.47
（三）潜育草甸土	11 338.63	63.48	0.05	53.26	0.04	1 738.45	1.27	6 302.63	4.61	3 180.81	2.33
1. 黏壤质潜育草甸土	7 295.20	63.48	0.05	4.93	0.00	1 592.84	1.16	4 100.51	3.00	1 533.44	1.12
（1）厚层黏壤质潜育草甸土	564.16	0.00	0.00	0.00	0.00	262.24	0.19	76.79	0.06	225.13	0.16
（2）中层黏壤质潜育草甸土	677.66	0.00	0.00	0.00	0.00	427.64	0.31	129.28	0.09	120.74	0.09
（3）薄层黏壤质潜育草甸土	6 053.38	63.48	0.05	4.93	0.00	902.96	0.66	3 894.44	2.85	1 187.57	0.87

（续表）

土类、亚类、土属和土种名称	合计面积 (hm²)	一级		二级		三级		四级		五级	
		面积 (hm²)	占总面积 (%)	面积 (hm²)	占总面积 (%)	面积 (hm²)	占总面积 (%)	面积 (hm²)	占总面积 (%)	面积 (hm²)	占总面积 (%)
2. 沙砾底潜育草甸土	2 241.72	0.00	0.00	0.00	0.00	0.00	0.00	1 311.24	0.96	930.48	0.68
薄层沙砾底潜育草甸土	2 241.72	0.00	0.00	0.00	0.00	0.00	0.00	1 311.24	0.96	930.48	0.68
3. 石灰性潜育草甸土	1 801.71	0.00	0.00	48.33	0.04	145.61	0.11	890.88	0.65	716.89	0.52
(1) 厚层石灰性潜育草甸土	115.93	0.00	0.00	0.00	0.00	2.56	0.00	0.00	0.00	113.37	0.08
(2) 中层石灰性潜育草甸土	618.36	0.00	0.00	0.00	0.00	38.35	0.03	399.41	0.29	180.60	0.13
(3) 薄层石灰性潜育草甸土	1 067.42	0.00	0.00	48.33	0.04	104.70	0.08	491.47	0.36	422.92	0.31
(四) 盐化草甸土	12 232.06	490.15	0.36	458.19	0.34	2 045.66	1.50	5 462.76	3.99	3 775.30	2.76
苏打盐化草甸土	12 232.06	490.15	0.36	458.19	0.34	2 045.66	1.50	5 462.76	3.99	3 775.30	2.76
(1) 重度苏打盐化草甸土	1 271.33	79.75	0.06	0.61	0.00	69.85	0.05	508.63	0.37	612.49	0.45
(2) 中度苏打盐化草甸土	5 412.81	82.91	0.06	228.89	0.17	1 561.52	1.14	2 272.48	1.66	1 267.01	0.93
(3) 轻度苏打盐化草甸土	5 547.92	327.49	0.24	228.69	0.17	414.29	0.30	2 681.65	1.96	1 895.80	1.39
(五) 碱化草甸土	11 978.18	555.05	0.41	769.63	0.56	1 154.71	0.84	5 029.01	3.68	4 469.78	3.27
苏打碱化草甸土	11 978.18	555.05	0.41	769.63	0.56	1 154.71	0.84	5 029.01	3.68	4 469.78	3.27
(1) 深位苏打碱化草甸土	889.30	0.00	0.00	50.09	0.04	167.16	0.12	651.94	0.48	20.11	0.01
(2) 中位苏打碱化草甸土	203.35	0.00	0.00	83.10	0.06	120.25	0.09	0.00	0.00	0.00	0.00
(3) 浅位苏打碱化草甸土	10 885.53	555.05	0.41	636.44	0.47	867.30	0.63	4 377.07	3.20	4 449.67	3.25
五、沼泽土	3 061.01	0.83	0.00	147.04	0.11	570.30	0.42	1 887.88	1.38	454.96	0.33
草甸沼泽土	3 061.01	0.83	0.00	147.04	0.11	570.30	0.42	1 887.88	1.38	454.96	0.33
1. 黏质草甸沼泽土	94.24	0.00	0.00	0.00	0.00	0.00	0.00	94.24	0.07	0.00	0.00
薄层黏质草甸沼泽土	94.24	0.00	0.00	0.00	0.00	0.00	0.00	94.24	0.07	0.00	0.00
2. 石灰性草甸沼泽土	2 966.77	0.83	0.00	147.04	0.11	570.30	0.42	1 793.64	1.31	454.96	0.33
薄层石灰性草甸沼泽土	2 966.77	0.83	0.00	147.04	0.11	570.30	0.42	1 793.64	1.31	454.96	0.33

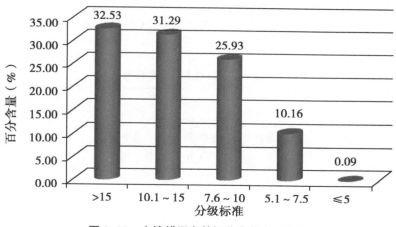

图 2-28 土壤耕层有效锰分布频率对比图

四、土壤有效铜

土壤中的水溶性和代换性铜为作物可吸收利用的有效铜。

本次地力评价结果，全县土壤有效铜含量最大值是 7.95mg/kg，最小值是 0.01mg/kg，平均值 1.50mg/kg。

第三节 土壤理化性状

一、土壤形态

土壤是可以从外部形态和内部理化性质等方面认识的客观实体。通过定性手段，从外部形态上判断土壤肥力的变化，又通过化验分析等定量手段，来分析土壤肥力的变化规律。在各种自然成土因素综合影响下，形成各种土壤类型，并有其各自剖面形态特征。人们垦殖利用以后，虽然仍保持其自然土壤的一些特征，但在形态上发生了很大变化。杜蒙自治县土壤从形态上看，变化特点大体如下。

（一）黑土层变薄，土色变浅

全县岗地耕作土壤主要是黑钙土和风沙土，由于质地较轻，土质疏松，侵蚀严重，黑土层普遍逐年变薄，而且土色变浅。黑土层本次地力评价发现比二次土壤普查时平均减少4.1cm。

（二）耕层变浅，障碍层次位置上移

由于没有大型农业机械，轮翻制度不合理，尤其是水稻生产田，使土壤耕层变浅。障碍层次主要是指犁底层，人们用农具对土壤进行耕作，犁具对土壤的挤压等作用，形成一个新的障碍层次—犁底层。这个层次土壤紧实或坚硬，影响作物根系发育，影响通气和透水。由于土壤性质不同，使用犁具不同和耕作方法的不同。犁底层出现深度，发育程度也不同。有的土壤质地较轻或不断进行深耕深松，耕层较深，犁底层发育较差，而且不太坚硬。有的土质黏重，耕层浅，而且坚硬，通透性很差，成为隔水层，易旱易涝。影响作物的生育和产量的提高。本次地力评价发现比二次土壤普查耕层厚度减少5.5cm，障碍层位置上移3.8cm，详见表2-155。

表2-155　耕地土壤形态情况　（单位：cm）

土类	黑土层		耕层厚度		障碍层次位置	
	这次地力评价	二次土壤普查	这次地力评价	二次土壤普查	这次地力评价	二次土壤普查
风沙土	8.5	13.2	14.0	19.1	15.0	16.6
新积土	11.2	16.1	18.2	24.3	19.1	23.1
黑钙土	14.5	19.2	15.3	19.8	16.3	21.0
草甸土	16.3	20.0	15.0	20.9	16.0	19.8
沼泽土	19.7	22.3	15.6	21.4	16.5	21.5
平　均	14.1	18.2	15.6	21.1	16.6	20.4
增减值	-4.1	—	-5.5	—	-3.8	—

二、土壤理化性状

（一）土壤 pH 值

全县土壤以风沙土、黑钙土、草甸土为主，因此，耕地土壤酸度应以偏碱性为主。调查表明，全县耕地pH值平均为7.64，比二次土壤普查降低了0.47，变化幅度在6.0~8.9。其中（按数字出现的频率计），pH值8.5~9.0占8.2%，8.0~8.5占17.0%，7.5~8.0占15.2%，7.0~7.5占10.8%，6.5~7.0占45%，6.0~6.5占3.8%，土壤pH值多集中在6.5~8.5。

按照土壤类型分析看，土壤pH值由北向南逐渐降低，但变化幅度不大。中部多分布着风沙土，pH值平均为6.76，变化幅度在6.50~7.00；西部多分布着草甸土，pH值平均为8.21，变化幅度在6.00~8.90。

土地利用方式不同，也会引起耕地酸碱度pH值的变化。统计结果表明，全县旱地pH值平均为7.6，变化幅度6.0~8.5，主要集中在6.5~8.0；水田pH值平均为7.9，变化幅度7.0~8.9，主要集中在7.5~8.5。

不同土地利用方式土壤pH值分布频率，见表2-156。

表2-156　不同土地利用方式土壤 pH 值统计

土地利用类型	样本数（个）	平均值	变化值	分级样本频率（%）					
				8.5~9.0	8.0~8.5	7.5~8.0	7.0~7.5	6.5~7.0	6.0~6.5
旱田	410	7.6	6.0~8.5	0	12	15	18.2	45	3.8
水田	60	7.9	7.0~8.9	8.2	51.8	38.2	0.8	0	0
全县	470	7.64	6.0~8.9	8.2	17.0	15.2	10.8	45	3.8

不同土壤类型土壤 pH 值分布频率，见表 2-157。

表 2-157 不同土壤类型土壤 pH 值统计

项目	风沙土	沼泽土	草甸土	黑钙土	新积土
平均值	6.65	8.50	8.21	8.21	6.80
最大值	6.70	8.50	8.90	8.50	6.80
最小值	6.60	8.50	6.00	7.50	6.80

（二）土壤容重

土壤容重亦称"土壤假比重"。一定容积的土壤（包括土粒及粒间的孔隙）烘干后的重量与同容积水重的比值。它与包括孔隙的 $1cm^3$ 烘干土的重量用克来表示的土壤容重，在数值上是相同的。一般含矿物质多而结构差的土壤（如沙土），土壤容积比重在 1.4~1.7；含有机质多而结构好的土壤（如农业土壤），在 1.1~1.4。土壤容积比重可用来计算一定面积耕层土壤的重量和土壤孔隙度；也可作为土壤熟化程度指标之一，熟化程度较高的土壤，容积比重常较小。土壤容重、空隙度等物理性状的变化直接影响到土壤水、肥、气、热的协调性，影响土壤肥力的发挥。土壤容重在 $1.0~1.2g/cm^3$ 时，表示通气性和耕性良好；大于 $1.3g/cm^3$ 时，结构差，有机质含量少，土层紧实，耕性较差；大于 $1.5g/cm^3$ 时，土层紧密，几乎不透水，作物根系很难扎入，影响作物生育。

全县土壤容重多在 $1.22~1.35g/cm^3$，有的达 $1.45~1.53g/cm^3$。由于耕作施肥等水平不一，土壤容重也不一样。容重增加，孔隙度减少。本次地力评价发现耕地土壤比二次土壤普查时，容重增加 $0.061g/cm^3$，孔隙度减少 0.65%。土壤质地与二次土壤普查比，变化不大。风沙土为松沙土，黑钙土为中壤土，草甸土为轻黏土、中黏土和重壤土，沼泽土为中黏土，新积土为中黏土。

提高土壤孔隙度的方法很多，可以增施有机肥，如农家肥、牲畜粪和绿肥等。对土壤进行改良，向土壤中增添些沙子，改善土壤结构。进行中耕松土除草。对土地进行深耕，充分使土壤变得疏松。种植不容易使土壤板结可以改善土壤结构的作物。

土壤的孔隙度对作物的生长是非常重要的，一方面因为，土壤孔隙度关系到土壤的通气状况，特别是氧气的含量，土壤中含有很多微生物，这些微生物通常都是需氧的生物，它们需要在有氧的情况下对土壤腐殖质进行腐熟，土壤微生物对土壤结构的改善是一种微观的行为，如果土壤经常处于板结状态，那么时间长了微生物的活动就会受阻，不利于微生物的繁殖及对土壤的有益改造；另一方面就是土壤孔隙度关系到土壤中水分的运动，作物生长需要大量的水分，地下的水分主要通过土壤毛细管运输到植物的根部，土壤板结对水分的运输产生了不利的影响，不利于水分的输送当然也就不利于植物的吸收了。因此，提高土壤的孔隙度对农业生产是非常必要的，它关系到植物的生产状况，从而关系到作物的产量。

（三）土壤水分

土壤水是植物吸收水分的主要来源（水培植物除外），另外，植物也可以直接吸收少量落在叶片上的水分。土壤水的主要来源是降水和灌溉水，参与岩石圈—生物圈—大气圈—土壤圈—水圈的水分大循环。

土壤水存在于土壤孔隙中，尤其是中小孔隙中，大孔隙常被空气所占据。穿插于土壤孔隙中的植物根系从含水土壤孔隙中吸取水分，用于蒸腾。土壤中的水气界面存在湿度梯度，温度升高，梯度加大，因此，水会变成水蒸气蒸发出土表。蒸腾和蒸发的水加起来称为蒸散，是土壤水进入大气的 2 条途径。

表层的土壤水受到重力会向下渗漏，在地表有足够水量补充的情况下，土壤水可以一直入渗到地下水位，继而可能进入江、河、湖、海等地表水。

土壤中水分的多少有 2 种表示方法：一种是以土壤含水量表示，分重量含水量和容积含水量两种，二者之间的关系由土壤容重来换算；另一种是以土壤水势表示，土壤水势的负值是土壤水吸力。

土壤含水量有 3 个重要指标：第一是土壤饱和含水量，表明该土壤最多能含多少水，此时，土壤水势为 0。第二是田间持水量，是土壤饱和含水量减去重力水后土壤所能保持的水分。重力水基本上不能被植物吸收利用，此时，土壤水势为 -0.3 巴。第三是萎蔫系数，是植物萎蔫时土壤仍能保持的水分。这部分水也不能被植物吸收利用，此时，土壤水势为 -15 巴。

田间持水量与萎蔫系数之间的水称为土壤有效水，是植物可以吸收利用的部分。当然，一般在田间持水量的 60% 时，即土壤水势 -1 巴左右就采取措施进行灌溉。

土壤水势可细分为重力势、基模势和溶质势。

土壤水分重力势以土壤水面与土表面相平时为 0。水面高于土表面时为正值（此时，也称为压力势）。水面低于土表面时为负值（土壤水吸力为正值）。

土壤基模势指土壤中矿质颗粒表面和有机质颗粒表面对水所产生的张力。它的值永远是负值，即总是将土壤表面的水分向土体内吸进来。

土壤水分溶质势与土壤溶液中所含溶质数量有关，溶质越多，溶质势越小（即越负）。点水源入渗时，水沿湿度梯度从高水势处向低水势处流动，逐渐形成一个干湿交界分明的椭球体形状，称为湿润球，球面各处土壤水势相等。该球面称为入渗锋，在水头固定不变时，入渗锋的前进速度随着时间的延长而减慢。

大部分植物养分都是溶于水后随水移动运输到植物根系被吸收的。无论根系以质流、扩散、截获哪种方式吸收植物养分都在土壤溶液中进行。杜蒙自治县土壤干旱缺水日益严重，已成为影响全县农业生产发展的主要因素，不仅春季干旱，影响播种出苗，而且夏季也干旱，影响作物生长发育。土壤由于有机质下降，土壤胶体和结构也发生变化，土壤吸附水，膜状水也发生变化，导致田间持水量减少，本次地力评价田间持水量比二次土壤普查田间持水量减少 0.85%。

第四节　土壤养分状况综述

通过对 1 519 个土壤表层（0~20cm）农化样的分析，将各土壤养分的平均值、最大值和最小值列表如下。从表 2-158 中可以看出，全县土壤养分含量，总的来说不算高，为中低等水平。各土壤养分含量情况，见表 2-158。

表2-158　土壤养分平均含量

项目	有机质（g/kg）	全氮（g/kg）	碱解氮（mg/kg）	有效磷（mg/kg）	速效钾（mg/kg）	有效锌（mg/kg）
平均值	15.8	1.049	107.8	20.8	135	0.86
最大值	56.5	2.651	349.8	119.8	454	5.0
最小值	3.2	0.430	13.6	1.0	43	0.1
农化样数（个）	1 519	1 519	1 519	1 519	1 519	1 519

一、土壤养分含量分级标准

在《全国第二次土壤普查技术规程》中，明确了全国养分分级标准，见表2-159。

表2-159　全国土壤养分分级

级别	有机质（g/kg）	全氮（g/kg）	碱解氮（mg/kg）	速效磷（mg/kg）	速效钾（mg/kg）
一级	>40	>2	>150	>40	>200
二级	30~40	1.5~2	120~150	20~40	150~200
三级	20~30	1.0~1.5	90~120	10~20	100~150
四级	10~20	0.75~1.0	60~90	5~10	50~100
五级	6~10	0.5~0.75	30~60	3~5	30~50
六级	<6	<0.5	<30	<3	<30

黑龙江省又根据本省的具体情况，拟定了养分分级标准，见表2-160。

表2-160　黑龙江省土壤养分分级

级别	有机质（g/kg）	全氮（g/kg）	碱解氮（mg/kg）	有效磷（mg/kg）	速效钾（mg/kg）	有效锌（mg/kg）
一级	>60	>2.5	>250	>60	>200	>2
二级	40.1~60	2.1~2.5	180.1~200	40.1~60	150.1~200	1.51~2.00
三级	30.1~40	1.6~2	150.1~180	20.1~40	100.1~150	1.01~1.50
四级	20.1~30	1.1~1.5	120.1~150	10.1~20	50.1~100	0.51~1.00
五级	10.1~20	≤1.0	80.1~120	5.1~10	30.1~50	≤0.50
六级	≤10		≤80	≤5	≤30	

本次地力评价的土壤养分分级，就是按照省土壤养分分级标准进行分级的。

二、土壤养分基本情况

这次土壤普查采集了3种土样进行化验分析。一是典型剖面的分层土样，对土壤类型有代表性，但为数不多，全县共化验109个剖面样；二是按地块采集的0~20cm农化样，数量较大，达1 519个；三是详查村的耕层农化样和部分土粪样品。在这里仅对0~20cm农化样的化验分析所得数据，经分析对比，分别总结如下。

（一）土壤养分分级的面积及分布情况

这次土壤普查，对0~20cm的农化样，做了有机质、全氮、速效磷、速效钾和碱解氮等五个项目的测定，按省土壤养分分级标准，分别统计如下。

全县耕地土壤有机质含量总的说来不算高，一级水平的没有，二级占总面积0.3%，三级占总面积的3.97%，四级以下土壤有机质含量都是小于30g/kg的，占总面积的95.73%。

全县耕地土壤全氮含量大于2g/kg的面积，仅占总耕地面积的0.98%，土壤全氮含量大于1小于2的占耕地总面积的48.45%，土壤全氮含量小于1的占总面积50.57%。可见，全县土壤全氮含量是较低的。

按分级标准，土壤碱解氮含量共分五级。全县土壤中的速效性氮的含量不算高，为中下等水平，从碱解氮含量分级可见，大于250mg/kg为一级水平的仅占0.97%，说明全县土壤供氮能力较差。二级、三级、四级的占28.4%，五级以下的占70.64%。

全县土壤速效磷的含量仍然处于中下等水平。大于40mg/kg的面积即一级、二级的面积只占总面积的3.59%，小于20mg/kg的面积即四级、五级、六级的面积，占总面积的66.7%。

按分级标准，土壤速效钾含量共分六级。全县土壤中速效钾含量中等水平，含量大于200mg/kg的面积占耕地总面积的7.67%，含量在200~100mg/kg的面积占耕地总面积的65.48%，含量在100mg/kg以下的面积占耕地总面积的26.85%。

全县各养分分级面积统计情况，见表2-161。

表2-161　不同养分分级面积统计　　　　　　　（单位：hm²、%）

级别	项目	有机质	全氮	碱解氮	有效磷	速效钾
一级	面积	0.00	186.08	1 322.45	977.48	10 485.27
	占总面积	0.00	0.14	0.97	0.71	7.67
二级	面积	410.50	1 152.80	5 041.98	4 075.40	16 923.97
	占总面积	0.30	0.84	3.69	2.98	12.38
三级	面积	5 434.75	11 673.98	10 717.73	40 498.82	72 629.32
	占总面积	3.97	8.54	7.84	29.61	53.11
四级	面积	27 528.07	54 582.50	23 069.14	64 610.33	36 499.71
	占总面积	20.13	39.91	16.87	47.24	26.69
五级	面积	79 088.70	69 161.55	71 337.33	21 470.12	218.64
	占总面积	57.83	50.57	52.16	15.70	0.16
六级	面积	24 294.89	0.00	25 268.28	5 124.76	0.00
	占总面积	17.77	0.00	18.48	3.75	0.00

（二）行政区土壤养分情况

全县地域较大，自然条件复杂，农业生产水平不一。土壤类型变化较大，注定了各乡镇的土壤养分条件的差异。从各乡镇土壤养分平均值统计表中看出，纵观全县各乡镇，养分含量有富，也有贫，相差很大。作为土壤养分轴心的土壤有机质含量，大致在18g/kg以上，南部他拉哈镇、红旗马场、石人沟，北部烟筒屯镇，中部的一心乡；一般在15g/kg以下，西部白音诺勒乡，中部敖林乡。但总的看南高北低。沿江各乡镇相对高。

从速效养分看，碱解氮平均值以四家子林场为最高，平均值165.2mg/kg，最低的是野生饲养场。速效磷的平均值以一心果树场为最高，最低的是胡吉吐莫镇。速效钾含量在全县较充足，从表中看出，白音诺勒乡相对偏少。特别是近年来，由于氮、磷化肥施用量的增加，在高产栽培中，已经显出施用钾肥的效果，因此，逐步增加钾肥用量，将对作物产量的提高起到一定作用。

微量元素有效锌，平均值以一心果树场为最高，平均值1.70mg/kg，最低的是四家子林场，平均值0.41mg/kg，详见表2-162。

表2-162 行政区土壤养分平均值统计

乡镇名称	有机质（g/kg）	全氮（g/kg）	碱解氮（mg/kg）	有效磷（mg/kg）	速效钾（mg/kg）	有效锌（mg/kg）
全县	15.8	1.049	110.0	20.8	135.0	0.86
泰康镇	15.1	1.130	100.1	22.7	139.5	1.13
胡吉吐莫镇	16.0	1.150	106.0	13.6	120.5	0.69
烟筒屯镇	19.9	1.313	133.9	19.4	157.6	0.98
他拉哈镇	18.8	0.860	113.4	19.2	129.0	0.69
一心乡	18.0	1.179	108.0	21.8	126.1	1.11
克尔台乡	17.0	1.202	106.6	18.3	136.3	0.77
白音诺勒乡	14.1	0.897	84.4	18.3	105.8	1.41
敖林西伯乡	14.5	0.972	88.8	15.0	116.7	0.82
巴彦查干乡	17.8	1.185	123.5	19.6	140.3	0.85
腰新乡	10.8	0.758	92.6	16.4	113.2	0.63
江湾乡	16.6	1.136	110.9	21.1	125.3	0.74
四家子林场	9.7	0.848	165.2	15.7	152.2	0.41
新店林场	15.0	0.956	104.5	15.2	108.0	0.42
靠山种畜场	12.0	1.100	115.1	16.7	117.7	0.65
红旗牧场	21.1	0.734	109.7	21.2	210.2	0.54
连环湖渔业有限公司	16.8	1.163	94.5	19.0	119.6	1.02
石人沟渔业有限公司	20.1	1.274	141.7	23.8	150.0	0.91
齐家泡渔业有限公司	15.0	1.155	104.3	28.7	141.0	1.13
野生饲养场	11.3	0.749	83.3	30.0	116.2	0.61
一心果树场	16.3	1.219	112.8	40.7	174.8	1.70

（三）不同土类土壤养分情况

不同的土壤类型，其土壤肥力各不相同，而作为土壤肥力重要指标的土壤养分含量也有很大差异。现按各土类平均养分含量及部分物理性状列表比较如下，详见表2-163。

表2-163 不同土类土壤养分平均含量统计

土类名称	有机质（g/kg）	全氮（g/kg）	碱解氮（mg/kg）	有效磷（mg/kg）	速效钾（mg/kg）	有效锌（mg/kg）
草甸土	16.8	1.030	110.4	18.2	131.0	0.83
黑钙土	15.6	1.090	105.1	18.3	127.7	0.86
风沙土	15.9	1.010	102.6	18.7	126.9	0.88
新积土	15.6	1.315	89.4	19.4	159.1	0.58
沼泽土	17.0	1.208	111.2	18.9	146.6	0.86

草甸土为主要的农业土壤，面积最大，占全县总耕地面积的47.87%。由于地势低洼，土壤水分充足，通气性差，有利于土壤养分的积累，使土壤养分含量较大，潜在肥力较高，有机质含量为16.8g/kg。但由于它附加的成土条件较多，土壤类型较复杂，因此，草甸土类里养分变化较大，特别是土壤障碍因子较多，土壤养分有效性差，速效性的养分显得偏少，有待于采取措施，改变其土壤的生态环境和土壤性质，促进它的潜在肥力的有效化。

风沙土为主要的农业土壤之一，面积较大，占全县总耕地面积的36.12%。但由于风沙所处的地势较高，风蚀严重，大部黑土层较薄，加之气候干旱土壤水分不足，植物根系分布量少，故有机质的积累不如草甸土和黑钙土多，其他养分的含量也相对少一些。有机质平均含量为15.9g/kg，全氮平均含量1.01g/kg，比其他土壤差，有效磷平均含量18.7mg/kg，略高于黑钙土和草甸土。在风沙土的改良利用上要注意提高土壤有机质的含量。

黑钙土占全县总耕地面积的13.65%。其主要特征是土壤中有机质的积累量大于分解量，所处的地势较平，黑土层较厚。有机质平均含量为15.6g/kg，全氮平均含量1.09g/kg，有效磷平均含量18.3mg/kg。黑钙土潜在肥力较高，适宜发展粮食和油料作物。主要限制因素是水分不足，干旱发生频繁，需要进行补充灌溉。

新积土，均属幼年土壤，发育年限很短，养分缺乏，农业利用较低。

沼泽土分布面积不多，而大部分分布在草原荒地，由于目前地表大量积水，无法采样，因此，没做养分分析，但从化验结果中看出沼泽土的土壤养分含量是较高的，有机质含量一般都在17.0g/kg以上，高于其他土类。

（四）不同土种土壤养分情况

从表2-164中看出，不同土种速效养分含量相差较大。每个土类中的养分水平都是按薄层小于中层或厚层的土种顺序递增。薄层养分含量最少，总是在低水平上变动；中、厚层养分含量总是在高水平上变动，而中、厚层2个土种之间的养分含量则互有高低。

土壤养分含量较高的土种有厚层沙壤质石灰性黑钙土、中层黄土质草甸黑钙土、厚层沙砾底草甸土、薄、中、厚层黏壤质草甸土、薄层石灰性潜育草甸土等，这些土种有机质含量均在20g/kg以上，全氮含量在1g/kg以上，碱解氮一般都在100~150mg/kg，速效磷均在全县平均值20.8mg/kg以上。

　　土壤养分含量低的土种有流动草甸风沙土、厚层黏壤质石灰性草甸土、中层黏壤质潜育草甸土、中位苏打碱化草甸土等，这些土种有机质含量在 10g/kg 左右，全氮含量在 1g/kg 左右，碱解氮含量大都在 100mg/kg，最低的只有 33.6mg/kg，有的速效磷含量特别低，平均只有 17.52mg/kg，详见表 2-164。

表 2-164　不同土种土壤养分含量对比

土种名称	有机质 （g/kg）	全氮 （g/kg）	碱解氮 （mg/kg）	有效磷 （mg/kg）	速效钾 （mg/kg）	有效锌 （mg/kg）
流动草甸风沙土	11.3	1.106	118.0	25.0	156.5	1.40
半固定草甸风沙土	15.7	0.998	101.6	18.1	126.9	0.87
固定草甸风沙土	17.4	1.081	108.7	22.2	125.5	0.98
薄层沙质冲积土	15.6	1.315	89.4	19.4	159.1	0.58
厚层黄土质黑钙土	18.0	0.965	111.8	18.0	106.0	0.78
中层黄土质黑钙土	16.2	1.221	114.3	16.5	134.2	0.83
薄层黄土质黑钙土	12.1	0.920	90.5	15.5	97.6	0.80
厚层沙质黑钙土	13.8	0.951	101.9	16.1	109.6	0.70
中层沙质黑钙土	15.8	0.998	99.7	18.6	132.7	0.70
薄层沙质黑钙土	18.7	1.333	116.6	25.9	148.3	0.81
厚层沙壤质石灰性黑钙土	20.9	1.609	169.8	28.7	221.6	1.21
中层沙壤质石灰性黑钙土	16.2	1.144	110.2	14.1	134.2	0.88
薄层沙壤质石灰性黑钙土	16.2	1.188	110.9	18.5	126.1	0.79
厚层黄土质石灰性黑钙土	12.9	1.261	86.0	16.8	144.5	0.75
中层黄土质石灰性黑钙土	17.8	1.091	107.2	18.8	143.6	0.98
薄层黄土质石灰性黑钙土	16.2	1.080	107.0	17.1	118.0	0.95
中层沙底草甸黑钙土	12.4	0.863	68.9	18.4	116.5	0.79
薄层沙底草甸黑钙土	16.7	1.093	85.7	33.0	173.9	1.28
中层黄土质草甸黑钙土	21.3	1.211	124.3	20.0	156.7	1.23
薄层黄土质草甸黑钙土	18.3	0.917	105.0	13.7	113.8	1.35
中层石灰性草甸黑钙土	13.9	1.048	94.4	24.3	121.9	1.14
薄层石灰性草甸黑钙土	14.0	1.118	93.2	15.7	115.0	1.11
厚层沙砾底草甸土	22.0	1.016	107.9	9.8	114.3	0.41
中层沙砾底草甸土	14.4	1.108	99.7	18.8	115.0	0.76
薄层沙砾底草甸土	16.3	1.182	120.4	18.5	130.6	0.89
厚层黏壤质草甸土	23.4	1.498	147.7	32.4	256.7	1.64
中层黏壤质草甸土	20.7	1.044	134.2	13.4	99.1	0.72

· 189 ·

（续表）

土种名称	有机质 （g/kg）	全氮 （g/kg）	碱解氮 （mg/kg）	有效磷 （mg/kg）	速效钾 （mg/kg）	有效锌 （mg/kg）
薄层黏壤质草甸土	21.4	1.390	129.1	77.9	120.5	2.84
厚层沙质石灰性草甸土	13.7	0.708	96.6	10.1	101.5	0.92
中层沙质石灰性草甸土	18.3	1.054	110.3	19.7	146.9	0.71
薄层沙质石灰性草甸土	17.2	1.004	108.2	20.7	132.8	0.76
厚层黏壤质石灰性草甸土	3.7	0.724	33.6	11.2	70.0	0.30
中层黏壤质石灰性草甸土	16.8	1.182	108.8	17.5	140.6	0.90
薄层黏壤质石灰性草甸土	17.9	1.142	117.2	15.4	125.4	0.97
厚层黏壤质潜育草甸土	13.2	0.942	108.1	15.8	113.4	0.51
中层黏壤质潜育草甸土	9.9	0.924	95.9	21.8	132.6	0.87
薄层黏壤质潜育草甸土	17.9	1.196	130.8	19.1	132.0	0.59
薄层沙砾底潜育草甸土	13.9	0.773	102.1	13.2	102.4	0.52
厚层石灰性潜育草甸土	15.9	1.011	80.0	15.8	107.5	0.67
中层石灰性潜育草甸土	18.6	1.132	116.8	18.4	126.2	0.63
薄层石灰性潜育草甸土	20.3	1.044	132.8	15.9	132.5	0.70
重度苏打盐化草甸土	13.7	0.996	102.4	14.9	101.4	0.58
中度苏打盐化草甸土	15.2	1.059	102.3	18.4	125.2	0.87
轻度苏打盐化草甸土	17.3	0.951	104.2	20.3	140.2	1.05
深位苏打碱化草甸土	25.0	0.738	117.3	26.9	194.1	0.87
中位苏打碱化草甸土	6.5	0.702	67.5	12.1	93.3	1.62
浅位苏打碱化草甸土	15.8	0.963	107.1	16.0	127.5	0.82
薄层黏质草甸沼泽土	23.8	1.122	87.6	16.2	86.5	0.89
薄层石灰性草甸沼泽土	16.9	1.210	111.7	19.0	147.9	0.86

第五章 耕地地力评价

本次耕地地力评价是一种一般性目的的评价，并不针对某种土地利用类型，而是根据所在地区特定气候区域以及地形地貌、成土母质、土壤理化性状、农田基础设施等要素相互作用表现出来的综合特征，揭示耕地潜在生产能力的高低。通过耕地地力评价，可以全面了解耕地质量现状，为合理调整农业生产结构；生产无公害农产品、绿色食品、有机食品；针对耕地土壤存在的障碍因素，改造中低产田，保护耕地质量，提高耕地的综合生产能力；建立耕地资源数据网络，对耕地质量实行有效的管理等提供科学依据。

第一节 耕地地力评价基本原理

耕地地力是耕地自然要素相互作用所表现出来的潜在生产能力。耕地地力评价大体可分为以气候要素为主的潜力评价和以土壤要素为主的潜力评价。在一个较小的区域范围内（县域），气候要素相对一致，耕地地力评价可以根据所在区域的地形地貌、成土母质、土壤理化性状、农田基础设施等要素相互作用表现出来的综合特征，揭示耕地综合生产力的高低。

耕地地力评价可用 2 种表达方法：一种是用单位面积产量来表示，其关系式为：

$$Y = b_0 + b_1 x_1 + b_2 x_2 + \cdots + b_n x_n$$

式中：Y=单位面积产量；x_1=耕地自然属性（参评因素）；b_1=该属性对耕地地力的贡献率（解多元回归方程求得）。

单位面积产量表示法的优点是一旦上述函数关系建立，就可以根据调查点自然属性的数值直接估算要素，单位面积产量还因农民的技术水平、经济能力的差异而产生很大的变化。如果耕种者技术水平比较低或者主要精力放在外出务工，肥沃的耕地实际量不一定高；如果耕种者具有较高的技术水平，并采用精耕细作的农事措施，自然条件较差的耕地上仍然可获得较高的产量。因此，上述关系理论上成立，实践上却难以做到。

耕地地力评价的另一种表达方法，是用耕地自然要素评价的指数来表示，其关系式为：

$$IFI = b_1 x_1 + b_2 x_2 + \cdots + b_n x_n$$

式中：IFI=耕地地力指数；x_1=耕地自然属性（参评因素）；b_1=该属性对耕地地力的贡献率（层次分析方法或专家直接评估求得）。

根据 IFI 的大小及其组成，不仅可以了解耕地地力的高低，而且可以揭示影响耕地地力的障碍因素及其影响程度。采用合适的方法，也可以将 IFI 值转换为单位面积产量，更直观地反映耕地的地力。

第二节　耕地地力评价的原则和依据

耕地地力的评价是对耕地的基础地力及其生产能力的全面鉴定，因此，在评价时我们遵循 3 个原则。

一、综合因素研究与主导因素分析相结合的原则

耕地地力是各类要素的综合体现，综合因素研究是对地形地貌、土壤理化性状以及相关的社会经济因素进行综合研究、分析与评价，全面了解耕地地力状况。主导因素是指对耕地地力起决定作用的，相对稳定的因子，在评价中要着重对其进行研究分析。

二、定性与定量相结合的原则

影响耕地地力有定性的和定量的因素，评价时必须把定量和定性评价结合起来。可定量的评价因子按其数值参与计算评价；对非数量化的定性因子要充分应用专家知识，先进行数值化处理，再进行计算评价。

三、采用 GIS 支持的自动化评价方法的原则

充分应用计算机技术，通过建立数据库、评价模型，实现评价流程的全部数字化、自动化。

第三节　耕地地力评价原理与方法

这次评价工作，一方面充分收集有关耕地情况资料，建立起耕地质量管理数据库；另一方面还进行了外业的补充调查（包括土壤调查和农户的入户调查两部分）和室内化验分析。在此基础上，通过 GIS 系统平台，采用 ARCVIEW 软件对调查的数据和图件进行数值化处理，最后利用扬州土肥站开发的《全国耕地力调查与质量评价软件系统 V2.0》进行耕地地力评价。其简要技术流程如下。

第一步：利用 3S 技术，收集整理所有相关历史数据资料和测土配方施肥数据资料，采用多种方法和技术手段，以杜蒙自治县为单位建立耕地资源基础数据库。

第二步：从国家耕地地力评价指标体系中，在省级专家技术组的主持下，吸收我县专家参加，结合我县实际，确定杜蒙自治县的耕地地力评价 10 项指标。

第三步：利用数据化的、标准化的土壤图和土地利用现状图。确定评价单元。评价单元不宜过细过多，要进行综合取舍和其他技术处理。全县共形成评价单元 3 552 个。

第四步：建立县域耕地资源管理信息系统。全国将统一提供系统平台软件，我们按照统一要求，将第二次土壤普查及相关的图件和数据资料数字化，建立规范的数据库，并将空间数据库和属性数据库建立连接，用统一提供的平台软件进行管理。

第五步：对每个评价单元进行赋值、标准化和计算每个因素的权重。利用隶属函数法，

层次分析法确定每个因素的权重。

第六步：进行综合评价并纳入到国家耕地地力等级体系中去。

第四节　利用《耕地资源信息系统》进行地力评价

一、确定评价单元

耕地评价单元是由耕地构成因素组成的综合体。这次我们根据《全国耕地地力调查与质量评价技术规程》的要求，采用综合方法确定评价单元，即用 1 : 10 万的土壤图、土地利用现状图，先数字化，再在计算机上叠加复合生成评价单元图斑，然后进行综合取舍，形成评价单元。这种方法的优点是考虑全面，综合性强，同一评价单元内土壤类型相同、土地利用类型相同，既满足了对耕地地力和质量做出评价，又便于耕地利用与管理。这次调查共确定形成评价单元 3 352 个，总面积 136 756.91hm²。

（一）确定评价单元方法

（1）以土壤图为基础，将农业生产影响一致的土壤类型归并在一起成为一个评价单元。

（2）以耕地类型图为基础确定评价单元。

（3）以土地利用现状图为基础确定评价单元。

（4）采用网格法确定评价单元。

（二）评价单元数据获取

采取将评价单元与各专题图件叠加采集各参评因素的信息，具体的方法是：按唯一标志原则为评价单元编码；生成评价信息空间库和属性数据库；从图形库中调出评价因子的专题图，与评价单元图进行叠加；保持评价单元几何形状不变，直接对叠加后形成的图形的属性库进行操作，以评价单元为基本统计单位，按面积加权平均汇总评价单元各评价因素的值。由此，得到图形与属性相连，以评价单元为基本单位的评价信息。

根据不同类型数据的特点，我们采取以下几种途径为评价单元获取数据。

1. 点位数据

对于点位分布图，先进行插值形成栅格图，与评价单元图叠加后采用加权统计的方法给评价单元赋值。如土壤有效磷点位图、速效钾点位图等。

2. 矢量图

对于矢量图，直接与评价单元图叠加，再采用加权统计的方法为评价单元赋值。对于土壤质地、容重等较稳定的土壤理化形状，可用一个乡镇范围内同一个土种的平均值直接为评价单元赋值。

3. 等值线图

对于等值线图，先采用地面高程模型生成栅格图，再与评价单元图叠加后采用分区统计的方法给评价单元赋值。

二、确定评价指标

耕地地力评价实质是评价地形地貌、土壤理化性状等自然要素对农作物生长限制程序的强弱。选取评价指标时，我们遵循以下几个原则。

一是选取的指标对耕地地力有比较大的影响，如地形部位、灌排条件等。

二是选取的指标在评价区域内的变异较大，便于划分耕地地力的等级。

三是选取的评价指标在时间序列上具有相对的稳定性，如土壤的容重、有机质含量等，评价的结果能够有较长的有效期。

四是选取评价指标与评价区域的大小有密切的关系。

基于以上考虑，结合本地的土壤条件、农田地基础设施状况、当前农业生产中耕地存在的突出问题等，并参照《全国耕地地力调查和质量评价技术规程》中所确定的64项指标体系（表2-165），结合实际情况最后确定了选取5个准则，10项指标：耕层厚度、质地、pH值、有机质、全氮有效磷、速效钾、有效锌、耕层含盐量、灌溉保证率（表2-166）。

表2-165　全国耕地地力评价指标体系

代码	要素名称	代码	要素名称
	气候		耕层理化性状
AL101000	≥00积温	AL401000	质地
AL102000	≥100积温	AL402000	容重
AL103000	年降水量	AL403000	pH值
AL104000	全年日照时数	AL404000	阳离子代换量（CEC）
AL105000	光能辐射总量		耕层养分状况
AL106000	无霜期	AL501000	有机质
AL107000	干燥度	AL502000	全氮
	立地条件	AL503000	有效磷
AL201000	经度	AL504000	速效钾
AL202000	纬度	AL505000	缓效钾
AL203000	高程	AL506000	有效锌
AL204000	地貌类型	AL507000	水溶态硼
AL205000	地形部位	AL508000	有效钼
AL206000	坡度	AL509000	有效铜
AL207000	坡向	AL501000	有效硅
AL208000	成土母质	AL501100	有效锰
AL209000	土壤侵蚀类型	AL501200	有效铁
AL201000	土壤侵蚀程度	AL501300	交换性钙
AL201100	林地覆盖率	AL501400	交换性镁
AL201200	地面破碎情况		障碍因素
AL201300	地表岩石露头状况	AL601000	障碍层类型

（续表）

代码	要素名称	代码	要素名称
AL201400	地表砾石度	AL602000	障碍层出现位置
AL201500	田面坡度	AL603000	障碍层厚度
	剖面性状	AL604000	耕层含盐量
AL301000	剖面构型	AL605000	一米土层含盐量
AL302000	质地构型	AL606000	盐化类型
AL303000	有效土层厚度	AL607000	地下水矿化度
AL304000	耕层厚度		土壤管理
AL305000	腐殖层厚度	AL701000	灌溉保证率
AL306000	田间持水量	AL702000	灌溉模数
AL307000	旱季地下水位	AL703000	抗旱能力
AL308000	潜水埋深	AL704000	排涝能力
AL309000	水型	AL705000	排涝模数
		AL706000	轮作制度
		AL707000	梯田化水平
		AL708000	设施类型（蔬菜地）

表 2-166 地力评价指标

评价准则	评价指标
1. 耕层理化性状	质地
	pH 值
	有机质
2. 耕层养分含量	有效磷
	速效钾
	有效锌
3. 土壤管理	灌溉保证率
	耕层厚度

每一个指标的名称、释义、量纲、数据长度、小数位、极小值、极大值等定义如下。

（1）耕层厚度。耕层厚度是耕种土壤表层的厚度，该层土壤质地疏松、结构良好，有机质含量较多，是作物根系主要活动层。数据类型：数值，量纲：cm，数据长度：2，极小值：0，极大值：99。

（2）土壤质地。土壤中各种粒径土粒的组合比例关系为机械组成，根据机械组成的近似性，划分为若干类别，称之为质地类别。数据类型：文本，量纲：无，数据长度：6。

（3）土壤 pH 值。土壤酸碱度，代表土壤溶液中氢离子活度的负对数。数据类型：数值，量纲：无，数据长度：4，小数位：1，极小值：1.0，极大值：14.0。

（4）土壤有机质。土壤中除碳酸盐以外的所有含碳化合物的总含量。数据类型：数值，量纲：g/kg，数据长度：5，小数位：1，极小值：0，极大值：500.0。

（5）土壤全氮。土壤中有机氮和无机氮（矿质态氮）的总量。以每千克干土中所含 N 的克数表示。数据类型：数值，量纲：g/kg，数据长度：5，小数位：2，极小值：0，极大值：99.99。

（6）土壤有效磷。耕层土壤中能供作物吸收的磷元素的含量。以每千克干土中所含 P 的毫克数表示。数据类型：数值，量纲：mg/kg，数据长度：5，小数位：1，极小值：0，极大值：999.9。

（7）土壤速效钾。土壤中容易为作物吸收利用的钾素含量。包括土壤溶液中的以及吸附在土壤胶体上的代换性钾离子。以每千克干土中所含 K 的毫克数表示。数据类型：数值，量纲：mg/kg，数据长度：3，小数位：0，极小值：0，极大值：900。

（8）土壤有效锌。耕层土壤中能供作物吸收的锌的含量。以每千克干土中所含 Zn 的毫克数表示。数据类型：数值，量纲：mg/kg，数据长度：5，小数位：2，极小值：0，极大值：99.99。

（9）耕层土壤含盐量。耕层土壤中可溶解的盐的总量。以每千克干土中所含盐分的克数表示。数据类型：数值，量纲：g/kg，数据长度：5，小数位：1，极小值：0，极大值：999.9。

（10）灌溉保证率。灌溉工程在长期运行中，灌溉用水得到充分满足的年数占总年数的百分数。数据类型：数值，量纲:%，数据长度：3，小数位：0，极小值：0，极大值：100。

三、评价单元赋值

根据各评价因子的空间分布图或属性数据库，将各评价因子数据赋值给评价单元，主要采取以下方法。

（一）点位数据

对于点位分布图，先进行插值形成栅格图，与评价单元图叠加后采用加权统计的方法给评价单元赋值。如土壤有效磷点位图、速效钾点位图等。

（二）矢量图

对于矢量图，直接与评价单元图叠加，再采用加权统计的方法为评价单元赋值。对于土壤质地、容重等较稳定的土壤理化形状，可用一个乡镇范围内同一个土种的平均值直接为评价单元赋值。

（三）等值线图

对于等值线图，先采用地面高呈模型生成栅格图，再与评价单元图叠加后采用分区统计的方法给评价单元赋值。

四、评价指标的标准化

所谓评价指标的标准化就是要对每一个评价单元不同数量级、不同量纲的评价指标数据进行 0~1 化。数值型指标的标准化，采用数学方法进行处理；概念型指标标准化先采用专家经验法，对定性指标进行数值化描述，然后进行标准化处理。

模糊评价法是数值标准化最通用的方法。它是采用模糊数学的原理，建立起评价指标值与耕地生产能力的隶属函数关系，其数学表达式 $\mu = f(x)$。μ 是隶属度，这里代表生产能力；x 代表评价指标值。根据隶属函数关系，可以对于每个 x 算出其对应的隶属度 μ，是 0→1 中间的数值。在这次评价中，我们将选定的评价指标与耕地生产能力的关系分为戒上型函数、戒下型函数、峰型函数、直线型函数以及概念型 5 种类型的隶属函数。前 4 种类型可以先通过专家打分的办法对一组评价单元值评估出相应的一组隶属度，根据这两组数据拟合隶属函数，计算所有评价单元的隶属度；后一种是采用专家直接打分评估法，确定每一种概念型的评价单元的隶属度。

（一）评价指标评分标准

用 1~9 定为 9 个等级打分标准，1 表示同等重要，3 表示稍微重要，5 表示明显重要，7 表示强烈重要，9 极端重要。2、4、6、8 处于中间值。不重要按上述轻重倒数相反。

（二）权重打分

1. 总体评价准则权重打分（表 2-167）

表 2-167　总体评价准则权重打分

	土壤管理	理化性状	土壤养分
土壤管理			
理化性状	1.2		
土壤养分	2.3	1.15	

2. 评价指标分项目权重打分（表 2-168 至表 2-170）

表 2-168　土壤养分权重打分

	有效磷	速效钾	有效锌
有效磷			
速效钾	1.6		
有效锌	2.5	1.5	

表 2-169　理化性状权重打分

	质地	有机质	pH 值
质地			
有机质	1.8		
pH 值	3.1	1.8	

表 2-170　土壤管理权重打分

	耕层厚度	障碍层位置
耕层厚度		
障碍层位置	2.5	

（三）耕地地力评价层次分析模型编辑

构造层次模型和层次分析结果，见图2-29，表2-171。

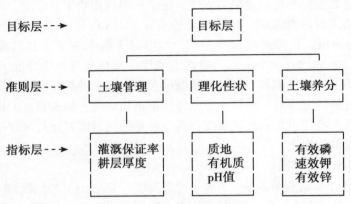

图 2-29　构造层次模型图

表 2-171　层次分析结果

层次 A	层次 C			
	土壤管理 0.2301	理化性状 0.3264	土壤养分 0.4435	组合权重 ∑CiAi
灌溉保证率	0.2857			0.0657
耕层厚度	0.7143			0.1643
质地		0.1689		0.0551
有机质		0.2996		0.0978
pH 值		0.5314		0.1735
有效磷			0.1965	0.0872
速效钾			0.3188	0.1414
有效锌			0.4847	0.2150

（四）各个评价指标隶属函数的建立

1. 土壤 pH 值

（1）土壤 pH 值专家评估（表2-172）。

表 2-172　土壤 pH 值专家评估

项目	pH 值												
	<5.5	5.75	6	6.25	6.5	6.75	7	7.25	7.5	7.75	8	8.5	≥9
隶属度	0.4	0.5	0.65	0.75	0.85	0.95	1	0.95	0.85	0.7	0.6	0.45	0.3

（2）土壤 pH 隶属函数拟合（图 2-30）。

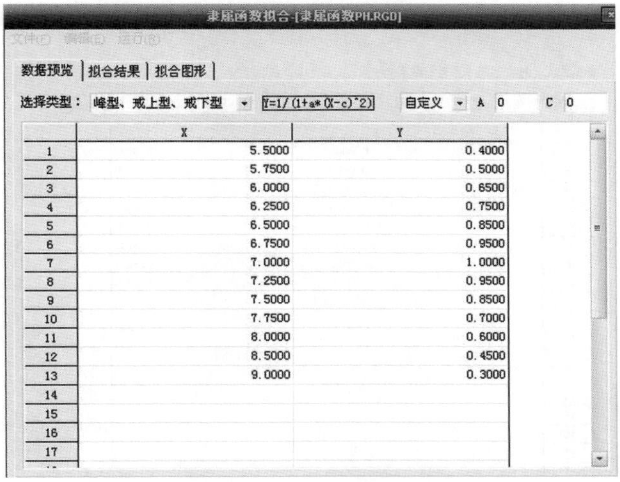

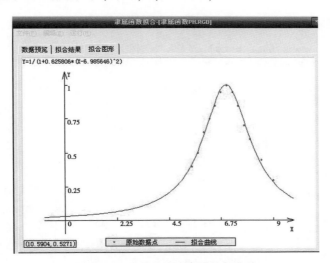

图 2-30　土壤 pH 隶属函数拟合

（3）土壤 pH 值隶属函数曲线（蜂型）（图 2-31）

图 2-31　土壤 pH 值隶属函数曲线

2. 耕层厚度

（1）耕层厚度专家评估（表 2-173）。

表 2-173　耕层厚度专家评估

项目	耕层厚度（cm）							
	<8	10	12	14	16	18	20	≥22
隶属度	0.35	0.4	0.5	0.6	0.7	0.85	0.95	1

（2）耕层厚度隶属函数拟合（图2-32）

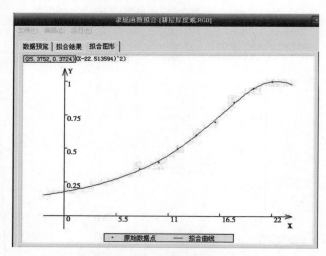

图2-32　耕层厚度隶属函数拟合

（3）耕层厚度隶属函数曲线（戒上型）（图2-33）

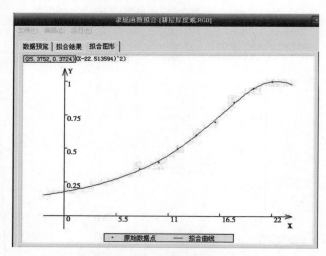

图2-33　耕层厚度隶属函数曲线

3. 速效钾

（1）速效钾专家评估（表2-174）

表2-174　速效钾专家评估

项目	速效钾（mg/kg）									
	<30	60	90	120	150	180	210	240	270	≥300
隶属度	0.300	0.350	0.400	0.500	0.600	0.700	0.800	0.900	0.975	1.000

（2）土壤速效钾隶属函数拟合（图2-34）

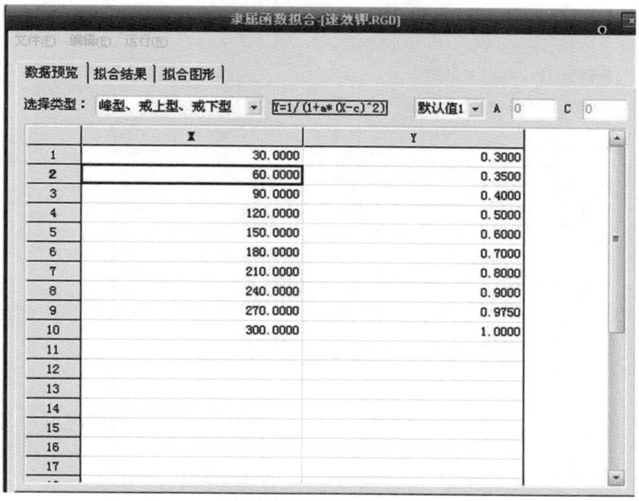

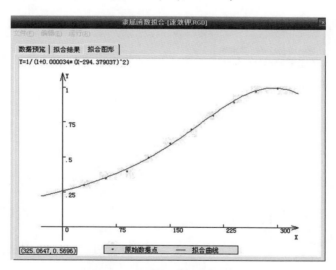

图 2-34　土壤速效钾隶属函数拟合

（3）土壤速效钾隶属函数曲线（戒上型）（图2-35）

图 2-35　土壤速效钾隶属函数曲线

4. 土壤有机质

（1）土壤有机质专家评估（表2-175）。

表 2-175　土壤有机质专家评估

项目	有机质（g/kg）								
	<10.0	15.0	20.0	25.0	30.0	35.0	40.0	50.0	≥60.0
隶属度	0.380	0.454	0.525	0.600	0.700	0.780	0.880	0.990	1.000

（2）土壤有机质隶属函数拟合（图2-36）

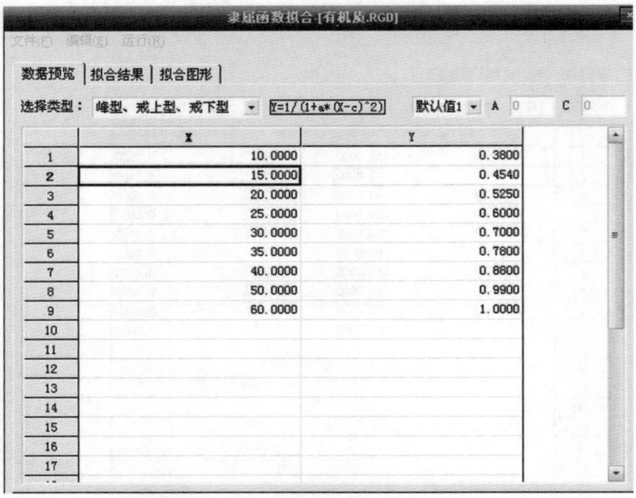

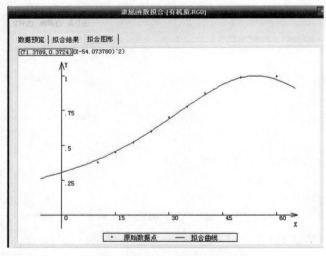

图2-36　土壤有机质隶属函数拟合

（3）土壤有机质隶属函数曲线（戒上型）（图2-37）

图2-37　土壤有机质隶属函数曲线

5. 土壤有效磷

（1）土壤有效磷专家评估（表2-176）。

表2-176　土壤有效磷专家评估

项目	有效磷（mg/kg）											
	<5.0	10.0	15.0	20.0	25.0	30.0	35.0	40.0	45.0	50.0	55.0	≥60.0
隶属度	0.425	0.500	0.575	0.650	0.725	0.800	0.870	0.925	0.975	0.985	0.990	1.000

（2）土壤有效磷隶属函数拟合（图2-38）

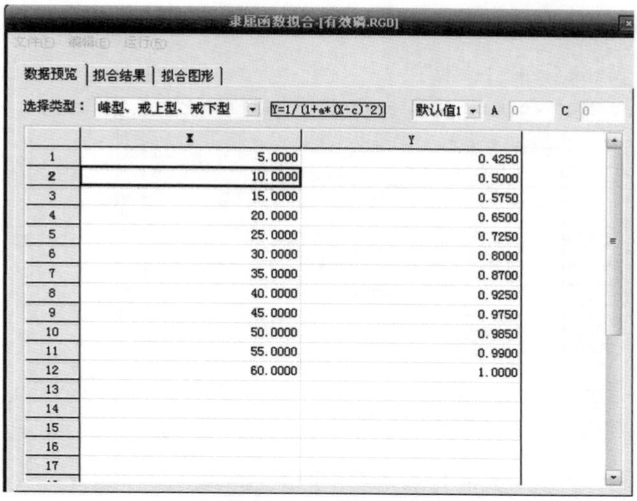

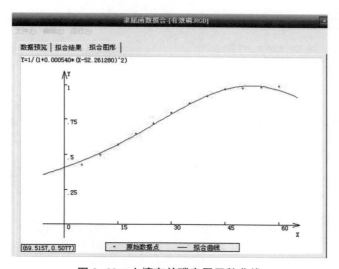

图 2-38 土壤有效磷隶属函数拟合

（3）土壤有效磷隶属函数曲线（戒上型）（图2-39）

图 2-39 土壤有效磷隶属函数曲线

6. 土壤有效锌

（1）土壤有效锌专家评估（表2-177）

表 2-177 土壤有效锌专家评估

项目	有效锌（mg/kg）								
	<0.25	0.50	0.75	1.00	1.25	1.50	1.75	2.00	≥2.50
隶属度	0.375	0.450	0.525	0.600	0.700	0.800	0.875	0.950	1.000

（2）土壤有效锌隶属函数拟合（图2-40）

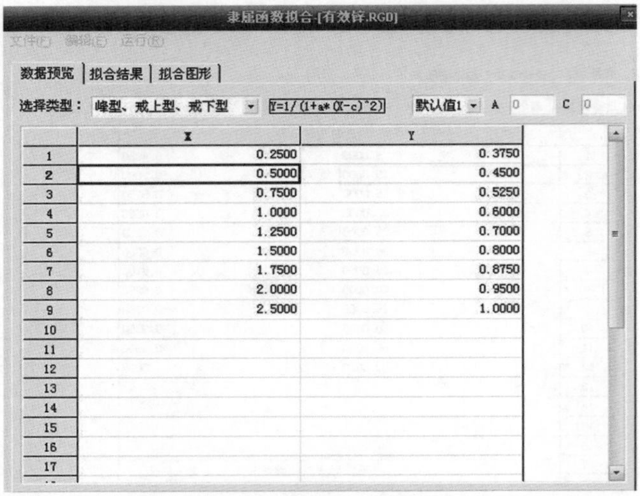

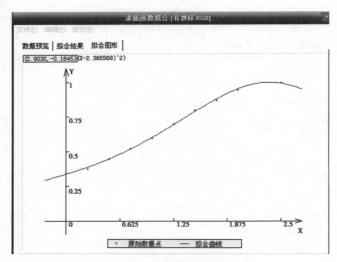

图2-40　土壤有效锌隶属函数拟合

（3）土壤有效锌隶属函数曲线（戒上型）（图2-41）

图2-41　土壤有效锌隶属函数曲线

7. 灌溉保证率

（1）灌溉保证率专家评估（表2-178）。

表2-178　灌溉保证率专家评估

项目	灌溉保证率（%）				
	<60	70	80	90	≥100
隶属度	0.70	0.80	0.90	0.95	1.00

（2）灌溉保证率隶属函数拟合（图2-42）

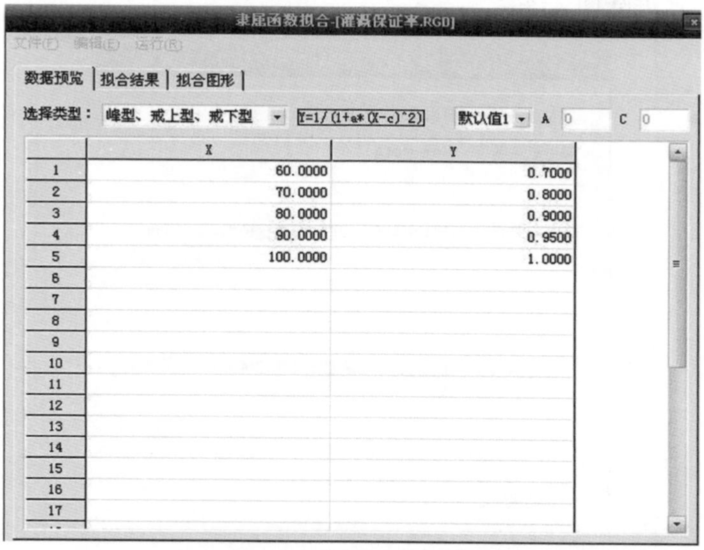

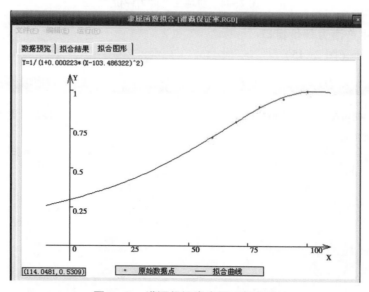

图2-42 灌溉保证率隶属函数拟合

（3）灌溉保证率隶属函数曲线（戒上型）（图2-43）

图2-43 灌溉保证率隶属函数曲线

五、进行耕地地力等级评价

耕地地力评价是根据层次分析模型和隶属函数模型，对每个耕地资源管理单元的农业生产潜力进行评价，在根据集类分析的原理对评价结果进行分级，从而产生耕地地力等级，并将地力等级以不同的颜色在耕地资源管理单元图上表达。

（一）在耕地资源管理单元图上进行

耕地生产潜力评价（图 2-44）。

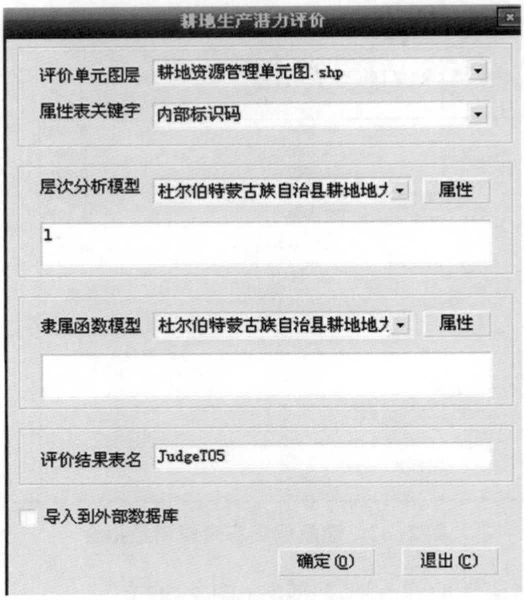

图 2-44 耕地生产潜力评价

（二）耕地生产潜力评价窗口

耕地等级划分（图 2-45）

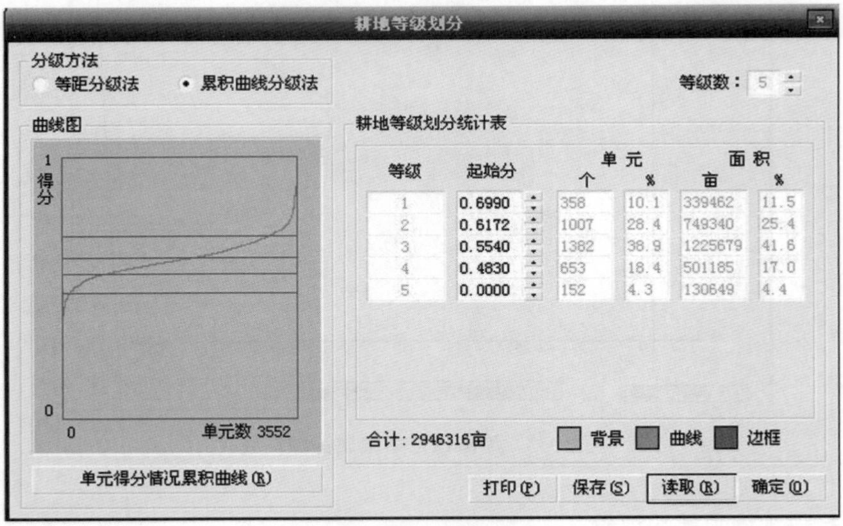

图 2-45 耕地等级划分

（三）耕地等级划分窗口

耕地资源地力等级（图 2-46）。

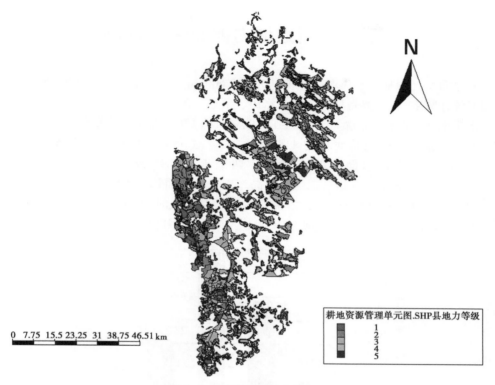

0　7.75　15.5　23.25　31　38.75　46.51 km

耕地资源管理单元图.SHP县地力等级

1
2
3
4
5

图 2-46　耕地资源地力等级

六、计算耕地地力生产性能综合指数（IFI）

$$IFI = \sum F_i \times C_i ;\ (i = 1,\ 2,\ 3\cdots)$$

式中：IFI（Integrated Fertility Index）代表耕地地力数；F_i = 第 i 各因素评语；C_i—第 i 各因素的组合权重。

七、确定耕地地力综合指数分级方案

采取累积曲线分级法划分耕地地力等级，用加法模型计算耕地生产性能综合指数（IFI），将耕地地力划分为五级，见表 2-179。

表 2-179　耕地地力指数分级

地力分级	地力综合指数分级（IFI）
一级	≥0.6990
二级	0.6172～0.6989
三级	0.5540～0.6171
四级	0.4830～0.5539
五级	0～0.4829

第五节 耕地地力评价结果与分析

全县总面积（包括非县属农、林场）为 617 600hm²，其中耕地面积 136 756.91hm²（此处为国家统计数字）。主要是旱地，灌溉水田、菜地、苗圃等。

这次耕地地力调查和质量评价将全县耕地总面积 136 756.91hm² 划分为五个等级：一级地 15 729.18hm²，占耕地总面积的 11.50%；二级地 35 027.87hm²，占 25.61%；三级地 56 135.82hm²，占耕地总面积的 41.05%；四级地 23 294.58hm²，占 17.03%；五级地 6 569.46hm²，占 4.80%。一级、二级地属高产田土壤，面积共 50 757.05hm²，占 37.11%；三级为中产田土壤，面积为 56 135.82hm²，占耕地总面积的 41.05%；四级、五级为低产田土壤，面积 29 864.04hm²，占耕地总面积的 21.84%，见图 2-47。

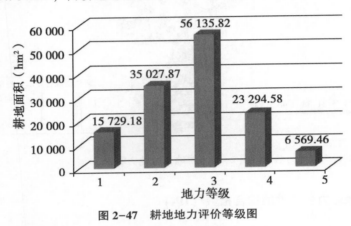

图 2-47　耕地地力评价等级图

具体各种情况，见表 2-180、表 2-181、表 2-182。

一、一级地

从表 2-181 可以看出，一级耕地面积 15 729.18hm²，占全县耕地总面积的 11.50%；分布面积最大的是巴彦查干乡 4 124.09hm²，占全县耕地总面积的 3.02%、他拉哈镇 2 491.84hm²，占全县耕地总面积的 1.82%、一心乡 1 424.82hm²，占全县耕地总面积的 1.04%、敖林西伯乡 1 137.67hm²，占全县耕地总面积的 0.83%。土壤类型分布面积最大的是草甸土 8 580.32hm²，占全县耕地总面积的 6.27%、风沙土 4 827.57hm²，占全县耕地总面积的 3.53%。

一级耕地地力要素情况：≥10℃ 积温 2 866℃，年降水量 384.7mm，全年日照时数 2 792小时，光能辐射总量 748KJ/（cm²·年），无霜期 158.8 天，干燥度 5.24，海拔 139.5m，地形部位为河网平原低洼地，坡度 3.3°，坡向西南，成土母质为冲击物，田面坡度 3.3°，耕层厚度 15.1cm，田间持水量 29%，旱季地下水位 900cm，质地为轻黏土，pH 值 7.5，有机质 17.2g/kg，全氮 1.107%，有效磷 19.8mg/kg，速效钾 133.1mg/kg，有效锌 0.85mg/kg，有效铁 12.89 mg/kg，有效锰 14.17 mg/kg，有效铜 1.52 mg/kg，全磷 411g/kg，全钾 26.0g/kg，有效氮 113.5g/kg，障碍层类型为黏盘层，障碍层出现位置 16.1cm，障碍层厚度 8.7cm，耕层土壤含盐量 0.061g/kg，灌溉保证率 74.3%。

表2-180　行政区耕地地力等级汇总

地名代码	地名	合计 (hm²)	一级 面积 (hm²)	一级 占总面积 (%)	二级 面积 (hm²)	二级 占总面积 (%)	三级 面积 (hm²)	三级 占总面积 (%)	四级 面积 (hm²)	四级 占总面积 (%)	五级 面积 (hm²)	五级 占总面积 (%)
230624	杜尔伯特蒙古族自治县	136 756.91	15 729.18	11.50	35 027.87	25.61	56 135.82	41.05	23 294.58	17.03	6 569.46	4.80
230624100000	泰康镇	4 061.96	345.23	0.25	374.41	0.27	2 784.58	2.04	550.73	0.40	7.01	0.01
230624100201	幸福村	1 179.57	22.30	0.02	299.58	0.22	678.45	0.50	116.09	0.08	63.15	0.05
230624100202	万丈村	2 571.84	227.98	0.17	252.78	0.18	1 805.21	1.32	226.71	0.17	59.16	0.04
230624100203	五一村	1 016.22	303.16	0.22	21.12	0.02	557.22	0.41	134.72	0.10	0.00	0.00
230624100204	八一村	577.81	0.00	0.00	9.58	0.01	568.23	0.42	0.00	0.00	0.00	0.00
230624101000	胡吉吐莫镇	5 775	600.37	0.44	2 108.56	1.54	1 873.38	1.37	1 154.97	0.84	37.72	0.03
230624101201	胡吉吐莫村	2 071.81	257.72	0.19	517.47	0.38	728.46	0.53	560.94	0.41	7.22	0.01
230624101202	好田格勒村	523.98	79.30	0.06	100.76	0.07	168.93	0.12	174.99	0.13	0.00	0.00
230624101203	泊泊里村	1 104.75	166.57	0.12	275.90	0.20	595.25	0.44	64.92	0.05	2.11	0.00
230624101204	东吐莫村	1 680.12	41.86	0.03	1 148.15	0.84	200.94	0.15	260.78	0.19	28.39	0.02
230624101205	扫力毛德村	84.00	35.96	0.03	23.91	0.02	6.57	0.00	17.56	0.01	0.00	0.00
230624101206	赛罕他拉村	310.34	18.96	0.01	42.37	0.03	173.23	0.13	75.78	0.06	0.00	0.00
230624102000	烟筒屯镇	10 745.98	1 083.93	0.79	2 065.21	1.51	4 719.12	3.45	2 406.76	1.76	470.96	0.34
230624102201	三合村	366.95	47.53	0.03	91.27	0.07	197.29	0.14	30.86	0.02	0.00	0.00
230624102202	和光村	961.70	1.61	0.00	410.89	0.30	507.77	0.37	41.43	0.03	0.00	0.00
230624102203	新发村	2 797.63	548.09	0.40	312.03	0.23	1 056.10	0.77	763.36	0.56	118.05	0.09
230624102204	广胜村	828.53	84.61	0.06	26.40	0.02	439.85	0.32	277.67	0.20	0.00	0.00
230624102205	东升村	1 643.16	165.75	0.12	501.83	0.37	633.73	0.46	177.32	0.13	164.53	0.12
230624102206	东岗子村	138.83	58.66	0.04	16.73	0.01	63.44	0.05	0.00	0.00	0.00	0.00
230624102207	土城子村	821.84	90.18	0.07	393.85	0.29	334.02	0.24	3.79	0.00	0.00	0.00
230624102208	巴茶村	416.56	0.45	0.00	3.68	0.00	66.42	0.05	346.01	0.25	0.00	0.00
230624102209	新合村	687.49	0.00	0.00	48.21	0.04	124.71	0.09	441.49	0.32	73.08	0.05
230624102210	南阳村	530.83	56.90	0.04	25.28	0.02	262.69	0.19	185.96	0.14	0.00	0.00
230624103000	他拉哈镇	15 988.97	2 491.84	1.82	5 093.80	3.72	6 391.55	4.67	1 277.18	0.93	734.60	0.54

（续表）

地名代码	地名	合计 (hm²)	一级 面积 (hm²)	一级 占总面积 (%)	二级 面积 (hm²)	二级 占总面积 (%)	三级 面积 (hm²)	三级 占总面积 (%)	四级 面积 (hm²)	四级 占总面积 (%)	五级 面积 (hm²)	五级 占总面积 (%)
230624103201	山湾子村	1 666.58	573.83	0.42	277.13	0.20	312.97	0.23	399.11	0.29	103.54	0.08
230624103202	安平村	2 717.45	399.44	0.29	1 158.49	0.85	1 060.72	0.78	77.53	0.06	21.27	0.02
230624103205	兴平村	2 246.21	157.12	0.11	833.95	0.61	1 127.85	0.82	127.29	0.09	0.00	0.00
230624103206	庆平村	1 536.11	162.03	0.12	802.58	0.59	455.80	0.33	28.05	0.02	87.65	0.06
230624103207	康平村	2 446.11	446.51	0.33	615.45	0.45	753.03	0.55	245.20	0.18	385.92	0.28
230624103209	六家子村	1 250.40	436.11	0.32	200.80	0.15	477.47	0.35	98.67	0.07	37.35	0.03
230624103210	永升村	3 812.15	312.34	0.23	1 197.99	0.88	1 901.62	1.39	301.33	0.22	98.87	0.07
230624200000	一心乡	11 053.02	1 424.82	1.04	2 854.06	2.09	4 251.38	3.11	2 459.03	1.80	63.73	0.05
230624200201	一心村	1 005.81	54.61	0.04	194.16	0.14	277.75	0.20	426.10	0.31	53.19	0.04
230624200202	勇敢村	1 010.47	283.34	0.21	352.80	0.26	311.33	0.23	63.00	0.05	0.00	0.00
230624200203	永胜村	1 688.34	3.32	0.00	41.86	0.03	1 028.73	0.75	614.43	0.45	0.00	0.00
230624200204	民主村	1 231.37	79.06	0.06	467.15	0.34	628.34	0.46	56.82	0.04	0.00	0.00
230624200205	前进村	3 431.66	371.48	0.27	1 364.90	1.00	1 005.76	0.74	689.52	0.50	0.00	0.00
230624200206	前锋村	187.16	41.27	0.03	88.38	0.06	55.87	0.04	1.64	0.00	0.00	0.00
230624200207	团结村	991.27	91.55	0.07	60.13	0.04	407.40	0.30	422.21	0.31	9.98	0.01
230624200208	胜利村	3 479.86	534.36	0.39	657.76	0.48	1 691.62	1.24	468.74	0.34	127.38	0.09
230624201000	克尔台乡	9 359.09	771.94	0.56	1 095.76	0.80	4 512.86	3.30	2 269.73	1.66	708.80	0.52
230624201201	克尔台村	2 153.55	65.10	0.05	100.72	0.07	1 393.10	1.02	142.05	0.10	452.58	0.33
230624201202	前伍代村	1 439.24	36.85	0.03	208.81	0.15	453.51	0.33	740.07	0.54	0.00	0.00
230624201203	官尔屯村	678.91	187.81	0.14	38.96	0.03	404.24	0.30	47.90	0.04	0.00	0.00
230624201204	扎郎格村	1 704.97	20.83	0.02	59.10	0.04	859.27	0.63	696.73	0.51	69.04	0.05
230624201205	西新村	670.19	38.94	0.03	14.15	0.01	474.47	0.35	61.37	0.04	81.26	0.06
230624201206	乌诺村	238.36	69.50	0.05	45.81	0.03	111.90	0.08	11.15	0.01	0.00	0.00
230624201207	波布代村	641.12	101.92	0.07	29.31	0.02	368.86	0.27	44.38	0.03	96.65	0.07
230624201208	烟屯村	1 616.15	250.99	0.18	598.13	0.44	409.74	0.30	348.02	0.25	9.27	0.01

（续表）

地名代码	地名	合计 (hm²)	一级		二级		三级		四级		五级	
			面积 (hm²)	占总面积 (%)	面积 (hm²)	占总面积 (%)	面积 (hm²)	占总面积 (%)	面积 (hm²)	占总面积 (%)	面积 (hm²)	占总面积 (%)
23062420201209	太平庄村	216.60	0.00	0.00	0.77	0.00	37.77	0.03	178.06	0.13	0.00	0.00
23062420202000	白音诺勒乡	10 554.99	469.58	0.34	2 280.49	1.67	5 244.98	3.84	1 190.68	0.87	1 369.26	1.00
23062420202201	他拉红村	1 357.01	3.20	0.00	492.42	0.36	813.98	0.60	47.41	0.03	0.00	0.00
23062420202202	合发村	1 249.01	0.91	0.00	193.00	0.14	742.69	0.54	302.12	0.22	10.29	0.01
23062420202203	南岗村	823.49	17.69	0.01	251.76	0.18	325.54	0.24	53.86	0.04	174.64	0.13
23062420202204	白音诺勒村	1 204.81	94.44	0.07	221.45	0.16	484.13	0.35	56.20	0.04	348.59	0.25
23062420202205	长合村	807.44	180.99	0.13	93.74	0.07	285.65	0.21	143.19	0.10	103.87	0.08
23062420202206	温德沟子村	2 300.93	27.78	0.02	799.70	0.58	1 097.01	0.80	106.30	0.08	270.14	0.20
23062420202207	二龙山村	627.41	60.93	0.04	18.67	0.01	490.20	0.36	57.61	0.04	0.00	0.00
23062420202208	九河村	588.63	28.61	0.02	86.54	0.06	403.45	0.30	0.00	0.00	70.03	0.05
23062420202209	巴哈西伯村	1 596.26	55.03	0.04	123.21	0.09	602.33	0.44	423.99	0.31	391.70	0.29
23062420203000	敖林西伯乡	13 875.98	1 137.67	0.83	3 168.87	2.32	6 141.14	4.49	2 532.87	1.85	895.43	0.65
23062420203201	好利宝村	1 255.05	317.63	0.23	106.66	0.08	399.96	0.29	430.80	0.32	0.00	0.00
23062420203202	杏树岗村	928.38	4.86	0.00	483.97	0.35	314.66	0.23	54.37	0.04	70.52	0.05
23062420203203	好尔陶村	1 560.53	6.65	0.00	227.84	0.17	694.58	0.51	631.46	0.46	0.00	0.00
23062420203204	敖林西伯村	1 492.66	182.65	0.13	145.51	0.11	759.45	0.56	405.05	0.30	0.00	0.00
23062420203205	诺尔村	1 359.14	335.30	0.25	687.73	0.50	199.31	0.15	0.92	0.00	135.88	0.10
23062420203206	四家子村	1 631.30	21.59	0.02	317.68	0.23	476.62	0.35	147.72	0.11	667.69	0.49
23062420203207	布木格村	1 125.52	201.88	0.15	108.16	0.08	498.82	0.36	316.66	0.23	0.00	0.00
23062420203208	新兴村	1 497.09	0.69	0.00	20.60	0.02	1 387.40	1.01	88.40	0.06	0.00	0.00
23062420203209	永发村	2 173.13	46.15	0.03	1 038.66	0.76	721.23	0.53	345.75	0.25	21.34	0.02
23062420204000	巴彦查干乡	20 822.98	4 124.09	3.02	7 589.33	5.55	7 352.98	5.38	1 747.27	1.28	9.31	0.01
23062420204201	朝尔村	4 116.66	2 333.45	1.71	714.33	0.52	1 035.95	0.76	32.14	0.02	0.79	0.00
23062420204202	巴彦他拉村	3 186.58	245.84	0.18	1 450.82	1.06	986.97	0.72	502.95	0.37	0.00	0.00
23062420204203	永珍王府新村	2 484.26	670.68	0.49	1 036.44	0.76	465.38	0.34	311.76	0.23	0.00	0.00

（续表）

地名代码	地名	合计 (hm²)	一级 面积 (hm²)	一级 占总面积 (%)	二级 面积 (hm²)	二级 占总面积 (%)	三级 面积 (hm²)	三级 占总面积 (%)	四级 面积 (hm²)	四级 占总面积 (%)	五级 面积 (hm²)	五级 占总面积 (%)
230624204204	和南村	945.11	63.37	0.05	502.33	0.37	278.97	0.20	100.44	0.07	0.00	0.00
230624204205	和平村	2 947.58	306.06	0.22	1 858.82	1.36	765.15	0.56	9.03	0.01	8.52	0.01
230624204206	大庙村	3 915.70	19.40	0.01	1 120.46	0.82	2 237.97	1.64	537.87	0.39	0.00	0.00
230624204207	太和村	3 227.09	485.29	0.35	906.13	0.66	1 582.59	1.16	253.08	0.19	0.00	0.00
230624205000	腰新乡	14 186.99	954.99	0.70	2 538.11	1.86	6 079.23	4.45	3 818.34	2.79	796.32	0.58
230624205201	中心村	2 425.72	1.13	0.00	75.85	0.06	749.81	0.55	1 346.04	0.98	252.89	0.18
230624205202	巴彦村	1 751.78	57.88	0.04	299.72	0.22	1 236.63	0.90	42.16	0.03	115.39	0.08
230624205203	好尔村	1 585.86	31.76	0.02	181.92	0.13	1 109.78	0.81	255.49	0.19	6.91	0.01
230624205204	兴隆村	2 233.07	44.33	0.03	770.78	0.56	602.99	0.44	814.97	0.60	0.00	0.00
230624205205	前心村	833.89	0.84	0.00	4.93	0.00	349.51	0.26	207.01	0.15	271.60	0.20
230624205206	后心村	1 147.98	33.64	0.02	656.55	0.48	428.67	0.31	6.41	0.00	22.71	0.02
230624205207	翻身村	2 125.84	557.61	0.41	207.34	0.15	498.06	0.36	862.83	0.63	0.00	0.00
230624206000	江湾乡	7 916.01	1 117.22	0.82	3 185.30	2.33	2 833.52	2.07	602.96	0.44	177.01	0.13
230624206201	九河门村	5 197.38	835.40	0.61	2 484.43	1.82	1 538.09	1.12	168.33	0.12	171.13	0.13
230624206202	江湾村	2 718.63	281.82	0.21	700.87	0.51	1 295.43	0.95	434.63	0.32	5.88	0.00
230624401000	新店林场	3 016.01	103.18	0.08	135.49	0.10	1 354.14	0.99	341.13	0.25	1 082.07	0.79
230624582000	靠山种畜场	4 348.97	596.96	0.44	931.81	0.68	964.81	0.71	1 699.29	1.24	156.10	0.11
230624584000	红旗种畜场	1 801.99	149.18	0.11	679.91	0.50	506.61	0.37	161.21	0.12	30.51	0.02
230624585000	连环湖渔业有限公司	157.98	8.47	0.01	48.80	0.04	78.56	0.06	21.80	0.02	0.35	0.00
230624586000	石人沟渔业有限公司	1 886.99	287.95	0.21	122.33	0.09	846.61	0.62	599.82	0.44	30.28	0.02
230624587000	齐家泡渔业有限公司	51	21.04	0.02	0.73	0.00	25.63	0.02	3.60	0.00	0.00	0.00
230624590000	野生饲养场	108.99	29.35	0.02	7.55	0.01	55.86	0.04	16.23	0.01	0.00	0.00
230624593000	一心果树场	232	0.00	0.00	153.86	0.11	39.04	0.03	39.10	0.03	0.00	0.00

表2-181 耕地土壤耕地地力等级统计

土类、亚类、土属和土种名称	合计 面积(hm²)	一级 面积(hm²)	一级 占总面积(%)	二级 面积(hm²)	二级 占总面积(%)	三级 面积(hm²)	三级 占总面积(%)	四级 面积(hm²)	四级 占总面积(%)	五级 面积(hm²)	五级 占总面积(%)
合 计	136 756.91	15 729.18	11.50	35 027.87	25.61	56 135.82	41.05	23 294.58	17.03	6 569.46	4.80
一、风沙土	49 398.61	4 827.57	3.53	8 937.79	6.54	20 803.16	15.21	11 917.63	8.71	2 912.46	2.13
草甸风沙土	49 398.61	4 827.57	3.53	8 937.79	6.54	20 803.16	15.21	11 917.63	8.71	2 912.46	2.13
1. 流动草甸风沙土	257.22	9.70	0.01	0.00	0.00	143.86	0.11	103.24	0.08	0.42	0.00
流动草甸风沙土	257.22	9.70	0.01	0.00	0.00	143.86	0.11	103.24	0.08	0.42	0.00
2. 半固定草甸风沙土	42 644.48	3 724.54	2.72	8 390.28	6.14	17 798.38	13.01	10 329.28	7.55	2 402.00	1.76
半固定草甸风沙土	42 644.48	3 724.54	2.72	8 390.28	6.14	17 798.38	13.01	10 329.28	7.55	2 402.00	1.76
3. 固定草甸风沙土	6 496.91	1 093.33	0.80	547.51	0.40	2 860.92	2.09	1 485.11	1.09	510.04	0.37
固定草甸风沙土	6 496.91	1 093.33	0.80	547.51	0.40	2 860.92	2.09	1 485.11	1.09	510.04	0.37
二、新积土	160.74	3.55	0.00	110.43	0.08	45.97	0.03	0.00	0.00	0.79	0.00
冲积土	160.74	3.55	0.00	110.43	0.08	45.97	0.03	0.00	0.00	0.79	0.00
沙质冲积土	160.74	3.55	0.00	110.43	0.08	45.97	0.03	0.00	0.00	0.79	0.00
薄层沙质冲积土	160.74	3.55	0.00	110.43	0.08	45.97	0.03	0.00	0.00	0.79	0.00
三、黑钙土	18 673.10	2 100.15	1.54	6 428.94	4.70	6 004.24	4.39	3 628.45	2.65	511.32	0.37
(一)黑钙土	7 357.17	786.52	0.58	3 078.09	2.25	2 358.62	1.72	854.07	0.62	279.87	0.20
1. 黄土质黑钙土	2 596.69	46.36	0.03	1 472.26	1.08	774.74	0.57	296.42	0.22	6.91	0.01
(1) 厚层黄土质黑钙土	908.10	7.67	0.01	845.76	0.62	35.73	0.03	12.03	0.01	6.91	0.01
(2) 中层黄土质黑钙土	989.77	0.00	0.00	215.74	0.16	657.71	0.48	116.32	0.09	0.00	0.00
(3) 薄层黄土质黑钙土	698.82	38.69	0.03	410.76	0.30	81.30	0.06	168.07	0.12	0.00	0.00
2. 沙石底黑钙土	4 760.48	740.16	0.54	1 605.83	1.17	1 583.88	1.16	557.65	0.41	272.96	0.20
(1) 厚层沙质黑钙土	2 812.38	393.89	0.29	1 172.71	0.86	706.36	0.52	403.54	0.30	135.88	0.10
(2) 中层沙质黑钙土	1 811.52	337.98	0.25	432.34	0.32	861.72	0.63	124.53	0.09	54.95	0.04

（续表）

土类、亚类、土属和土种名称	合计面积（hm²）	一级 面积（hm²）	一级 占总面积（%）	二级 面积（hm²）	二级 占总面积（%）	三级 面积（hm²）	三级 占总面积（%）	四级 面积（hm²）	四级 占总面积（%）	五级 面积（hm²）	五级 占总面积（%）
（3）薄层沙质黑钙土	136.58	8.29	0.01	0.78	0.00	15.80	0.01	29.58	0.02	82.13	0.06
（二）石灰性黑钙土	7 104.17	938.25	0.69	1 645.74	1.20	2 464.77	1.80	1 901.36	1.39	154.05	0.11
1. 沙壤质石灰性黑钙土	5 507.55	792.58	0.58	1 323.57	0.97	1 580.25	1.16	1 730.25	1.27	80.90	0.06
（1）厚层沙壤质石灰性黑钙土	1 148.87	90.18	0.07	252.65	0.18	140.74	0.10	592.22	0.43	73.08	0.05
（2）中层沙壤质石灰性黑钙土	1 866.83	7.46	0.01	410.47	0.30	933.96	0.68	514.94	0.38	0.00	0.00
（3）薄层沙壤质石灰性黑钙土	2 491.85	694.94	0.51	660.45	0.48	505.55	0.37	623.09	0.46	7.82	0.01
2. 黄土质石灰性黑钙土	1 596.62	145.67	0.11	322.17	0.24	884.52	0.65	171.11	0.13	73.15	0.05
（1）厚层黄土质石灰性黑钙土	9.45	3.93	0.00	3.31	0.00	2.21	0.00	0.00	0.00	0.00	0.00
（2）中层黄土质石灰性黑钙土	411.16	60.28	0.04	17.87	0.01	304.99	0.22	28.02	0.02	0.00	0.00
（3）薄层黄土质石灰性黑钙土	1 176.01	81.46	0.06	300.99	0.22	577.32	0.42	143.09	0.10	73.15	0.05
（三）草甸黑钙土	4 211.76	375.38	0.27	1 705.11	1.25	1 180.85	0.86	873.02	0.64	77.40	0.06
1. 沙底草甸黑钙土	428.34	100.50	0.07	183.85	0.13	110.13	0.08	13.56	0.01	20.30	0.01
（1）中层沙底草甸黑钙土	341.99	96.24	0.07	139.52	0.10	101.26	0.07	4.97	0.00	0.00	0.00
（2）薄层沙底草甸黑钙土	86.35	4.26	0.00	44.33	0.03	8.87	0.01	8.59	0.01	20.30	0.01
2. 黄土质草甸黑钙土	1 353.98	237.96	0.17	1 018.11	0.74	79.61	0.06	18.30	0.01	0.00	0.00
（1）中层黄土质草甸黑钙土	1 201.63	223.84	0.16	905.40	0.66	54.09	0.04	18.30	0.01	0.00	0.00
（2）薄层黄土质草甸黑钙土	152.35	14.12	0.01	112.71	0.08	25.52	0.02	0.00	0.00	0.00	0.00
3. 石灰性草甸黑钙土	2 429.44	36.92	0.03	503.15	0.37	991.11	0.72	841.16	0.62	57.10	0.04
（1）中层石灰性草甸黑钙土	916.97	36.92	0.03	276.69	0.20	353.83	0.26	192.43	0.14	57.10	0.04
（2）薄层石灰性草甸黑钙土	1 512.47	0.00	0.00	226.46	0.17	637.28	0.47	648.73	0.47	0.00	0.00
四、草甸土	65 463.45	8 580.32	6.27	19 181.20	14.03	27 565.02	20.16	7 110.81	5.20	3 026.10	2.21
（一）草甸土	5 041.94	979.44	0.72	2 211.15	1.62	1 486.20	1.09	356.63	0.26	8.52	0.01

（续表）

土类、亚类、土属和土种名称	合计面积(hm²)	一级面积(hm²)	一级占总面积(%)	二级面积(hm²)	二级占总面积(%)	三级面积(hm²)	三级占总面积(%)	四级面积(hm²)	四级占总面积(%)	五级面积(hm²)	五级占总面积(%)
1. 沙砾底草甸土	4 409.50	795.98	0.58	1 927.57	1.41	1 320.80	0.97	356.63	0.26	8.52	0.01
（1）厚层沙砾底草甸土	63.65	63.65	0.05	0.00	0.00	0.00	0.00	0.00	0.00	0.00	0.00
（2）中层沙砾底草甸土	1 078.38	120.83	0.09	280.04	0.20	595.54	0.44	81.97	0.06	0.00	0.00
（3）薄层沙砾底草甸土	3 267.47	611.50	0.45	1 647.53	1.20	725.26	0.53	274.66	0.20	8.52	0.01
2. 黏壤质草甸土	632.44	183.46	0.13	283.58	0.21	165.40	0.12	0.00	0.00	0.00	0.00
（1）厚层黏壤质草甸土	36.08	0.00	0.00	32.66	0.02	3.42	0.00	0.00	0.00	0.00	0.00
（2）中层黏壤质草甸土	579.71	181.54	0.13	250.92	0.18	147.25	0.11	0.00	0.00	0.00	0.00
（3）薄层黏壤质草甸土	16.65	1.92	0.00	0.00	0.00	14.73	0.01	0.00	0.00	0.00	0.00
（二）石灰性草甸土	24 872.64	2 928.95	2.14	7 971.69	5.83	10 815.84	7.91	2 428.65	1.78	727.51	0.53
1. 沙质石灰性草甸土	12 977.82	2 051.57	1.50	4 726.64	3.46	4 700.07	3.44	1 186.39	0.87	313.15	0.23
（1）厚层沙质石灰性草甸土	211.86	0.00	0.00	102.50	0.07	109.36	0.08	0.00	0.00	0.00	0.00
（2）中层沙质石灰性草甸土	4 460.03	729.70	0.53	2 236.26	1.64	1 321.24	0.97	31.16	0.02	141.67	0.10
（3）薄层沙质石灰性草甸土	8 305.93	1 321.87	0.97	2 387.88	1.75	3 269.47	2.39	1 155.23	0.84	171.48	0.13
2. 黏壤质石灰性草甸土	11 894.82	877.38	0.64	3 245.05	2.37	6 115.77	4.47	1 242.26	0.91	414.36	0.30
（1）厚层黏壤质石灰性草甸土	4.23	4.23	0.00	0.00	0.00	0.00	0.00	0.00	0.00	0.00	0.00
（2）中层黏壤质石灰性草甸土	3 170.15	126.65	0.09	391.93	0.29	2 542.57	1.86	103.12	0.08	5.88	0.00
（3）薄层黏壤质石灰性草甸土	8 720.44	746.50	0.55	2 853.12	2.09	3 573.20	2.61	1 139.14	0.83	408.48	0.30
（三）潜育草甸土	11 338.63	1 999.11	1.46	3 948.21	2.89	4 300.26	3.14	1 060.77	0.78	30.28	0.02
1. 黏壤质潜育草甸土	7 295.20	1 517.39	1.11	2 879.38	2.11	2 713.72	1.98	154.43	0.11	30.28	0.02
（1）厚层黏壤质潜育草甸土	564.16	5.99	0.00	368.63	0.27	189.54	0.14	0.00	0.00	0.00	0.00
（2）中层黏壤质潜育草甸土	677.66	244.73	0.18	219.03	0.16	213.90	0.16	0.00	0.00	0.00	0.00
（3）薄层黏壤质潜育草甸土	6 053.38	1 266.67	0.93	2 291.72	1.68	2 310.28	1.69	154.43	0.11	30.28	0.02

（续表）

土类、亚类、土属和土种名称	合计面积（hm²）	一级		二级		三级		四级		五级	
		面积（hm²）	占总面积（%）	面积（hm²）	占总面积（%）	面积（hm²）	占总面积（%）	面积（hm²）	占总面积（%）	面积（hm²）	占总面积（%）
2. 沙砾底潜育草甸土	2 241.72	32.20	0.02	572.18	0.42	920.89	0.67	716.45	0.52	0.00	0.00
薄层沙砾底潜育草甸土	2 241.72	32.20	0.02	572.18	0.42	920.89	0.67	716.45	0.52	0.00	0.00
3. 石灰性潜育草甸土	1 801.71	449.52	0.33	496.65	0.36	665.65	0.49	189.89	0.14	0.00	0.00
(1) 厚层石灰性潜育草甸土	115.93	0.00	0.00	0.00	0.00	0.00	0.00	115.93	0.08	0.00	0.00
(2) 中层石灰性潜育草甸土	618.36	272.09	0.20	174.90	0.13	154.77	0.11	16.60	0.01	0.00	0.00
(3) 薄层石灰性潜育草甸土	1 067.42	177.43	0.13	321.75	0.24	510.88	0.37	57.36	0.04	0.00	0.00
(四) 盐化草甸土	12 232.06	839.73	0.61	1 906.12	1.39	7 077.34	5.18	2 220.47	1.62	188.40	0.14
苏打盐化草甸土	12 232.06	839.73	0.61	1 906.12	1.39	7 077.34	5.18	2 220.47	1.62	188.40	0.14
(1) 重度苏打盐化草甸土	1 271.33	43.08	0.03	319.46	0.23	588.72	0.43	320.07	0.23	0.00	0.00
(2) 中度苏打盐化草甸土	5 412.81	385.23	0.28	1 213.61	0.89	2 149.77	1.57	1 517.21	1.11	146.99	0.11
(3) 轻度苏打盐化草甸土	5 547.92	411.42	0.30	373.05	0.27	4 338.85	3.17	383.19	0.28	41.41	0.03
(五) 碱化草甸土	11 978.18	1 833.09	1.34	3 144.03	2.30	3 885.38	2.84	1 044.29	0.76	2 071.39	1.51
苏打碱化草甸土	11 978.18	1 833.09	1.34	3 144.03	2.30	3 885.38	2.84	1 044.29	0.76	2 071.39	1.51
(1) 深位苏打碱化草甸土	889.30	6.02	0.00	419.47	0.31	288.99	0.21	96.80	0.07	78.02	0.06
(2) 中位苏打碱化草甸土	203.35	0.00	0.00	29.43	0.02	58.53	0.04	0.00	0.00	115.39	0.08
(3) 浅位苏打碱化草甸土	10 885.53	1 827.07	1.34	2 695.13	1.97	3 537.86	2.59	947.49	0.69	1 877.98	1.37
五、沼泽土	3 061.01	217.59	0.16	369.51	0.27	1 717.43	1.26	637.69	0.47	118.79	0.09
草甸沼泽土	3 061.01	217.59	0.16	369.51	0.27	1 717.43	1.26	637.69	0.47	118.79	0.09
1. 黏质草甸沼泽土	94.24	0.00	0.00	0.00	0.00	69.68	0.05	0.00	0.00	24.56	0.02
薄层黏质草甸沼泽土	94.24	0.00	0.00	0.00	0.00	69.68	0.05	0.00	0.00	24.56	0.02
2. 石灰性草甸沼泽土	2 966.77	217.59	0.16	369.51	0.27	1 647.75	1.20	637.69	0.47	94.23	0.07
薄层石灰性草甸沼泽土	2 966.77	217.59	0.16	369.51	0.27	1 647.75	1.20	637.69	0.47	94.23	0.07

表 2-182 耕地地力要素汇总

地力要素	一级	二级	三级	四级	五级
1. 气象					
①≥10℃积温	2 866	2 866	2 866	2 866	2 866
②年降水量（mm）	384.7	384.7	384.7	384.7	384.7
③全年日照时数（小时）	2 792	2 792	2 792	2 792	2 792
④光能辐射总量	748	748	748	748	748
⑤无霜期（天）	158.8	158.8	158.8	158.8	158.8
⑥干燥度	5.24	5.24	5.24	5.24	5.24
2. 立地条件					
①海拔（m）	139.5	139.5	140.0	140.3	140.6
②地形部位	河网平原低洼地	河网平原低洼地	河网平原	低岗地	低岗地
③坡度（度）	3.3	3.3	3.3	3.3	3.2
④坡向	西南	东南	西南	东南	西南
⑤成土母质	冲积物	堆积物	沉积物	风积物	沉积物
⑥田面坡度（度）	3.3	3.3	3.3	3.3	3.2
⑦剖面性状					
⑧耕层厚度（cm）	15.1	14.8	14.5	14.4	14.7
⑨田间持水量（%）	29	28	29	27	29
⑩旱季地下水位（cm）	900	900	900	900	900
3. 耕层理化性状					
①质地	轻黏土	中壤土	中黏土、重壤土	松沙土	中黏土
②pH值	7.5	7.6	7.6	7.6	7.6
③有机质（g/kg）	17.2	16.4	16.0	16.1	16.5
4. 耕层养分状况					
①全氮（g/kg）	1.107	1.049	1.023	1.016	0.961
②有效磷（mg/kg）	19.8	17.5	18.5	17.9	20.4
③速效钾（mg/kg）	133.1	130.1	128.7	127.5	128.7
④有效锌（mg/kg）	0.85	0.83	0.86	0.90	0.83
⑤有效铁（mg/kg）	12.89	12.39	11.85	11.93	11.77
⑥有效锰（mg/kg）	14.17	13.80	13.39	13.37	12.98
⑦有效铜（mg/kg）	1.52	1.49	1.48	1.46	1.45
⑧全磷（g/kg）	411	386	390	392	412
⑨全钾（g/kg）	26.0	25.5	25.4	25.6	25.9

（续表）

地力要素	一级	二级	三级	四级	五级
⑩有效氮	113.5	108.2	104.0	105.4	106.1
5. 障碍因素					
①障碍层类型	黏盘层	黏盘层	黏盘层	黏盘层	黏盘层
②障碍层出现位置（cm）	16.1	15.9	15.6	15.4	15.7
③障碍层厚度（cm）	8.7	8.7	8.7	8.7	8.6
④耕层含盐量（g/kg）	0.061	0.060	0.059	0.058	0.056
6. 土壤管理					
灌溉保证率	74.3	72.3	71.6	72.0	71.7

各土类占一级地面积，见图 2-48。

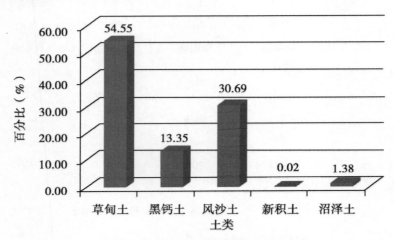

图 2-48　各土类占一级地面积比例示意图

一级地耕地土壤理化性状，见表 2-183。

表 2-183　一级地耕地土壤理化性状统计

项　目	平均值
pH 值	7.5
有机质（g/kg）	17.2
全氮（g/kg）	1.107
碱解氮（mg/kg）	113.6
有效磷（mg/kg）	19.8
速效钾（mg/kg）	133.1
有效锌（mg/kg）	0.85
耕层含盐量（g/kg）	0.061

二、二级地

从表2-181可以看出,二级耕地面积35 027.87hm²,占全县耕地总面积的25.61%;分布面积最大的是巴彦查干乡7 589.33hm²,占全县耕地总面积的5.56%;他拉哈镇5 093.80hm²,占全县耕地总面积的3.72%;江湾乡3 185.30hm²,占全县耕地总面积的2.33%;敖林西伯乡3 168.87hm²,占全县耕地总面积的2.32%。土壤类型分布面积最大是草甸土类19 181.2hm²,占全县耕地总面积的14.03%、风沙土8 937.79hm²,占全县耕地总面积的6.54%。

二级耕地地力要素情况:≥10℃积温2 866℃,年降水量384.7mm,全年日照时数2 792小时,光能辐射总量748KJ/(cm²·年),无霜期158.8天,干燥度5.24,海拔139.5m,地形部位为河网平原低洼地,坡度3.3度,坡向东南,成土母质为堆击物,田面坡度3.3°,耕层厚度14.8cm,田间持水量28%,旱季地下水位900cm,质地为中黏土,pH值7.6,有机质16.4g/kg,全氮1 049%,有效磷17.5mg/kg,速效钾130.1mg/kg,有效锌0.83mg/kg,有效铁12.39 mg/kg,有效锰13.80mg/kg,有效铜1.49mg/kg,全磷386g/kg,全钾25.5g/kg,有效氮108.2g/kg,障碍层类型为黏盘层,障碍层出现位置15.9cm,障碍层厚度8.7cm,耕层土壤含盐量0.060g/kg,灌溉保证率72.3%。

各土类占二级地面积,见图2-49。

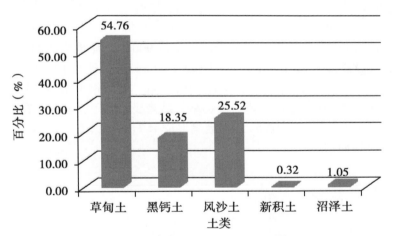

图2-49 各土类占二级地面比例示意图

二级地耕地土壤理化性状,见表2-184。

表2-184 二级地耕地土壤理化性状统计

项 目	平均值
pH值	7.6
有机质(g/kg)	16.4
全氮(g/kg)	1.049
碱解氮(mg/kg)	108.2
有效磷(mg/kg)	17.5

（续表）

项　目	平均值
速效钾（mg/kg）	130.1
有效锌（mg/kg）	0.83
耕层含盐量（g/kg）	0.060

三、三级地

从表 2-181 可以看出，三级耕地面积 56 135.82hm²，占全县耕地总面积的 41.05%；分布面积最大的是巴彦查干乡 7 352.98hm²，占全县耕地总面积的 5.38%；他拉哈镇 6 391.55hm²，占全县耕地总面积的 4.67%；敖林西伯乡 6 141.14hm²，占全县耕地总面积的 4.49%、腰新乡 6 079.23hm²，占全县耕地总面积的 4.45%、白音诺勒乡 5 244.98hm²，占全县耕地总面积的 3.84%；。土壤类型分布最大是草甸土 27 565.02hm²，占全县耕地总面积的 20.16%、风沙土 20 803.16hm²，占全县耕地总面积的 15.21%。

三级耕地地力要素情况：≥10℃积温 2 866℃，年降水量 384.7mm，全年日照时数 2 792小时，光能辐射总量 748KJ/（cm²·年）无霜期 158.8 天，干燥度 5.24，海拔 140.0m，地形部位为河网平原，坡度 3.3°，坡向西南，成土母质为沉积物，田面坡度 3.3°，耕层厚度 14.5cm，田间持水量 29%，旱季地下水位 900cm，质地为中黏土/重壤土，pH 值 7.6，有机质 16.0g/kg，全氮 1.023%，有效磷 18.5mg/kg，速效钾 128.7mg/kg，有效锌 0.86mg/kg，有效铁 11.85 mg/kg，有效锰 13.39 mg/kg，有效铜 1.48 mg/kg，全磷 390g/kg，全钾 25.4g/kg，有效氮 104.0g/kg，障碍层类型为黏盘层，障碍层出现位置 15.6cm，障碍层厚度 8.7cm，耕层土壤含盐量 0.059g/kg，灌溉保证率 71.6%。

各土类占三级地面积，见图 2-50。

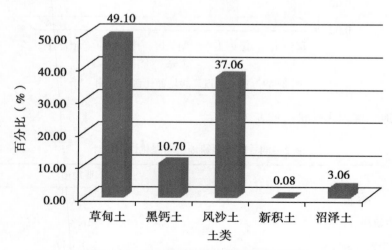

图 2-50　各土类占三级地面积比例示意图

三级地耕地土壤理化性状，见表 2-185。

表 2-185 三级地耕地土壤理化性状统计

项　目	平均值
pH 值	7.6
有机质（g/kg）	16.0
全氮（g/kg）	1.023
碱解氮（mg/kg）	104.0
有效磷（mg/kg）	18.5
速效钾（mg/kg）	128.7
有效锌（mg/kg）	0.86
耕层含盐量（g/kg）	0.059

四、四级地

从表 2-181 可以看出，四级耕地面积 23 294.58hm²，占全县耕地总面积的 17.03%；分布面积最大的是腰新乡 3 818.34hm²，占全县耕地总面积的 2.79%；敖林西伯乡 2 532.87hm²，占全县耕地总面积的 1.85%；一心乡 2 459.03hm²，占全县耕地总面积的 1.80%；烟筒屯镇 2 406.76hm²，占全县耕地总面积的 1.76%；克尔台乡 2 269.73hm²，占全县耕地总面积的 1.66%；土壤类型分布最大是风沙土 11 917.63hm²，占全县耕地总面积的 8.71%；草甸土 7 110.81hm²，占全县耕地总面积的 5.20%。黑钙土类 3 628.45hm²，占全县耕地总面积的 2.65%。

四级耕地地力要素情况：≥10℃积温 2 866℃，年降水量 384.7mm，全年日照时数 2 792 小时，光能辐射总量 748KJ/（cm²·年），无霜期 158.8 天，干燥度 5.24，海拔 140.3m，地形部位为低岗地，坡度 3.3°，坡向东南，成土母质为风积物，田面坡度 3.3°，耕层厚度 14.4cm，田间持水量 27%，旱季地下水位 900cm，质地为松沙土，pH 值 76，有机质 16.1g/kg，全氮 1.016%，有效磷 17.9mg/kg，速效钾 127.5mg/kg，有效锌 0.90mg/kg，有效铁 11.93mg/kg，有效锰 13.37mg/kg，有效铜 146mg/kg，全磷 392g/kg，全钾 25.6g/kg，有效氮 105.4g/kg，障碍层类型为黏盘层，障碍层出现位置 15.4cm，障碍层厚度 8.7cm，耕层土壤含盐量 0.058g/kg，灌溉保证率 72.0%。

各土类占四级地面积，见图 2-51。

四级地耕地土壤理化性状，见表 2-186。

表 2-186 四级地耕地土壤理化性状统计

项　目	平均值
pH 值	7.6
有机质（g/kg）	16.1
全氮（g/kg）	1.016

（续表）

项　目	平均值
碱解氮（mg/kg）	105.4
有效磷（mg/kg）	17.9
速效钾（mg/kg）	127.5
有效锌（mg/kg）	0.90
耕层含盐量（g/kg）	0.058

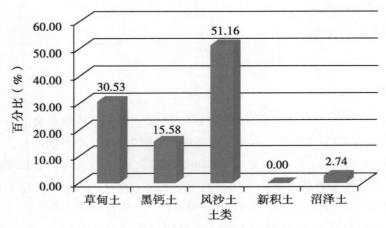

图 2-51　各土类占四级地面积比例示意图

五、五级地

从表 2-181 可以看出，五级耕地面积 6 569.46hm²，占全县耕地总面积的 4.80%；分布面积最大的是白音诺勒乡 1 369.26 hm²，占全县耕地总面积的 1.00%；敖林西伯乡 895.43hm²，占全县耕地总面积的 0.65%；腰新乡 796.32hm²，占全县耕地总面积的 0.58%；土壤类型分布最大是草甸土 3 026.10hm²，占全县耕地总面积的 2.21%。风沙土类 2 912.46hm²，占全县耕地总面积的 2.13%。

五级耕地地力要素情况：≥10℃积温 2 866℃，年降水量 384.7mm，全年日照时数 2 792小时，光能辐射总量 748KJ/（cm²·年），无霜期 158.8 天，干燥度 5.24，海拔 140.6m，地形部位为低岗地，坡度 3.2°，坡向西南，成土母质为沉积物，田面坡度 3.2°，耕层厚度 14.7cm，田间持水量 29%，旱季地下水位 900cm，质地为中黏土，pH 值 7.6，有机质 16.5g/kg，全氮 0.961%，有效磷 20.4mg/kg，速效钾 128.7mg/kg，有效锌 0.83mg/kg，有效铁 11.77 mg/kg，有效锰 12.98 mg/kg，有效铜 1.45 mg/kg，全磷 412g/kg，全钾 25.9g/kg，有效氮 106.1g/kg，障碍层类型为黏盘层，障碍层出现位置 15.7cm，障碍层厚度 8.6cm，耕层土壤含盐量 0.056g/kg，灌溉保证率 71.7%。

各土类占四级地面积，见图 2-52。

五级地耕地土壤理化性状，见表 2-187。

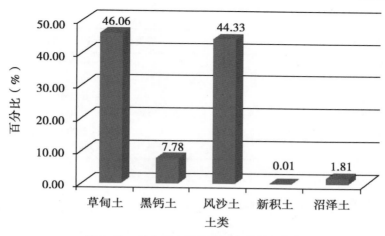

图 2-52　各土类占四级地面积比例示意图

表 2-187　五级地耕地土壤理化性状统计

项　　目	平均值
pH 值	7.6
有机质（g/kg）	16.5
全氮（g/kg）	0.961
碱解氮（mg/kg）	106.1
有效磷（mg/kg）	20.4
速效钾（mg/kg）	128.7
有效锌（mg/kg）	0.83
耕层含盐量（g/kg）	0.056

第六节　耕地地力等级归到国家地力等级标准

一、国家农业标准

农业部于 1997 年颁布了"全国耕地类型区、耕地地力等级划分"农业行业标准。该标准根据粮食单产水平将全国耕地地力划分为 10 个等级。以产量表达的耕地生产能力，年单产大于 13 500kg/hm^2 为一等地；小于 1 500kg/hm^2 为十等地，每 1 500kg 为 1 个等级，详见表 2-188。

表 2-188　全国耕地类型区、耕地地力等级划分

地力等级	谷类作物产量（kg/hm^2）
一级	>13 500
二级	12 000~13 500
三级	10 500~12 000
四级	9 000~10 500

（续表）

地力等级	谷类作物产量（kg/hm²）
五级	7 500~10 500
六级	6 000~7 500
七级	4 500~6 000
八级	3 000~4 500
九级	1 500~3 000
十级	<1 500

二、耕地地力综合指数转换为概念型产量

每一个地力等级内随机选取10%的管理单元，调查近3年实际的年平均产量，经济作物统一折算为谷类作物产量，归入国家等级，详见表2-189。

表2-189　县内耕地地力评价等级归入国家地力等级

地力等级	管理单元数	抽取单元数	近3年平均产量（kg/hm²）	参照国家农业标准归入国家地力等级
一级	3 552	475	5 955	七级
二级	3 552	923	5 715	七级
三级	3 552	1 526	4 905	七级
四级	3 552	511	4 005	八级
五级	3 552	117	3 455	八级

从上表可以看出：归入国家等级后，7等地面积共106 892.87hm²，占78.16%；8等地面积为29 864.04hm²，占耕地总面积的21.84%，详见图2-53、图2-54。

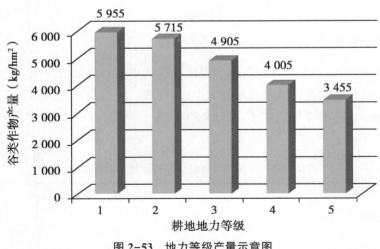

图2-53　地力等级产量示意图

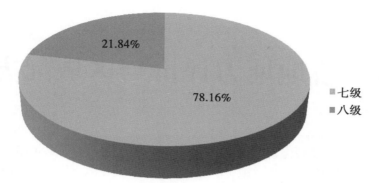

图 2-54 归入国家等级后各等级地所占比例示意图

第六章　耕地地力评价与区域配方施肥

耕地地力评价，建立了较完善的土壤数据库，科学合理地划分了县域施肥单元，避免了过去人为划分施肥单元指导测土配方施肥的弊端。过去我们在测土施肥确定施肥单元，多是采用区域土壤类型、基础地力、产量、农户常年施肥量等粗劣的为农民提供配方。而现在采用地理信息系统提供的多项评价指标，综合各种施肥因素和施肥参数来确定较精密的施肥单元。本次地力评价为全县域内确定了 3 559 个施肥单元，每个单元的施肥配方都不相同，大大提高了测土配方施肥的针对性、精确性、科学性，完成了测土配方施肥技术从估测分析到精准实施的提升过程。

第一节　县域耕地施肥区划分

全境玉米产区、水稻产区、杂粮杂豆产区，按产量、地形、地貌、土壤类型、≥10℃的有效积温、灌溉保证率可划分为 4 个测土施肥区域。

一、高产田施肥区

该区多为平地或缓坡地，地势平坦、土壤质地松软，耕层深厚，黑土层较厚，地下水丰富，通透性好，保水保肥能力强，土壤理化性状优良，无霜期长，气温高，热量充足，土地资源丰富，土质肥沃，水资源较充足，高产田施肥区的玉米公顷产量 8 250~9 750kg。高产田总面积 50 757.05hm²，占耕地总面积的 37%，主要分布在西南部嫩江左岸腰新乡、他拉哈镇、巴彦查干乡，江湾乡，中部一心乡、泰康镇，北部的烟筒屯镇等乡镇。其中，他拉哈镇面积最大，为 11 713.42hm²，占高产田总面积的 23.1%；其次是烟筒屯镇，面积为 7 585.64hm²，占高产田总面积的 14.9%；腰新乡面积为 4 302.52hm²，占高产田总面积的 6.9%。该区主要土壤类型以黑钙土、草甸土、新积土、沼泽土为主，其中，草甸土面积最大 27 761.52hm²，占高产田总面积的 54.69%。草甸土中又以上潜育草甸土为主，面积 5 947.30hm²，占高产田面积的 12%。该土壤黑土层较厚一般在 30cm 左右，有机质含量平均为 22.6g/kg，速效养分含量都相对很高；其次是黑钙土中又以黑钙土为主，面积 3 864.52hm²，占高产田面积的 8%。该区域内 ≥10℃ 有效积温为 2 800~2 850℃，无霜期 135~145 天，降水量 380~420mm，主要分布在西南部、中部和北部，是全县玉米、水稻高产区，也是主产区，此外，该区域也是全县瓜菜主产区，并适宜杂豆等经济作物的种植（表 2-190、表 2-191）。

表 2-190　高产田施肥区乡镇面积统计

（单位：hm²）

乡　镇	一级地面积	二级地面积	高产田面积	占高产田面积（%）
合　计	15 729.18	35 027.87	50 757.05	100
泰康镇	600.37	2 108.56	2 708.93	1.42
胡吉吐莫镇	1 083.93	2 065.21	3 149.14	5.34
烟筒屯镇	2 491.84	5 093.8	7 585.64	6.20
他拉哈镇	1 424.82	2 854.06	4 278.88	14.94
一心乡	771.94	1 095.76	1 867.7	8.43
克尔台乡	469.58	2 280.49	2 750.07	3.68
白音诺勒乡	1 137.67	3 168.87	4 306.54	5.42
敖林西伯乡	4 124.09	7 589.33	11 713.42	8.48
巴彦查干乡	954.99	2 538.11	3 493.1	23.08
腰新乡	1 117.22	3 185.3	4 302.52	6.88
江湾乡	11.37	329.25	340.62	8.48
四家子林场	103.18	135.49	238.67	0.67
新店林场	596.96	931.81	1 528.77	0.47
靠山种畜场	149.18	944.15	1 093.33	3.01
红旗牧场	8.47	48.8	57.27	2.15
连环湖渔业有限公司	287.95	122.33	410.28	0.11
石人沟渔业有限公司	21.04	0.73	21.77	0.81
齐家泡渔业有限公司	29.35	7.55	36.9	0.04
野生饲养场	0	153.86	153.86	0.07
一心果树场	345.23	374.41	719.64	0.30

表 2-191　高产田施肥区土类面积统计

（单位：hm²）

土　类	一级地面积	二级地面积	高产田面积	占高产田面积（%）
合　计	15 729.18	35 027.87	50 757.05	100
草甸土	8 580.32	19 181.2	27 761.52	54.69
黑钙土	2 100.15	6 428.94	8 529.09	16.80
风沙土	4 827.57	8 937.79	13 765.36	27.12
新积土	3.55	110.43	113.98	0.22
沼泽土	217.59	369.51	587.1	1.16

二、中产田施肥区

该区多为起伏的岗地或比较低洼的地，地势缓坡，坡度一般不超过 3°，有轻度侵蚀，个别土壤存在障碍因素，土壤质地不一，疏松或黏重，以沙壤土、轻黏土为主。耕层适中，黑土层较浅，保水保肥能力差；低洼地虽地下水丰富，因持水性强，通气不良。中产田施肥区的玉米公顷产量 6 000~7 500kg。中产田总面积 56 135.82hm²，占耕地总面积的 41%。主要分布在西南部乡镇的中东部，东南部的敖林西伯乡，西北部的白音诺勒乡以及西南部乡镇的中东部的部分村。其中，巴彦查干乡面积最大，为 7 352.98hm²，占中产田总面积的 13.1%；其次是他拉哈镇，面积为 6 391.55hm²，占中产田总面积的 11.4%；敖林西伯乡面积为 6 141.14hm²，占中产田总面积的 11%。该区主要土壤类型以草甸土、风沙土、黑钙土为主，其中，草甸土面积最大 27 565.02hm²，占中产田总面积的 49.1%。草甸土中又以石灰性草甸土为主，面积 10 815.84hm²，占中产田面积的 19%。该土壤黑土层一般在 15~25cm，有机质平均含量为 19.2g/kg，速效养分含量都相对偏低；其次是风沙土，面积为 20 803.16hm²，占中产田总面积的 37.1%，风沙土中以草甸风沙土为主。该区域内≥10℃有效积温为 2 750~2 800℃，无霜期 135~140 天，降水量 380mm 左右，主要分布在东南部、西北部，是杜蒙自治县玉米、杂粮杂豆主产区，此外，该区域也是西瓜、花生等经济作物种植区。该区存在主要的问题是土壤质地松软，沙性严重，保水保肥能力差，灌溉率低（表 2-192、表 2-193）。

表 2-192　中产田施肥区土类面积统计　　　　　　（单位：hm²）

土　类	三级地面积	中产田面积	占中产田面积（%）
合　计	56 135.82	56 135.82	100.0
草甸土	27 565.02	27 565.02	49.10
黑钙土	6 004.24	6 004.24	10.70
风沙土	20 803.16	20 803.16	37.06
新积土	45.97	45.97	0.08
沼泽土	1 717.43	1 717.43	3.06

表 2-193　中产田施肥区乡镇面积统计　　　　　　（单位：hm²）

乡　镇	三级地面积	中产田面积	占中产田面积（%）
合　计	56 135.82	56 135.82	100.0
泰康镇	2 784.58	2 784.58	4.96
胡吉吐莫镇	1 873.38	1 873.38	3.34
烟筒屯镇	4 719.12	4 719.12	8.41
他拉哈镇	6 391.55	6 391.55	11.39
一心乡	4 251.38	4 251.38	7.57
克尔台乡	4 512.86	4 512.86	8.04
白音诺勒乡	5 244.98	5 244.98	9.34
敖林西伯乡	6 141.14	6 141.14	10.94
巴彦查干乡	7 352.98	7 352.98	13.10

（续表）

乡　镇	三级地面积	中产田面积	占中产田面积（%）
腰新乡	6 079.23	6 079.23	10.83
江湾乡	2 833.52	2 833.52	5.05
四家子林场	74.34	74.34	0.13
新店林场	1 354.14	1 354.14	2.41
靠山种畜场	964.81	964.81	1.72
红旗牧场	512.11	512.11	0.91
连环湖渔业有限公司	78.56	78.56	0.14
石人沟渔业有限公司	846.61	846.61	1.51
齐家泡渔业有限公司	25.63	25.63	0.05
野生饲养场	55.86	55.86	0.10
一心果树场	39.04	39.04	0.07

三、低产田施肥区

该区多为漫岗地顶部或含盐碱泡泽边的低洼地，有轻度侵蚀和中度侵蚀，个别土壤存在障碍因素，土壤质地不一，疏松或黏重，以沙壤、中黏土为主。该区中的耕层薄，保水性能差，土壤内聚力小，质地疏松，抗蚀性能差，特别是抗风蚀能力差；盐碱土，质地黏重，透水性差，在雨水作用下易产生地表径流，土壤流失，保水保肥能力弱；低洼地虽地下水丰富，因持水性强，通气不良。低产田施肥区的玉米公顷产量 4 500～6 000kg。低产田总面积 29 864.04hm²，占耕地总面积的 22%。主要分布在敖林西伯乡、烟筒屯镇、胡吉吐莫镇、白音诺勒乡、他拉哈镇、克尔台乡、腰新乡等 7 个乡镇。其中，敖林西伯乡面积最大，面积为 3 428.3hm²，占低产田总面积的 11.5%；其次烟筒屯镇，面积为 2 877.72hm²，占低产田总面积的 9.6%；白音诺勒乡面积为 2 559.94hm²，占低产田总面积的 8.6%。该区主要土壤类型以风沙土、草甸土、黑钙土为主，其中，风沙土面积最大 14 830.09hm²，占低产田总面积的 49.7%。风沙土中又以草甸风沙土为主，面积 14 830.09hm²，占低产田面积的 49.7%。该土壤黑土层一般在 10～12.5cm，有机质含量平均在 17.8g/kg 左右，速效养分含量都极低；其次是草甸土，面积为 10 136.91hm²，占低产田总面积的 33.9%，草甸土中以石灰性草甸土和碱化草甸土为主。该区域内≥10℃有效积温为 2 800～2 820℃，无霜期 135～140 天，降水量 380～400mm，主要分布在东南部、西北部和北部，是杜蒙自治县玉米、杂粮主产区，此外，该区域也是西瓜、花生、地瓜等经济作物种植区。该区存在主要的问题同样是土壤质地稍硬，沙性严重，灌溉率低。该区不太适宜种植玉米，适宜种植杂粮、经济作物（表2-194、表2-195）。

表 2-194　低产田施肥区土类面积统计　　　　　　　　（单位：hm²）

土 类	四级地面积	五级地面积	低产田面积	占低产田面积（%）
合 计	23 294.58	6 569.46	29 864.04	100
草甸土	7 110.81	3 026.1	10 136.91	33.94
黑钙土	3 628.45	511.32	4 139.77	13.86
风沙土	11 917.63	2 912.46	14 830.09	49.66
新积土	0	0.79	0.79	0.00
沼泽土	637.69	118.79	756.48	2.53

表 2-195　低产田施肥区乡镇面积统计　　　　　　　　（单位：hm²）

乡 镇	四级地面积	五级地面积	低产田面积	占低产田面积（%）
合 计	23 294.58	6 569.46	29 864.04	100
泰康镇	550.73	7.01	557.74	1.87
胡吉吐莫镇	1 154.97	37.72	1 192.69	3.99
烟筒屯镇	2 406.76	470.96	2 877.72	9.64
他拉哈镇	1 277.18	734.6	2 011.78	6.74
一心乡	2 459.03	63.73	2 522.76	8.45
克尔台乡	2 269.73	708.8	2 978.53	9.97
白音诺勒乡	1 190.68	1 369.26	2 559.94	8.57
敖林西伯乡	2 532.87	895.43	3 428.3	11.48
巴彦查干乡	1 747.27	9.31	1 756.58	5.88
腰新乡	3 818.34	796.32	4 614.66	15.45
江湾乡	602.96	177.01	779.97	2.61
四家子林场	397.05	0	397.05	1.33
新店林场	341.13	1 082.07	1 423.20	4.77
靠山种畜场	1 699.29	156.1	1 855.39	6.21
红旗牧场	166.04	30.51	196.55	0.66
连环湖渔业有限公司	21.80	0.35	22.15	0.07
石人沟渔业有限公司	599.82	30.28	630.10	2.11
齐家泡渔业有限公司	3.60	0	3.60	0.01
野生饲养场	16.23	0	16.23	0.05
一心果树场	39.10	0	39.10	0.13

四、水稻田施肥区

该区主要分布在嫩江左岸，主要土壤类型为草甸土。地势低洼，地势平坦，质地稍硬，耕层适中，保肥能力强，土壤理化性状优良，主要分布在他拉哈镇、腰新乡、巴彦查干乡、江湾乡等乡镇，适合水稻生长发育，是水稻主产区，也是高产区（表2-196）。

表2-196　县域施肥区土壤理化性状

县域施肥区	有机质（g/kg）	碱解氮（mg/kg）	有效磷（mg/kg）	速效钾（mg/kg）	pH值
高产田施肥区	22.6	186.9	39.0	118.5	7.6
中产田施肥区	20.1	162.8	38.9	119.8	7.3
低产田施肥区	17.8	132.9	30.7	89.9	7.7
水稻田施肥区	32.9	183.6	32.1	122.5	7.8

第二节　测土施肥单元的确定

施肥单元是耕地地力评价图中具有属性相同的图斑。在同一土壤类型中也会有多个图斑——施肥单元。按耕地地力评价要求，全境玉米产区可划分为3个测土配方施肥区域。

在同一施肥区域内，按土壤类型一致，自然生产条件相近，土壤肥力高低和土壤普查划分的地力分级标准确定测土配方施肥单元。根据这一原则，上述3个测土配方施肥区，可划分为6个测土配方施肥单元。其中，黑钙土施肥区为一个测土配方施肥单元；漫岗风沙土施肥区划分为2个测土施肥单元；低平草甸土施肥区划分为3个测土施肥单元。具体测土配方施肥单元，见表2-197。

表2-197　测配方土施肥单元划分

测土配方施肥区	测土配方施肥单元
高产田施肥区	黑钙土施肥单元
	草甸土施肥单元
	草甸风沙土施肥单元
	新积土和沼泽土施肥单元
中产田施肥区	沙底黑钙土施肥单元
	石灰性草甸土土施肥单元
	草甸风沙土施肥单元
低产田施肥区	流动性草甸风沙土施肥单元
	石灰性草甸土施肥单元
	盐碱化草甸土施肥单元

（续表）

测土配方施肥区	测土配方施肥单元
水稻田施肥区	潜育性草甸土施肥单元
	厚层沼泽土型潜育水稻土施肥单元

第三节　施肥分区

按着高产田施肥区域，中产田施肥区域，低产田施肥区域，水稻田施肥区域 4 个施肥区域，按着不同施肥单元，即 12 个施肥单元，特制定玉米高产田施肥推荐方案、玉米中产田施肥推荐方案、玉米低产田施肥推荐方案、水稻田水稻土区施肥推荐方案。

一、分区施肥属性查询

这次耕地地力调查，共采集土样 1 519个。确定评价指标 9 个：有机质、耕层厚度、地形部位、有效磷、速效钾、有效锌、pH 值、≥10℃有效积温、土壤侵蚀程度，在地力评价数据库中建立了耕地资源管理单元图、土壤养分分区图。形成了有相同属性的施肥管理单元 3 559个，按着不同作物、不同地力等级产量指标和地块、农户综合生产条件可形成针对地域分区特点的区域施肥配方；针对农户特定生产条件的分户施肥配方（图 2-55）。

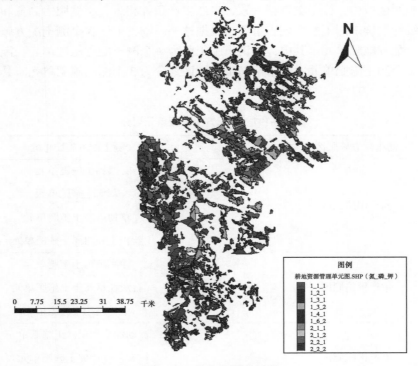

图 2-55　综合施肥分区图

二、施肥单元关联施肥分区代码

根据 3414 试验、配方肥对比试验、多年氮磷钾最佳施肥量试验建立起来的施肥参数体系和土壤养分丰缺指标体系，选择适合本县域特定施肥单元的测土施肥配方推荐方法（养分平衡法、丰缺指标法、氮磷钾比例法、以磷定氮法、目标产量法），计算不同级别施肥分区代码的推荐施肥量（N、P_2O_5、K_2O）。

（一）玉米高、中、低产田施肥分区施肥推荐方案

玉米高、中、低产田施肥分区施肥推荐方案，见表 2-198 至表 2-200。

表 2-198　高产田施肥分区代码与作物施肥推荐关联查询

施肥分区代码	碱解氮含量（mg/kg）	纯氮施肥推荐量（kg/hm²）	有效磷含量（mg/kg）	P_2O_5施肥推荐量（kg/hm²）	速效钾含量（mg/kg）	K_2O推荐量（kg/hm²）
1	>250	86.3	>60	54.8	>60	26.3
2	180~250	92.3	40~60	59.3	150~200	29.8
3	150~180	99.3	20~40	64.3	100~150	33.8
4	120~150	107.8	10~20	70.3	50~100	38.3
5	80~120	117.8	5~10	77.3	30~50	43.8
6	<80	129.8	<5	85.8	<30	50.8

表 2-199　中产田施肥分区代码与作物施肥推荐关联查询

施肥分区代码	碱解氮含量（mg/kg）	纯氮施肥推荐量（kg/hm²）	有效磷含量（mg/kg）	P_2O_5施肥推荐量（kg/hm²）	速效钾含量（mg/kg）	K_2O推荐量（kg/hm²）
1	>250	74.8	>60	51.0	>60	22.3
2	180~250	80.3	40~60	55.5	150~200	25.8
3	150~180	86.3	20~40	60.5	100~150	29.8
4	120~150	93.8	10~20	66.5	50~100	34.3
5	80~120	112.3	5~10	73.5	30~50	39.8
6	<80	122.3	<5	82.0	<30	46.8

表 2-200　低产田施肥分区代码与作物施肥推荐关联查询

施肥分区代码	碱解氮含量（mg/kg）	纯氮施肥推荐量（kg/hm²）	有效磷含量（mg/kg）	P_2O_5施肥推荐量（kg/hm²）	速效钾含量（mg/kg）	K_2O推荐量（kg/hm²）
1	>250	63.6	>60	43.4	>200	17.3
2	180~250	69.1	40~60	47.9	150~200	20.3
3	150~180	75.1	20~40	52.9	100~150	23.8

（续表）

施肥分区 代码	碱解氮 含量 （mg/kg）	纯氮施肥 推荐量 （kg/hm²）	有效磷 含量 （mg/kg）	P₂O₅ 施肥推荐量 （kg/hm²）	速效钾 含量 （mg/kg）	K₂O 推荐量 （kg/hm²）
4	120~150	82.6	10~20	59.4	50~100	27.3
5	80~120	91.1	5~10	67.4	30~50	32.3
6	<80	101.1	<5	76.9	<30	38.8

（二）水稻田施肥分区施肥推荐方案

水稻田施肥分区施肥推荐方案，见表2-201。

表2-201 水稻田施肥分区代码与作物施肥推荐关联查询

施肥分区 代码	碱解氮 含量 （mg/kg）	纯氮施肥 推荐量 （kg/hm²）	有效磷 含量 （mg/kg）	P₂O₅ 施肥推荐量 （kg/hm²）	速效钾 含量 （mg/kg）	K₂O 推荐量 （kg/hm²）
1	>250	97.5	>60	35.3	>200	20.3
2	180~250	103.0	40~60	40.8	150~200	25.8
3	150~180	109.0	20~40	46.8	100~150	31.8
4	120~150	116.5	10~20	54.3	50~100	39.3
5	80~120	125.0	5~10	62.8	30~50	47.8
6	<80	135.0	<5	72.8	<30	57.8

（三）大豆高、中低产田施肥分区施肥推荐方案

大豆高、中低产田施肥分区施肥推荐方案，见表2-202、表2-203。

表2-202 高产田施肥分区代码与作物施肥推荐关联查询

施肥分区 代码	碱解氮 含量 （mg/kg）	纯氮施肥 推荐量 （kg/hm²）	有效磷 含量 （mg/kg）	P₂O₅施肥 推荐量 （kg/hm²）	速效钾 含量 （mg/kg）	K₂O 推荐量 （kg/hm²）
1	>250	25.2	>60	59.3	>200	20.5
2	180~250	27.7	40~60	61.8	150~200	23.0
3	150~180	30.7	20~40	64.8	100~150	26.0
4	120~150	34.7	10~20	68.8	50~100	30.0
5	80~120	39.7	5~10	73.8	30~50	35.0
6	<80	45.2	<5	80.3	<30	41.5

表2-203 中低产田施肥分区代码与作物施肥推荐关联查询

施肥分区 代码	碱解氮 含量 （mg/kg）	纯氮施肥 推荐量 （kg/hm²）	有效磷 含量 （mg/kg）	P₂O₅施肥 推荐量 （kg/hm²）	速效钾 含量 （mg/kg）	K₂O 推荐量 （kg/hm²）
1	>250	23.9	>60	51.8	>200	18.6

（续表）

施肥分区代码	碱解氮含量（mg/kg）	纯氮施肥推荐量（kg/hm²）	有效磷含量（mg/kg）	P_2O_5施肥推荐量（kg/hm²）	速效钾含量（mg/kg）	K_2O推荐量（kg/hm²）
2	180~250	26.4	40~60	54.3	150~200	21.1
3	150~180	29.4	20~40	57.3	100~150	24.1
4	120~150	33.4	10~20	61.3	50~100	28.1
5	80~120	38.4	5~10	66.3	30~50	33.1
6	<80	44.9	<5	72.8	<30	39.6

　　例如，高产施肥区中种植玉米，土壤养分测试结果为：碱解氮 173mg/kg，有效磷 35.6mg/kg，速效钾 118mg/kg。根据施肥分区代码与其养分含量对照，查得施肥分区模式为 3-3-3，其氮磷钾配方施肥量，通过关联玉米高产施肥分区代码与作物施肥推荐关联查询表，查氮的施肥量，查施肥分区代码 3，查得氮的推荐施肥量为：纯氮 29.4kg/hm²，同样通过 3 号代码查得 P_2O_5 的施用量为 57.3kg/hm²，通过 3 号代码查得 K_2O 的施用量为 24.1kg/hm²。

第七章　耕地地力建设存在的问题与建议

第一节　耕地地力存在的主要问题

一、耕地的风蚀问题

耕地的风蚀是耕地侵蚀的一种，是指风对地表物质的侵蚀、搬运和堆积过程，它是造成杜蒙自治县粮食产量不高增长速度缓慢和耕地肥力减退，耕地生产能力低的主要原因之一。

风蚀现象遍及全县，范围广，发生时期较长，一年四季均有发生，因而它的危害很严重。它是土壤肥力减退，土壤生产能力低的主要原因之一。据统计，平均每年风蚀耕地面积27 800hm²，约占全县总耕地面积的 20.3%。

（一）土壤风蚀所造成的危害

风蚀是一种不被人们重视的慢性病，往往引起不可逆转的生态性灾难，其后果是严重的，风蚀的直接后果是耕层由厚变薄，土色由黑变黄，地板由暄变硬，地力由肥变瘦。有的地块由于受风蚀灾害，重者被迫弃耕，轻者补种和毁种，肥料和种子遭到很大损失，还延误农时。

风蚀还有一个严重后果，就是表土剥蚀问题。这远比吹跑肥料、种子和小苗严重得多。表土的损失是难以恢复的。这次地力普查，我们通过调查访问得知，表土剥蚀厚度轻者 2~3cm，重者 5~6cm，数字大得惊人。据一些专家分析，土壤表层上的 1cm 表土是最肥沃、最疏松、生产力最高的一层，它与当地农家肥质量基本相等，如果每年剥蚀掉表土 1cm，折每公顷损失 105t 肥土，相当于 5t 农家肥。若以全县平均每公顷施农家肥 15t（铺在 1hm² 地上才有 0.15mm 厚）标准算，折合损失 7 年的施肥量。

全县风蚀成灾面积历年不等。2009 年 5 月 21 日刮了 1 次八级以上大风，全县成灾面积达 48 466.7hm²，成灾面积占总播种面积的 35.6%，其中，毁种面积 11 733.3hm²，补种 15 800hm²，幼苗遭受损害面积 17 666.7hm²。如果按削蚀表土 3mm 计算，仅这次风就刮走表土 47.5 万 t，按土壤平均含有机质 2%，全氮 0.1% 计算损失土壤养分：有机质 0.95 万 t，全氮 475t，损失的有机质相当于含有机质 8% 的农家肥 11.9 万 t，相当于当年全县施用农家肥总量的 5.9%，损失的全氮折合含氮 46% 的尿素 218.5t。据此推算，全县每年八级以上大风平均达 19 次之多，对土壤的危害是极其严重的。因耕地风蚀，禾苗被打，耕地沙化，表土吹失，地力减退。据在一心乡二合屯调查，有机质含量平均每年下降 0.026%，更严重者，耕地遭到破坏，胡吉吐莫镇马场村岗上路北部分地块，就因严重风蚀而不得不弃种摞荒。

耕地风蚀的后果是不堪设想的。在土壤风蚀的同时，也伴随着土壤沙化，沙化埋没了农田和草原，村屯房屋也有被埋没的危险，2010年9月对一心乡富家屯的沙化情况进行了详细调查：富家屯建屯50几年，但沙化现象极其严重，本屯失落在龙虎泡南岸的沙岗上。由于表土被破坏，加之背靠龙虎泡，毫无天然屏障，每年春风季节，黄沙弥漫。在屯中及附近已形成三处风口，迎着龙虎泡的房北墙已被流沙埋掉1.5m，平均每年埋掉7.5cm，屯南耕地沙化现象也比较严重，每年风沙季节，垄沟刮满浮沙，待耕种时翻动耕层，使此层土壤质地由重变轻，保水保肥性能逐渐降低，使土壤性质恶化。

（二）产生土壤风蚀的原因

产生耕地风蚀的关键因素是自然因素和人为因素，只有弄清产生风蚀的原因极其发生规律，才能因地制宜地采取有效地防治措施。

1. 气候

影响土壤风蚀的气候因素主要是风。风多雨少，尤以春季为甚，历年平均4—5月大风次数在9次以上，而降水量只有39mm左右。每年有八级以上大风15（北部）~17（南部）次，最大风速可达28m/秒，多年平均风速4.1m/秒。全年多盛行西北风和西南风。由于干旱多风，地面覆盖度小，因此，风蚀极为严重。

2. 土壤

土壤干旱，土壤表层松散，质地较轻含沙量较大，多数耕地表土沙化，土壤结构遭到破坏，保水保肥能力极低，耐蚀性极差。特别是沙土，在境内分布广面积大，占全县土壤总面积的34.5%，其中，耕地占本土壤的27.9%。由于沙土的性质及其特点所决定了易受风蚀。

各土壤类型表土物理性沙粒含量，见表2-204。

表2-204 各土壤类型表土物理性沙粒（大于0.01mm）含量统计

土壤名称	平均值	最大值	最小值	极差	标准差	变异系数	样品数
风沙土	87.5	97.2	73.0	24.2	4.78	0.05	18
黑钙土	79.2	88.9	64.8	24.1	6.99	0.09	27
草甸土	68.9	91.9	21.6	70.3	17.00	0.25	30

3. 人为因素

人们生存生活在土地上，就不断地为土壤进行干预和改造，因此，改变了土壤的原来特性。从本县农牧林用地比例来看，农业比重相对增加，林牧业比重相对减少，其主要原因是过度开垦，乱砍滥伐造成的。据调查，到2010年全县累计造林面积达69 788.8hm²，森林覆盖率平均为11.3%。另外，对土地资源管理较差，乱开荒，广种薄收，垦殖率过高，土地大面积和长时间的裸露，如毁草开荒，迎风坡开荒等；光垦殖不建设或垦殖多建设少，农田基本建设跟不上等，均为风蚀的人为因素。

二、土壤的盐碱问题

盐碱土的分布较为广泛，据普查计算，全县土壤中呈碱性反应的面积324 903hm²，占总面积的77.2%，其中，耕地面积79 393.6hm²，占总土壤面积的58.1%。

　　该土壤是在本区特有的气候条件下和地下水含盐浓度大，水位高的特点而形成的。气候干旱，降水量小，蒸发量大，地面蒸发作用强烈，随着蒸发，富含可溶性盐的土壤水分沿毛细管上升水分蒸发掉盐分积累在地表，使土壤发生盐渍化。由于盐碱土含有过多的水溶性盐类，主要成分以重碳酸盐为主，因而使土壤呈碱性反应，pH 值 8.5~9.5，土壤溶液浓度大，对作物吸收水分，养分极为困难。特别对种子发芽和幼苗生长发育影响更大；土壤含有较多盐分，作物吸收养料和水分的同时，吸收了大量盐类，导致作物中毒降低生活能力，抑制生长，推迟发育，更严的甚至死亡。

　　盐碱土中含有大量水溶性盐分，恶化了土壤的理化性质，使土壤有效养分减少，质地黏重，地冷浆，春季返盐。该土壤属于耕性不良的低产土壤。根据其盐分含量不高，耕性还不太差的特点，应采取以下改良利用措施；

　　盐碱土壤中盐碱成分以重碳酸盐为主，大面积是碳酸盐草甸土、盐化草甸土和碱化草甸土，群众通称作"轻碱土"，由于土壤中含有一定量的碳酸盐类，个别地块，地表有碱斑，返盐霜，通体有强烈的石灰反应。因而使土壤呈碱性反应，危害程度较大。另外，因为土壤中还含有以小苏打为主的盐碱，这种盐碱除危害庄稼外，还能恶化土壤性质，所以，造成了土壤质地黏杇，干时硬、湿时泞、冷浆，既怕旱又怕涝等许多不良性状。尽管养分含量不低也发挥不出来，产量不高。其对作物产生的不良影响主要有以下几点。

（一）盐分含量高，危害种子发芽及作物生长

　　盐碱土中含有大量可溶性的有害盐类，多为碳酸氢钠和碳酸钠，本次地力评价土壤化验分析结果，耕层土壤含盐量全县最大值是 0.295mg/kg，最小值是 0.027mg/kg，平均值 0.061mg/kg。随季节而变动，春季返盐季节，含盐量在 0.100%~0.300%变动，对最不耐盐碱的小苗，构成严重威胁，常因旱和小雨勾碱而死苗。一般土壤含盐量超过 0.120%种子发芽即受到影响，由于春季墒情差，土壤返盐碱严重，不利作物出苗。墒情好时，抓苗较容易，故在墒情差时，座水种与抗盐有密切关系。

　　盐分能影响作物正常发育，主要表现形式是：抑制根系水分的渗透。由于盐分使土壤溶液渗透压增加，影响作物吸水及作物体内的水分平衡，造成"生理干旱"。盐分可使作物体内的矿物质失调，由于土壤中有一定的盐类，使作物体内正常离子平衡遭到破坏，故使某些元素在作物体内过多或过少造成营养失调，影响作物的正常生长发育。另外，盐分中有毒性的离子在作物体内多量积累，可引起中毒症状。

（二）土壤质地黏重，透水性差

　　盐碱土所处地势低洼，地下水位高（1~3m）土壤长期受地表水及地下水的浸润，土壤黏粒不断沉积，使土壤逐渐变粘。土壤表层容重一般在 1.20~1.26g/cm³，孔隙度为 55.6%，毛管孔隙度为 54.2%，非毛管孔隙只占 28%。另外土壤中代换性钠较多（占代换含量的 30%以上），土质黏重，分散性大，吸水容易膨胀，结构性差，难于透水。由于通气透水条件不好，春季返浆迟缓，煞浆慢，地温低、冷浆、微生物活动弱，养分分解慢，苗期养分供应不足，小苗发锈不爱长。但到伏雨来后，地温升高，有效养分分解较多，作物生长趋于正常。群众所说的"不发小苗，发老苗""没前劲，有后劲"就是这个道理。

（三）对有效养分有固定作用

　　盐碱土中含有的碳酸盐，对微量元素锌具有吸附固定作用，生成难溶于水的碳酸锌。碳酸锌只有在温度升高时，才能慢慢地分解释放。所以，在这些土壤上播种的作物，前期低温

时表现小苗发锈叶色不正常，当温度升高时，叶的颜色才逐渐恢复为深绿色。除此之外，土壤中的碳酸盐和速效磷反应成难溶于水的磷酸钙，降低了肥效。

（四）不抗旱，不抗涝

气候干旱，特别是春季降水少、风大、蒸发强烈，故土壤耕层水分消耗较多，尤其是盐碱土下部水又不易向上补充，加之土质黏重，理化性质不良，湿时泞，干时硬，耕作非常费劲，容易起大坷条、坷垃，不保墒、不抗旱、不保苗。另外，由于盐碱土所处地势低平，夏季雨水多时，地下水位较高，土壤透水又差，地面排水及土壤排水均不好，容易造成内涝。

三、土壤肥力减退问题

土壤肥力是表明土壤生产性能的一个综合性指标，它是由各种自然因素和人为因素构成的。由于长期受水蚀和风蚀，跑水、跑肥、跑土的慢性病的影响以及用地养地失调，广种薄收，剥削地力的不合理耕作，土壤的养分状况发生了很大变化，主要表现为有机质含量降低，氮磷等养分也相应减少，土壤肥力逐年减退。

据土壤普查报告记载，黑龙江省松嫩平原开垦初期，土壤有机质含量约为 $30 \sim 60 g/kg$，全氮含量约为 $3 \sim 5 g/kg$，全磷量约为 $3 \sim 4 g/kg$。历经百余年的农事活动，杜蒙自治县现在的土壤养分状况如何呢？这次耕地地力普查中，我们对土壤耕层（$0 \sim 20 cm$）农化样品进行了化验分析，结果表明：有机质养分一级没有。有机质养分二级耕地面积 410.50 hm^2，占总耕地面积 0.30%。有机质养分三级耕地面积 5 434.75 hm^2，占总耕地面积 3.97%。有机质养分四级耕地面积 27 528.07 hm^2，占总耕地面积 20.13%。有机质养分五级耕地面积 79 088.70 hm^2，占总耕地面积 57.83%。有机质养分六级耕地面积 24 294.89 hm^2，占总耕地面积 17.77%。不同土类有机质情况，这次耕地地力评价土壤化验分析结果，风沙土有机质最大值是 46.3 g/kg，最小值是 4.7 g/kg，平均值 11.34 g/kg，比二次土壤普查降低 0.52 g/kg。黑钙土有机质最大值是 32.9 g/kg，最小值是 5.0 g/kg，平均值 10.41 g/kg，比二次土壤普查降低 0.82 g/kg。草甸土有机质最大值是 66.9 g/kg，最小值是 5.0 g/kg，平均值 12.48 g/kg，比二次土壤普查降低 0.75 g/kg。沼泽土有机质最大值是 33.0 g/kg，最小值是 5.0 g/kg，平均值 12.85 g/kg，比二次土壤普查降低 0.86 g/kg。新积土有机质最大值是 19.6 g/kg，最小值是 7.4 g/kg，平均值 11.28 g/kg，比二次土壤普查降低 0.70 g/kg。全氮最大值 2.651%，最小值是 0.430%，平均值 1.049%，比二次土壤普查平均降低 0.119%，全氮较高的巴彦查干乡比二次土壤普查平均降低 0.105%，降幅最大的是新店林场，比二次土壤普查平均降低 0.174%，白音诺勒乡、一心乡、烟筒屯镇等有不同程度的降低。有效磷最大值是 119.8 mg/kg，最小值是 1.0 mg/kg，平均值 20.83 g/kg，比二次土壤普查下降 0.27 mg/kg。有效磷含量较高的江湾乡下降最大，比二次土壤普查下降 4.76 mg/kg。养分含量的降低速度是相当高的，如果我们不重视用地养地的话，养分降低速度将更快。通过土壤普查耕地地力深深感到，土壤这个最大的生态系统，一旦遭到破坏和削弱，作为农业生产基础的土壤肥力，就会导致生态性的灾难，瘠薄化、沙化、碱化等，必然导致农业生产量的下降。

四、土壤耕层浅犁底层厚问题

通过耕地土壤普查的剖面观察发现，耕地土壤普遍存在耕层浅、犁底层厚现象。对 1 519 个剖面登记表统计结果表明，耕层在 10 cm 以下占 9.7%，$10 \sim 15 cm$ 占 66.8%，大于

20cm 的占 23.5%，平均厚度仅有 11.47cm。

犁底层在 3～5cm 占 47.3%，6～10cm 的占 39.4%，大于 10cm 的占 13.7%，平均厚度 8.7cm，最厚 15cm 以上。由于耕层浅，犁底层厚，给土壤造成很多不良性状，严重影响了农业生产。

耕层薄、犁底层厚是人为长期不合理的生产活动所形成的，两者是息息相关的。通过调查，杜蒙自治县造成耕层浅、犁底层厚的主要原因是：由于适应干旱为了保墒和引墒而进行浅耕，翻地达不到深度要求，只在 15cm 左右，采取重耙耙地和压大石头磙子等措施，而使土壤压紧，形成了薄的耕作层和厚的犁底层。另外，部分地区因土层薄（10～15cm）当地群众怕把黄土翻上来而减产，不敢深耕，所以，多年习惯浅翻，使耕层始终保持相近深度水平上，下层土经常受犁底的压力，久而久之而形成坚硬的犁底层；翻、耙、耢、压不能连续作业，机车进地次数多，对土壤压实形成坚硬层次，部分土壤质地黏重、板结、土壤颗粒小，互相吸引力大，有的地块虽然进行了浅翻深松，但时间不长，由于降水，土壤黏粒不断沉积又恢复原状。这也是形成耕层薄、犁底层厚的一个主要原因。

耕层、犁底层物理性状，见表 2-205。

表 2-205　耕层、犁底层物理性状测定平均结果

层次	总孔隙度（%）	毛管孔隙度（%）	非毛管孔隙度（%）	田间持水量（%）	容重（g/cm³）
耕层	51.6	44.7	6.3	35.7	1.18
犁底层	64.9	41.0	5.9	31.9	1.31

耕作土壤构造大都有耕层、犁底层等层次，良好的耕作土壤要有一个深厚的耕作层（20cm）才能满足作物生长发育的需要。犁底层是耕作土壤必不可免的一个层次，如在一定的深度下（20cm 以下）形成很薄的犁底层，既不影响根系下扎，还能起托水托肥作用，这种犁底层不但不是障碍层次，而对作物生长发育还能起到有一定意义的作用。而全县大多数不是这种情况，大都是耕层薄、犁底层厚，有害而无利。耕层薄，犁底层厚主要有以下几点害处。

（一）通气透水性差

犁底层的容重大于耕层的容重，而孔隙度低于耕层的孔隙度。犁底层的总孔隙度、通气孔隙、毛管孔隙均低于耕层，另外，犁底层质地黏重，片状结构，遇水膨胀很大，使总孔隙度变小，而在孔隙中几乎完全是毛管孔隙，形成了隔水层，影响通气透水，使耕作层与心土层之间的物质转移、交换和能量的传递受阻。由于通气透水性差，使微生物的活动减弱，影响有效养分的释放。

（二）易旱易涝

由于犁底层水分物理性质不好，一方面，在耕层下面形成一个隔水的不透水层，雨水多时渗到犁底层便不能下渗，而在犁底层上汪着，这样，既影响蓄墒，又易引起表涝，在岗地容易形成表径流而冲走养分；另一方面，久旱不雨，耕层里的水分很快就蒸发掉，而底墒由于犁底层容易造成上下水气不能交换而形成表旱而减产。

（三）影响根系发育

一是耕层浅，作物不能充分吸收水分和养分；二是犁底层厚而硬，作物根系不能深扎，

只能在浅的犁底层上盘结，不但不能充分吸收土壤的养分和水分，而且容易倒伏。使作物吃不饱，喝不足。

五、土壤的干旱问题

土壤干旱已成为当前限制农业生产的最主要障碍因素，是作物产量低的主要因素。我县属于寒温带大陆性季风气候，常年平均降水量 384.7mm，年际间变化较大，年最大降水量 532.1mm，年最小降水量 254.7mm，降水量变化率为 52.1%。由于季风影响，降水多集中在 6—8 月，降水量为 339.5mm，占全年降水量的 88.3%。年平均蒸发量 2015.8mm，全年蒸发量是降水量的 5.24 倍，且初春 3—4 月蒸发量较大。从 1959—2010 年 52 年的资料看，只有 5 年不旱，9 年轻旱，21 年中旱，17 年重旱。52 年间平均是十年九旱。干旱对作物产量影响很大，干旱年产量与半干旱年产量相差 1 倍。特别是春旱更为严重，乃致春播不能适时进行。本县干旱主要是由于气候干燥，降水量小，蒸发量远大于降水量，加之土壤耕层结构差，保水畜水能力低而造成的。

调查结果表明，现行的耕作制度也是造成土壤干旱的主要因素。自 20 世纪 80 年代初开始，随着农村的农业机械由集体保有向个体农户保有和农机具由以大型农业机械为主向小型农业机械为主的转变，土壤的耕作制度也发生了很大变化，传统的用大马力拖拉机进行连年秋翻、整地作业和以畜力为主要动力实施各种田间作业的传统耕作制度，逐步被以小四轮拖拉机为主要动力进行灭茬、整地、施肥、播种、镇压及中耕作业的耕作制度所代替。由于小型拖拉机功率小，不能进行深翻；灭茬时旋耕深度浅，作业幅度窄，仅限于垄台，难于涉及垄帮底处；整地、播种、施肥及耢地等田间作业也均很少能触动垄帮底处。长此下去，就形成了"波浪形"犁底层构造剖面。其主要特征：一是耕层厚度较薄，一般仅为 12~20cm；二是耕层有效土壤量少，每公顷仅为 1 500t 左右，约为"平面型"犁底层构造剖面 3 000t 的 50%；三是土壤紧实，垄脚和犁底层的硬度一般在 35kg/cm² 以上；四是土壤的含水量较低，平均仅为 16.2%。由于土层薄，有效土壤量减少，土壤容重增大，孔隙度缩小，通透性变差，持水量降低，导致土壤蓄水保墒能力下降。由此可见，现行的耕作制度对耕层土壤接纳大气降水极为不利，造成了有限的降水利用率低下，从而导致土壤持续发生干旱。

第二节　耕地地力建设目标

一、总体目标

(一) 粮食增产目标

我县是黑龙江省粮食的主产区和国家重要的商品粮生产基地，粮食总产量约 6.5 万 t。这次耕地地力调查及质量评价结果显示，杜蒙自治县中低产田土壤还占有相当的比例，另外，高产田土壤也有一定的潜力可挖，因此，增产潜力十分巨大，若通过适当措施加以改良，消除或减轻土壤中障碍因素的影响，可使低产变中产，中产变高产，高产变稳产甚至更高产。如果按地力普遍提高一个等级（保守数字），每公顷增产粮食 750kg 计算，全县每年可增产粮食 10 万 t，这样每年粮食总产可达到 7.5 万 t。

(二) 生态环境建设目标

耕地土壤在开垦初期，农田生态系统基本上处于稳定状态，然而在以后的一段时间里，由于"以粮为纲"，过渡开垦并采取掠夺式经营，致使生态系统遭到了极大的破坏，导致风灾频繁、旱象严重、水土流失加剧。当前，生态环境建设的目标是恢复建立稳定复合的农田生态系统，依据这次耕地地力调查和质量评价结果，下决心调整农、林、牧结构，彻底改变单纯种植粮食的现状，对坡度大、侵蚀重、地力瘠薄的部分风蚀严重的耕地要坚决退耕还林还草，此外，要大力营造农田防护林，完善农田防护林体系，增加森林覆盖率，这样就使农田生态系统与草地生态系统以及森林生态系统达到合理有机的结合，进而实现农业生产的良性循环和可持续发展。

(三) 社会发展目标

杜蒙自治县是农业县，农民的收入以畜牧业和种植业为主。依据这次耕地地力调查和质量评价结果，针对不同土壤的障碍因素进行改良培肥，可以大幅度提高耕地的生产能力，巩固国家商品粮基地县地位。同时，通过合理配置和优化耕地资源，加快种植业和农村产业结构调整，发展粮区畜牧业，可以提高农业生产效益，增加农牧民收入，全面推进全县农村建设小康社会进程。

二、近期目标

本着先易后难、标本兼治、统一规划、综合治理的原则，确定全县耕地土壤改良利用近期目标是：从 2010—2015 年，利用 5 年时间，建成高产稳产标准良田 8 万 hm^2，使单产达到 11 250kg/hm^2。

三、中期目标

2015—2020 年，利用 5 年时间，改造中产田土壤 6 万 hm^2，使其大部分达到高产田水平，单产超过 9 750kg/hm^2。

四、远期目标

2020—2025 年，利用 5 年时间，改造低产田土壤 3 万 hm^2，使其大部分达到中产田水平，单产超过 8 250kg/hm^2。

第三节　耕地地力建设的主要途径

土地资源丰富，土壤类型较多，生产潜力很大，对农、林、牧、副、渔各业的全面发展极为有利。但是，由于自然条件和人为等因素的影响，有些地方土壤利用不太合理，上面我们已经提到了土壤存在的一些问题，这些都是问题的主要方面。但目前多数土壤还存在着许多不被人们所重视的程度不同的限制因素，因此，我们要尽快采取有效措施，全面规划、改良、培肥土壤，为加速实现农业现代化打下良好的土壤基础。下面将土壤改良的主要途径分述如下。

一、大力植树造林，建立优良的农田生态环境

植树造林乍听起来似乎与改良土壤关系不大，其实不然，人类开始农事活动的历史经验证明，森林是农业的保姆，林茂才能粮丰，是优良农田生态环境的集中表现形式。植树造林，实行大地园林化，增加覆盖率，可以人为调节生态环境，减少蒸发增加降水。新店林场现有林地 506.67 万 hm^2，森林覆盖率 58%。由于森林调节水分的作用，每年 5～9 月平均降水可达 391.7mm，比泰康镇增加降水 39.7mm。不仅起到了固沙作用，而且对周围土地起到了保护作用。这是一项成功的经验，是防风固沙行之有效地措施。目前，全县的森林覆盖率和农田防护林的覆盖率很低，只有 11.3%，基础太差，风灾年年发生，因此，造林必须有个长足的大发展。为了驯服风沙、保持水土、为了涵养水源，调节气候，为生物排水（降低地下水位），解放秸秆，都必须造林。要造农田防护林、水土保持林、生物排水林、水源涵养林、堤防渠道林、薪炭林等抗灾、保收、增产多种作用的森林。要林网化，绿化三田、四傍，同时，搞好育苗，各乡镇都要拿出一定数量的土地作为育苗基地。结合实际情况，在大力发展植树造林的基础上，结合筑路、治水建设三田工程，造林要紧紧跟上。在 3～5 年内全县森林覆盖率要达到 18% 以上，农田防护林覆盖率达到 5% 以上，这样就会使全县林业发生很大变化，农田生态就会大改善，随之而来的将会出现一幅林茂粮丰的大好景象。

二、改革耕作制度实行抗旱耕法

杜蒙自治县地处松嫩平原西部，春季雨量少、风多、风大、蒸发强烈，土壤是"十年九旱"这是农业生产上的主要限制因素之一。而耕作又是对土壤水分影响最为频繁的措施。合理耕作会增加土壤的保水性，不合理的耕作能造成土壤水分大量散失，加剧土壤的干旱程度。因此，要紧紧围绕抗旱这个中心，实行以抗旱为主兼顾其他的耕作制度。

（一）翻、耙、松相结合整地

翻、耙、松相结合整地，有减少土壤风蚀，增强土壤蓄水保墒能力，提高地温，1 次播种保全苗等作用。

翻地最好是进行秋翻，争取春季不翻土或少翻土。秋翻可接纳秋（冬）雨水，蓄在土壤里，有利蓄水保墒。春季必须翻整的地块，要安排在低洼保墒条件较好的地块，早春顶棱浅翻或顶浆起垄，再者抓住雨后抢翻，随翻随耙，随播随压，连续作业。

耙茬整地是抗旱耕作的一种好形式，我们要积极应用这一整地措施，耙茬整地不直接把表土翻开，有利保墒，又适于机械播种。

深松是整地的一种辅助措施，能起到加深土壤耕作层，打破犁底层，疏松土壤，提高地温，增加土壤蓄水能力和效果。要想使作物吃饱、喝足、住得舒服，抗旱抗涝，风吹不倒，必须加厚活土层，尽量打破犁底层或加深犁底层的部位。为此，深松是完全必要的，是切实可行的。根据全县推广深松耕法的经验表明，90% 以上的深松面积增产，其增产幅度约在 20% 左右。深松如果能与旱灌结合起来效果更好。尤其是岗地风沙土耕地，更应积极应用深松耕法，改变土壤干、瘦、硬和耕层薄犁底层厚不良性状。低洼地区特别是含有盐碱的土壤，也应以深松、浅翻为主，降低地下水位，减少耕层盐分。

（二）积极推广应用机械播种

机械播种是抗春旱、保全苗的一项主要措施之一。杜蒙自治县地势平坦，土地连片，便

于机械作业。根据现有条件，播种机械可用大型播种机，其优点是封闭式开沟，使种子直接落入湿土中。此外，开沟、播种、施肥（化肥）、覆土、镇压1次完成，防止跑墒。机械播种还有播种适时、缩短播期、株距均匀、小苗生长一致等优点。据试验对比结果，平播谷子比垄上条播增产17%~23%，高粱比垄作增产12%~31%，大豆平播比垄作增产13%~20%，玉米平播后起垄比垄上人工播种增产24.3%。谷子、高粱、大豆等作物要实行平播平管，玉米等作物应实行平播垄管，便于中耕除草，抗旱保水，提高地温。

（三）因土种植，合理布局

根据全县土壤情况，南部沿江草甸土耕地，应以水稻为主要种植作物，逐步扩大水稻面积，适当压缩低产经济作物面积；岗地风沙土、黑钙土耕地，要以种植玉米、高粱为主，适当扩大谷子、杂豆等经济作物面积，适当压缩大豆面积。建立起玉米、杂粮、经济作物轮作制，要充分发挥草原优势，大力发展畜牧业，以牧养地，以地增产，农牧并举。同时，要极力控制开荒。

三、增加土壤有机质培肥土壤

土壤有机质是作物养料的重要给源，增加土壤有机质是改土肥田，提高土壤肥力的最好途径。不断地向土壤中增加新鲜有机质，能够改善土壤质地，增强土壤通气透水性能，提高地温，促进微生物活动，有利速效养分的释放，满足作物生长发育的需要。

（一）农家肥质量

农家肥是我国的传统肥料，从目前杜蒙自治县生产情况看，农家肥是培肥地力、增加土壤有机质的最主要措施。但杜蒙自治县农家肥分布不均，畜牧业发达乡镇有机肥数量大，质量高，而畜牧业不发达乡镇相对偏少。

种植绿肥可起到用地养地、改良土壤、增加土壤有机质提高土壤肥力的作用。目前，杜蒙自治县耕地的土壤有机质含量低，肥力不高，保水保肥性能低，适耕性差，若不采取新的有效措施，从根本上提高土壤肥力，要继续提高产量是较难的。种植绿肥既可发展养殖业，增加有机肥料，又可直接增加土壤有机质和其他各种养分，是建设高产稳产农田的重要技术措施。据有关资料记载，翻压草木樨后耕层土壤有机质净增14.7g/kg，全氮增加3.1g/kg，全磷增加0.6g/kg，盐分下降0.01%。

绿肥作物是一种高蛋白的优质饲草，种植一公顷绿肥作物当年可收鲜草15~22.5t，为养殖业提供了丰富的优质牧草，促进畜牧业的发展。草木樨喂奶牛产奶量可提高1/4~1/3，既节约草料，又增加了有机肥料，根茬还可肥田。因此，要建立一个以草养牧、农牧结合、全面发展的良性循环系统。

杜蒙自治县种植绿肥的适宜方式是：粮食产区，实行粮草间种或套种。农牧区应实行粮草轮作，每年有计划的拿出一部分耕地轮种。全县的闲田隙地、沟边壕沿都应积极提倡种植绿肥。

（二）大力推广秸秆还田

秸秆还田是增加土壤有机质，提高土壤肥力的重要手段之一，它对土壤肥力的影响是多方面的，既可为作物提供各种营养，又可改善土壤理化性质。据试验秸秆还田一般可增产10%左右。当前农村烧柴有剩余，可用于还田。把秸秆用作肥料，发挥更多作用，我们应积极发展机械秸秆还田技术，秋后将秸秆粉碎压在土壤里即可。秸秆还田后，最好结合每公顷增施氮肥55kg，磷肥35kg，以调节微生物活动的适宜碳氮比，加速秸秆的分解。目前，秸秆全部还田一时解决不了，但我们要把它作为农业基本建设的一项内容，与提高土壤有机质的一项重要措施来抓，为逐步实行秸秆还田创造条件。

（三）合理施用化肥

施用化肥是提高粮食产量的一个重要措施。为了真正做到增施化肥，合理使用化肥，提高化肥利用率，增产增收，要做到以下几点。

（1）确定适宜的氮磷钾比例，实行氮磷混施。根据近年来我们在不同土壤类型区进行氮磷钾比例试验结果证明，氮磷钾比以2∶1∶0.5或1.8∶1∶0.3为宜。

（2）底肥深施，种肥水施。多年试验和生产实践证明，化肥做底肥深施、种肥水施，省工省力，能大大提高肥料利用率，尤其是二铵做底肥、口肥效果更好。据试验，二铵作水肥的增产8%，与有机肥料混合施用效果更好。

四、改良盐碱土

盐碱土是含盐含碱的通称，包括盐土、碱土、盐化及碱化的土壤。耕地中的盐碱土主要有：碳酸盐草甸土、盐化草甸土、碱化草甸土等。就是农民所说的"轻碱土"。轻碱土所处地势低洼，地下水位高，土体中含有大量碳酸盐，质地黏重，结构不良，有效养分释放慢，作物前期生育受阻，后期生长旺盛，易贪青晚熟。目前是一种低产土壤，但从一些乡镇多年的生产实践看，只要合理改良利用，改变其不良属性，变不利为有利，轻碱土也会变成高产土壤的。特提出以下改良措施。

（一）增施农肥，种植绿肥

施用各种有机肥料，有抑制盐分上升，降低土壤碱性和肥田、增产的效果。经验证明，每公顷施高温造肥60~80t，可消除土壤碱性和返盐烧苗现象，每公顷施炉灰畜禽粪与堆肥混施60t以上，对于改碱和增产作用也较大。

种植绿肥改良盐碱土，具有养分高、投资少、见效快的特点。草木栖和田菁等绿肥作物都有改土、肥田、增产的效果。可增加地面覆盖、减轻返盐、疏松土壤、加速洗盐。据有关资料记载，种植草木栖，当年可使耕层（0~20cm）总碱度降低1/8，代换性钠减少1/6。

（二）深松土壤

浅翻深松能打破碱化犁底层，给土壤创造一个深厚疏松的耕层又不打乱土层，切断毛细管，使盐分不易往上返。同时，深松还能增强透水性，使盐分能向下淋洗。深松最好在伏、秋季进行，春季播前松土必须结合灌水才能充分发挥它的改土作用。

（三）积极采用化学改良方法

据试验每公顷撒施或埯施磷酸三钠渣子750~1 500kg，脱盐消碱效果好，而每公顷施6~8t，改土、增产作用更大。施用淤泥改良盐碱土效果也很好，每公顷埯施淤泥3 500kg或结合畜禽粪深松施2.5t，改土和增产效果显著，淤泥还可与腐殖酸结合施用。

（四）搞好水利工程设施，采用灌溉排水改良轻碱土

灌溉不仅能抗旱保苗，还能洗盐脱盐，特别是井灌，能降低地下水位，控制盐分上返。但要注意掌握灌溉的时间和灌水量，过早灌溉会严重降低土壤温度，影响幼苗生长。玉米、高粱和谷子在拔节期灌溉较为适宜。灌水量过低（每公顷120t）将造成返盐减产，灌水量应以每公顷400t以上为宜。在地势低洼，排水不畅地块，必须建设排水系统，采取深挖排水沟，沟内再挖渗水坑的办法排出内涝，防止盐分上升到地表聚积。沿江乡镇要积极扩大水稻面积，种稻洗盐。

（五）种植耐盐碱作物

旱田要种植较耐盐碱的高粱、玉米、谷子等作物，有计划地扩大葵花籽等经济作物，大豆要少种或不种，如种时要选择早熟品种，躲过返盐期。有条件的要扩大水稻种植面积。

第四节　土壤改良利用分区

土壤改良利用分区是从区域性角度出发，对较复杂的土壤组合及其自然生态条件的分区划片。指出各区的土壤组合特点，生产问题，改良方向及改良利用的措施等，因地制宜地利用土壤资源，按自然规律和经济规律，全面规划，综合治理，为农林牧副渔业的合理布局提供科学的依据。

一、土壤改良利用分区的原则与分区方案

（一）土壤改良利用分区的原则与依据

土壤改良利用分区主要依据土壤组合及其他自然条件的综合性分区。是在充分分析土壤普查各项成果的基础上，根据土壤组合、肥力属性及其与自然条件、农业经济的自然条件、农业经济自然条件的内在联系，综合编制而成的。

（1）以自然条件为基础，坚持自然条件与社会经济条件综合考虑。在自然条件中，以土壤条件为主，坚持土壤、地貌、气候和水文地质等条件综合分析。

（2）从综合治理出发，充分分析当地土壤和与土壤有关的农业生产问题，找出存在问题的原因，提出治理的途径。

（3）改良与利用紧密结合，在利用中加以改良，改良为利用，使用地与养地结合，建设高产稳产土壤。

（4）确定土壤改良利用方向和措施是坚持远近结合，以近为主，切合实际，服务当前。

根据以上分区原则，土壤改良利用分区分两级，第一级为区，区下分亚区。区级划分的依据，主要是根据同一自然景观单元内土壤的近似性和土壤改良利用方向的一致性。亚区划分主要是在同一区内根据土壤的组合、肥力状况及改良利用措施的一致性，并结合小地形、水分状况等特点划分的。

（二）土壤改良利用分区的命名

（1）土区的命名是以该区主要土类为主，辅以土区的地理位置而命名。例如，南部沙土、草甸土、黑钙土区，其主要土壤类型是风沙土、草甸土、黑钙土，在杜蒙自治县南部地区。

（2）亚区的命名是以主要土类亚类及该区所在乡（场）名称或简称而命名，例如，东北部草甸土，黑钙土，沙土区的第二亚区跨一心乡，克尔台乡、白音诺勒乡、命名为一、克、白沙土，黑钙土草甸土亚区。

二、土壤改良利用分区方案

根据上述土壤改良利用分区原则与依据，杜蒙自治县共划 5 个土区，9 个亚区，方案如表 2-206。

表 2-206　土壤改良利用分区

分区名称	面积 (hm²)	面积占 (%)		其中耕地			
		全县	本区	面积 (hm²)	面积占 (%)		
					全县	本区	
I 北部沼泽土区	60 140.5	10.82	100.00	899.9	6.50	100.00
II 东北部草甸土、黑钙土、沙土区	129 006.0	23.21	100.00	31 488.6	21.67	100.00
亚区 II₁烟筒屯草甸土亚区	29 161.5	5.24	5 545.4	4 936.3	3.82	17.61
II₂一心、克尔台、白音诺勒沙土、黑钙土、草甸土亚区	99 844.5	17.97	25 943.3	23 093.9	17.86	82.39
III 中部沙土草甸土区	153 277.9	27.58	100.00	28 999.6	19.96	100.00
亚区 III₁江湾、胡吉吐莫、敖林西伯、新店沙土亚区	117 319.6	21.11	23 426.3	20 853.2	16.12	80.78
III₂江连环湖草甸土亚区	35 958.3	6.47	5 573.3	4 961.2	3.84	19.22
IV 南部沙土、草甸土、黑钙土区	127 446.3	22.94	100.00	36 241.0	24.94	100.00
亚区 IV₁敖林西伯、胡吉吐莫黑钙土亚区	18 283.8	3.29	7 261.3	6 463.8	5.00	20.03
IV₂巴彦查干、石人沟沙土亚区	31 493.3	5.67	10 482.9	9 331.5	7.21	28.93
IV₃敖林西伯、他拉哈、腰新草甸土、沙土亚区	77 669.1	13.98	18 496.8	16 465.3	12.73	51.04
V 西部草甸土区	85 848.6	15.45	100.00	39 127.8	26.93	100.00

每个土壤改良利用分区的具体情况，见表 2-207 至表 2-211。

表 2-207 北部沼泽土区

项目	I 北部沼泽土区
耕地面积（hm²）	899.9
占全县面积（%）	6.50
占本区耕地面积（%）	100.00
主要土壤类型	主要是沼泽土类，岗上分布有一定面积风沙土和黑钙土分布
主要生产问题	本区主要地貌为湖泊沼泽地，植被以芦苇为主，还有零星的沙岗分布，大部分已开垦种植，土壤类型以芦苇草甸土为主，岗上分布有风沙土和黑钙土。主要问题岗上干旱和岗下易涝
发展方向	岗下发展水稻生产。农、牧、渔结合，促进生态平衡
改良利用途径及主要措施	1. 大搞农田水利建设，充分利用水源抗旱，彻底解决干旱问题、洪涝问题 2. 充分利用水源，适当发展水稻种植 3. 实行浅翻深松，加深耕作层，打破犁底层 4. 营造农田防护林，风蚀严重地段，应加宽林带宽度

表 2-208 东北部草甸土、黑钙土、沙土区

		II 东北部草甸土、黑钙土、沙土区		
项 目		合计	II₁烟筒屯草甸土亚区	II₂一心、克尔台、白音诺勒沙土、黑钙土、草甸土亚区
分区面积	耕地面积（hm²）	31 488.6	5 545.4	25 943.2
	占全县 总面积（%）	21.67	3.82	17.86
	占本区耕地面积（%）	100.00	17.61	82.39
主要土壤类型		主要是草甸土、黑钙土、风沙土		
主要生产问题		该区多为坡岗地，地下水位低，春风大而次数多，春旱严重，水土流失（风蚀和水蚀）严重。耕层较薄、肥力不高的面积较大		
发展方向		以农为主，农、牧、林、渔结合		
改良利用途径及主要措施		1. 结合农田基本建设，搞好水土保持，减少水土流失，营造农田防护林和水土保持林 2. 修渠打井，扩大水源，发展井灌，扩大水浇地 3. 增施农肥，提高土壤有机质含量，积极推广秸秆还田，种植绿肥，农肥、化肥混施的施肥方法 4. 加强耕作，改良土壤。结合施肥，采取松翻耙结合的耕作制度，疏松土壤，打破犁底层 5. 严禁开荒，改良草原		

表 2-209　中部沙土草甸土区

项目	Ⅲ中部沙土草甸土区		
	合计	Ⅲ₁江湾、胡吉吐莫、敖林西伯、新店沙土亚区	Ⅲ₂江连环湖草甸土亚区
分区面积　耕地面积（hm²）	28 999.6	23 426.3	5 573.3
占全县总面积（%）	19.96	16.12	3.84
占本区耕地面积（%）	100.00	80.78	19.22
主要土壤类型	主要是风沙土、草甸土。黑钙土也有一定面积分布		
主要生产问题	该区大部分为岗地风沙土，干旱、养分含量低，其余为低平草甸土，地势低洼，地下水位高，土壤质地黏重，土壤含有大量可溶性盐，碱性大，土壤瘦，用养失调，地力减退，春旱秋涝，耕地有次生盐渍化现象		
发展方向	以牧为主，牧、林、渔、农结合		
改良利用途径及主要措施	1. 营造农田防护林和水土保持林。打机电井扩大水源，发展井灌，扩大水浇地 2. 在盐碱化草甸土上种植耐碱作物，如向日葵等。对一些耕层薄、碱性大、墒情不好新开荒地应退耕还牧 3. 发挥本区天然草场优势，建立以草库伦为中心的高产草原和草场。对一些草质不好已退化的草原实行浅翻轻耙，人工种草进行更新 4. 根据本区特点，建立以奶牛、大鹅为重点的畜牧业生产基地		

表 2-210　南部沙土、草甸土、黑钙土区

项目	Ⅳ南部沙土、草甸土、黑钙土区			
	合计	Ⅳ₁敖林西伯、胡吉吐莫黑钙土亚区	Ⅳ₂巴彦查干、石人沟沙土亚区	Ⅳ₃敖林西伯、他拉哈、腰新草甸土、沙土亚区
分区面积　耕地面积（hm²）	36 241.0	7 261.3	10 482.9	18 496.8
占全县总面积（%）	24.94	5.00	7.21	12.73
占本区耕地面积（%）	100.00	20.03	28.93	51.04
主要土壤类型	主要是风沙土、草甸土、黑钙土。新积土有一定面积分布			
主要生产问题	该区风沙土、黑钙土较其他区同类土稍好，草甸土土质黏重，排水困难，有严重的内涝危害，春天化冻晚，土黏冷浆不发小苗，耕作性较差。土壤潜在肥力较高，但有效性差			
发展方向	以农为主，农、林、牧、渔结合			
改良利用途径及主要措施	1. 水、田、林、路全面规划，重点搞好排灌水渠系的建设，低洼易涝地要改种水稻，扩大水稻面积 2. 加强耕作，松、翻、耙相结合，提高地温，疏松土壤，打破犁底层 3. 增肥改土，改善土壤水、肥、气、热四性，增强土壤潜在肥力的有效性			

表 2-211　西部草甸土区

项目		V 西部草甸土区
分区面积	耕地面积（hm²）	39 127.8
	占全县总面积（%）	26.93
	占本区耕地面积（%）	100.00
主要土壤类型		主要是草甸土。黑钙土、新积土有一定面积分布
主要生产问题		该区地势低洼，历年洪水泛滥，泥沙淤积，有机质含量较高，乱开乱垦严重，易造成沙化
发展主向		农、林、牧、渔结合，促进生态平衡
改良利用途径及主要措施		1. 加强防洪堤坝维护，防止嫩江洪水泛滥 2. 营造防风林、固沙林、种草固沙，防止破坏草植被造成沙化 3. 充分利用嫩江水源发展水稻生产和渔业生产

三、分区概述

（一）北部沼泽土区

该区位于本县北部。滨洲铁路两侧，是乌裕尔河，双阳河河水呈无尾河状漫流区，包括烟筒屯镇的三合、全胜、和光、大蒿子、珰奈、土城子等村，克尔台乡的平安屯、克尔台、乌诺等村以及连环湖周围沼泽芦苇地。面积 60 133.3hm²，占全县总土壤面积的 10.82%，其中，耕地 899.9hm²，占总耕地的 6.5%。

本区主要地貌为湖泊沼泽地，植被以芦苇为主，还有零星的沙岗分布，大部分已开垦种植，土壤类型以芦苇草甸土为主，岗上分布有风沙土和黑钙土。沼泽地大部分常年积水，形成湖泊沼泽，土质黏重，通透性极差，固气液，三相比不协调，其养分含量：有机质51.8g/kg，全氮 5.86g/kg，碱解氮 108mg/kg，速效磷 17mg/kg，速效钾 366mg/kg，土壤水分含量高，开垦耕地困难，只有少部开垦种植，为了合理利用土壤资源，结合本区特点，发展水稻生产。农、牧、渔结合，促进生态平衡。

对土壤的利用改良可采取如下措施。

一是大搞农田水利建设，充分利用水源抗旱，彻底解决岗上干旱问题、岗下易涝问题。

二是充分利用水源，适当发展水稻生产。

三是实行浅翻深松，加深耕作层，打破犁底层。

四是营造农田防护林，风蚀严重地段，应加宽林带宽度。

（二）东北部草甸土、黑钙土、沙土区

该区位于本县的东北部，南至大龙虎泡，包括泰康镇、一心、烟筒屯、克尔台、白音诺勒等 5 个乡（镇）和对山、靠山两个奶牛场，面积 129 000hm²，占全县土壤总面积的23.21%，其中，耕地 31 488.6hm²，占总耕地面积的 21.67%。按土壤特点及地貌类型可分为烟筒屯草甸土亚区和白沙土，黑钙土，草甸土亚区。发展方向是以农为主，农、牧、林、渔结合。

改良利用途径及主要措施。

一是结合农田基本建设，搞好水土保持，减少水土流失，营造农田防护林和水土保持林。

二是修渠打井，扩大水源，发展井灌，扩大水浇地。

三是增施农家肥，提高土壤有机质含量，积极推广秸秆还田，种植绿肥，采用农肥、化肥混施的施肥方法。

四是加强耕作，改良土壤。结合施肥，采取松、翻、耙结合的耕作制度，疏松土壤，打破犁底层。

五是严禁开荒，改良草原。

1. 烟筒屯草甸土亚区

该亚区位于本区东北部，林肇公路两侧的低平地，包括烟筒屯的东岗子、团结、南阳以及老武家屯、广胜、新发东北部的岗下平地和对山奶牛场大部，面积为 29 133.3hm^2，占本区面积的 22.60%，其中，耕地 5 545.4hm^2，占本区耕地的 17.61%。

该亚区地势平坦，微地形复杂，现大部分是以羊草为主的草甸植被。年平均气温 3.4℃ ≥10℃积温 2 800～2 860℃，无霜期 144～146 天。土壤以盐化草甸土，碱化草甸土为主，与盐碱土多呈复区分布，盐碱化程度较重，土壤表层 0～20cm，养分含量：有机质 23.6g/kg，全氮 1.76g/kg，碱解氮 91mg/kg，速效磷 23mg/kg，速效钾 260mg/kg，pH 值 8.9。

2. 克、白沙土，黑钙土，草甸土亚区

该亚区位于本区的中南部跨泰康、一心、烟筒屯、克尔台和白音诺勒等乡（镇）包括20多个村（场）。面积 99 866.7hm^2，占本区面积的 77.40%，其中，耕地面积 25 943.2hm^2，占本区耕地的 82.39%。

该区地势平坦，微地形复杂，泡泽星罗棋布，岗、平、洼地交错，气候温凉干旱。年平均气温 3.4～3.6℃，≥10℃积温 2 860～2 890℃，无霜期 146～148 天。土壤类型比较复杂，岗上位沙土以棕色岗地生草沙土为最多，平地及岗间平地为黑钙土，低平地为草甸土并多与盐碱化土壤呈复区分布，黑钙土大部分开垦种植，其耕层养分含量：有机质 21.2g/kg，全氮 4.50g/kg，碱解氮 94mg/kg，速效磷 15mg/kg，速效钾 192mg/kg，该亚区表土沙化较重，养化含量偏低，不蓄水，易干旱。

（三）中部沙土，草甸土区

该区位于本县中部，跨江湾、白音诺勒、胡吉吐莫、敖林西伯、新甸林场、绿色草原牧场、大山马场等乡镇（场）。面积 153 266.7 hm^2，占全县面积的 27.58%，其中耕地 28 999.6hm^2，占全县总耕地面积的 19.96%，按其自然景观及土壤特点可分为江、胡、敖，新店沙土亚区和连环湖草甸土亚区。主要生产问题是该区大部分为岗地风沙土，干旱、养分含量低，其余为低平草甸土，地势低洼，地下水位高，土壤质地黏重，土壤含有大量可溶性盐，碱性大，土壤瘦，用养失调，地力减退，春旱严重，耕地有次生盐渍化现象。发展方向是以牧为主，牧、林、渔、农结合。

对土壤的利用改良可采取如下措施。

一是营造农田防护林和水土保持林。打机电井扩大水源，发展井灌，扩大水浇地。

二是在盐碱化草甸土上种植耐碱作物，如向日葵等。对一些耕层薄、碱性大、墒情不好的新开荒地应退耕还牧。

三是发挥本区天然草场优势，建立以草库伦为中心的高产草原和草场。对一些草质不好已退化的草原实行浅翻轻耙，人工种草进行更新。

四是根据本区特点，建立以奶牛、大鹅为重点的畜牧业生产基地。

1. 江、胡、敖、新店沙土亚区

本亚区位于该区的西部及西南部，跨大山马场，白音诺勒乡的九河，红源，合发，白音诺勒，江湾乡的拉海屯，九扇门，胡吉吐莫镇的马场，东吐莫，前归力毛德和新店林场，绿色草原牧场。面积 117 333.3hm²，占本区面积的 76.54%，其中，耕地 23 426.3hm²，占本区耕地的 80.78%。

本亚区地势起伏不平，为波状平原，零星分布有砂丘沙岗。气候温和干旱，年平均气温 3.6~3.8℃，≥10℃ 的积温 2 890~2 900℃，无霜期 149~150 天，土壤以岗地生草沙土为主，该土壤表层养分含量：有机质 14.5g/kg，全氮 0.13g/kg，碱解氮 70mg/kg，速效磷 10mg/kg，速效钾 150mg/kg，另外，还有小面积的草甸土复区。本亚区风沙干旱严重，土壤养分偏低，草原退化，耕地沙化，岗上表土风蚀。

2. 连环湖草甸土亚区

本亚区位于连环湖泡子周围及该区最南部的低平草地，大部在敖林西伯乡境内，面积 35 933.3hm²，占本区土壤总面积的 23.46%，其中，耕地 5 573.3hm²，占本区耕地的 19.92%。

该亚区地势低平，湖泊面积较大，气温年平均 3.8℃ 左右 ≥10℃ 的积温 2 900~2 910℃，土壤以盐化草甸土和碱化草甸土为主。并呈复区分布。

（四）南部沙土，草甸土，黑钙土区

该区位于本县南部，跨腰心，他拉哈，巴彦查干，敖林西伯，绿色草原等乡（镇、场），面积 127 466.7hm²，占全县土壤总面积的 22.94%，其中，耕地 36 241.0hm²，占总耕地面积的 24.94%。主要生产问题是风沙土、黑钙土较其他区同类土稍好，草甸土土质黏重，排水困难，有严重的内涝危害，春天化冻晚，土黏冷浆不发小苗，耕性较差。土壤潜在肥力较高，但有效性差。发展方向是以农为主，农、林、牧、渔结合。

对土壤的利用改良可采取如下措施。

一是水、田、林、路全面规划，重点搞好排灌水渠系的建设，低洼易涝地要改种水稻，扩大水稻面积。

二是加强耕作，松、翻、耙相结合，提高地温，疏松土壤，打破犁底层。

三是增肥改土，改善土壤水、肥、气、热四性，增强土壤潜在肥力的有效性。

1. 敖胡黑钙土亚区

该亚区位于本区北部，包括胡吉吐莫镇的好田格勒、敖包、白音花、赛罕他拉和敖林西伯乡的诺尔，德尔斯台、杏树岗等村以及绿色草原南部。面积 18 266.7hm²，占本区面积的 14.35%，其中，耕地 7 261.3hm²，占本区耕地的 20.03%。

本亚区地势平坦，土壤主要为碳酸盐黑钙土，养分含量：有机质 23.2g/kg，全氮 1.46g/kg，碱解氮 93mg/kg，速效磷 16mg/kg，速效钾 211mg/kg，本亚区土壤耕性较好，适宜作物生产，应以发展农业为主。

2. 巴石沙土亚区

本亚区位于该区西部，喇嘛寺泡周围和石人沟以南，江滩地东侧的沙岗地带，包括巴彦查干乡，他拉哈镇和腰心乡岗上的村屯，分别为大庙、前巴彦他拉，后巴彦他拉，十五里岗子，大排排，小排排，中心、石人沟渔场。面积 31 466.7hm²，占本区面积的 24.71%，其中，耕地 10 482.9hm²，占本区耕地的 28.93%。

本亚区沙岗起伏，南北狭长，气候温暖干旱，年平均气温 4.0~4.2℃ ≥10℃ 的积温为 2 910~2 940℃，无霜期 144~146 天。土壤类型以棕色岗地生草沙土为主。该土壤表层养分含量：有机质 14.5g/kg，全氮 1.03g/kg，碱解氮 70mg/kg，速效磷 10mg/kg，速效钾 150mg/kg，

3. 敖他腰草甸土沙土亚区

本亚区位于该区的东部，跨 4 个乡（镇）两个场，分别为敖林西伯乡的南部，巴彦查干乡的东部，他拉哈镇的东部，腰新乡的东南部，四家子林场和红旗牧场。面积 77 666.7hm²，占本区面积的 60.94%，其中，耕地 18 496.8hm²，占本区耕地的 51.04%。

该亚区地势复杂、岗、平、洼交错，气候温暖干旱，年平均温度 3.8~4.2℃，≥10℃ 的积温 2 910~2 940℃，无霜期 146~148 天，土壤类型比较复杂，主要是草甸土和风沙土，黑钙土亦有少量分布。草甸土多为盐化、碱化草甸土及碳酸盐草甸土的复区。沙土以岗地生草沙土为主。该亚区风沙干旱严重，盐碱化程度也较重，土壤养分缺乏，保水保肥能力差。

（五）西部草甸土区

该区位于本县西部，嫩江东岸的江湾滩地，横跨白音诺勒、大山马场、江湾、胡吉吐莫、巴彦查干、他拉哈、腰新等 7 个乡、镇（场），面积 20 079.8hm²，占总土壤面积的 15.45%，其中，耕地 39 127.8hm²，占总耕地面积的 26.93%。本区利用方向是以牧为主，沿江可大力发展水稻生产。

该区年平均气温幅度较高 3.8~4.5℃，≥10℃ 的积温为 2 880~2 940℃，无霜期 148 天左右。土壤以潜育草甸土为主，沙土有星散分布。潜育草甸土耕层养分含量：有机质 4.12g/kg，全氮 0.24g/kg，碱解氮 163mg/kg，速效磷 30mg/kg，速效钾 186mg/kg，pH 值 6.8。主要生产问题是地势低洼，历年洪水泛滥，泥沙淤积，有机质含量较高，乱开乱垦严重，易造成沙化。主要生产问题是该区地势低洼，历年洪水泛滥，泥沙淤积，有机质含量较高，乱开乱垦严重，易造成沙化。发展方向是农、林、牧、渔结合，促进生态平衡。

对土壤的利用改良可采取如下措施。

一是加强防洪堤坝维护，防止嫩江洪水泛滥。

二是营造防风林、固沙林、种草固沙，防止破坏植被造成沙化。

三是充分利用嫩江水源发展水稻生产和渔业生产。

第五节　土壤改良利用建议

一、加强领导、提高认识，科学制定土壤改良规划

进一步加强领导，研究和解决改良过程中重大问题和困难，切实制定出有利于粮食安

全，农业可持续发展的改良规划和具体实施措施。财政、金融、土地、水利、计划等部门要协同作战，全力支持这项工作。鼓励和扶持农民积极进行土壤改良，兼顾经济、社会、生态效益，促使土壤良性循环，为今后农业生产奠定坚实基础。

二、加强宣传、培训，提高农民素质

各级政府应该把耕地改良纳入到工作日程，组织科研院所和推广部门的专家，对农民进行专题培训，提高农民素质，使农民深刻认识到耕地改良是为了子孙后代造福，是一项长远的增强农业后劲的一项重要措施，引导农民自发的积极参与土壤改良，才能使这项工程长久地坚持下去。

三、加大建设高标准良田的投资力度

以振兴东北工业基地为契机，来振兴东北的农业基地，实现工农业并举，中央财政、省市县财政应该对土壤改良利用给予重点资金支持，完善水利工程、防护林工程、生态工程、科技示范园区等工程的设施建设，防止水土流失。实现"藏粮于土"粮食安全的宏伟目标。

四、建立耕地质量监测预警系统

为了遏制基本农田的土壤退化、地力下降趋势，国家应立即着手建设黑土监测网络机构，组织专家研究论证，设立监测站和监测点，利用先进的卫星遥感影像作为基础数据，结合耕地现状和 GPS 定位观测，真实反映出杜蒙自治县耕地整体的生产能力及其质量的变化。

五、建立耕地改良示范园区

针对各类土壤障碍因素，建立一批不同模式的土壤改良利用示范园区，抓典型、树样板，辐射带动周边农民，推进土壤改良工作的全面开展。

第八章　风沙土退化成因分析

　　杜蒙自治县是黑龙江省风沙土分布较集中的县之一，风沙土面积 191 925.87hm²，占全县土壤面积的 31.1%，其中，耕地 49 398.61hm²，占全县总耕地的 36.12%。主要分布于我县敖林西伯乡、白音诺勒乡、胡吉吐莫镇等地的沙岗和坡地上部地形部位。

　　自开垦以来，由于对土地的不合理利用，风沙土耕地退化速度十分惊人。出现了土壤风蚀严重、土地生产力下降、自然灾害加剧等生态环境问题。据我们这次调查结果看，全县风沙土耕地风蚀面积达 27 800hm²，占土地总面积的 20.3%，风蚀导致了表土层变薄、耕层变浅和土壤肥力下降等。风沙土资源的生态危机严重影响了土地生产力的发挥和提高，制约了当地农业和农村经济的发展，成为限制杜蒙自治县农业持续发展的主要因素。因此，通过在全县开展耕地地力调查与质量评价工作，探讨风沙土退化的原因，找出"病根"，贯彻"在保护中开发，在开发中保护"具有极其重要的现实意义和深远的历史意义。

第一节　农业生态系统失衡是风沙土退化的根本原因

　　土壤、森林、草原、内陆水域是农业生态系统的主要组成部分。耕地即是农业生产的自然物质基础，又是人类为达到一定经济目的而变革的自然场地。人类对自然的这一变革是以提高土壤肥力为中心，提高农作物产量为目标。应根据生态平衡和经济平衡相统一的原则，去实践各项耕作制度对于农田生态系统的影响以及这种影响与农业经济再生产之间的关系。只有协调好这种关系，才能使以风沙土为主的诸多资源合理配置，走上可持续发展的道路。

一、过度垦荒导致农田生态系统失衡

　　杜蒙自治县辖区面积 616 700hm²。风沙土面积 191 925.87hm²，占全县土壤面积的 31.1%，其中，耕地 49 398.61hm²，占全县风沙土面积的 25.7%。据 1982 年第二次土壤普查统计，全县风沙土耕地面积 31 268.5hm²，占全县风沙土面积的 16.3%。

　　28 年间风沙土耕地面积增加 18 130.11hm²，占全县风沙土面积的比例提高了 9.4%。说明杜蒙自治县风沙土垦殖速度过快。又由于宏观调控和微观管理不到位，供给与需求失衡，中低产田面积在扩大，已达 85 999.86hm²，占耕地面积的 62.89%。在中低产田中，绝大多数是风沙土和含砂量较高的沙质土壤开垦后演变而来的。风沙土被垦殖改变了生态环境状况进而出现了水土流失、土壤退化。土壤退化演替过程主要表现在表土层的厚度由厚层变薄层，生产力水平下降。

二、土壤肥力失衡进一步加剧了风沙土退化

（一）热量失衡

热量是农作物生长、发育，即产量形成过程中起重要作用的因子。农田生态系统内，生物群落在一定时间里输入和输出的热（能）量保持平衡状态，是进行农业自然再生产的必要条件。实现热量平衡的手段主要包括两方面：一是必须采用能够扩大作物光照面，延长光照时间耕作法。二是实行间作，通过不同品种和种类的作物搭配，使农作物在既定的无霜期内，充分地利用日照时间和光照，提高土地生产率。然而，从20世纪90年代末粮豆作物面积一直稳定在85%以上，其中，玉米播种面积占农作物播种面积的60%~70%，大豆面积下降到3%~5%。为图省工、省事，又多局限于青种玉米，而不实行间混套作。特别是玉米，其有机质的70%~90%被收获时带走。如果没有大量有机肥作补充，风沙土农田热量平衡则大大减弱。

（二）水分失衡

作物从农田环境中摄取量最多的物质是水分。水的蒸发、凝缩和流动的无限循环，使农田生物群落体得以进行正常的生命活动。其主要途径是大气降水，则通过土壤转化供给植物生存。以风沙土为核心的农田生态系统中水分失衡的主要表现在：一是以玉米、大豆占绝对优势的作物，均属耗水作物。二是以这2种作物为主的耕作制度（翻耕、打垄、灭茬、中耕铲趟），特别是20世纪80年代以后，由于实行以家庭为单位联产承包责任制，连片的耕地被分割成一条一块，很难实行大型机械翻、松、耙作业，一度出现了大面积的土壤板结，造成土壤通透性不良、保墒保水性能急剧下降。大量降水很难形成"土壤水"。三是耕地裸露时间长，仅靠作物覆盖，而未有一定的农田保水、蓄水工程，加之长达半年之久的冬、春季，农田基本裸露在风吹日晒之下，雨季坡耕地留不住水，从而使土壤水分平衡失去了支撑，向恶性循环发展。

（三）营养失衡

农田系统内的农作物与环境之间的物质交换必须保持质和量的相对稳定。农作物产量及品质在很大程度上取决于各种营养元素的供给。农作物所需营养元素，一部分须从水、空气和土壤的原有肥力中攫取，但主要还是通过有目的性的各种农田施肥制度来不断补充。如实行耕地休耕制，恢复地力；种植豆科绿肥作物、进行生物固氮，对保持氮素的供给起到重要作用。据国外估算，全世界每年的生物固氮量相当于人工合成工业氮的4倍。据测定，紫花苜蓿的固氮量可达每公顷200kg，花生和大豆的固氮量为每公顷50kg左右；农家肥与化肥相结合的施肥法，能够使土壤中不同质的营养元素之间保持适度比例，以满足作物对养分的全面需要。纵观从20世纪80年代开始，耕地施肥是以化肥为主约占播种作物面积的80%以上；农家肥（有机肥）单位面积施用量少，轮施年限长；至于土地休闲、轮耕根本不存在；增加种植绿肥固氮作物和豆科牧草所占比例更是很少。这势必造成了土壤中化肥过量而有机肥贫瘠的现象，从补偿肥力和生态平衡的观点看，这2种不同性质的肥料是缺一不可的。否则，土壤有机质下降、土层变薄、容重增加、孔隙度减少、地板冷硬、肥力减退等一系列弊端都出现了，土壤退化也就成必然。

第二节 干旱、多风、降水量少是造成风沙土退化的自然因素

从这次调查分析看，风沙土退化的自然因素当中，气候干旱亦是决定性因素。多风或大风更加剧了干旱，两者有相辅相成的趋势；而降水量少，特别是春季降水量少。三者叠加成为风沙土退化动力因素。

一、干旱

干旱与降水息息相关。为便于说明干旱与降水的变化情况，兹将 2000—2009 年降水情况，见表 2-212，图 2-56。

表 2-212　2000—2009 年降水量分布　　　　　　　　　　（单位：mm）

年　份	2000	2001	2002	2003	2004	2005	2006	2007	2008	2009	平均
降水量	254.7	326.6	380.8	470.1	332	408.9	532.1	349.2	432.7	360.1	384.72

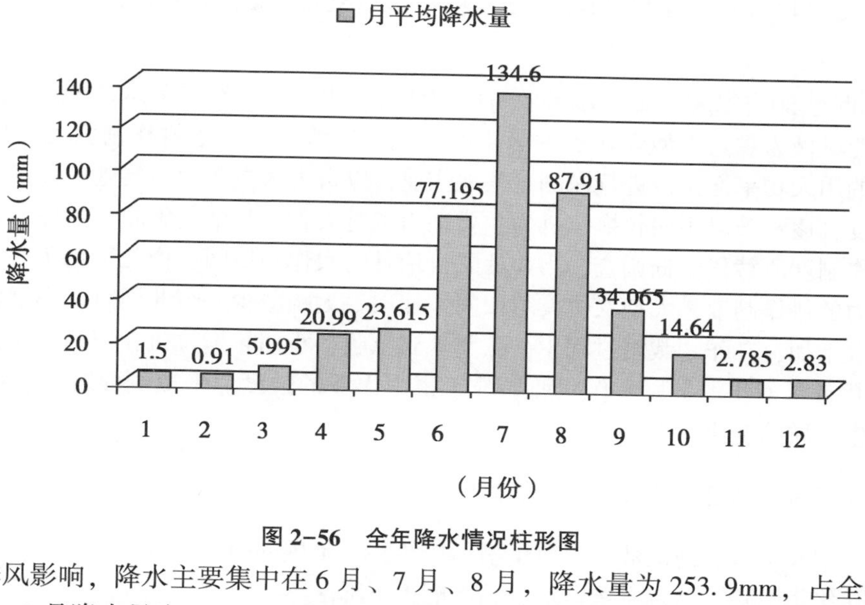

图 2-56　全年降水情况柱形图

由于季风影响，降水主要集中在 6 月、7 月、8 月，降水量为 253.9mm，占全年降水量的 66%，4—9 月降水量为 346.2mm，占全年降水量的 90%，雨热同季，适宜作物生长。降水量少加剧了干旱程度，也势必导致土壤水的降低，使土壤处于饥渴状态。引起了土壤理化性质的衰变，加之不良的耕作措施进一步加大了土壤退化的速度。

二、风与干旱

全年大于或等于 8 级大风平均 16 次，最多年份 27 次（1986 年），最少年份 6 次（1979

年）。4—5月大风次数约占全年60%以上。

杜蒙县历年各月大风次数，见表2-213。

表2-213　历年各月大风次数

月份	1	2	3	4	5	6	7	8	9	10	11	12	年平均
风次 （8级）	0.5	0.4	2.5	4.7	4.2	0.7	0.3	0.3	0.4	0.6	0.8	0.6	16

风多、风大的破坏作用主要表现在2个方面：一是加大了空气的蒸发量。如年蒸发量是降水量的5.24倍。二是引起土地沙化风蚀。由于杜蒙自治县的气候以夏季温热多雨，春季干燥多风为主要特征。全年66%的降水多集中在6月、7月、8月的3个月，3—5月降水量仅有36.9mm，占全年降水量的9.6%，加之春季土地升温快、蒸发强，加重了土壤表层的干燥。又由于近代传统耕作方式造成农田长达6~7个月裸露，在风的作用下发生大面积风蚀现象。据多年气象资料显示：春季各月平均风速在4.7m/秒，而4—5月高达5.1m/秒，最高风速达28m/秒。据测定，粒度在0.10~0.25mm为主的干燥裸露沙壤质地表形成风能流的风力需4~5m/秒的风速。可见，农田风蚀现象严重的自然因素是极其严重的。

第三节　现行耕作制度是导致风沙土退化的人为因素

从20世纪80年代初开始，随着农村的农业机械由集体所有向个体农户所有，农机具由以大型农业机械为主向小型农业机械为主的转变，风沙土区土壤耕作制度也发生了很大变化。传统的用大功率拖拉机进行深翻、整地作业，以畜力为主要动力实施各种田间作业的传统耕作制度，逐步被以小四轮拖拉机为主要动力进行灭茬、整地、施肥、播种、镇压及中耕作业的耕作制度所替代。据调查，当前杜蒙自治县的农作物田间耕作几乎均用小四轮拖拉机为主要动力的耕作制度，大型农机具的田间作业次数大幅减少。与此同时，小型农机具的田间作业次数增加，在作物栽培过程中，从整地到秋收，小四轮拖拉机在田间的作业次数多达10余次。因此，对土壤的压实作用明显强于畜力作业的强度。土壤剖面构型、耕层土壤物理性质发生了质的变化。

一、现行耕作制度对风沙土水分的影响

由于小型农机械进地次数多，对土壤形成压实，土壤的固相、气相比失调，团粒结构下降，毛细孔比率下降，导致土壤保水、纳水能力下降。

二、现行耕作制度对风沙土肥力退化的影响

大型机械整地犁底层构造剖面的耕层深厚，有效土壤量多，土壤向作物供应养分和水分的能力强，土壤接纳大气降水能力强，春季墒情好，苗齐苗状，夏季肥力平稳，土壤和作物的抗逆性强，作物产量也相对较高。小型机械整地底层构造剖面的有效土壤量少，土壤向作物供应养分和水分的能力有限，加之犁底层坚硬，作物根系下扎受阻，土壤接纳大量降水能

力弱，当降水集中且降水量大时，易形成垄沟径流，造成水土流失，而在作物旺长时期，降水频度和降水量较小时，作物易因缺水而使生长受到抑制。因此，在生产上表现出春季易旱，夏季土壤抗逆性减弱，秋季易脱水、脱肥等肥力退化现象，这是风沙土区现行耕作制度下，使用小四轮拖拉机为主要动力带来的严重后果。亦是风沙土退化的最主要因素之一。

第四节　现行种植、施肥制度加剧风沙土退化

据资料显示，在 20 世纪 90 年代以来，主要以种植玉米为主，玉米播种面积一直占总播种面积的 70%以上，大豆不足 5%，水稻稳定在 12%左右。传统的轮作换茬制度早已被玉米连作所取代，且连作 20 年左右的现象极为普遍，甚至达到 30 年之久。土壤的施肥制度经历了"有机肥为主→有机肥和化肥混施→化肥为主→单施化肥"的演变过程。截至今天，部分耕地已有 20 年以上没施用有机肥，主要靠施化肥补充养分。其化肥施用量每公顷一般为磷酸二铵 225kg，尿素 225kg。其中，磷酸二铵作底肥一次施入，尿素 30%做底肥，70%做追肥。一些农户为了减免追肥作业，常采用"一炮轰"施肥，即把所有肥料于播种时一次性做底肥全部施入；钾肥施用历史较短，施入量亦少，一般每公顷不超过 100kg，相当数量的农户未施用过钾肥，即或有也是通过三元素复混肥中的钾施入。

为了整地播种、遏制土壤有机质下降的势头，杜蒙自治县普遍推广了玉米根茬还田技术，其做法是用小四轮拖拉机配上小型灭茬机，将玉米根茬打碎还田，但还田深度一般仅有 10~15cm，还田质量很低。

一、花生、绿豆等作物的种植加剧风沙土退化

近年来，随着人民生活水平的提高，对食物结构多样性要求增加。花生、绿豆、红小豆等作物需求量逐年增加，市场价格不断提高，风沙土耕地又是这类作物的适宜种植土壤，种植花生、杂豆等作物经济效益较高，因此，村民在风沙土耕地种植花生、杂豆等作物面积逐年增加，到 2010 年全县面积已达 3 万 hm²。事实证明，这类作物的种植，加剧了风沙土的退化。其原因：一是这类作物生产过程中，农民为追求省工、省力大量施用化学除草剂，使田间无杂草植被，同时，这类作物收获方法是全株收获，田间无作物根茬、茎秆、叶片覆盖，且使垄体土壤松散；二是这类作物生育期短，花生 120 天左右，杂豆 100 天左右，土壤在无障碍条件下裸露时间较其他作物更长，达 8~9 个月，特别是 4—5 月，大风刮蚀风沙土表土，加剧风沙土退化。据调查，因大风侵蚀，土壤有机质含量平均每年下降 0.026g/kg，更严重者，耕地遭到破坏，胡吉吐莫镇马场村岗上路北部分地块，就因严重风蚀而不得不弃种撂荒。

二、风沙土的有机质平衡状况

众所周知，土壤有机质是土壤肥力的主要物质基础，在一定范围内有机质含量与土壤肥力间有着密切相关性。所以，长期以来，人们一提到肥力下降，就认为有机肥施用减少，有机质含量下降，且认为有机质是随时间呈直线关系下降的，这是一种误解。研究表明，土壤有机质下降是从荒地开垦为耕地后的必然过程。事实上，有机质下降是随时间的增长而逐渐

趋缓慢的过程。在长期的耕地利用过程中，如果适当投入一定量的有机质，则会明显遏制有机质下降历程。

三、根茬还田与土壤有机质的平衡

研究表明，土壤中施用有机物料后能否提高土壤有机质的数量，一方面取决于有机物料的施入量和腐殖化系数；另一方面还与土壤中有机质的矿化率有关。当施入的有机物的腐殖化系数与矿化率相等时，土壤有机质含量才能保持平衡状态。如前者大于后者含量则可使土壤有机质含量增加，反之则下降。已有研究和实践证明，土壤有机质含量与土壤耕作、施肥等管理水平有关，也可以说，一个地区的土壤有机质含量是与该地区所处的气候条件及耕作施肥水平相适应的，对于耕作土壤来说，要长期维持高于平衡水平很多的有机质含量是非常困难的。

为了明确风沙土有机质含量到底处在一个什么样的平衡点上，现行的玉米连作及根茬还田制度，对维持土壤有机质平衡到底有多大作用，我们将2010年全县玉米田风沙土的有机质含量的测定结果与20年前第二次土壤普查资料进行了对比分析，并且对现行施肥制度下风沙土区土壤的有机质来源进行了详细调查测定的基础上，通过计算机分析了现行施肥制度对土壤有机质平衡的影响。结果表明，风沙土现行施肥制度中，除少数养畜大户施用有机肥较多的地块外，由于有机肥的施用量较少或无，因此，多数风沙土区玉米田土壤有机质的主要来源是玉米根茬和根系分泌物。根茬量和根系分泌物约占玉米产量的1/3，如按玉米公顷平均产量6 000kg计算，根系分泌物的腐殖化系数平均按0.2计，则每公顷土地的根茬和根系分泌物还田量约为3 000kg，分解矿化后可形成腐殖质600kg/hm²。另据测定，风沙土区土壤有机质的目前含量条件下矿化率一般约为2.5%，若假定每公顷耕层土壤有225万kg，以目前土壤有机质的平均含量为11.34g/kg计算，一年后，每公顷耕层土壤有机质的平均矿化量为：

$11.34g/kg \times 2\ 250\ 000kg/hm^2 \times 2.5\% = 637.8\ (kg/hm^2)$，由637.8kg/hm² ~ 600kg/hm² = 37.8kg/hm²，说明现行施肥制度会造成土壤有机质每年亏缺。

这一计算结果，大体上可反映现行的玉米长期连作条件下，根茬还田措施可在很大程度上遏制因矿化作用造成的黑土有机质下降的势头。

四、玉米连作及施肥制度对土壤养分含量的影响

2010年春季采集的风沙土玉米耕层土壤全量和速效氮、磷、钾等肥力指标的分析结果，与20年前第二次土壤普查等已有资料相比，各项肥力指标及性质的变化有如下几个特点。

（一）全氮、全磷的变化

玉米带风沙土全氮含量在0.430~2.532g/kg，全县平均1.062g/kg。与20年前的资料相比，全氮平均含量低0.081g/kg。全磷含量在11~935g/kg，全县平均为393.1g/kg，与20年前资料比明显提高。全钾含量在7.9~54.4g/kg，全县平均为25.6g/kg，与20年前资料比明显下降。

风沙土耕地全量养分含量情况，见表2-214。

表 2-214　风沙土耕地全量养分含量

养分含量（g/kg）	最大值	最小值	平均
全氮	2.532	0.430	1.062
全磷	935	11	393.1
全钾	54.4	7.9	25.6

（二）速效态养分的变化

风沙土碱解氮含量在 13.6~349.8mg/kg，全县平均为 107.8mg/kg。与 20 年前资料相比碱解氮含量有所提高，平均含量提高 4.8mg/kg。

有效磷含量变幅在 1.0~119.5mg/kg，平均含量为 21.75mg/kg。即与 20 年前资料相比，速效磷平均含量提高 1.48g/kg。

速效钾含量变幅在 43~454mg/kg，平均含量 135mg/kg。与 20 年前资料比，速效钾减少了 63mg/kg。

上述分析结果表明，全县玉米风沙土带在现行的施肥制度和长期玉米连作的条件下，使土壤碱解氮、速效磷呈增加的趋势，而速效钾减少，碱解氮和速效磷含量增加的比率分别在 5% 左右，速效钾减少比率在 46.7% 左右。显然，风沙土的土壤养分状况是大量施用氮肥和磷肥，而不重视施用钾肥而造成的。

风沙土耕地速效养分含量情况，见表 2-215。

表 2-215　风沙土耕地速效养分含量

养分含量（mg/kg）	最大值	最小值	平均
碱解氮	349.8	13.6	107.8
速效磷	119.5	1.0	21.75
速效钾	454	43	135

第五节　水土流失加速了风沙土退化进程

一、水土流失使坡耕地黑土层变薄

土壤侵蚀类型可分为风蚀、水蚀和重力侵蚀。以风蚀较为普遍，沟蚀面积较小。全县风沙土水土流失按其侵蚀类型可划分为面蚀和沟蚀。

面蚀的强度可划分为三级：①轻度：即表土层少部分被剥蚀。②中度：表土层大部分被侵蚀心土层尚未裸露。③强度：表土层全被侵蚀掉，心土或底土已裸露并开始受侵蚀。

沟蚀的强度可分为四级：①细沟：形成宽、深小于 0.5m 的小沟，经耕作可平复。②切沟：已形成宽、深约 0.5~2m 的倒三角形沟槽，不易平复。③冲沟：已形成跌水和侧向侵蚀，沟壁两侧坍塌。④坳沟：已发展成干谷，侵蚀现象逐渐衰退。

本县属于黑龙江省水土流失重灾区之一。据统计，水土流失面积在不断扩大，目前已有1 万 hm² 被不同程度的侵蚀。尽管加大了水土流失治理措施，但水土流失的态势仍很严峻。究其原因，是自然因素和人为因素共同叠加的结果。前者是其发生发展的潜在条件，后者对其发生发展起了促进作用。从自然因素分析如下。

第一，是风多、风大，加之春季干旱。疏松的土壤表层（特别是秋季打茬后裸露的黑土）在风力作用下，产生了极为严重风蚀。据多年观测：没有遮挡的耕地每年4—5月平均风速达 4.5m/秒 以上时，每次风蚀过后要有 0.5~15mm 的土壤表层被剥走。

第二，是降水因素。这是全县水土流失又一灾害。据测 1 小时降水量 10mm 或 24 小时降水达 30mm，就能产生径流和冲刷。这样的降水强度在这里每年都要发生 3~7 次，势必造成对土壤的冲刷和破坏。

第三，地形因子。风沙土区多处在漫岗地，在雨季降水集中期，极易发生地表径流，产生不同程度的面蚀和沟蚀。尤其是漫岗风沙土耕地，径流的冲刷能力增强。目前，杜蒙自治县的漫岗风沙土耕地有 15 472.5hm²，占全县耕地面积的 11.3%。

第四，土壤。风沙土区土壤的成土母质多为沙质风积物，质地一般为松沙土，并有季节性冻层存在。土壤透水性、抗蚀性、抗冲性都很弱，容易遭受水力侵蚀。

第五，是植被因子。原始草甸植被遭到破坏，植被变得稀疏，形成了许多光秃的漫岗。

第六，冻融作用造成水土流失。杜蒙自治县土壤结冻时间 6 个月，冻融交替，使土体变得疏松，抗蚀、抗冲能力低，春季融雪沿岗坡地流，易形成地表径流。另外，冬季土壤形成很多裂缝。融冻后裂缝土体疏松，在降水径流冲刷作用下，很容易发生侵蚀沟。

人类不合理的经济活动是造成该区域水土流失加剧的主导因素。由于人口的不断增加，大肆毁草开荒，最后留下裸地一片，水土流失加剧。坡地开荒、顺坡耕作、掠夺经营、单一粮食生产、广种薄收是水土流失的重要原因。

由于以上分析自然因素和人为因素的作用产生的水土流失，致使风沙土表层变薄，土壤有机质和各种养分含量也随之明显下降，从而形成肥力较低的"薄层风沙土""破皮黄风沙土"及"露黄风沙土"。使低产耕地面积增加，农民种粮的经济效益下降。

二、农田基础设施建设和管理滞后加剧了黑土退化进程

调查表明，风沙土区农田基础设施建设和管理滞后是造成风沙土耕地质量退化和水土流失发生的重要原因。

第一，农田防护林建设有待加强。去县的森林覆盖率 11.3%，已有的三北防护林不能保护所有风沙土耕地，防风能力弱，又由于全县地势较开阔，春季少雨多风，致使土壤风蚀现象十分普遍。一些开阔地带的岗地风沙土往往成为沙尘的供给源。

第二，农田水利设施发展较落后，绝大部分农田不具备灌排能力。长期以来，风沙土区农业一直靠天吃饭；忽视农田水利建设的同时，在种植结构调整中，一些高附加值的种植因缺乏水利条件而难以实现，严重制约了农村经济的发展。

第三，过度开荒，不合理耕作，是风沙土水土流失得不到根本治理的重要原因。近些年来，随着人口的不断增加，对耕地的压力越来越大，为了扩大耕地面积，毁林开荒、毁草开荒现象十分普遍，防护林带与耕地之间零距离。进一步加剧了水土流失。

第四，在耕作方面。如前所述，目前多采用以小四轮拖拉机为主要动力的玉米根茬还田

等传统耕作制度，适合于东北地区农村经济发展水平，有区域特色的保护性耕作制度尚未建立，防止水土流失的小流域治理及耕作模式尚未大面积推广。

第五，土地管理制度建设滞后，是导致风沙土肥力退化的人为因素之一。目前，土地用养制度很不健全，村民对土地重用轻养的习惯没有得到有效遏制，长期采用掠夺式经营，造成有机质下降，防护林带破损，土壤肥力下降，使原本肥力较好的土壤变成劣质低产土壤。事实上目前部分村民不施有机肥的做法，就是一种典型只用不养的掠夺是经营方式。

第三部分

杜尔伯特蒙古族自治县耕地
地力评价专题报告

第一章 耕地玉米适宜性评价专题报告

玉米是人类和畜禽的重要食物来源，也是重要的工业和医药原料。在 20 世纪 80 年代中期开始，由于播种面积的增加和杂交技术的广泛应用，玉米生产有了较快的发展；特别是进入 21 世纪受到奶牛业发展的影响，玉米生产有了迅猛的发展，种植面积大，区域广泛，全县从南到北，从东到西都有种植。2009 年，全县玉米总产量达到创纪录的 9.5 亿 kg，比 2000 年的 6.6 亿 kg 增加 2.9 亿 kg。玉米产量占粮食总产量的比重已经由 20 世纪 80 年代初的 35.2% 提高到近 62.5%。为了促进畜牧业奶牛业生产的发展，玉米生产在种植业生产中占主导地位；但是，近几年部分农户盲目扩大玉米种植面积，致使玉米产量低，效益差；因此，我们根据地力评价结果，评价出适宜玉米种植的区域，为更好发展玉米生产提供技术指导，具有重要意义。

我们在玉米适宜性种植评价上，主要根据玉米容重表现不一样，差异明显，因此，将土壤容重在第二准则中（土壤理化性状）较 pH 值、土壤田间持水量权重加大。其余指标与地力评价指标一样。

一、评价指标评分标准

用 1~9 定为 9 个等级打分标准，1 表示同等重要，3 表示稍微重要，5 表示明显重要，7 表示强烈重要，9 极端重要。2、4、6、8 处于中间值。不重要按上述轻重倒数相反。

二、权重打分

（一）总体评价准则权重打分

总体评价准则权重打分，见表 3-1。

表 3-1　总体评价

项目	土壤管理	理化性状	土壤养分
土壤管理	1.000 0	1.250 0	3.333 3
理化性状	0.800 0	1.000 0	2.500 0
土壤养分	0.300 0	0.400 0	1.000 0

（二）评价指标分项目权重打分

1. 土壤养分（表3-2）

表3-2 土壤养分

项目	有效磷	速效钾	有效锌
有效磷	1.000 0	2.000 0	3.333 3
速效钾	0.500 0	1.000 0	2.000 0
有效锌	0.300 0	0.500 0	1.000 0

2. 理化性状（表3-3）

表3-3 理化性状

项目	pH 值	有机质	含盐量	质地
pH 值	1.000 0	0.500 0	0.333 3	2.000 0
有机质	2.000 0	1.000 0	0.333 3	3.333 3
含盐量	3.000 0	3.000 0	1.000 0	7.142 9
质地	0.500 0	0.300 0	0.140 0	1.000 0

3. 剖面性状（表3-4）

表3-4 剖面性状

项目	耕层厚度	灌溉保证率
耕层厚度	1.000 0	0.250 0
灌溉保证率	4.000 0	1.000 0

三、玉米适宜性评价指标隶属函数的建立

（一）土壤 pH 值

1. pH 值专家评估（表3-5）

表3-5 pH 值专家评估

项目	pH 值												
	5.50	5.75	6.00	6.25	6.50	6.75	7.00	7.25	7.50	7.75	8.00	8.50	9.00
隶属度	0.40	0.50	0.65	0.75	0.85	0.95	1.00	0.95	0.85	0.70	0.60	0.45	0.30

2. 土壤 pH 值隶属函数拟合（图 3-1）

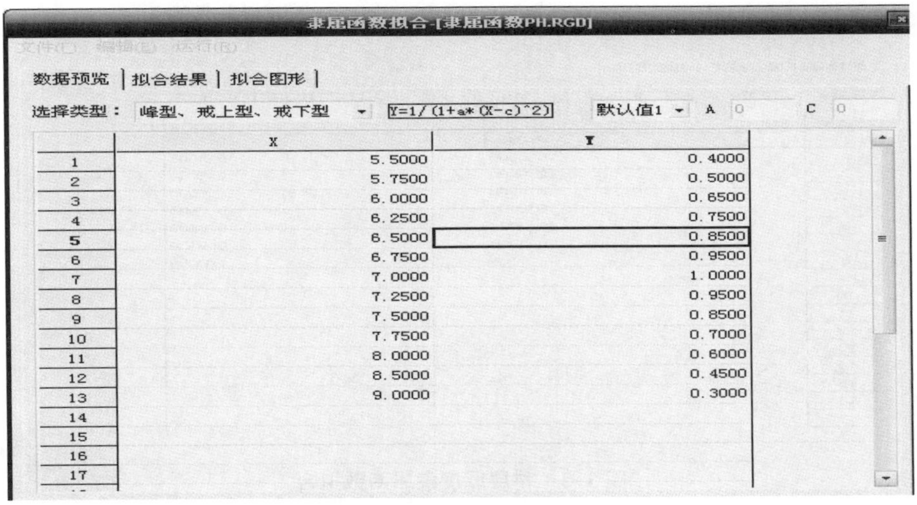

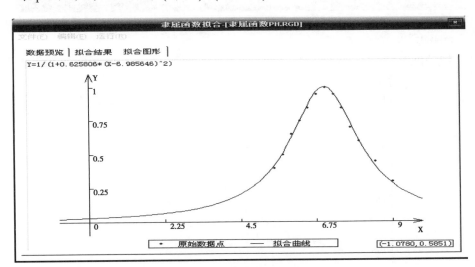

图 3-1　土壤 pH 值隶属函数拟合

3. 土壤 pH 值隶属函数曲线（峰型）（图 3-2）

图 3-2　土壤 pH 值隶属函数曲线

（二）耕层厚度

1. 耕层厚度专家评估（表 3-6）

表 3-6　耕地厚度专家评估

项目	耕层厚度（cm）							
	<8	10	12	14	16	18	20	≥22
隶属度	0.35	0.4	0.5	0.6	0.7	0.85	0.95	1

2. 耕层厚度隶属函数拟合（图3-3）

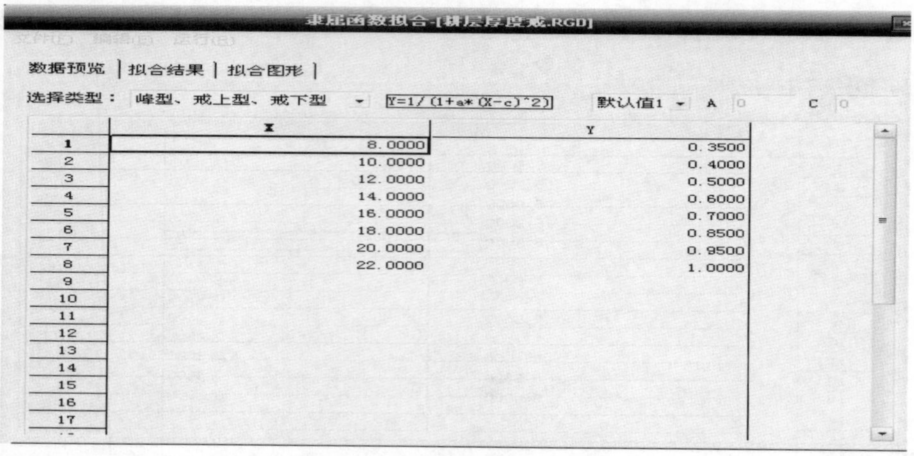

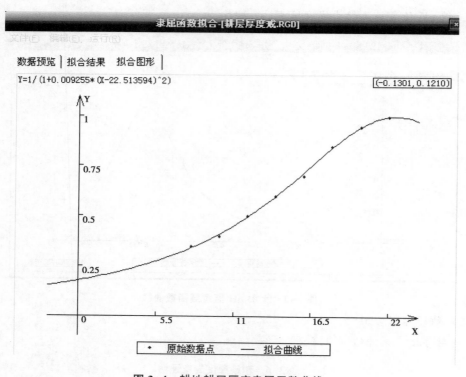

图3-3　耕层厚度隶属函数拟合

3. 耕地耕层厚度隶属函数曲线（戒上型）（图3-4）

图3-4　耕地耕层厚度隶属函数曲线

（三）土壤速效钾

1. 土壤速效钾专家评估（表3-7）

表3-7 土壤速效钾专家评估

项目	速效钾（mg/kg）									
	<30	60	90	120	150	180	210	240	270	≥300
隶属度	0.300	0.350	0.400	0.500	0.600	0.700	0.800	0.900	0.975	1.000

2. 土壤速效钾隶属函数拟合（图3-5）

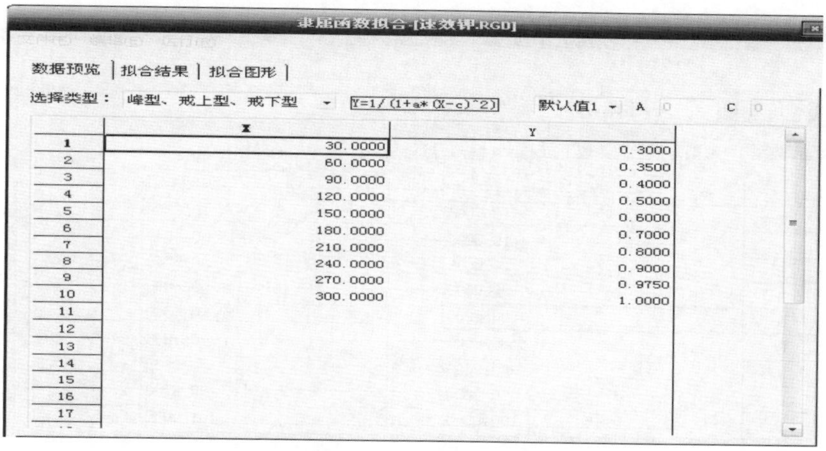

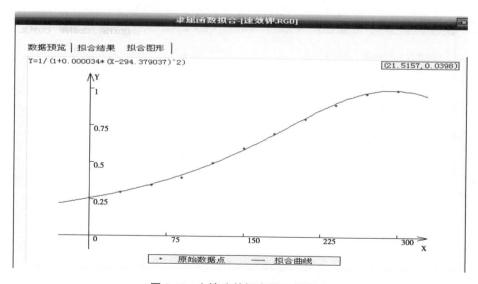

图3-5 土壤速效钾隶属函数拟合

3. 土壤速效钾隶属函数曲线（戒上型）（图3-6）

$$Y=1/(1+0.000034*(X-294.379037)^2)$$

图3-6 土壤速效钾隶属函数曲线

（四）土壤有机质

1. 土壤有机质专家评估（表3-8）

表3-8　土壤有机质专家评估

项目	有机质（mg/kg）								
	10	15	20	25	30	35	40	50	60
隶属度	0.380	0.454	0.525	0.600	0.700	0.780	0.880	0.990	1.000

2. 土壤有机质隶属函数拟合（图3-7）

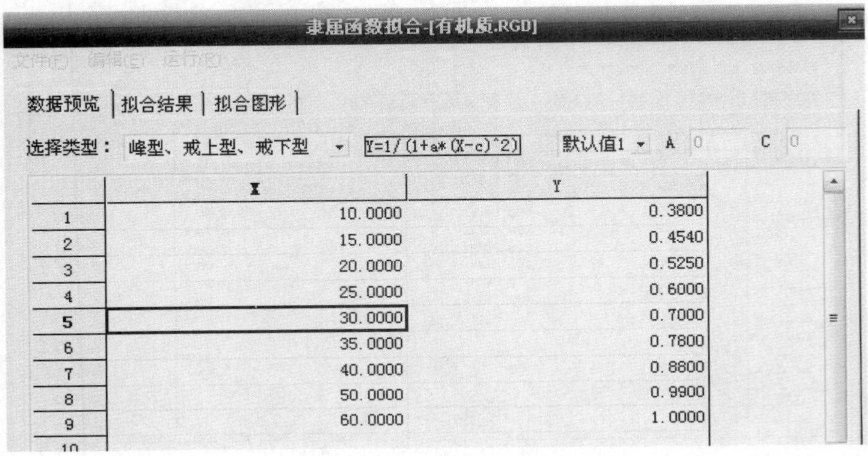

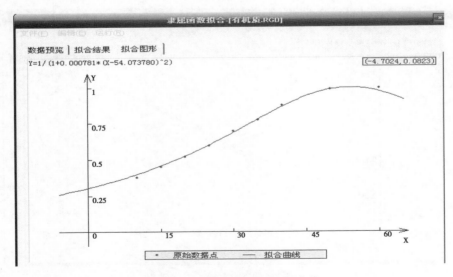

图3-7　土壤有机质隶属函数拟合

3. 土壤有机质隶属函数曲线（戒上型）（图3-8）

图3-8　土壤有机质隶属函数曲线

（五）土壤有效磷

1. 土壤有效磷专家评估（表3-9）

表3-9 土壤有效磷专家评估

项目	有效磷（mg/kg）											
	5	10	15	20	25	30	35	40	45	50	55	60
隶属度	0.425	0.500	0.575	0.650	0.725	0.800	0.870	0.925	0.975	0.985	0.990	1.000

2. 土壤有效磷隶属函数拟合（图3-9）

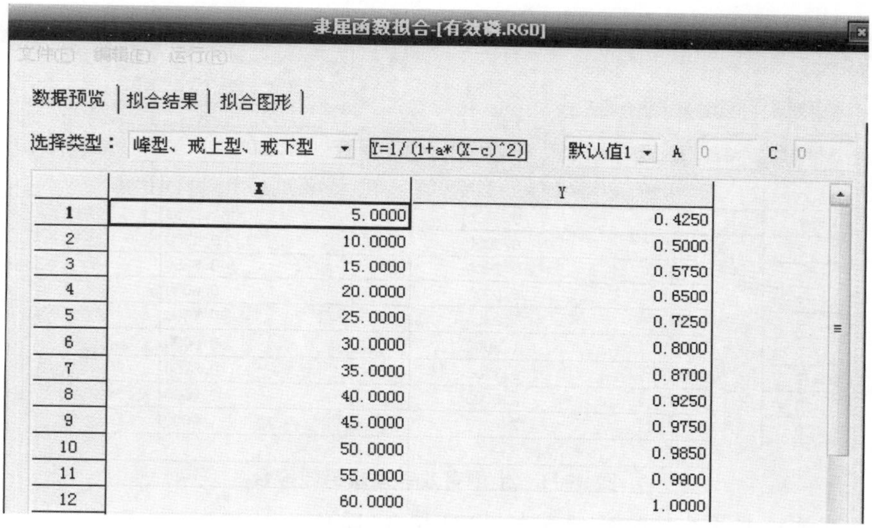

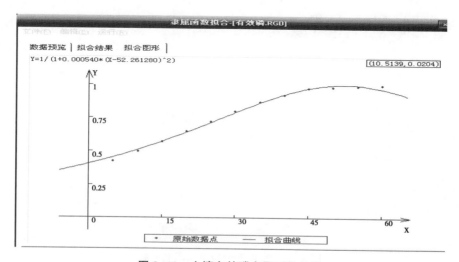

图3-9 土壤有效磷隶属函数拟合

3. 土壤有效磷隶属函数曲线（戒上型）（图3-10）

图3-10 土壤有效磷隶属函数曲线

（六）土壤有效锌

1. 土壤有效锌专家评估（表3-10）

表3-10 土壤有效锌专家评估

项目	有效磷（mg/kg）								
	0.25	0.50	0.75	1.00	1.25	1.50	1.75	2.00	2.50
隶属度	0.375	0.450	0.525	0.600	0.700	0.800	0.875	0.950	1.000

2. 土壤有效锌隶属函数拟合（图3-11）

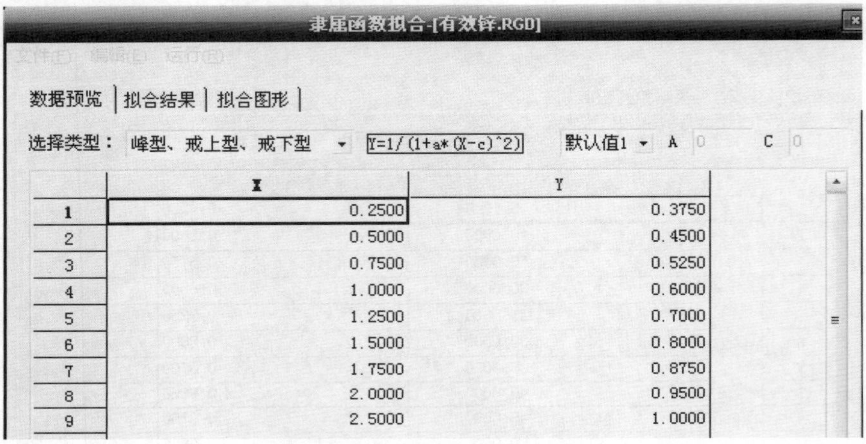

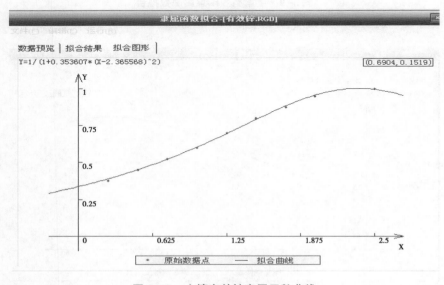

图3-11 土壤有效锌隶属函数拟合

3. 土壤有效锌隶属函数曲线（戒上型）（图3-12）

图3-12 土壤有效锌隶属函数曲线

（七）土壤全盐量

1. 全盐量专家评估（表 3-11）

表 3-11　土壤全盐量专家评估

项目	全盐量（g/kg）									
	0.025	0.050	0.075	0.100	0.125	0.150	0.175	0.200	0.250	0.300
隶属度	0.995	0.925	0.850	0.780	0.700	0.600	0.525	0.450	0.300	0.250

2. 土壤全盐量隶属函数拟合（图 3-13）

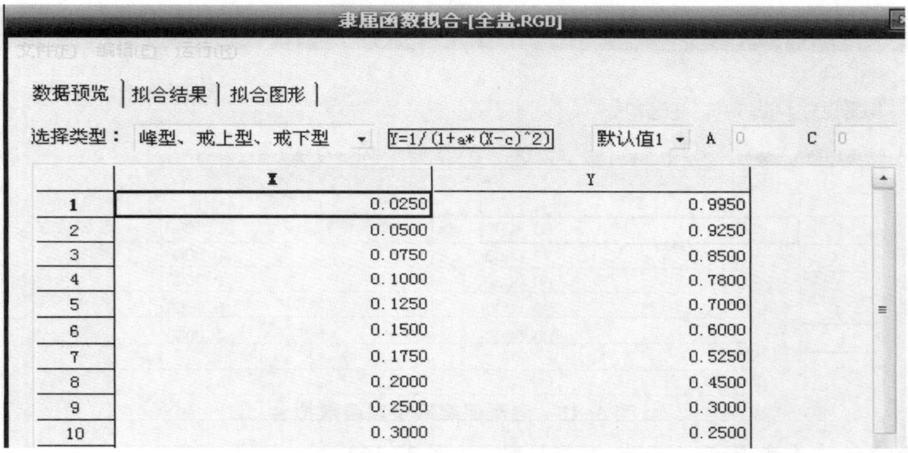

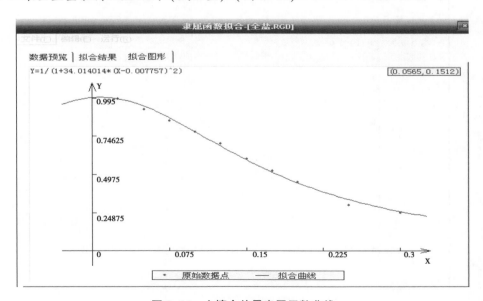

图 3-13　土壤全盐量隶属函数拟合

3. 土壤全盐量隶属函数曲线（戒上型）（图 3-14）

图 3-14　土壤全盐量隶属函数曲线

(八) 灌溉保障率

1. 灌溉保障率专家评估 (表3-12)

表3-12　灌溉保障率专家评估

项目	灌溉保障率 (%)				
	60	70	80	90	100
隶属度	0.7	0.8	0.9	0.95	1

2. 灌溉保障率隶属函数拟合 (图3-15)

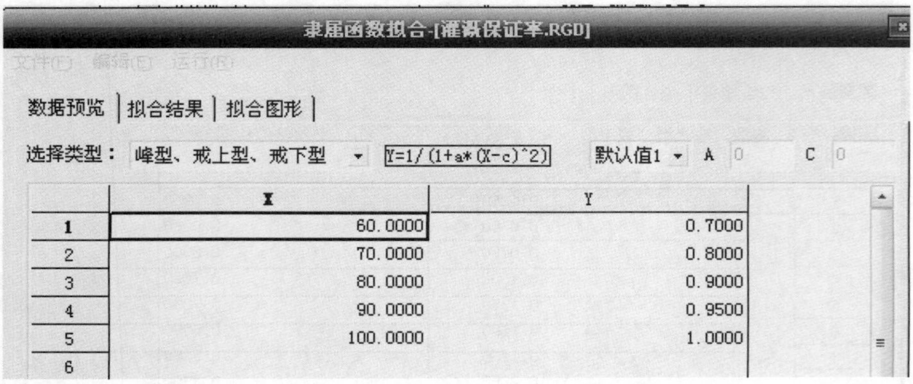

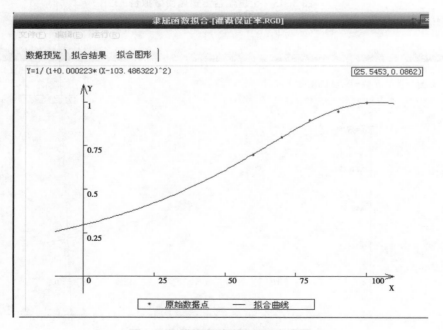

图3-15　灌溉保障率隶属函数拟合

3. 灌溉保障率隶属函数曲线 (戒上型) (图3-16)

图3-16　灌溉保障率隶属函数曲线

四、玉米适应性评价层次分析

采用层次分析法确定每一个评价因素对耕地综合地力的贡献大小，构造评价指标层次结构，见图3-17。

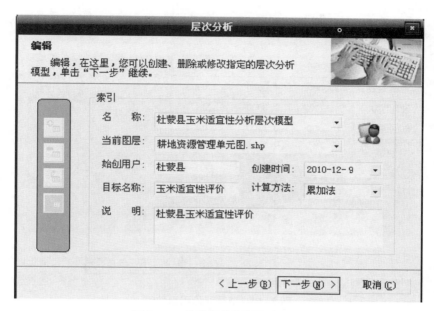

图3-17　构造评价指标层次结构

根据各个评价因素间的关系，构造了以下层次结构，见图3-18。

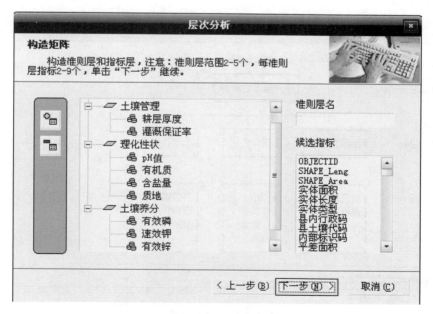

图3-18　构造层次分析结构

　　确定各评价因素的综合权重，利用层次分析计算方法，确定每一个评价因素的综合评价权重（图3-19至图3-21）。

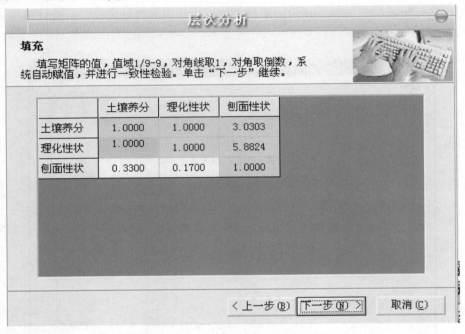

图3-19　填写评价因素数值

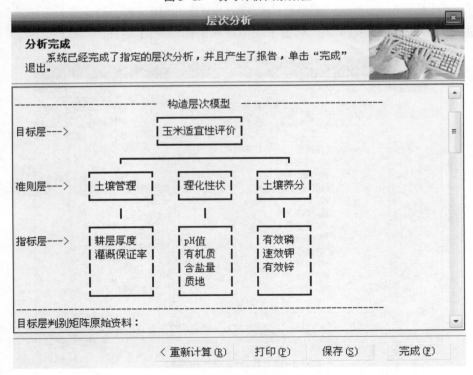

图3-20　构造层次模型

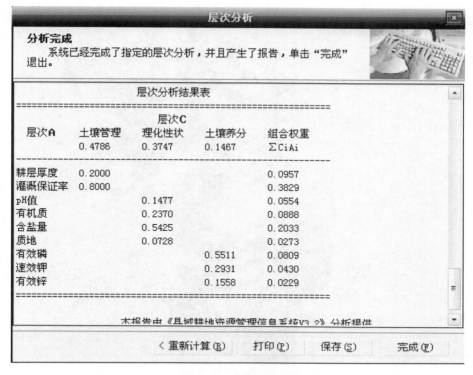

图 3-21　层次分析结果

五、进行玉米适应性评价

耕地适宜性等级划分，见图 3-22、图 3-23。

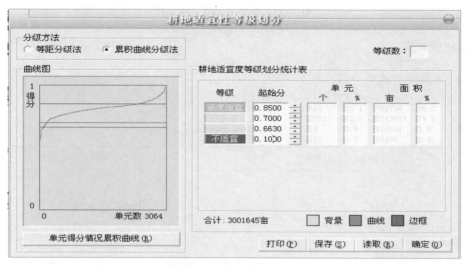

图 3-22　耕地适宜性等级划分

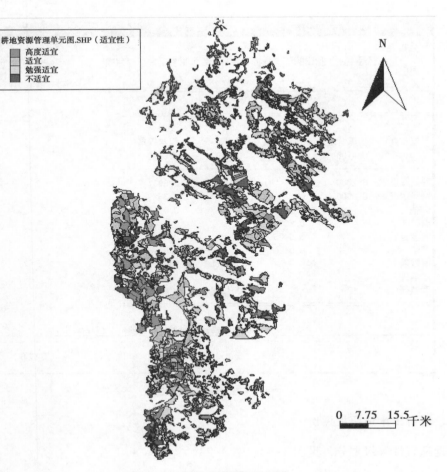

图 3-23　耕地玉米适宜性评价

六、评价结果

（一）玉米评价结果分级

玉米适宜性指数分级情况，详见表 3-13。

表 3-13　玉米适宜性指数分级表

地力分级	地力综合指数分级（IFI）
高度适宜	>0.783 5
适宜	0.695 4~0.783 5
勉强适宜	0.663 0~0.695 3
不适宜	<0.276 0

（二）各级别面积统计和相关指标平均值

这次玉米评价将玉米总面积 84 972hm² 划分为 4 个等级：高度适宜耕地 9 346.92hm²，

占玉米耕地总面积的 11.0%；适宜耕地 45 545hm²，占玉米耕地总面积 53.6%；勉强适宜耕地 25 661.54hm²，占玉米耕地总面积的 30.2%；不适宜耕地 4 418.54hm²，占玉米耕地总面积 5.2%。玉米不同适宜性耕地地块数及面积，见表 3-14。

表 3-14 玉米不同适宜性耕地地块数及面积统计

适应性	面积（hm²）	所占比例（%）
合计	136 756.91	100.0
高度适宜	28 171.92	20.6
适宜	47 181.13	34.5
勉强适宜	38 975.72	28.5
不适宜	22 428.13	16.4

从适宜性的分布特征来看，等级的高低与土壤养分、土壤理化性状及土壤剖面构型有着密切相关。高中产土壤主要集南部、西部等地，如腰新乡、他拉哈镇、巴彦查干乡、一心乡、烟筒屯镇、克尔台乡等乡镇，这一地区土壤类型以黑钙土、草甸土为主，地势较缓，坡度一般不超过 3°；低产土壤则主要分布在东部、中部等地，有的盐碱性较大，有的有机质含量较低，行政区域有敖林西伯乡、胡吉吐莫镇、白音诺勒乡等地，土壤类型主要是盐化草甸土和碱化草甸土为主。玉米不同适宜性耕地相关指标，见表 3-15。

表 3-15 玉米不同适宜性耕地相关指标平均值

适宜性	pH 值	有机质（g/kg）	有效磷（mg/kg）	速效钾（mg/kg）	有效锌（mg/kg）	耕层厚度（cm）	全盐量（g/kg）	灌溉保障率（%）
高度适宜	7.46	19.40	23.9	147.7	0.89	16.3	0.058	83.9
适宜	7.57	15.88	18.3	132.7	0.85	14.6	0.056	78.0
勉强适宜	7.69	14.73	14.5	116.6	0.73	13.8	0.058	72.3
不适宜	7.71	15.46	17.5	118.9	1.01	14.0	0.069	44.1

（三）高度适宜种植玉米级别情况

高度适宜耕地 28 171.92hm²，占耕地总面积的 20.6%，主要以黑钙土为主。高度适宜地块，各项养分含量高。土壤结构较好。各种养分平均为：有机质 19.40g/kg，有效磷 23.9mg/kg，速效钾 147.7mg/kg，pH 值 7.46 有效锌 0.89 mg/kg，耕层厚度 16.3cm，全盐量 0.058，灌溉保障率 83.9%，保水保肥性能较好，比较抗旱抗涝。

（四）适宜种植玉米级别情况

适宜耕地 47 181.13hm²，占耕地总面积的 34.5%，主要以黑钙土、草甸土和风沙土为主。各项养分含量适中。土壤结构适中。各种养分平均为：有机质 15.88g/kg，有效磷 18.3mg/kg，速效钾 132.7mg/kg，pH 值 7.57，有效锌 0.85mg/kg，耕层厚度 14.6cm，全盐量 0.056，灌溉保障率 78.0%，保水保肥性能较好，有一定的排涝能力。

（五）勉强适宜种植玉米级别情况

勉强适宜耕地 38 975.72hm²，占耕地总面积的 28.5%，主要以盐化草甸土和碱化草甸土为主。各项养分含量适低。土壤结构差。各种养分平均值为：有机质 14.73g/kg，有效磷 14.5mg/kg，速效钾 116.6mg/kg，pH 值 7.69，有效锌 0.73mg/kg，耕层厚度 13.8cm，全盐量 0.058，灌溉保障率 72.3%，保水保肥性能差。

（六）不适宜种植玉米级别情况

不适宜耕地 22 428.13hm²，占耕地总面积的 16.4%，主要以盐化草甸土和碱化草甸土为主。各项养分含量低。土壤结构差。各种养分平均值为：有机质 15.46g/kg，有效磷 17.5mg/kg，速效钾 118.9mg/kg。pH 值 7.71，有效锌 1.01 mg/kg，耕层厚度 14.0 cm，全盐量 0.069，灌溉保障率 44.1%保水保肥性能差。

总之，耕地适宜种植玉米的面积比较大，但是需要提高栽培技术水平，增加田间水利工程投入，才能提高玉米产量，达到增收的目的。

第二章　耕地地力评价与测土配方施肥专题报告

推广运用测土配方施肥技术，是各级农业部门当前的一项重点工作，也是加快农业农村经济发展的长期任务。推广测土配方施肥，有利于在耕地面积减少、水资源约束趋紧、化肥价格居高不下、粮价上涨空间有限等不利的条件下，实现促进粮食增收目标，有利于加强以耕地产出能力为核心的农业综合生产能力的建设。因此，搞好测土配方施肥，提高科学施肥水平，不仅是促进粮食稳定增产、农民持续增收的重大举措，也是节本增效、提高农产品质量的有力支撑，更是加强生态环境保护、促进农业持续发展的重要条件。

农作物生长的根基在土壤，植物养分60%～70%是从土壤中吸收利用的。土壤养分种类很多，主要分三类：第一类是土壤里相对含量较少，农作物吸收利用较多的氮、磷、钾，称为大量元素。第二类是土壤含量相对较多的，可是农作物吸收利用却较少，如钙、镁、硫、铁、硅等，称为中量元素。第三类是土壤里含量很少、农作物吸收利用也少，主要是铜、锰、硼、锌、钼等，称为微量元素。土壤中包含的这些营养元素，都是农作物生长发育所必需的。当土壤营养供应不足时，就要靠施肥来补充，以达到供肥和农作物需肥的平衡。

一、测土配方施肥概念

人到医院看病，医生先要检查化验，作出诊断后根据病情开方抓药，以对症下药。测土配方施肥就是田间医生，为耕地看病开方下药。测土配方施肥是国际上通称的平衡施肥，是联合国在世界上推行的先进农业技术。概括起来说，一是测土，就是取土样测定土壤养分含量；二是配方，就是根据土壤养分含量，结合农作物需要的肥料开方配药；三是合理施肥，就是根据农作物生长发育中最需要肥料的时期进行定量施肥，是在科技人员的指导下施肥。

二、测土配方施肥内容

测土配方施肥是在对土壤做出诊断，分析作物需肥规律，掌握土壤供肥和肥料释放相关条件变化特点的基础上，确定施用肥料的种类，配比肥料用量，按方施用。

从广义上讲，应当包括农肥和化肥配合施用。在这里可以打一个比喻，补充土壤养分、施用农肥比为"食补"，施用化肥比为"药补"。人们常说"食补好于药补"，因为，农家肥中含有大量的有机质，可以增加土壤团粒结构，改善土壤水、肥、气、热状况、不仅能补充土壤中含量不足的氮、磷、钾三大元素，而且又可以补充各种中、微量元素。实践证明，农家肥和化肥配合施用，可以提高化肥利用率5%～10%。

测土配方施肥技术是一项较复杂的技术，农民掌握起来不容易，只有把该技术物化后，才能够真正实现。即测、配、产、供、施一条龙服务，由专业部门进行测土、配方，由化肥企业按配方进行生产供给农民，由农业技术人员指导科学施用。简单地说，就是农民直接买配方肥，再按具体方案施用。这样，就把一项复杂的技术变成了一件简单的事情，这项技术才能真正应用到农业生产中去，才能发挥出它应有的作用。

三、测土配方施肥实施关键环节

概括起来主要有以下 3 个关键环节。

一是组织专家巡回指导，广泛地开展测土配方施肥技术培训。重点围绕着玉米、水稻、大豆、绿豆、瓜果和蔬菜等主要作物，突出合理确定施肥数量、选择肥料品种、把握施肥时期和改进施肥方法等重点内容，组织专家进村入户、到田间地头进行多种形式的技术指导，广泛开展测土配方施肥技术培训。

二是做好肥料市场专项治理。重点对复混肥、配方肥、精制有机肥和微生物肥料产品进行质量抽检，并将质量抽检情况向社会公布。并且编印识别假冒伪劣肥料知识挂图和相关技术资料，提高农民鉴别假冒伪劣肥料的能力和维权意识。

三是完善测土配方施肥基础设施，推进测土配方施肥技术标准化。积极推动"沃土工程"的实施，配套完善土壤分析化验仪器设备、田间试验基础条件等相关设施，为测土配方施肥技术推广提供有力的保障手段，实现测土配方施肥技术标准化。

四、测土配方施肥的方法与原理

（一）测土配方施肥基本原理

测土配方施肥，是作物、土壤、肥料体系的紧密相互联系，其遵循的基本原理主要如下。

1. 养分归还律

养分归还律是德国化学家李比希 1843 年提出，他从植物、土壤和肥料中营养物质变化及其相互关系，认为人类在土地上种植作物，并把产物拿走，作物从土壤中吸收矿物质元素，就必然会使地力逐渐下降，从而土壤中所含养分将会越来越少，就必须归还由于作物收获而从土壤中取走的全部养分，否则，地力将衰竭。

2. 最小养分律

最小养分律是指土壤中有效养分相对含量最少（即土壤的供给能力最低）的那种养分。说明要保证作物的正常生长发育，获得高产，就必须满足它们所需要的一切元素的种类和数量及其比例。若其中有一个达不到需要的数量，生长就会受到影响，产量就受这一最小元素所制约。

3. 报酬递减律

报酬递减律是在假定其他生产要素相对稳定的条件下，随着施肥量的增加，作物的产量也会随之增加，但单位重量的肥料所增加的产品数量却下降。在某一特定的生产阶段中，一般来说，生产要素是相对稳定的，所以，报酬递减律也是客观存在的。报酬递减律揭示了施肥与经济效益的关系，即在不断提高肥料用量达到一定限度的情况下，会导致经济效益的下降。

4. 因子综合作用律

为了充分发挥肥料的最大增产效益，施肥必须与选用良种、肥水管理、耕作制度、气候变化等影响肥效的诸因素相结合，这就是因子综合作用律。

（二）测土配方施肥的实施过程

测土配方施肥的实施主要包括 8 个步骤：采集土样→土壤化验→确定配方→组织生产配方肥→按方购肥→科学用肥→田间监测→修订配方。

测土配方施肥的关键：一是确定施肥量，就像医生针对病人的病症"开出药方、按方配药"，根据土壤缺什么，确定补什么；二是根据作物营养特点、不同肥料的供肥特性，确定施肥时期及各时期的肥料用量；三是选择切实可行的施肥方法，制定与施肥相配套的农艺措施，以发挥肥料的最大增产作用。

1. 测土配方施肥量的确定

当前所推广的配方施肥技术主要从定量施肥的不同依据来划分，可以归纳为以下几个类型。

地力分区（级）配方法：按土壤肥力高低分成若干等级。或划出一个肥力均等的片区，作为一个配方区。利用土壤普查资料和过去田间试验成果，结合群众的实践经验，估算出这一配方区比较适宜的肥料种类及其施用量。

目标产量配方法：根据作物产量的构成，由土壤和肥料 2 个方面供给养分的原理来计算肥料的施用量。目标产量确定后，计算作物需要吸收多少养分来施用多少肥料。目前，主要采用养分平衡法，就是以土壤养分测定值来计算土壤供肥量。肥料需要量可按下列公式计算：

$$化肥施用量 = \{（作物单位吸收量×目标产量）-土壤供肥量\} ÷ （肥料养分含量×肥料当季利用率）$$

式中，　　　　　　　作物单位吸收量×目标产量=作物吸收量

土壤供肥量=土壤测试值×0.15×校正系数

土壤测试值以 mg/kg 表示，0.15 为养分换算系数，校正系数是通过田间试验获得。

肥料效应函数法：不同肥料施用量对产量的影响，称为肥料效应。肥料用量和产量之间存在着一定的函数关系。通过不同肥料用量的田间试验，得出函数方程，用以计算出肥料最适宜的用量。常用的有氮、磷、钾比例法；通过田间肥料测试，得出氮、磷、钾最适用量，然后计算出氮、磷、钾之间的比例，确定其中一个肥料元素的用量，就可以按比例计算出其他元素的用量，如以氮定磷、定钾，以磷定氮、定钾等。

计算机推荐施肥法：在实际生产中，由人工计算配方施肥的施肥量是一项较复杂的工作，农民不容易掌握，为此广西土肥站近年应用计算机技术，通过对大量数据处理和专家知识的归纳总结，开发了一套广西测土配方施肥专家系统。通过系统对土壤养分结果的录入和运算，计算机能很快地提出作物的预测产量（生产能力）和最佳施肥配比和施肥量，指导农民科学施肥。

2. 施肥时期的确定

作物的一生对养分的要求常有两个极其重要的时期，这就是作物营养临界期和作物营养最大效率期。在生产中应及时满足作物在这两个时期对养分的要求，才能显著提高作物产量。

作物营养临界期：指在作物生育过程中，有一时期对某种养分要求绝对量不多，但很敏感需要迫切。此时，如缺乏这种养分，对作物生育的影响极其明显，并由此而造成的损失，即使以后补施该种养分也很难纠正和弥补。这一时期一般是在幼苗期。

作物营养最大效率期：指在作物生长发育过程中还有一个时期，植物需要养分的绝对数量最多，吸收速率最快，肥料的作用最大，增产效率最高，这时就是作物营养最大效率期。此时作物生长旺盛，对施肥的反应最为明显。例如，玉米氮素最大效率期在喇叭口到抽雄初期，水稻在拔节到抽穗期。

3. 施肥方法的确定

常用的施肥方法基肥有全层施肥法、分层施肥法、撒施法、条施和穴施法等；追肥有撒施法、条施法、穴施法、环施法、冲施法、喷施法等；种肥有拌种法、浸种法、沾秧根法、盖种肥法等。应根据作物种类、土壤条件、耕作方式、肥料用量和性质，采用不同的施用方法。

（三）各地测土配方施肥的主要模式

各地根据国家农业部的总体部署，扎实开展测土配方施肥的推广工作，探索出的各种不同的运行机制和技术模式，归纳目前各地创造性的、不拘一格的测土配方施肥运行机制，主要有以下 3 种模式。

1. 全程服务型

全程服务型即由农业部门开展"测土、配方、生产、供肥和施肥指导"全程服务。

2. 联合服务型

联合服务型即由农业部门土肥技术推广机构进行测土和配方筛选，联合或委托复混肥料生产企业进行定点生产，实行定向供应，并由土肥技术推广机构发放施肥通知单，或对农民的具体施肥环节进行直接培训和指导服务。

3. 单一指导型

单一指导型即由农业部门进行测土和配方筛选，然后根据辖区内的土壤类型和作物布局等进行施肥分区，在确定目标产量后，制作施肥通知单，或印发明白纸、发放技术挂图，开展多种形式的技术培训，指导农民科学施肥。农产根据需要，自主在市场上购买单质肥料进行配施，或选择基础复混肥进行灵活调节。

五、农作物缺素症状诊断

缺氮：新梢细且短，叶小直立，颜色灰绿，叶柄、叶脉和表层发红；花少果小，果实早熟，很容易脱落，根系发育不健全，红根多，大根少，新根发黄。

缺磷：不同的作物表现各不相同。当玉米缺乏磷肥时，会表现为苗期生长缓慢，5 叶之后症状比较明显，叶片紫色，籽粒不饱满。当小麦缺磷肥时则表现为幼苗生长缓慢，根系发育不良，分蘖减少，茎基部呈紫色，叶色暗绿，略带紫色，穗小粒少。

缺钾：初期表现为下部叶片尖端变黄，沿叶片边缘逐渐变黄，但叶脉两边和叶脉仍然保持原来的绿色。严重时，会从下部叶片逐渐向上发展，最后导致大部分叶片枯黄，叶片边缘呈火烧状。禾谷类作物则会导致分蘖力减弱，节间短小，叶片软弱下垂，茎秆柔软容易倒伏。而双子叶植物则会导致叶片卷曲，逐渐皱缩，有时叶片残缺，但叶片中部仍保持绿色。块根类作物会导致根重量下降，质量低劣。

六、养分丰缺指标的建立

利用"3414"试验，对水稻施肥问题进行研究，摸清了不同肥力水平土壤的施肥参数，提出了肥料效应函数模型，建立了土壤养分丰缺指标，获得了显著经济效益。

水稻营养的 2/3 是从土壤中获得的，当土壤中的营养不能满足水稻的生长发育时，就要靠施肥来补充。而杜蒙自治县目前水稻施肥几乎依赖于 20 世纪 80 年代第二次全国土壤普查时建立起来的标准，由于 20 多年来，水稻的产量水平、栽培方式、土壤肥力等要素发生了很大变化，原有的技术指标已不能适应目前水稻生产的需要。盲目施用化肥，不仅能造成土壤板结、营养比例失调，肥料利用率降低，而且还会造成农业污染，从而影响水稻的产量和品质。2007—2009 年，我们抓住国家测土配方施肥有利时机，精心组织和实施了水稻"3414"试验，目的是摸清杜蒙自治县土壤的施肥参数和施肥模型，为全县水稻配方施肥提供科学依据。

（一）材料与方法

1. 试验地的选择

我们根据全县土壤特点，把试验地设在种植面积最大的草甸土型水稻土，按土壤肥力极低、低、中、高 4 个水平选择有代表性的试验点 4 个，每个试验点设 3 次重复，每年共 12 个点次，3 年共 36 个点次。每个点的地块要求地势平坦，肥力均匀。

2. 试验点基本情况

试验前对各试验点采土化验，土壤测试均采用常规方法，它们分别是：全氮（凯氏定氮仪法），全磷（氢氧化钠熔融—钼锑抗比色法），全钾（氢氧化钠熔融—火焰光度计法），碱解氮（碱解扩散法），有效磷（碳酸氢钠提取—钼锑抗比色法），速效钾（乙酸铵浸提—火焰光度计法），有机质（油浴加热重铬酸钾氧化—容量法），土壤 pH 值（电位法），容重（环刀法）。各试验点 3 次重复取平均值，结果见表 3-16。

表3-16 各试验点土壤基本情况表

土壤肥力	有机质（g/kg）	全氮（g/kg）	速效氮（mg/kg）	全磷（g/kg）	有效磷（mg/kg）	全钾（g/kg）	速效钾（mg/kg）	pH 值	容重（g/cm³）
极低	15	0.95	90	0.35	7.0	1.14	80	8.20	1.37
低等	25	1.30	107	0.56	11.0	1.67	100	7.94	1.30
中等	34	1.70	125	0.79	23.0	2.12	148	7.75	1.25
高等	48	2.80	152	1.08	32.0	2.31	168	7.51	1.18

3. 试验设计方法

本试验采用"3414"分析方法，该试验方案是二次回归 D-最优设计的一种，即氮、磷、钾 3 个因素、4 个水平、14 个处理。4 个水平是：0 水平（不施肥），2 水平（当地最佳施肥量），1 水平（2 水平×0.5），3 水平（2 水平×1.5）。我们在调查群众习惯施肥的基础上，结合杜蒙自治县土壤情况，设计出每公顷最佳施肥量（2 水平）：纯氮 132kg、P_2O_5 75kg、K_2O 90kg。据此算出其他水平的施肥量（表 3-17）。

表3-17 氮磷钾施肥水平

施肥水平代码	N（kg/hm²）	P₂O₅（kg/hm²）	K₂O（kg/hm²）
0	0.0	0.0	0.0

（续表）

施肥水平代码	N（kg/hm²）	P₂O₅（kg/hm²）	K₂O（kg/hm²）
1	66.0	37.5	45.0
2	132.0	75.0	90.0
3	198.0	112.5	135.0

4. 试验田设置

每个试验点设置 14 个处理，每个处理小区 30m²，各小区间用池梗隔开，并用塑料薄膜包裹以防小区间肥水相互渗漏，做到单排单灌，并设置保护行。

5. 试验田主要农事活动

水稻品种统一采用全县主栽品种松粳 9 号，4 月 20 日统一育苗，5 月 25 日统一插秧，规格为 30cm×10cm，统一时间施肥，全部磷钾肥和 40% 的氮肥做底肥施用，30% 氮肥在水稻返青后施用，30% 氮肥在水稻倒二叶露尖时施用，此外在防虫、灭病、除草、灌水等田间管理措施尽量相同，以减少人为因素对试验的影响。水稻生长发育各阶段做好田间记录，收获时，统一时间采样、考种、粉碎。3 年共制样本 504 个，其中，籽粒、秸秆、根茬各 168 个，将样本送到黑龙江省植物养分测试中心测定养分吸收量。将各处理小区 3 年的产量取平均值转化成相应每公顷产量，详见表 3-18。

表 3-18　试验点各处理每公顷产量　　　　　　　　　　　（单位：kg）

处理编码	土壤肥力水平			
	极低	低等	中等	高等
N₀P₀K₀	3 225	3 630	3 870	4 200
N₀P₂K₂	3 405	4 860	6 435	8 070
N₁P₂K₂	5 430	6 450	7 410	8 175
N₂P₀K₂	3 540	5 250	7 125	8 310
N₂P₁K₂	5 790	6 705	7 455	8 370
N₂P₂K₂	7 140	7 680	7 875	8 400
N₂P₃K₂	6 765	7 335	7 725	8 325
N₂P₂K₀	3 510	5 055	6 885	7 980
N₂P₂K₁	5 745	6 420	7 290	8 190
N₂P₂K₃	6 165	6 720	7 440	8 025
N₃P₂K₂	6 615	7 185	7 530	8 010
N₁P₁K₂	5 955	6 555	7 260	8 475
N₁P₂K₁	5 715	6 405	7 200	8 250
N₂P₁K₁	6 705	7 275	7 650	8 130

（二）施肥参数的确定方法

1. 土壤缺素区产量

将各试验点处理 1、处理 2、处理 4、处理 8 产量分别取 3 年的平均值，从而相应得出空白区产量、缺氮区产量、缺磷区产量和缺钾区产量。

2. 肥料利用率（RE）

用公式：$RE_N = (U_6 - U_2) / F_N$

$RE_P = (U_6 - U_4) / F_P$　　$RE_K = (U_6 - U_8) / F_K$ 计算。U_2、U_4、U_6、U_8 分别代表处理 2、处理 4、处理 6、处理 8 每公顷水稻吸收的养分量。F_N、F_P、F_K 分别代表每公顷 N、P_2O_5、K_2O 的最佳（2 水平）投入量。

3. 肥料农学效率（AE）

肥料农学效率（AE）是指单位施肥量所增加的作物经济产量。用公式：$AE_N = (Y_6 - Y_2) / F_N$　$AE_P = (Y_6 - Y_4) / F_P$　　$AE_K = (Y_6 - Y_8) / F_K$　$AE_{NPK} = (Y_6 - Y_0) / F_{NPK}$ 分别计算氮、磷、钾、NPK 肥料的农学效率，Y_6、Y_0、Y_2、Y_4 分别代表处理 6、处理 1、处理 2、处理 4 的水稻每公顷产量。F_{NPK} 代表完全施肥区（处理 6）氮磷钾纯养分每公顷投入量。

4. 肥料偏生产力（PFP）

肥料偏生产力是指单位施肥量作物的产量。NPK 肥料的偏生产力用完全施肥区（处理 6）的每公顷产量与该区 NPK 纯养分每公顷投入量的比值来计算。

（三）试验分析与结果

1. 施肥模型的建立

将表 3-17 中的氮磷钾施肥量和相应产量分别进行三元二次回归分析、二元二次回归分析（固定 1 个因素为当地最佳施肥水平，求另 2 个因素的肥效）、一元二次回归分析（固定 2 个因素为当地最佳施肥水平，求另 1 因素的肥效），得出相应回归方程，然后对所得方程进行方差分析。分析结果表明：只有三元二次回归模型的产量和施肥量有显著的回归关系，其余两个模型的产量和施肥量没有显著的回归关系。我们所选择三元二次回归方程的模型为：

$$Y = b_0 + b_1 x_1 + b_2 x_2 + b_3 x_3 + b_4 x_1 x_2 + b_5 x_1 x_3 + b_6 x_2 x_3 + b_7 x_1^2 + b_8 x_2^2 + b_9 x_3^2$$

其中，Y 代表水稻每公顷产量，b_0—b_9 代表回归系数，x_1、x_2、x_3 分别代表 N、P_2O_5、K_2O 每公顷施肥量。分析结果，详见表 3-19。

表 3-19　各试验点三元二次回归方程

回归参数	土壤肥力水平			
	极低	低等	中等	高等
b_0	3 322.187 0	3 691.058 0	3 902.312 0	4 234.995 0
b_1	31.836 8	32.640 4	30.696 3	20.717 5
b_2	0.396 3	5.465 3	19.007 3	32.462 8
b_3	27.224 2	27.160 5	26.566 7	45.961 5
b_4	0.216 4	0.076 6	-0.061 1	-0.044 8

（续表）

回归参数	土壤肥力水平			
	极低	低等	中等	高等
b_5	0.049 9	−0.007 8	−0.065 1	−0.099 3
b_6	0.638 1	0.435 5	0.067 2	−0.254 8
b_7	−0.184 0	−0.132 4	−0.076 9	−0.043 9
b_8	−0.530 3	−0.333 9	−0.106 4	−0.039 8
b_9	−0.464 3	−0.339 6	−0.136 5	−0.100 4
F	8.767 7	11.528 6	29.820 3	39.935 3
R	0.975 6	0.981 3	0.992 6	0.994 5

说明：从表 3–19 可以看出，F 代表回归方程方差分析的 F 值，R 代表相关系数，$F_{0.05}$ = 5.9988，$F_{0.01}$ = 14.6591。

从表 3–19 中数据可以看出：肥力极低和低等水平的方程 F 值达到显著水平，肥力中等和高等水平的方程 F 值达到极显著水平，相关系数都接近 1，这些充分说明，水稻产量和氮磷钾施肥量具有显著的回归关系。最后将各回归方程分别对 x_1、x_2、x_3 求偏导数，根据自变量 x 的边际效益等于零，求出最高产量施肥量；根据自变量 x 的边际效益等于投入价格与产出价格比，求出最佳产量施肥量，并将相应的施肥量代入相应回归方程，求出相应最高产量和最佳产量。最高产量施肥量不受价格影响，每年都是一个定数，最佳施肥量每年因化肥和水稻价格变化而有所不同。所以，我们根据近几年化肥和水稻价格变化区间：每千克氮肥（N）4.00～4.35 元、磷肥（P_2O_5）5.00～7.86 元、钾肥（K_2O）5.00～6.33 元、水稻 1.20～1.80 元，分别计算出相应的最佳产量和最佳施肥量的范围，并通过试验反复校正，分析结果，详见表 3–20。

表 3–20　各试验点每公顷产量和每公顷施肥量　　（单位：kg）

土壤肥力	最高产量施肥量			最高产量	最佳产量施肥量			最佳产量
	N	P_2O_5	K_2O		N	P_2O_5	K_2O	
极低	155.1	93.2	101.7	7 194	130.9～134.9	72.2～74.2	81.5～83.8	7 067～7 096
低等	145.4	85.7	93.3	7 563	127.3～130.0	64.7～66.0	73.9～75.6	7 449～7 469
中等	132.6	78.2	84.9	7 808	122.1～125.0	64.0～64.7	64.4～66.0	7 717～7 737
高等	100.7	72.6	87.0	8 455	95.1～99.8	63.0～64.0	62.5～64.0	8 314～8 346

2. 氮磷钾单因素的肥效

将上面得到的三元二次方程中的 2 个因素固定为零水平，从而得到另 1 个因素的肥效方程，其模型为：$Y = a_0 + a_1 x + a_2 x^2$，x 指氮磷钾某一因素每公顷施肥量，a 为回归系数。并分别绘出各种肥力水平土壤的 NPK 单因素肥效图。从图中可以看出：在中等肥力和中等肥力水平以下的土壤上，肥效 N>K>P，在高肥力水平土壤上，肥效 K>P>N。

（四）丰缺指标的建立

相对产量（y%）是指缺素区产量与全量施肥区（处理 6）产量的比值。按照农业部测土配方施肥的要求，将 y≤50、50<y≤75、75<y≤95、y>95 的水稻土壤分别划分为极低、低、中、高 4 个等级。通过对 3 年 36 个点次相对产量和对应土壤养分速效值的相关分析，得出水稻相对产量（y）和土壤氮磷钾速效值（x）之间的关系式，其模型为：$y=d*\ell n$（x）$-c$，d 和 c 代表常数。

分析结果，详见表 3-21。

表 3-21　分析结果表

土壤养分	方程系数		方差分析	相关系数	显著水平
	d	c	F	r	
氮（N）	94.32	376.40	254.047 4	0.996 1	
磷（P）	31.75	10.39	277.659 1	0.996 4	$F0.05=18.512\ 8$
钾（K）	60.55	214.91	487.344 1	0.998 0	$F0.01=98.502\ 5$

从表 3-21 数据可以看出：水稻相对产量和土壤氮磷钾速效值之间具有极显著的回归关系，两者呈高度正相关。根据回归方程和土壤肥力分级标准，确立土壤丰缺指标，结果详见表 3-22。

表 3-22　土壤氮磷钾养分丰缺指标　（单位：mg/kg）

土壤养分	土壤肥力			
	极低	低等	中等	高等
氮（N）	≤91.9	91.9~119.8	119.8~148.1	>148.1
磷（P）	≤7.0	7.0~14.7	14.7~27.6	>27.6
钾（K）	≤79.4	79.4~120.0	120.0~167.0	>167.0

1. 土壤最佳施肥量与土壤养分速效值的相关分析

通过对 3 年 12 点次（每年每点取 3 次重复平均值）水稻最佳施肥量和对应土壤 NPK 养分速效值的相关分析，得出水稻最佳施肥量（y）和土壤 NPK 养分速效值（x）之间的关系式：

速效氮（N）　　$y=211.09e-0.004\ 7x$　　　　$n=12$　　　$r=-0.932\ 0$

速效磷（P）　　$y=82.713-5.792\ 9\ln(x)$　　$n=12$　　　$r=-0.902\ 2$

速效钾（K）　　$y=196.17-26.037\ln(x)$　　$n=12$　　　$r=-0.995\ 3$

上式表明：水稻最佳施肥量与土壤 NPK 养分速效值呈高度负相关，说明土壤 NPK 有效养分测定值可以作为最佳施肥的指标。

2. 年度间施肥差异分析

通过各种肥力土壤年度间施肥对产量的影响进行方差分析，可以看出：$F<F_{0.05}$ 这说明年度间施肥对产量的影响无显著差异，每点每次取 3 年的平均值进行回归分析是可靠的，详

见表 3-23。

表 3-23　各种肥力土壤年度间施肥方差分析表

土壤肥力	变异来源	df	SS	MS	F	$F_{0.05}$
	年度间	2	4 537	2 268.5	0.001 176	19.47
极低	年度内	39	75 229 214	1 928 954		
	总变异	41	75 233 751			
	年度间	2	4 878.143	2 439.071	0.001 867	19.47
低等	年度内	39	50 956 615	1 306 580		
	总变异	41	50 961 493			
	年度间	2	6 693.857	3 346.929	0.003 398	19.47
中等	年度内	39	38 417 153	9 850 552		
	总变异	41	38 423 847			
	年度间	2	9 289.333	4 644.667	0.003 964	19.47
高等	年度内	39	45 695 032	1 171 667		
	总变异	41	45 704 322			

3. 施肥参数的确定

将各试验点施肥参数的计算结果汇总，详见表 3-24。

表 3-24　各种肥力水平土壤的施肥参数结果表

土壤肥力	缺素区产量（kg/hm²）				肥料利用率（%）			农学效率（kg/kg）				百公斤籽粒氮磷钾含量（kg）			NPK偏生产力（kg/kg）
	缺氮	缺磷	缺钾	空白	氮肥	磷肥	钾肥	氮肥	磷肥	钾肥	肥料	N	P_2O_5	K_2O	
极低	3 405	3 540	3 510	3 225	48.1	33.6	76.6	28.3	48.0	40.3	13.2	1.70	0.70	1.90	24.0
低等	4 860	5 250	5 055	3 630	45.3	29.2	61.3	21.4	32.4	29.2	13.6	2.12	0.90	2.10	25.9
中等	6 435	7 125	6 885	3 870	25.1	12.1	35.2	10.9	10.0	11.0	13.5	2.30	1.21	3.20	26.8
高等	8 070	8 310	7 980	4 200	6.1	1.58	15.4	2.5	1.20	4.67	14.1	2.44	1.32	3.30	28.3

4. 施肥模型与实际拟合

为了验证所得的施肥模型的理论产量和实际产量是否吻合，经济效益如何，2007—2008年，我们共设置水稻测土配方施肥示范点 80 个，其中，极低肥力土壤 12 个，低肥力土壤 16 个，中肥力土壤 40 个，高肥力土壤 12 个（根据 4 种肥力水平的土壤面积占全部水稻土壤面积的百分比：极低肥力土壤 15%，低肥力土壤 20%，中肥力土壤 50%，高肥力土壤 15% 确定），每个示范点设测土配方施肥区和常规施肥区两个处理。通过测产和数理统计分析：80 个水稻示范点理论产量与实际产量吻合度在 90%~100% 范围内的有 75 个，总体吻合度为 93.75%。

七、玉米测土配方施肥

玉米在全县的播种面积 8.5 万 hm^2 左右，占总播面积的 62.5%，属于第一主栽作物，特别是畜牧业奶牛业的快速发展，为玉米生产提供了巨大的发展空间。为了保证调整种植业结构和产业结构的需要，在保证不断扩大种植面积的前提下，必须实施测土配方施肥，以提高玉米单产。

（一）配方

1. 养分平衡法

根据氮、磷、钾肥的施肥参数，进行取土样化验分析，按"养分平衡"原理制定目标产量计算氮、磷、钾肥施用量。这一方法是在农技推广部门的指导下实施：

$$化肥施用量 = \frac{（作物单位吸收量 \times 目标产量）-（土壤养分测定值 \times 0.15 \times 校正系数）}{肥料养分含量 \times 肥料当季利用率}$$

基础参数。

（1）每生产 100kg 玉米需要吸收氮 2.8kg，五氧化二磷 1.3~1.8kg，氧化钾 3.5kg。目标产量一般定 500kg。

（2）土壤供肥系数（校正系数）。速效氮为高肥力 0.51，中肥力 0.41，低肥力 0.3；速效磷为高肥力为 1.5、中肥力为 1.2、低肥力为 0.8；速效钾为高肥力为 0.5、中肥力为 0.4、低肥力为 0.2。

（3）化肥利用率。磷肥：为高肥力为 10%、中肥力为 10%~20%、低肥力为 30%；氮肥：为高肥力 30%、中肥力 40%~50%、低肥力 60%；钾肥：为高肥力为 20%、中肥力为 20%~40%、低肥力为 50%。

2. 氮、磷、钾比例法

根据不同地力，实行分区划片配方比例，就是以地力分区划片为基础，以土定产、以产定肥，氮、五氧化二磷、氧化钾的比例一般按 1：0.5：0.5 或 1：0.5：0.3 的比例实施。根据试验每公顷产量在 7 500kg 左右时，施纯氮 130.5~165.0kg/hm^2；纯磷 69.0~75.0kg/hm^2；纯钾 45.0~60.0kg/hm^2 较接近经济合理施肥方案。折合尿素 225~300kg/hm^2；磷酸二铵 150.0~180.0kg/hm^2；硫酸钾 90.0~120.0kg/hm^2。

3. 施用作物专用肥

采取制定配方，提供配方给厂家生产专用肥，使配方施肥技术简便易行地应用到田块。施用 N：P：K = 10：20：15 的玉米专用肥，每公顷施用 300~375kg 做基肥，再于玉米大喇叭口期用尿素 225~300kg 做追肥。同时，建议补施硫酸锌 15~30kg/hm^2。

（二）施肥技术

玉米的需肥规律

从玉米内、外部发育特征看，玉米一生可划分为 4 个生育阶段：

（1）出苗阶段。出苗到第三片叶以前，这时玉米所需的养分主要由种子自身供给。

（2）出苗—拔节阶段。玉米从第四片叶开始，植株利用的养分才从土壤中吸收。这时的根系和叶面积都不发达，生长缓慢，吸收的养分较少。这时的吸氮量约占一生的 2%，吸磷量约占一生的 1%，吸钾量约占一生的 3%。

（3）拔节—抽雄阶段。玉米从拔节开始，对营养元素的需要量逐渐增加，此时需氮量占一生的 35%。五氧化二磷占一生的 46%,氧化钾占一生的 70%。

(4)抽雄—成熟阶段。抽雄期的玉米对养分的吸收量达到盛期,在占生育期的 7%~8% 的短暂时间里,对氮、磷的吸收量接近所需总量的 20%,钾占 28% 左右。这一阶段植株的生育状况在很大程度上取决于前一生育期的养分供应及植株长势。

玉米籽粒灌浆期间同样需吸收较多养分,此期需吸收的氮量占一生吸氮量 45%,五氧化二磷占 35%。氮充足能延长叶片的功能期,稳定较大的绿叶面积,避免早衰,对增加粒重有重要作用。钾虽然在开花前都已吸收结束,但是吸收数量不足,会使果穗发育不良,顶部籽粒不饱满,出现败育或植株倒伏而减产。

(三)玉米科学施肥技术要点

针对玉米生育期需肥规律特点,主要采取以下施肥措施:玉米生产田每生产 100kg 籽粒需氮肥 2.5~3.0kg,折合成尿素 5~6kg,五氧二磷 0.68~1.25kg,折合二铵 2~3kg,氧化钾 2.0~2.5kg,折合氯化钾 4~5kg。在生产过程中应依据地力等条件实行测土配方施肥,做到氮、磷、钾及微量元素合理搭配。每公顷施用优质农肥 15~60t。结合整地撒施或条施夹肥。磷肥每公顷施五氧化二磷 60~75kg,结合整地做底肥或种肥施入。钾肥每公顷施氧化钾 45~60kg 做底肥或种肥,氮肥每公顷施纯氮 130.5~165.0kg,其中,30%~40% 做底肥或种肥,另外 60%~70% 做追肥。玉米施肥总的原则如下。

1. 稳氮、降磷、增钾,补充中、微量元素,增施农家肥

杜蒙自治县大部分地块的养分基本情况是:氮素营养基本平衡或略有盈余,磷素营养成分在土壤中有较多的积累,而钾素营养投入明显小于作物所需,亏损较大、中、微量元素相对缺乏。长期按传统的施肥技术进行施肥,前面的现象将进一步加剧,不但降低了肥料的利用率,而且也增加了生产成本,影响了玉米的产量和质量,进而影响玉米的种植效益。测土配方施肥是实现科学施肥的重要技术,因此在生产中,最好是测土配方施肥。做不到测土配方施肥的地方,应稳定氮肥的投入水平,适当降低磷肥的投入量。有条件的地方经试验、示范,可推广磷素活化剂等产品;要增加钾肥的投入,每公顷施纯钾 45~60kg;要补充中、微量元素。缺锌地块每公顷要施用硫酸锌 15~22.5kg。

农家肥在改良土壤、提高土壤有机质含量及肥力等方面具有重要作用;随着化肥投入水平的不断提高,农肥的总体投入水平不断下降的趋势,对农业的持续发展已造成较大的影响;玉米生产难以实现高产稳产,因此,在施肥技术上,要树立增施农家肥的主导思想,积造优质农家肥,扩大秸秆还田面积,力争公顷施有机质含量在 8% 以上的优质农肥 22.5~30t,以增加农业生产的后劲,提高玉米产量,改进玉米品质,增加玉米效益。

2. 减少单一化肥的施用,推广有机、无机复合肥料

化肥的大面积应用,在提高粮食产量、满足人们生产、生活需要等方面发挥了不可估量的作用。但随着人口的不断增长和人们生活水平的提高,单一化肥的应用与可持续农业发展以及追求高质量农产品的矛盾明显突出。积极推广有机、无机复合肥料、生物肥料等高科技产品已成为历史的必然选择。多数有机、无机复合肥料不但含有植物所必需的营养元素氮、磷、钾,还有些中、微量元素,同时,更主要的还有大量的有机质,这对农业可持续发展、绿色环保食品的生产都有重要的作用。

3. 适当调整种肥、追肥的比例,调整追肥时间

近几年,人们在选用品种生育期时比较谨慎,一般比原栽培品种缩短生育期,相应增加

种植密度，这就易发生早衰现象。为避免这一现象，生产中可提高肥料的投入，同时，追肥时间提前。另外，密度加大，高产、高效栽培技术被人们认可，紧凑型玉米品种比平展型玉米易被人们接受，氮肥做种肥一般投入即可，追肥数量应该相应增加，做到"前轻后重"。

八、水稻测土配方施肥

水稻在杜蒙自治县的播种面积 1.752 万 hm^2，占总播面积到 12.8%，是全县第二主栽农作物。

（一）配方

1. 养分平衡法

根据氮、磷、钾肥的施肥参数，进行取土样化验分析，按"养分平衡"原理制定目标产量计算氮、磷、钾肥施用量：这一方法是在农技部门的指导下实施。

$$化肥施用量 = \frac{（作物单位吸收量×目标产量）-（土壤养分测定值×0.15×校正系数）}{肥料养分含量×肥料当季利用率}$$

基础参数。

（1）每生产 100kg 稻谷需要吸收氮 2~2.5kg，五氧化二磷 1.5~2.5kg，氧化钾 3~3.5kg。目标产量一般定 500kg。

（2）土壤供肥系数（校正系数）。速效氮为 0.24~0.33，速效磷为高肥力为 0.8、中肥力为 0.6、低肥力为 0.2，速效钾为高肥力为 0.65、中肥力为 0.55、低肥力为 0.45。

（3）化肥利用率。磷肥：高肥力为 20%、中肥力为 20%~40%，低肥力为 45%；氮肥：为高肥力为 30%、中肥力为 40%~50%、低肥力为 60%；钾肥：为高肥力为 40%、中肥力为40%~50%、低肥力为 70%。

2. 氮、磷、钾比例法

根据不同的地力，实行分区划片配方比例，就是以地力分区划片为基础，以土定产、以产定肥，氮、五氧化二磷、氧化钾的比例一般按 1:0.4:1 或 1:0.4:0.8 的比例实施。根据大量试验，每公顷产量在 7 500kg 左右时，施纯氮 126~157.5kg/hm^2；纯磷 45~60kg/hm^2；纯钾 75~90kg/hm^2 较接近经济合理施肥方案。折合尿素 235.5~291.0kg/hm^2；磷酸二铵 97.5~130.5kg/hm^2；硫酸钾 150~210kg/hm^2。

3. 施用作物专用肥

采取制定配方，提供配方给厂家生产专用肥，使配方施肥技术简便易行地应用到田块。施用 N:P:K=15:15:15 的水稻专用肥，每公顷施用 300~375kg 做基肥，补施尿素 150~270kg 做追肥，每公顷补充锌肥 30~45kg。

（二）施肥技术

肥料的施用为农业近年来的快速增长作出了巨大的贡献。但是农户在施肥中还存在着不少问题，例如，重氮肥轻磷钾肥，重化肥轻有机肥，不因地制宜施肥，不看苗施肥等，造成了肥料的不必要浪费，而该施的却又施肥不足，影响了农民种田效益的提高。下面就水稻的需肥特性、吸肥规律和施肥技术作一些简要介绍。

1. 水稻的需肥特性

（1）水稻对氮、磷、钾的吸收量。氮、磷、钾是水稻吸收量多而土壤供给量又常常不足的 3 种营养元素。生产 500kg 稻谷及相应的稻草，需吸收氮 7.5~9.55kg，五氧化二磷

4.05~5.1kg，氧化钾 9.15~19.1kg，三者的比例大致为 2：1：3。但也要考虑稻根也需要一些养分和水稻未收获前由于淋洗作用和落叶已损失一些，实际上水稻吸肥总量高于此值。且上述吸肥比例也因品种、气候、土壤、施肥水平及产量高低而有一定差异。

（2）水稻各生育期的吸肥规律。水稻各生育期内的养分含量，一般是随着生育期的发展，植株干物质积累量的增加，氮、磷、钾含有率渐趋减少。但对不同营养元素、不同施肥水平和不同水稻类型，变化情况并不完全一样。据研究，稻体内的氮素含有率，在分蘖期以后急剧下降，拔节以后比较平稳；含氮高峰早稻一般在返青期，晚稻在分蘖期。但在供氮水平较高时，早、晚稻的含氮高峰期可分别延至分蘖期和拔节期。磷在水稻整个生育期内含量变化较小，在 0.4%~1% 的范围内，晚稻含量比早稻高，但含磷高峰期均在拔节期，以后逐渐减少。钾在稻体内的含有率早稻高于晚稻，含钾量的变幅也是早稻大于晚稻，但含钾高峰均在拔节期。

水稻各生育阶段的养分与吸收量是不同的，且受品种、土壤、施肥、灌溉等栽培措施的影响，单季稻生育期长，一般存在 2 个吸肥高峰，分别相当于分蘖盛期和幼穗分化后期。

2. 施肥量与施肥期的决定

（1）施肥量。水稻施肥量，可根据水稻对养分的需要量，土壤养分的供给量以及所施肥料的养分含量和利用率进行全面考虑。水稻对土壤的依赖程度和土壤肥力关系密切，土壤肥力越高，土壤供给养分的比例越大。杜蒙自治县水稻土普遍缺氮，大部分缺磷，部分缺钾。为了充分发挥施化肥的增产效应，不仅要氮、磷、钾配合施用，而且还应推行测土配方施肥。我国稻区当季化肥利用率大致范围是：氮肥为 30%~60%，磷肥为 10%~25%，钾肥为 40%~70%。

（2）施肥期的确定。水稻高产的施肥时期一般可分为基肥、分蘖肥、穗肥、粒肥 4 个时期。

基肥：水稻移栽前施入土壤的肥料为基肥，基肥要有机肥与无机肥相结合，达到既满足有效分蘖期内有较高的速效养分供应，又肥效稳长。氮肥作基肥，可提高肥效，减少逸失。基肥中氮的用量，因品种、栽培方法、栽培季节和土壤肥力而定。田肥的宜少些，田瘦的宜多些；缺磷、缺钾土壤，基肥中还应增施磷、钾肥。

分蘖肥：分蘖期是增加根数的重要时期，宜在施足基肥的基础上早施分蘖肥，促进分蘖，提高成穗率，增加有效穗。若稻田肥力水平高，底肥足，不宜多施分蘖肥，"三高一稳"栽培法及质量群体栽培法，其施肥特点就是减少前期施肥用量，增加中、后期肥料的比重，使各生育阶段吸收适量的肥料，达到平稳促进。

穗肥：根据追肥的时期和所追肥料的作用，可分为促花肥和保花肥，促花肥是在穗轴分化期至颖花分化期施用，此期施氮具促进枝梗和颖花分化的作用，增加每穗颖花数。保花肥是在花粉细胞减数分裂期稍前施用，防止颖花退化，增加茎鞘贮藏物积累的作用。穗肥的施用，除直接增大"产量容器"外，还可增强最后三片叶的光合功能，养根保叶，增加粒重，减少空秕粒，增"源"畅"流"的作用。前期营养水平高，穗肥应以保花肥为主，穗肥宜早施，做到促、保结合。

粒肥：粒肥具有延长叶片功能，提高光合强度，增加粒重，减少空秕粒的作用。尤其群体偏小的稻田及穗型大、灌浆期长的品种，施用粒肥显得更有意义。

3. 几种施肥法

（1）"前促"施肥法。其特点是将全部肥料施于水稻生长前期，多采用重施基肥、早施攻蘖肥的分配方式，一般基肥占总施肥量的 70%～80%，其余肥料在移栽返青后即全部施用。

（2）前促、中控、后补施肥法。注重稻田的早期施肥，强调中期限氮和后期氮素补给，一般基蘖肥占总肥量的 80%～90%，穗、粒肥占 10%～20%，适用于生育期较长，分蘖穗比重大的杂交稻。

（3）前稳、中促、后保施肥法。减少前期施氮量，中期重施穗肥，后期适当施用粒肥，一般基、蘖肥占总肥量的 50%～60%。穗、粒肥占 40%～50%.

九、大豆测土配方施肥

大豆在杜蒙自治县的播种面积 1.486 万 hm^2 左右，占总播面积的 10.0%，属于杜蒙自治县的第三主栽作物。

（一）大豆的需肥特点

1. 大豆自身有固氮作用

大豆生长发育需要的肥料由根瘤菌供给和从土壤中吸收。根瘤菌固定空气中的氮素为大豆利用，固氮作用高峰集中于开花至鼓粒期，开花前和鼓粒后期固氮能力较弱。

2. 大豆是需肥较多的作物

每生产 100kg 大豆，需吸收纯氮 6.5kg，有效磷 1.5kg，有效钾 3.2kg。三者比例大致为 4:1:2，比水稻、玉米都高，而根瘤菌只能固定氮素，且供给大豆的氮占大豆需氮量的 50%～60%。因此，还必须施用一定数量的氮、磷、钾才能满足其正常生长发育的需要。

3. 大豆的吸肥规律

大豆生长发育分为苗期、分枝期、结荚期、鼓粒期和成熟期，全生育期 90～130 天，其吸肥规律为：吸氮率，出苗和分枝期占全生育期吸氮总量的 15%，分枝至盛花期占 16.4%，盛花至结荚期占 28.3%，鼓豆期占 24%，开花至鼓粒期是大豆吸氮的高峰期；吸磷率，苗期至初花期占 17%，初花至鼓粒期占 70%，鼓粒至成熟期占 13%，大豆生长中期对磷的需要最多；吸钾率，开花前累计吸钾量占 43%，开花至鼓粒期占 39.5%，鼓粒至成熟期仍需吸收 17.2% 的钾。由此可见，开花至鼓粒期既是大豆干物质累积的高峰期，又是吸收氮磷钾养分的高峰期。

（二）大豆施肥技术

1. 多施有机肥

用较多的有机肥作底肥不仅有利于大豆生长发育，而且有利于根瘤菌的繁殖和根瘤的形成，增强固氮能力。大豆全生育周期每公顷施农家肥 12.5～15t，或商品有机肥 1 500～2 250kg。

2. 巧施氮肥

大豆需氮虽多，但由于其自身具有固氮能力，因此需要施用的氮肥并不太多，关键是要突出一个"巧"字。

中等以下肥力的田块，适时适量施用氮肥有较好的增产效果，肥力较高的田块则不明显，施用过多不仅浪费，而且还会造成减产。一般地块每公顷可施尿素 75kg、或碳酸氢铵

225kg 做底肥, 高肥田可少施或不施氮肥, 薄地用少量氮肥作种肥效果更好, 有利于大豆壮苗和花芽分化。但种肥用量较少, 且要做到肥种隔离, 以免烧种。一般地块种肥每公顷施尿素 45~75kg, 同时配施 150~225kg 过磷酸钙为宜, 或每公顷施尿素 30~45kg, 加磷酸二铵 45kg 增产更明显。

十、测土配方施肥效益分析

(一) 水稻增效

测土配方施肥区水稻平均每公顷产 7 710kg, 比常规施肥区 (平均每公顷产 7 005kg) 平均每公顷增产 705kg, 增产率 10.1%, 每公顷增产增收 1 269元 (按每千克稻谷 1.80 元计算), 平均节省化肥 8%, 化肥每公顷节支 75 元, 两项合计每公顷纯增效益 1 344元。全县共有水稻面积 1.752 万 hm², 如果全部实施测土配方施肥技术, 年纯增稻谷 1 235万 kg, 纯增效益 2 354.69万元。

(二) 玉米增效

测土配方施肥区玉米平均每公顷产 7 815kg, 比常规施肥区 (平均每公顷产 7 220kg) 平均每公顷增产 595kg, 增产率 8.2%, 每公顷增产增收 714 元 (按每千克玉米 1.20 元计算), 平均节省化肥 8%, 化肥每公顷节支 75 元, 两项合计每公顷纯增效益 789 元。全县共有玉米面积 8.497 万 hm², 如果全部实施测土配方施肥技术, 年纯增玉米 5 055.72万 kg, 纯增效益 6 704.13万元。

(三) 大豆增效

测土配方施肥区大豆平均每公顷产 2 370kg, 比常规施肥区 (平均每公顷产 2 205kg) 平均每公顷增产 165kg, 增产率 7.5%, 每公顷增产增收 346.5 元 (按每千克大豆 2.10 元计算), 平均节省化肥 6%, 化肥每公顷节支 45 元, 两项合计每公顷纯增效益 391.5 元。全县共有大豆面积 1.486 万 hm², 如果全部实施测土配方施肥技术, 年纯增大豆 245.19 万 kg, 纯增效益 581.77 万元。

(四) 总效益

测土配方施肥在全县应用总增产粮食 6 539.1万 kg, 减本增效总增值 9 640.59万元 (表3-25、表 3-26)。

表 3-25　测土配方施肥推荐施肥检索表 (玉米)

氮土测值 (mg/kg)	尿素 (kg/hm²)	磷土测值 (mg/kg)	二铵 (kg/hm²)	钾土测值 (mg/kg)	50%硫酸钾 (kg/hm²)
<90	300	<5	225	<60	165
91~110	262.5	5~10	187.5	61~90	150
111~120	240	11~15	150	91~110	135
121~130	225	16~20	135	111~130	120
131~140	210	21~25	112.5	131~150	105
141~150	187.5	26~30	97.5	151~170	45
>150	150	>30	90	>170	37.5

注: 二铵、硫酸钾做底肥, 尿素 30%~40% 做底肥, 剩余的尿素 (60%~70%) 做追肥, 如果使用复合肥按其量进行折算

表 3-26 测土配方施肥推荐施肥检索表 (水稻)

氮土测值 (mg/kg)	尿素 (kg/hm²)	磷土测值 (mg/kg)	二铵 (kg/hm²)	钾土测值 (mg/kg)	50%硫酸钾 (kg/hm²)
<90	307.5	<5	210	<60	180
91~110	270	5~10	180	61~90	165
111~120	255	11~15	150	91~110	135
121~130	240	16~20	135	111~130	127.5
131~140	225	21~25	120	131~150	105
141~150	195	26~30	105	151~170	67.5
>150	150	>30	90	>170	45

注：二铵、硫酸钾做底肥，尿素 30%~40% 做底肥，剩余的尿素（60%~70%）做追肥，如果使用复合肥按其量进行折算

第三章 耕地地力评价与中低产田地力提档升级专题报告

杜蒙自治县位于黑龙江省西南部。全县有耕地面积 136 756.91hm²，经过本次地力评价发现，三级为中产田土壤，面积为 56 135.82hm²，占耕地总面积的 41.05%；四级、五级为低产田土壤，面积 29 864.04hm²，占耕地总面积的 21.83%。合计中低田面积为 85 999.86hm²，占耕地面积的 62.88%，因此，提高中低产田地力等级是增加粮食总量的主要途径，是保证粮食安全、促进农业增长的物质基础。

一、中低产田类型

(一) 风沙型中低产田

风沙型中低产田，土壤类型是风沙土类，这类土壤地势较高，水肥条件差，不抗旱，易风蚀，瘠薄沙性大，漏水漏肥。土壤质地较粗，养分缺乏。

杜蒙自治县耕地总面积 136 756.91hm²，其中，风沙土面积 49 398.61hm²，占总耕地面积的 36.12%。由本次耕地地力调查可以看出，风沙土占三级地总面积的 37.06%，占四级地面积的 51.16%，占五级地面积的 44.33%，占中低产田总面积的 41.43%。风沙土占各级地面积的百分比，详见表 3-27。

表 3-27 风沙土占各级地面积的百分比

项目	合计	一级	二级	三级	四级	五级
总面积（hm²）	136 756.91	15 729.18	35 027.87	56 135.82	23 294.58	6 569.46
风沙土面积占（%）	36.12	30.69	25.52	37.06	51.16	44.33

按照本次耕地地力等级划分标准，风沙土分为 5 个地力等级，其中，三级地风沙土占风沙土总面积的 42.11%，四级地风沙土占风沙土总面积的 24.13%，五级地风沙土占风沙土总面积的 5.90%，风沙土中中低产田占风沙土总面积的 72.13%。风沙土各级地面积占本土类总面积的百分比，详见表 3-28。

表 3-28 风沙土各级地面积占本土类总面积的百分比

项目	合计	一级	二级	三级	四级	五级
风沙土面积（hm²）	49 398.61	4 827.57	8 937.79	20 803.16	11 917.63	2 912.46
占本土类面积（%）	100.00	9.77	18.09	42.11	24.13	5.90

（二）苏打盐碱化草甸型低产田

苏打盐碱化草甸型低产田，土壤类型是盐碱化草甸型，这类土壤主要是耕层土壤可溶性盐分含量超过 0.5%或碱斑面积超过 15%。由于盐分较高，土壤理化性质很差，土质板结黏重，水肥气热失调，限制农作物生长发育。

苏打盐碱化草甸型低产田的总面积为 24 210.24hm²，按照本次耕地地力调查对土种的重新命名，苏打盐化草甸型低产田共分 6 个土种，分别为轻度苏打盐化草甸土、浅位苏打碱化草甸土、重度苏打盐化草甸土、中位苏打碱化草甸土、中度苏打盐化草甸土、深位苏打碱化草甸土，其中，各土种的中低产田分别占本土种总面积的 85.86%、58.46%、71.48%、85.53%、70.46%、52.15%。各苏打盐碱化草甸土的面积及其中各等级地面积情况，详见表3-29。

表 3-29　苏打盐碱化草甸土面积及各等级地面积 （单位：hm²）

名称	面积	一级	二级	三级	四级	五级
合计	24 210.24	2 672.82	5 050.15	10 962.72	3 264.76	2 259.79
轻度苏打盐化草甸土	5 547.92	411.42	373.05	4 338.85	383.19	41.41
浅位苏打碱化草甸土	10 885.53	1 827.07	2 695.13	3 537.86	947.49	18 77.98
重度苏打盐化草甸土	1 271.33	43.08	319.46	588.72	320.07	0.00
中位苏打碱化草甸土	203.35	0.00	29.43	58.53	0.00	115.39
中度苏打盐化草甸土	5 412.81	385.23	1 213.61	2 149.77	1 517.21	146.99
深位苏打碱化草甸土	889.30	6.02	419.47	288.99	96.80	78.02

二、中低产田障碍因素产生的原因

主要是自然因素和人为因素 2 个方面。

（一）自然因素

土壤内部矿物质含盐量高，土壤中含盐量在 0.1%~0.2%以上，或者土壤胶体吸附一定数量的交换性钠，碱化度在 15%~20%以上，盐碱危害作物生长的主要原因是土壤溶液的渗透区过高，致使作物生理干旱以及盐碱对作物的毒害作用。盐化碱化草甸土盐碱含量高的主要原因是：一是气候干旱和地下水位高（高于临界水位）；二是地势低洼，没有排水出路。地下水都含有一定的盐分，如其水面接近地面，而该地区又比较干旱，由于毛细作用上升到地表的水蒸发后，便留下盐分。日积月累，土壤含盐量逐渐增加，形成盐化碱化草甸土；如是洼地，且没有排水出路，则洼地水分蒸发后，即留下盐分，也形成盐化碱化草甸土。

杜蒙自治县耕地风沙土类属于漫岗，其特点是岗顶平，坡面长，一遇大雨，径流很快汇集起来，越往坡下流速越快，流量越大，冲刷越重，造成土壤养分流失，跑水跑肥，养分含量低。另外，风沙土有机质含量低，团粒结构差，易漏水漏肥。

（二）人为因素

盐碱化加重和风沙土肥力低人为因素是：由于土壤裸露，田间工程不到位，有机肥料使用量明显减少，土壤有机质呈下降趋势。

三、中低产田地力提档升级的措施

(一) 盐碱化草甸型低产田地力提档升级措施

1. 建立井沟渠结合的灌排工程系统，合理排灌

机井灌溉，淋洗土壤盐分，降低地下水位，增加地下库容，起到灌排调蓄等作用；井沟渠结合，加速水盐交换循环，使土壤脱盐淡化。采用明排为主，明暗排结合，明沟与竖井结合，井排与井灌结合，明沟采用浅密沟系统，深1.5~2m，间距100~250m，效果良好。

现有渠道很多未经防渗处理，渠系水利用系数低，平均仅0.44，不但严重浪费水资源，而且大量渠系渗漏水抬高地下水位，是土壤沼泽化、盐碱化的一个重要原因。据宁夏水科所资料，用混凝土板衬砌渠底、渠坡，可减少渗漏量的83.6%；塑料薄膜防渗砌卵石防渗，也有良好效果。

由于土地利用布局不合理和大水漫灌串灌，亩用水量高达1 500~2 500m³，也导致土壤盐渍化。稻田宜集中安排在有排水条件的低洼地，提倡稻旱划区轮作。种稻洗盐要有足够水源，健全的排水系统工程，合适的地形，并考虑土壤的含盐量不宜太重。推广行之有效的节水灌溉技术，辅以必要的设施投资，根据作物需水临界期，确定灌水次数和时间；同时，采取平整土地，畦格化、田园化灌水，渠道清淤防堵等措施。改按地亩收取水费为按用水量收取水费，以促进节水灌溉。

2. 增施有机肥料

盐渍土除了盐渍危害以外，干旱、瘠薄常常制约着农作物生长，并呈现着盐化程度加重，土壤肥力越低的趋势。据江苏盐城新泽试验站资料，培肥熟化土壤，表层10~20cm土壤有机质增到1.5%左右，总孔隙度达到>55%，其中，非毛管孔隙度达15%以上，直径>0.25mm团粒含量在2.5%以上，容重<1.25/cm³，可有效地防止土壤返盐，又据新疆兵团29团资料，亩施有机肥1 500kg，比不施有机肥的脱盐率高11.6%，增产50%~80%。还有秸秆还田、翻压绿肥牧草、施用风化煤、腐殖酸类肥料等改良盐碱土，都收到脱盐、培肥的较好效果。

3. 其他农业措施

合理轮作，深耕、伏耕、秋翻、选育抗盐作物种类品种，采用各种密播作物倒茬套种、放淤、压盐、躲盐巧种，利用各覆盖物，如覆沙、地膜覆盖、盖草改良盐斑地等。

4. 化学改良

在碱化很强土壤上种稻洗盐，必须同时进行化学改良才易奏效。对杜蒙自治县盐碱化草甸土，除了需要采取一般水利措施和农业措施加以综合治理外，还需要施用石膏等化学改良剂等进行改良。一般亩施150~300kg，旱地可沟施和穴施，水稻田可撒施，结合深翻增施有机肥。在土层下有石膏层的地方，可利用耕翻犁把石膏层翻上来，起到施石膏的作用，在没有石膏的地方，也可用硫黄、含钙质的水、各种酸性肥料、碳渣等代替。

5. 开展土壤水盐动态监测

新中国成立以来杜蒙自治县已有一半左右盐碱耕地经过不同程度改良。起到了一定的效果，但是盐分也并没有完全从土壤中排除，成为潜在盐渍化威胁的土壤。局部地区土壤盐渍化程度还有所加重，土壤碱化相对也较为普遍。开展水盐监测，可对土壤盐碱化进行预测预报，并为改良利用盐碱地提供科学依据，是预防次生盐渍化的基础工作。

（二）风沙型中低产田地力提档升级措施

1. 封沙育草，植树造林

将农田周围的沙荒封禁，严禁在封育区放牧、采药、打草、恢复植被，增加地表覆盖。在农田分布区营造农田防护林，防护林覆盖可在 15%~20%，以控制耕地沙化，并选择生长快、抗逆性强的树种。

2. 调整农林牧业用地比例，农林牧结合

毁林毁草开荒而使农林牧业用地比例严重失调、生态环境恶化的地方，应调整林草田用地比例，有计划地退耕还林还牧。在沙地边缘易受沙害的地方推行粮草轮作。

3. 引洪淤灌，引水拉沙

洪水含水量有大量细沙粒、植物腐料和牲口粪便，有条件的地方可采取挡坝淤灌、引洪淤灌、灌泥压沙的办法，既能治沙，又提高沙土肥力。有充足水源的可引用拉沙，把起伏不平的地面改造成平坦沙田。

4. 农业合理利用

如选种抗风沙作物，适时合理播种，种植绿肥，有草炭资源的地方可辅施草炭改良风沙土。在风口沙区筑风壕、在比较避风的地方挖风窝或打风垄，以防风蚀。留高茬，起垄耕作使耕地表层成波浪状，或少耕、免耕，以防沙化。进行深翻深耕沙掺黏改良质地。勤浇浅浇，灌后中耕松土、覆盖地膜，施用保水剂等。种植多年的耕地，一是有机质含量低；二是土壤中有机质结构复杂，以难于分解的形式存在。施用农家肥可改善土壤水肥气热的条件，促进有机质的分解，更好地满足作物的生长需要。

5. 客土改土，以肥改土

客土改土，拉腐殖质较高的黑土进行压沙，提高耕地有机质含量；增施农家肥改土，不仅可以补充土壤养分，而且能促进微生物的活动，提高地温，改善耕性。农家肥的施用，要根据不同的土质、粪肥的属性来施用。概括起来是："冷浆地要热潮，瘠薄地要长效""黏糨地要起萱，碱性地要加酸""高温造肥施洼地，增温改土催籽粒"，"草炭厩肥上山坡，增肥保水产粮多"。低洼冷浆地，施用热性肥料：如马粪、羊粪。

6. 种植绿肥

从不同作物对地力的利用角度看，大体可分为三类：一类是"耗地作物"，主要是禾本科粮谷作物，如玉米、谷糜、水稻等，这类作物只耗地，不养地。二类是"自养作物"，主要是豆科作物，如大豆、芸豆、绿豆、花生等，这类作物在氮素循环上大体收支平衡。三类是"养地作物"，主要是豆科绿肥作物，如草木樨，一年每公顷可产鲜草 1 500~2 250kg，根瘤能在土壤中固氮 127.5kg 左右，相当于 375kg 硝铵化肥，并且还有 2~3 年的有效期。

7. 秸秆还田

秸秆是成熟农作物茎叶（穗）部分的总称。通常指小麦、水稻、玉米、大豆等作物在收获籽实后的剩余部分。农作物光合作用的产物有一半以上存在于秸秆中，秸秆富含氮、磷、钾、钙、镁和有机质等。

我国农民对作物秸秆的利用有悠久的历史，只是由于从前农业生产水平低、产量低，秸秆数量少，秸秆除少量用于垫圈、喂养牲畜，部分用于堆沤肥外，大部分都作燃料烧掉了。随着农业生产的发展，我国自 20 世纪 80 年代以来，粮食产量大幅提高，秸秆数量也多，加之省柴节煤技术的推广，烧煤和液化气使用的普及，使农村中有大量富余秸秆。

秸秆还田有堆沤还田，过腹还田，直接还田等多种方式。过腹还田实际是秸秆经饲喂后变为粪肥还田。

（1）几种营养元素含量占干物重比例，见表3-30。

表3-30　几种秸秆营养元素含量占干物重比例　　　　　　　（单位:%）

秸秆种类	N	P_2O_5	K_2O	Ca	S
麦秸	0.50~0.67	0.20~0.34	0.53~0.60	0.16~0.38	0.123
稻草	0.63	0.11	0.85	0.16~0.44	0.112~0.189
玉米秸	0.48~0.50	0.38~0.40	1.67	0.39~0.8	0.263
豆秸	1.3	0.3	0.5	0.79~1.50	0.227

（2）秸秆还田的增产效果。把作物秸秆进行翻压还田或覆盖还田是一项有效的增产措施。中国农业科学院，西南农业大学，湖北农科院等单位进行的秸秆还田试验结果表明，实行秸秆还田后一般都能增产10%以上，统计全国60多份材料，增产范围在4.8~83.4，平均增产15.7%。据杜蒙自治县大田定位试验，每公顷增产139.5~424.5kg，平均每公顷增产297kg，增产5.9%。坚持常年秸秆还田，不但在培肥阶段有明显的增产作用，而且增效十分明显，有持续的增产作用。

（3）秸秆还田的增产机理。农田生态环境即作物生长环境，它包括农田小气候，土壤结构和水热状况，植物养分及其循环，杂草生长，植物病虫害等因素。生态环境之优劣直接影响作物生长，而秸秆覆盖及翻压在不同程度上改善了农田生态环境。秸秆还田的养分效应，改土效应和改善农田生态环境效应，是秸秆还田的增产机理。

能够提高土壤氮磷钾养分含量：秸秆还田后土壤中氮磷钾养分含量都有增加，其中，尤以钾素的增加最为明显。根据国家定位试验结果，全氮平均比对照提高0.05g/kg~0.90g/kg，速效磷增加0.75~12mg/kg，速效钾增加8.6~38.8mg/kg。全县试验结果，秸秆还田后全氮提高范围在0.001%~0.1%，平均提高0.0014%；速效磷增加幅度在0.2~30mg/kg，平均提高3.76mg/kg；速效钾增加幅度在3.3~80mg/kg，平均增加31.2mg/kg。

秸秆还田能够调节土壤钾、硅平衡：作物吸收的钾在成熟期大量滞留在茎秆中，秸秆中钾素有效性高，其利用率在盆栽条件下，与矿质钾肥相当。覆盖条件下，秸秆中的钾受雨水淋溶而渗入表土，有利于改善作物生长前期的钾营养，促进其生长发育。含钾高的各种植物残体均可称为生物钾肥，生物钾肥的贡献是利用作物在其生育过程中吸收的土壤钾，以秸秆还田形式归还土壤，以供再利用，从而保持土壤钾的良性循环。水稻秸秆中含硅高达8%~12%，稻草还田有利于增加土壤中有效硅的含量和水稻植株对硅的吸收。

秸秆还田能够改善土壤有机质、容重和总孔隙度，向良性发展：秸秆还田增加了土壤有机质，稻草含有机碳42.2%，腐殖化系数为30%，每亩施200kg稻草可提供腐殖质为25.3kg。新鲜有机质的加入对改善土壤结构有重要作用。降低土壤容重，增加土壤孔隙度。其增减的数值依不同地区，不同耕作方式，不同秸秆还田量及秆还田年限有很大差别。秸秆还田后土壤疏松，易耕作。秸秆还田有良好的改土作用。土壤中>0.25mm的微团聚体被认为对土壤物理性质和营养条件具有良好的作用。稻草还田有利于1~0.25mm团聚体的形成，连续 3 年试验后，1~0.25mm 团聚体由 18.60% 提高到 32.28%。增加了 73.5%，增加数为对照的 1.1 倍，化肥的 1.7 倍。而 <0.01mm 的团聚体则减少 50%。施入秸秆对游离松结态和紧结态两组分增加较高，前者形成的活性腐殖质易分解，在作物营养上意义较大，后者在土壤结构形成中具有重要作用。测定稻草还田区土壤水稳性团粒结构占表土层重量比例，黏壤质和沙壤质两种土壤分别比对照增加 11.8% 和 8.9%。随着土壤团粒组成的改善，土壤三相比也相应地改善，气相、液相增加，固相减少，通透性改善有利于根系生长和微生物活动。

土壤有机质的年矿化量每亩为 54~95kg，年积累量每亩为 28~96kg，年矿化量大于年积累量，要想维持土壤有机质现状，必须每年补充 54~95kg 的有机碳源，若要再提高土壤有机质含量，则需补充更多的有机物质，才能提高土壤有机质含量。秸秆还田对土壤有机质平衡有重要作用，每亩还田 500kg 玉米秸秆，或配合施用化肥，土壤有机碳有盈余。不秸秆还田 0~20cm 耕层土壤有机质则要亏损 12.45~17.6kg，约占原有机质的 0.98%~1.39%，见表 3-31。

表 3-31　玉米秸秆还田对土壤有机质平衡影响

处　理	年矿化量（kg/hm²）	年积累量（kg/hm²）	盈亏（kg/hm²）	占原含量（%）	盈亏率（%）	占原含量（%）
不施肥	879.45	415.05	-464.4	-2.43	-17.6	-1.39
玉米秸	1 426.05	1 444.05	18	0.09	62.15	4.88
玉秸+NP	1 375.65	1 432.05	56.4	0.3	61.95	4.78

秸秆还田不仅能显著提高土壤有机质含量，而且能提高有机质的质量。土壤腐殖质化程度，常以胡敏酸与富里酸对比关系确定，D. S. Jenkinson 与 E. J. Kolenbrator 的研究认为，富里酸含量标志腐殖化作用强弱。稻草还田量对土壤腐殖质组成的影响表明，腐殖酸总量和富里酸含量与秸秆还田量呈正相关，H/F 的比大小次序则相反。单施稻草腐殖酸总量提高 20.8%，而稻草与猪粪和化肥配施可提高 23%。富里酸中 N 素的矿化率最高可达 38.1%~52.0%，而且固定土壤 N 素的活性较大。

秸秆还田为土壤微生物提供了充足的碳源，促进微生物的生长、繁殖，提高土壤的生物活性。秸秆还田后，肥土上细菌数增加 0.5~2.5 倍，瘦土上增加 2.6~3 倍。在约 20% 的合适土壤水分含量时，细菌数量最多，在肥土和瘦土上分别增加 3.5 倍和 3 倍。

此外，盖草可降低土壤中的还原物质总量，有效地改善水稻田的氧化还原状态。盐碱地盖草后，可以减少地表径流，有利雨水下渗，使盐分随水排走；同时，还田的秸秆分解时产生多种有机酸，在一定程度上亦可中和土壤碱性，有明显的洗碱效果。杜蒙自治县试验结果表明，连续 3 年盖草，耕层土壤的全盐量分别由原来的 0.151% 和 0.21% 下降到 0.122% 和 0.130%，平均下降了 0.03%，原来的 pH 值分别由 8.8 和 9.0 下降到 8.2 和 8.4，明显减轻了盐碱危害。

秸秆还田可改善农田生态环境：秸秆覆盖地面，干旱期减少了土壤水的地面蒸发量，保持了耕层蓄水量；雨季缓冲了大雨对土壤的侵蚀，减少了地面径流，增加了耕层蓄水量。覆盖秸秆隔离了阳光对土壤的直射，对土体与地表温热的交换起了调剂作用。

抑制杂草：农田覆盖秸秆有很好的抑制杂草生长的作用。秸秆覆盖与除草剂配合，提高了除草剂的抑草效果。播麦后 3 天，每亩喷施 750 倍丁草胺乳油后盖草，比单喷丁草胺处理，小麦生长后期每亩杂草减少 12.4 万株。

（4）秸秆还田方法及注意事项。由于我国人均占有耕地少，复种指数高，倒茬间隔时间短，加之秸秆碳氮比高，不易腐烂。所以，秸秆还田常因翻压量过大，土壤水分不适，施氮肥不够，翻压质量不好等原因，出现妨碍耕作，影响出苗，烧苗，病虫害增加等现象，有的甚至造成减产。为了克服秸秆还田的盲目性，提高效益，推动秸秆还田发展。

秸秆还田方式及其适应性：秸秆直接还田目前主要有 3 种方式，即机械粉碎翻压还田，覆盖还田和高留茬还田。绝大部分地区可采用秸秆直接粉碎翻压还田。水热条件好，土地平坦，机械化程度高的地区更加适宜。水田宜于翻压，还田秸秆数量基于这样考虑：还田的秸秆量能够维持和逐步提高土壤有机质含量。从生产实际出发，一般以本田秸秆还田。水稻、小麦秸秆的适宜还田量（风干重）以 200~300kg/亩为宜。玉米秸秆在 300~400kg/亩为宜。一年一作地块和肥力高的地块还田量可适当高些，在水田和肥力低的地块还田量可低些。每年每亩地 1 次还田 200~300kg 秸秆，可使土壤有机质含量不会下降，并逐年有所提高。

适宜的翻压覆盖时间：玉米秸秆翻压还田时间应越早越好，最理想是玉米上部还有 2~3 片绿叶时及时翻压还田，此时，大致在 10 月中旬至 10 月下旬。覆盖还田亦多在玉米收获后，将玉米秸秆顺垄割倒或压倒。

翻压深度和粉碎程度：农业机械是制约秸秆还田的重要因素，翻压和粉碎都离不开农业机具。翻压深度大于 20cm，或将秸秆耙匀于 20cm 耕层中，对玉米苗期的生长影响不大，翻压深度小于 20cm，则对苗期生长不利。从粉碎程度上看小于 10cm 较好。

合理配施氮磷肥：作物秸秆的碳氮比值较大，一般在（60~100）：1。微生物在分解作物秸秆时，需要吸收一定的氮营养自身，造成与作物争氮影响苗期生长，加之全县土壤普遍缺氮，钾也较缺乏，所以，秸秆还田时一定要补充氮素，适量施用磷钾肥。秸秆还田可与各地的平衡施肥相结合。

调控土壤水分：合适的土壤水分含量是影响秸秆分解的重要因素。秸秆还田把土壤水分调控在 20%左右最有利秸秆的分解。在一般稻草翻压还田的田块，水分管理要浅灌、勤灌适时晒田，以便增加土壤通透性，排除稻草腐解过程中产生的有害气体。

四、中低产田地力提档升级的分区

根据杜蒙自治县实际情况，便于中低产田地力提档升级，分成 3 个区。

（一）南部黑钙土区

本区包括腰新乡中部和西部，他拉哈镇中部和西部，巴彦查干乡西北部，一心乡中部和东部，克尔台乡中部，烟筒屯镇中北部。全区面积为 17 819.43 hm²，占全县总面积的 13.03%。本区大部地形属于岗地，部分为平地。土壤类型以黑钙土类为主，草甸土也有零星分布，土壤农业利用率高。本区肥力中等，土壤沙黏适中，耕性好，土性热潮，适种推广，适宜发展农业生产，是全县主要旱作农业区。本区农业生产中的主要问题是干旱和风蚀较重。部分土壤存在土层薄、地硬和肥力低的问题。

1. 腰新乡、他拉哈镇黑钙土亚区

本区包括腰新中部和西部，他拉哈镇中部和西部，巴彦查干乡西北部，面积为 10 790.12hm²，占全县总面积的 7.89%。本亚区是全县降水最多的一个区，年平均降水量

400~425mm，年平均气温在 4.0℃左右，无霜期在 145 天左右，年积温在 2 850℃左右。地形多为岗地，部分为平地。土壤农业利用率高，以碳酸盐黑钙土和草甸黑钙土为主，土壤较肥沃、物理性状和耕性较好，土热潮，适种性广，是杜蒙自治县产粮区之一，产量较高，并且较稳产。本亚区主要土壤问题是干旱。其次是风蚀，部分地块存在薄瘦的问题。主要改良利用途径及措施：①以农为主，农林牧结合；②营造防护林；③打井抗旱，兴建水利工程。目前岗地应实施浅、深井结合，解决抗旱水源；同时，搞好整地保墒，积极发展旱作农业。平地水源条件好，应全部发展为旱灌。

2. 一心乡中部黑钙土亚区

本区包括一心乡的中部和东部，面积为 4 034.33hm²，占全县总面积的 2.95%。本亚区年降水量在 400mm 左右，年平均气温在 3.8~4℃，无霜期在 140 天左右，年积温在 2 820℃左右。地形基本是岗地，坡度不大，比较平坦。土壤农业利用率高，以黑钙土和碳酸盐黑钙土为主，草甸黑钙土面积不大。土壤肥力居中，土热潮、耕性好，适种性广、产量较稳定，也是全县产粮区之一。土壤主要存在的问题是干旱，风蚀较重，部分地块土薄地瘦。改良利用及措施：①增施有机肥和钾肥；②客土改良，培肥土壤；③营造护田林防风保土；④兴修水利工程，本亚区地下水资源比较丰富，适宜打中深的机电井，发展旱灌，促进农业增产。

3. 烟筒屯北部、克尔台中部黑钙土亚区

本区包括烟筒屯北部、克尔台中部，面积为 2 994.98hm²，占全县总面积的 2.19%。本亚区是黑钙土区中最干旱的，年降水量不足 400mm，年平均气温 4℃左右，无霜期 140 天左右，年积温 2 800℃，地形多为岗地。土壤农业利用率高，以碳酸盐黑钙土和黑钙土为主，肥力不如上两个亚区，土壤质地较轻，土热潮，耕性好，也是全县重要农业区。土壤主要存在的问题：一是干旱严重，土壤生产潜力发挥不出来，产量不稳定；二是风蚀严重，黑土层逐渐变薄，肥力日益减退。改良利用途径及措施：①大力营造农田防护林，防风护土；②客土改良，拉泡底土增厚黑土层；③增施有机肥料，配合施用化肥，尤其钾肥，改良结构，增强保水保肥能力；④本亚区地下水资源较好，应开展打电机井，发展旱灌，充分发挥土壤增产潜力。

（二）西北部、东部和中部沙土、草甸土区

本区包括腰新乡东部、他拉哈镇东部和西北部、敖林乡全部、白音诺勒乡全部、新甸林场和靠山种全部、克尔乡西部、胡吉吐莫东部，面积有 54 935.25hm²，占全县面积的 40.17%，本区地形比较平坦，主要土壤是沙土，也有部分黑钙土；大部分为草原和林地，部分为耕地。本区土壤存在主要问题是岗地土壤沙性大，肥力低，土体疏松，干旱和风蚀极为严重。本区又分为 2 个亚区。

1. 东部和中部沙土、草甸土亚区

该区包括腰新乡东部、他拉哈镇东部、敖林乡全部、胡吉吐莫东南部。面积有 26 120.57hm²，占全县面积的 19.10%。本亚区属全县干旱和重干旱区，降水较少，年降水量 400mm 左右，年平均气温 4℃，无霜期 145 天左右，年积温 2 820~2 850℃.地形比较平坦。岗地主要土壤是砂石类的黑钙土型沙土，还有部分黑钙土，大部分垦为农田，少部分为林地和草原。平地和低洼地主要是草甸土、盐碱化草甸土。耕地较少，多数为草原和盐碱荒芜。土壤存在的主要问题：岗地沙性大，肥力低，土体松散，风蚀和干旱极为严重。利用方向是以农为主，农林结合。平地和洼地土质黏重，土性冷凉，易涝，盐碱。利用方向是以牧为主，农林牧副渔结合。改良利用途径及措施：①大力营造防护林，坡度大土层薄的退耕种树；②岗地拉黑土改砂，平地拉沙改黏；③增施有机肥料，种植绿肥，培肥土壤；④打井建站发展旱灌，洼地挖沟排水，修围堤防涝；⑤大力种植瓜果类、小杂粮、花生、地瓜等耐干旱、耐瘠薄的作物；⑥要合理利用草原，水源充足的地方积极发展草原灌溉，要保护好现有植被，增加植被覆盖率，防止扩大盐碱化面积；⑦本亚区的自然泡子已引嫩江水和乌裕尔河水，不但可发展渔业和开展多种经营，还可引水灌溉草原和农田。

2. 白音诺勒沙土亚区

该区包括一心南部、克尔台乡西南部、白音诺勒乡全部、新甸林场全部和靠山种畜场全部。面积有 28 814.68hm²，占全县面积的 21.07%。本亚区属于半干旱区，年降水量 350～400mm，年平均气温 3.6～3.9℃，无霜期 140 天左右，积温 2 800～2 820℃，地形多为岗地，土壤大多是风沙土。主要存在的问题是沙性较大，肥力较低，易干旱，风蚀严重，利用方向是以农为主、农林牧结合。改良利用途径及措施：①营造农田防护林，土壤瘠薄的可退耕植用材林；②拉黑土改沙；③增施有机肥料，培肥土壤；④大力发展果树、花生、瓜类等经济作物；⑤增打抗旱井，建站发展旱灌。

（三）北部、南部盐碱化草甸土区

本区包括烟筒屯镇中东部、他拉哈镇东南角、白音诺勒乡中东部、胡吉吐莫镇北部、敖林乡东南角。面积为 13 251.74hm²，占全县面积的 9.69%。本区草原面积大，耕地面积小，且多数位于岗地，平原上耕地多是草甸土。本区是全县的以牧为主和半农半牧区。土壤以草甸土、盐碱化草甸土为主，岗地土壤主要是黑钙土。土壤主要问题是土壤冷浆黏朽易涝，土质含一定数量的盐分，碱性强，含盐多。岗地土壤易干旱，易风蚀，肥力较低。本区下分 3 个亚区。

1. 他拉哈、敖林草甸土、盐碱化草甸土亚区

该区包括他拉哈镇东南角和敖林乡东南角。面积为 4 266.82 hm²，占全县面积的 3.12%。本亚区属于全县半农半牧区的一部分，年降水量 400mm 左右，年平均气温 3.8～4℃，无霜期 145 天左右，年积温 2 820～2 850℃，地形以平地、低平地为主，土壤以盐碱化草甸土为主。多数为草原，草生长良好，部分为耕地，多属于盐化草甸土。岗地多数位于面积不大的孤丘，土壤以黑钙土为主，基本上全为耕地，土壤主要存在的问题，一是典型草甸土质地黏重、冷浆、通透性不好，内涝严重。含有可溶性盐分。碱化草甸土表现碱性强，生草层薄。岗地土壤肥力较低，易旱，易风蚀。二是盐化面积大，含盐多，春季干旱风大，盐结皮被吹到附近草原和农田中，使之受到危害。改良利用及措施：①耕地草甸土拉沙改黏，施热性肥料，深松，挖沟排水，种植向日葵、甜菜等耐盐碱作物。黑钙土造林防风蚀，客土改良和增施肥料，培肥地力，打井建站发展旱灌；②草原防止过度放牧，打草要适时，碱化草甸土上的植被一定要保护好。挖碱土要规定范围，禁止乱拉乱挖。

2. 白音诺勒中东部典型草甸土、盐碱化草甸土亚区

该区包括白音诺勒中东部、胡吉吐莫北部。面积为 3 583.02 hm²，占全县面积的 2.62%。本亚区属于半农半牧区。其气候条件与第一亚区基本相同。地形平坦和低洼地面积大，土壤以典型草甸土、盐碱化草甸土为主。多数为草原和盐碱荒芜，草原植被生长较差，部分为耕地，土壤主要存在的问题与改良利用措施和第一亚区相同，但内涝不如一亚区严重。

3. 烟筒屯镇典型草甸土、盐碱化草甸土亚区

它包括烟筒屯中东部，面积为 5 401.9hm²，占全县面积的 3.95%。本亚区属于全县以牧为主和半农半牧区。年降水量居中 350~380mm，年平均气温 3.8~4℃无霜期 140 天左右，年积温 2 800℃。地形以平地、低平地为主，土壤以典型草甸土为主，盐碱土次之。大多数为草原，植物生长良好，是全县主要产苇草区，草质好，以碱草为主，适宜发展以牛为主的畜牧业。部分为耕地，多属于草甸土类。岗地占有一定比例，但面积大的岗地不多。土壤主要是以黑钙土为主，基本上全是耕地。土壤主要存在的问题：平地土壤质地黏重，地板土硬，冷浆，通透性不好，耕性差，易内涝，岗地土壤瘠薄，易干旱，风蚀严重。改良利用途径及措施：①增施有机肥，种植绿肥，配合施用化肥，尤其是钾肥；②平地拉沙土改黏，岗地拉黑土改良；③大力营造防护林；④打井修渠，发展旱灌，挖沟排水，修围堤防内涝；⑤保护好现有苇草资源，搞好苇草建设。

总之，中低产田地力提档升级是为了经济有效利用土壤资源，最大限度的发挥土壤生产潜力，生产出更多的农副产品，同时，在利用中又使土壤地力水平不断提高。

第四章 耕地地力调查与种植业布局

一、概况

杜蒙自治县第二次土壤普查至今已 28 年多了，随着农村经营体制改革和耕作制度、作物品种、种植结构、产量水平、肥料和农药的使用等情况的变化，耕地土壤肥力也出现了相应的变化。为此，结合国家这次耕地土壤的普查，开展耕地地力与种植业布局专题调查，目的是要依据耕地地力现有情况，有效调整种植业结构，合理进行作物布局。这将对提高杜蒙自治县耕地保护与管理水平以及有效指导培肥地力、发展有机农业、发展无公害绿色农产品生产和农业可持续发展都具有十分重要的指导意义。

杜蒙自治县是杂粮产区的国家商品粮基地县之一，主要作物以水稻、玉米、大豆为主，其次是以绿豆为主的杂豆，还有谷糜等作物。现有耕地面积 13.6 万 hm²。其中，玉米年播种面积 8.5 万 hm²，占全县总播种面积的 62.5%。进入 20 世纪 80 年代以后，粮食产量连续大幅度增长，到 2009 年全县粮食总产达到 65 万 t。其中，优化种植业布局是促进粮食增产的主要因素之一。近年来，以稳玉米、增水稻，提高经济作物和饲料作物的播种面积为重点，合理调整作物布局，为实现农业增产、农民增收奠定坚实的基础。

二、开展专题调查的背景

杜蒙自治县种植农作物历史悠久，从新中国成立开始种植业布局大致可分为 3 个阶段。

1. 1960 年以前

耕地主要依靠自主经营，主要栽培作物有玉米、小麦、大豆、高粱、谷、糜等，作物产量不高，没有实现合理轮作。1960 年前全县粮食总产量年平均为 9.6 万 t 左右。

2. 1960—1979 年

土地的耕作方式有所改变，多以生产队形式进行集体化耕作，种植业布局有所改变，以粮食作物和经济作物为主，在一定程度上能够做到合理轮作，提高粮食产量。1970—1979年粮食总产量年平均为 13.6 万 t。

3. 1980 以后

党的十一届三中全会改革的春风吹遍大地，农村实行了"联产承包责任制"，农民有了土地的自主经营权，作物品种呈现多元化，种植业结构实施了粮、经、饲为主的三元结构模式，粮食产量也有了大幅度的提高。2009 年全县粮食总产量达到了 65 万 t。

三、开展专题调查的必要性

耕地是作物生长基础。了解掌握耕地土壤的地力状况以实现作物合理布局，从而实现粮食增产、农民增收的目的。因此，开展耕地地力调查，查清耕地的各种营养元素的状况，作出作物适宜性评价结果图，以便有针对性的根据土壤养分状况种植作物，对进一步提高粮食产量、改善作物品质，促进农业可持续发展具有重要的意义。

根据耕地地力和土壤养分状况，有针对性的种植作物，避免盲目施肥，节约资金，降低成本，以期达到因地种植，因品种施肥，是实现农业增收的前提和保证。所以，开展耕地地力调查，调整种植业结构，提高土壤养分利用率，既是增加农民收入的需要，也是实现农业可持续发展的需要。

粮食安全不仅关系到经济发展和社会稳定，还具有深远的政治意义。近年来，我国一直把粮食安全作为各项工作的重中之重，随着经济和社会的不断发展，耕地逐渐减少和人口不断增加的矛盾将更加激烈，21 世纪人类将面临粮食等农产品不足的巨大压力。因此，开展耕地地力调查为合理调整种植业结构，为提高土壤养分利用率和粮食的持续稳产和高产是十分必要的。

四、调查方法与内容

采用耕地地力调查与测土配方施肥工作相结合，依据《全国耕地地力调查与质量评价技术规程》规定的程序及技术路线实施的，利用杜蒙自治县归并土种后数据的土壤图、基本农田保护图和土地利用现状图叠加产生的图斑作为耕地地力调查的调查单元。杜蒙自治县基本农田面积为 136 756.91hm²，样点布设基本覆盖了全县主要的土壤类型。土样采集是在作物成熟收获后进行的。在选定的地块上进行采样，每 100hm² 地布一个点，采样深度为 0~20cm，每块地根据地块面积大小选取 7~20 个点混合一个样，用四分法留取土样 1kg 做化验分析，并用 GPS 进行定位。

五、调查结果与分析

（一）调查结果

这次耕地地力调查和质量评价将全县耕地总面积 136 756.91hm² 划分为 5 个等级：一级地 15 729.18hm²，占耕地总面积的 11.50 %；二级地 35 027.87hm²，占 25.61%；三级地 56 135.82hm²，占耕地总面积的 41.05%；四级地 23 294.58hm²，占 17.03%；五级地 6 569.46hm²，占 4.80%。一级、二级地属高产田土壤，面积共 50 757.05hm²，占 37.11%；三级为中产田土壤，面积为 56 135.82hm²，占耕地总面积的 41.05%；四级、五级为低产田土壤，面积 29 864.04hm²，占耕地总面积的 21.84%。详细情况，见表 3-32 至表 3-34。

表 3-32　土壤地力分级统计表

地力分级	地力综合指数分级（IFI）	土壤面积（hm²）	占基本土壤面积（%）	产量（kg/hm²）
一级	≥0.6990	15 729.18	11.50	5 955
二级	0.6172~0.6989	35 027.87	25.61	5 715
三级	0.5540~0.6171	56 135.82	41.05	4 905
四级	0.4830~0.5539	23 294.58	17.03	4 005
五级	0~0.4829	6 569.46	4.80	3 455

表 3-33 耕地地力（国家级）分级统计表

国家等级	IFI 平均值	耕地面积（hm²）	占基本农田面积（%）	产量（kg/hm²）
七级	≥0.554 0	106 892.87	78.16	4 500~6 000
八级	≤0.553 9	29 864.04	21.84	3 000~4 500

表 3-34 2008 年耕地地力调查与评价化验结果表

土壤类型	有机质（g/kg）	全氮（g/kg）	有效磷（mg/kg）	速效钾（mg/kg）	有效锌（mg/kg）	全盐量（g/kg）
风沙土	11.860	1.143	21.75	136.3	1.08	0.058
新积土	11.980	1.420	19.41	159.1	0.58	0.065
黑钙土	11.232	1.243	19.42	134.1	0.95	0.061
草甸土	13.234	1.137	19.34	127.3	1.21	0.060
沼泽土	13.710	1.308	17.60	117.2	0.87	0.053

由表 3-34 可以看出：草甸土的养分除碱解氮稍低外，其他养分均较好，其次沼泽土的土壤养分较好，而风沙土的养分相对较差。

（二）调查分析

杜蒙自治县 1982 年与 2010 年土壤养分含量情况，详见表 3-35。

表 3-35 杜尔伯特县 1982 年与 2010 年土壤养分平均含量对比表

土壤类型	pH 值	有机质（g/kg）	全氮（g/kg）	有效磷（mg/kg）	速效钾（mg/kg）	有效锌（mg/kg）	全盐量（g/kg）
1982	8.11	16.6	1.168	21.10	198	0.94	0.082
2010	7.64	15.8	1.049	20.83	135	0.86	0.061

从表 3-35 中可以看出：这次耕地地力调查与 1982 年第二次土壤普查结果相比较，土壤养分状况发生了明显的变化：全县土壤全氮平均值为 1.049mg/kg，比 1982 年的 1.168mg/kg 下降了 0.119mg/kg，下降幅度 10.2%；全县土壤有效磷平均值为 20.83mg/kg 比 1982 年的 21.10mg/kg 下降了 0.27mg/kg，下降幅度为 1.28%；全县土壤速效钾平均值为 135mg/kg，比 1982 年的 198mg/kg，下降了 63.00mg/kg，下降幅度为 46.67%；全县土壤 pH 值平均值为 7.64，比 1982 年的 8.11 下降了 0.47，土壤酸碱度向酸性方向发展；全县土壤有机质为 15.8g/kg，比 1982 年的 16.6g/kg 下降了 0.8g/kg，下降幅度为 4.81%。

六、种植业布局

种植业是农业生产中的主要部分，纵观全县近年种植业的发展，从整体上来看，粮豆薯作物面积基本稳定，经济作物面积和饲料作物有所增加；各类作物的产量保持增长；种植业的产值在农业中的比重有所降低，而劳动生产率和土地产出率有所提高。粮食的加工率逐渐提高，经济作物商品率高，销售途径不断扩大；在经营上向规模化和产业化方向发展。为适应世贸组织发展的新形势，不断提高农产品竞争能力，调整种植业结构，合理进行作物布局，是促进农业和农村经济持续发展的必要条件。

（一）20世纪80年代种植业结构情况

1986年，全县粮豆薯面积为70 666.67hm²。种植的作物种类较多，粮食作物有玉米、高粱、大豆、水稻、谷子、糜子、绿豆、马铃薯等；油料作物有葵花、花生等；蔬菜作物有茄子、黄瓜、萝卜、葱、蒜、青椒等。

西南沿江水稻区。本区西南沿江低洼草甸土，包括腰新乡、他拉哈镇、巴彦查干乡、江湾乡四乡镇西部以及石人沟渔场、红旗牧场，面积为17 506.88hm²，占全县土地总面积的12.8%。本区地势低洼平坦，土壤养分高，地下水位低；区内气候变化不大。本区主要土壤类型是草甸土和新积土。并夹有很少量的黑钙土。

南北部和中部黑钙土粮食作物区。本区包括腰新乡中部，他拉哈镇中部，巴彦查干乡西北部，胡吉吐莫镇中南部、一心乡中部和东部，克尔台乡中部，烟筒屯镇中北部。全区面积为6 4316.77hm²，占全县总面积的47.03%。本区大部地形属于岗地，部分为平地。土壤类型以黑钙土类为主，草甸土也有零星分布，土壤农业利用率高。本区肥力中等，土壤沙黏适中，耕性好，土性热潮，适种推广，适宜种植玉米、大豆、谷子以及杂粮和经济作物。

东南部、西北部风沙土、草甸土农牧区。本区包括腰新乡东部、他拉哈镇东部和西北部、敖林西伯乡全部、白音诺勒乡全部、新甸林场和靠山种畜场全部、克尔台乡西部、胡吉吐莫镇东部，面积有54 935.25hm²，占全县面积的40.17%。本区地势比较平坦，主要土壤是风沙土，也有部分黑钙土；本区属杜蒙自治县干旱和重干旱区，降水较少，年降水量350~400mm，年平均气温3.8~4℃，无霜期140~145天，积温2 800~2 850℃。大部分为草原和林地，部分为耕地。本区土壤存在主要问题是岗地土壤沙性大，肥力低，土体疏松，干旱和风蚀极为严重。适宜种植玉米和杂粮作物，重点发展经济作物。

（二）依据耕地地力和养分评价进行作物布局

在种植业结构调整中应以品种调优、规模调大、效益调高等方式为主。作物布局调整如下。

1. 玉米

杜蒙自治县是以玉米、水稻为主的杂粮作物产区，玉米是本县主栽作物之一。玉米产量的高低对全县粮食总产起着举足轻重的作用。玉米具有高产、抗逆性强的特点。同时，也为畜牧业的发展提供饲草和饲料。因此，为保证粮食生产安全和畜牧业的健康发展，玉米面积在全县比较稳定，且近几年有所增加。玉米建议在南部、中部、北部乡（镇）种植，包括腰新乡中部，他拉哈镇中部，巴彦查干乡西北部，胡吉吐莫镇中南部、一心乡中部和东部，克尔台乡中部，烟筒屯镇中北部等。

2. 水稻

水稻是杜蒙自治县主栽作物之一。近几年来，在国家政策支持下和市场的影响，销路顺畅，是农民收入的主要来源之一。包括腰新乡、他拉哈镇、巴彦查干乡、江湾乡四乡镇西部以及石人沟渔场、红旗牧场。土壤类型以草甸土和新积土为主。耕地所处地形相对平缓，侵蚀和障碍因素很小。耕层各项养分含量高。土壤结构较好，质地适宜，一般为重壤土。容重适中，土壤大都呈中性，pH值在6.5~8.0。养分含量丰富，有效锌1.21mg/kg，有效磷平均 19.34mg/kg，速效钾平均 127.3mg/kg。保水保肥性能较好，建立一定的灌排能力。适于种植水稻，产量水平高。土壤养分含量高，保水保肥能力强，应正确选用优质良种、合理施肥，加强水稻生产综合管理措施。

3. 适当保持杂粮作物面积和调整经济作物面积

随着人们生活水平的提高，以高粱、谷糜为主的杂粮备受城乡居民的青睐。目前，人们对这类作物的需求增加，随着近几年优质杂粮作物品种和新栽培技术的推广，使杂粮的产量和品质均有不同程度的提高，加之受市场供不应求影响，粮价的上扬，使农民的种粮效益提高。因此，应保持一定面积的杂粮作物。杂粮作物产量较低，但对土壤环境要求较低，也可在杜蒙自治县不适宜种植大田作物的西北部风沙土区和东南部轻碱地区种植，以提高产量，获得较好的经济效益。

经济作物虽具有较高的经济效益，但经济作物的产量和价格受气候和市场影响非常大，如果播种面积过大，农产品供大于求，常常会造成农民的重大损失。因此，应根据各地的实际情况，结合市场行情，选择在当地有一定优势或发展前景好的作物，如在全县的东南部、西北部风沙土、草甸土农牧区种植绿豆、花生等经济作物。

4. 发展棚室蔬菜和节能温室

在城郊沿路地区可发展棚室蔬菜的生产，发展节能温室，并要形成一定规模，避免盲目扩大面积，违背市场规律，造成严重损失。

七、种植结构调整存在的问题

(一) 品种结构复杂，主推品种不突出

目前，种植业中以玉米、水稻为主，但没有形成一定的品种规模优势，品种过多过杂，单一品种的面积小。品种过多和分散经营造成全县无法形成农业（种植业）品牌，大大地限制了优势的特色产品的发展。

(二) 技术力量仍然不足

虽然从事种植业的高级农艺师、农艺师和助理农艺师以上职称的专业技术人员有 35 人。但从全县 25.7 万人口，136 756.91hm² 耕地来看，按国家要求的比例仍然偏低，研究员级高级农艺师严重缺乏，整体技术力量薄弱。

(三) 农产品加工水平落后，流通环节不畅

水稻、玉米是种植业主要产品，精深加工企业少，流通途径差，经济作物深加工更加缺少。

八、对策与建议

通过开展全县耕地地力调查与质量评价，基本摸清了全县耕地类型的地力状况及农业生产现状，为全县农业发展及种植业结构优化提供了较可靠的科学依据。种植业结构调整除了因地种植外，还要与全县的经济、社会发展紧密联系。

(一) 国民经济和社会发展的需求

随着人民群众生活水平和消费层次不断提高，对自身的生活质量，已由原来的数量满足型向质量提高型转变。大力推进农业和农村经济结构的战略性调整，使农业增效、农民增收已经成为农业和农村的重要任务。因此，种植业生产结构和布局的调整要以市场为导向，按

市场定生产，市场需要什么就种什么。大力发展优势农产品，积极发挥当地的自然优势，以满足人民日益增长的多种物质需要。

（二）依靠科技，提高单产，奠定种植业调整的物质基础

1. "良种良法"配套

积极推进单产水平的提高和专用化生产。选用适用先进科学技术是调整种植结构，发展优质、低耗、高效农业的基础。加速科技进步、加强技术创新，是提高农产品市场竞争力的根本途径。优化结构，促进产业升级，除了解决好品种问题之外，还需要有相应配套的现代农业技术作为支撑。应重点加强与新品种相对应的施肥培肥技术、耕作技术等。为促进主要作物专业化生产和满足不同社会需求，重点是发展优质水稻、各种加工专用型与粮饲兼用型玉米。

2. 加强标准化生产

从水稻、玉米等重点粮食作物抓起，把先进适用技术综合组装配套，转化成易于操作的农艺措施，让农民看得见，摸得着，学得来，用得上，用生产过程的标准化保证粮食产品质量的标准化。从种子、整地、播种、田间管理、收获和加工等关键环节抓起，快速提高单位面积产量。在有条件的地方，实行粮食的标准化生产，为高标准搞好春耕生产提供了基础和条件。粮食标准化生产的实施要搞好技术培训，加大高产优质高效粮食生产栽培技术的培训力度，确保技术到村、到户、到田间地头。

（三）加强农业基础设施建设，提高农业抵御自然灾害的能力

1. 加强农业基础设施的投入和体制创新

通过加强农业基础设施的投入和体制创新以及增加财政用于农业特别是农田水利设施投资的比例，改变杜尔伯特县农田水利基础设施落条件，增打抗旱井，建设旱灌溉渠道能力。同时，以基本农田建设为重点，改善局部地形条件，拦蓄降水，减少径流和土壤流失，增加降水就地入渗量，提高保水保土保肥能力。

2. 改良土壤

通过深松、耙精中耕、培肥改土、客土改土、合理轮作等措施，提高土壤有机质。使土壤理化性质得以改善，增加土壤储水，提高土壤蓄水保墒能力。不断加大有机肥的投入量，保持和提高土壤肥力。对中低产田可以通过农艺、生物综合措施进行改良，使其逐步变成高产稳产农田。

3. 发展绿色和特色产业

发展绿色和特色产业，提高农产品质量安全水平是调整农业结构的有效途径，不仅仅是要调整各种农产品数量比例关系，更重要的是要调整农产品品质结构，全面提高农产品质量。减少劣质品种的生产、选择优质品种，探索最佳种植模式等。大力发展"优质、高效、环保"农业，扩大优质产品在整个农产品中所占的比重，实现农产品生产以大路货产品为主向以优质专用农产品为主的转变。

附表

附表 1 村级土壤养分统计表

乡镇	村名称	样本数	全氮 (g/kg)			全磷 (g/kg)			全钾 (g/kg)			有效氮 (mg/kg)		
			平均值	最小值	最大值	平均值	最小值	最大值	平均值	最小值	最大值	平均值	最小值	最大值
泰康镇	幸福村	43	1.104	0.576	2.364	0.373	0.033	0.685	27.8	21.5	33.7	94.0	52.5	200.4
泰康镇	万丈村	61	1.291	0.604	1.849	0.331	0.048	0.564	24.3	13.1	33.2	120.8	72.8	183.0
泰康镇	五一村	21	1.120	0.560	1.501	0.362	0.158	0.582	29.4	23.8	32.2	95.5	71.3	159.0
泰康镇	八一村	10	1.274	1.170	1.398	0.636	0.462	0.696	26.2	19.2	33.2	112.2	100.9	124.0
胡吉吐莫镇	胡吉吐莫村	72	1.197	0.649	1.825	0.358	0.029	0.608	25.5	8.3	30.3	95.6	49.0	179.2
胡吉吐莫镇	好田格勒村	37	1.190	0.506	1.886	0.315	0.029	0.637	26.9	11.9	30.2	117.6	76.3	179.2
胡吉吐莫镇	泊泊里村	55	1.092	0.506	1.640	0.354	0.057	0.468	26.4	15.0	33.1	112.2	59.5	193.7
胡吉吐莫镇	东吐莫村	38	1.043	0.506	1.688	0.295	0.057	0.546	23.9	11.9	32.5	109.1	76.3	164.5
胡吉吐莫镇	扎力毛德村	12	1.204	0.600	1.913	0.304	0.207	0.504	24.3	9.3	33.1	101.2	84.0	117.2
烟筒屯镇	赛罕他拉村	22	1.231	0.687	1.741	0.366	0.216	0.605	26.4	21.6	30.6	102.3	62.4	155.5
烟筒屯镇	三合村	28	1.236	0.620	2.079	0.330	0.043	0.668	26.6	13.4	35.8	100.9	58.6	167.5
烟筒屯镇	和光村	26	1.198	1.072	1.529	0.331	0.043	0.668	30.0	24.8	35.8	109.2	64.3	175.0
烟筒屯镇	新发村	52	1.166	0.657	1.858	0.390	0.033	0.688	29.9	21.5	35.4	115.6	63.0	349.1
烟筒屯镇	广胜村	29	1.319	0.820	1.689	0.687	0.472	0.833	30.9	24.7	34.5	139.7	45.5	349.6

（续表）

乡镇	村名称	样本数	全氮 (g/kg)			全磷 (g/kg)			全钾 (g/kg)			有效氮 (mg/kg)		
			平均值	最小值	最大值	平均值	最小值	最大值	平均值	最小值	最大值	平均值	最小值	最大值
烟筒屯镇	东升村	33	1.461	0.720	2.097	0.492	0.143	0.619	31.4	23.8	35.4	208.9	84.1	349.6
烟筒屯镇	东岗子村	4	1.529	1.008	1.702	0.452	0.450	0.457	26.4	22.7	27.6	98.2	63.0	110.0
烟筒屯镇	土城子村	23	1.257	0.983	1.556	0.384	0.046	0.672	31.1	23.4	33.4	105.9	77.1	128.7
烟筒屯镇	踏奈村	16	1.372	0.613	1.846	0.425	0.033	0.702	31.9	25.9	34.3	205.2	85.4	348.9
烟筒屯镇	新合村	16	1.906	0.999	2.163	0.484	0.044	0.668	30.0	25.0	34.5	184.7	70.8	348.2
烟筒屯镇	南阳村	24	1.233	0.734	1.712	0.397	0.170	0.553	25.2	14.4	28.7	107.1	66.5	217.0
他拉哈镇	山湾子村	31	0.810	0.513	1.091	0.262	0.035	0.626	22.8	7.9	34.2	144.7	73.5	286.3
他拉哈镇	安平村	75	0.880	0.549	1.822	0.432	0.080	0.820	21.3	10.2	36.3	107.9	64.4	249.2
他拉哈镇	兴平村	64	0.793	0.525	1.493	0.246	0.032	0.708	23.5	11.4	28.9	115.2	73.2	175.2
他拉哈镇	庆平村	23	0.860	0.526	1.225	0.401	0.035	0.586	30.1	21.4	36.8	124.4	91.0	286.3
他拉哈镇	康平村	106	0.807	0.561	1.314	0.446	0.138	0.832	28.4	10.9	37.6	106.8	52.5	154.0
他拉哈镇	六家子村	46	0.740	0.540	1.108	0.449	0.315	0.691	31.1	29.3	34.1	109.3	58.8	181.3
他拉哈镇	永升村	94	1.029	0.520	1.848	0.409	0.037	0.833	29.3	10.3	40.7	114.3	52.5	228.0
一心乡	一心村	35	1.039	0.730	1.624	0.441	0.048	0.697	27.0	15.6	31.6	92.4	61.2	163.9
一心乡	勇敢村	53	1.189	0.643	2.289	0.360	0.038	0.748	25.7	10.9	39.5	101.7	37.1	168.0
一心乡	永胜村	27	1.169	0.514	1.562	0.470	0.295	0.798	25.6	14.8	30.2	109.3	63.0	178.8
一心乡	民主村	26	1.396	0.922	1.723	0.314	0.160	0.546	12.7	10.4	20.4	147.4	103.4	171.7
一心乡	前进村	63	1.180	0.581	1.611	0.328	0.073	0.601	24.3	13.5	31.2	109.6	37.1	134.7
一心乡	前锋村	17	1.088	0.581	1.365	0.358	0.179	0.670	27.3	20.5	31.3	95.8	37.1	134.6
一心乡	团结村	36	1.033	0.634	1.313	0.390	0.038	0.708	26.1	15.9	31.5	101.8	56.0	169.8

（续表）

乡镇	村名称	样本数	全氮（g/kg）			全磷（g/kg）			全钾（g/kg）			有效氮（mg/kg）		
			平均值	最小值	最大值	平均值	最小值	最大值	平均值	最小值	最大值	平均值	最小值	最大值
一心乡	胜利村1	49	1.272	0.539	1.646	0.447	0.030	0.906	24.1	11.5	39.5	112.5	37.1	204.4
克尔台乡	克尔台村	55	1.233	0.941	1.825	0.450	0.323	0.618	29.1	21.4	35.4	122.0	63.0	175.0
克尔台乡	前伍代村	30	1.306	0.861	2.043	0.475	0.246	0.648	24.8	10.2	30.4	108.5	70.0	175.0
克尔台乡	官尔屯村	24	0.922	0.571	1.947	0.335	0.138	0.781	24.6	13.7	33.2	67.1	49.0	120.4
克尔台乡	扎郎络村	35	1.071	0.710	1.673	0.321	0.061	0.554	26.9	13.8	33.2	98.9	51.0	231.0
克尔台乡	西潮村	27	1.149	0.573	1.544	0.444	0.288	0.602	27.2	16.3	33.1	117.1	64.6	164.5
克尔台乡	乌诺村	21	1.310	0.868	1.868	0.351	0.042	0.576	29.6	26.3	34.9	104.2	67.5	135.0
克尔台乡	波布代村	38	1.299	0.567	1.619	0.382	0.055	0.672	27.6	21.5	32.0	121.9	86.6	147.5
克尔台乡	烟屯村	74	1.232	0.753	1.996	0.451	0.160	0.748	22.4	10.2	33.2	99.6	64.4	168.0
克尔台乡	太平庄村	9	1.180	0.998	1.354	0.445	0.213	0.696	26.8	22.8	31.4	109.9	77.0	147.0
白音诺勒乡	他拉红村	43	0.929	0.646	1.703	0.500	0.056	0.781	23.8	14.1	30.4	88.9	51.6	153.3
白音诺勒乡	合发村	39	0.845	0.644	1.128	0.400	0.198	0.572	26.2	9.8	33.3	84.7	52.2	110.3
白音诺勒乡	南岗村	40	0.972	0.630	2.532	0.451	0.346	0.653	19.7	10.4	30.2	107.9	82.8	235.2
白音诺勒乡	白音诺勒村	39	0.826	0.645	1.048	0.322	0.041	0.646	20.4	8.4	31.4	82.3	49.7	125.0
白音诺勒乡	长合村	37	1.036	0.504	1.678	0.382	0.026	0.845	19.1	11.5	32.5	71.3	48.0	97.2
白音诺勒乡	温德冷子村	50	0.839	0.543	1.321	0.456	0.026	0.667	23.1	11.5	30.0	83.3	62.0	112.0
白音诺勒乡	二龙山村	15	0.891	0.821	1.089	0.426	0.388	0.496	18.9	7.9	26.5	72.5	34.0	100.0
白音诺勒乡	九河村	15	0.811	0.658	1.330	0.437	0.290	0.604	17.9	13.2	26.6	69.0	58.1	83.4
白音诺勒乡	巴哈西伯村	40	0.882	0.632	1.355	0.417	0.316	0.609	26.0	15.4	32.0	81.4	54.6	122.5
敖林西伯乡	好利宝村	40	1.085	0.748	1.328	0.555	0.210	0.937	19.2	10.9	33.2	109.9	81.3	172.2

（续表）

乡镇	村名称	样本数	全氮（g/kg）			全磷（g/kg）			全钾（g/kg）			有效氮（mg/kg）		
			平均值	最小值	最大值	平均值	最小值	最大值	平均值	最小值	最大值	平均值	最小值	最大值
敖林西伯乡	杏树岗村	42	1.195	0.526	1.631	0.333	0.011	0.626	18.9	10.7	32.7	108.4	53.9	186.2
敖林西伯乡	好尔陶村	49	0.991	0.530	1.698	0.342	0.054	0.600	27.2	17.7	34.6	86.0	42.0	184.8
敖林西伯乡	敖林西伯村	50	1.090	0.642	1.631	0.305	0.087	0.600	27.5	17.3	34.6	76.5	41.3	177.8
敖林西伯乡	诺尔村	40	0.911	0.530	1.532	0.481	0.285	0.906	30.6	18.8	34.9	93.2	33.6	214.9
敖林西伯乡	四家子村	54	0.773	0.515	1.125	0.361	0.120	0.583	25.0	13.3	37.2	80.8	46.9	145.6
敖林西伯乡	布木格村	36	0.987	0.732	1.270	0.376	0.148	0.542	22.3	16.1	30.3	89.2	63.2	189.1
敖林西伯乡	新兴村	35	0.791	0.607	1.055	0.436	0.152	0.595	24.5	11.6	33.3	76.7	47.5	111.4
敖林西伯乡	永发村	53	0.861	0.577	1.634	0.363	0.038	0.685	27.7	14.5	34.5	77.7	42.0	171.4
巴彦查干乡	朝尔村	62	1.300	0.666	1.623	0.468	0.037	0.845	27.6	19.8	34.5	124.9	49.7	191.1
巴彦查干乡	巴彦他拉村	43	0.806	0.592	1.005	0.376	0.111	0.568	22.2	12.6	29.6	128.3	51.8	216.4
巴彦查干乡	永珍王府新村	48	1.172	0.670	1.685	0.387	0.051	0.632	22.9	10.8	34.1	109.3	33.6	247.1
巴彦查干乡	和南村	20	1.445	0.588	2.406	0.406	0.234	0.578	24.8	7.9	34.5	153.8	34.3	221.9
巴彦查干乡	和平村	44	1.293	0.670	1.730	0.465	0.300	0.804	23.3	10.9	34.1	125.1	62.3	244.9
巴彦查干乡	大庙村	22	1.252	0.724	2.651	0.436	0.079	0.765	22.4	12.5	32.8	145.1	86.3	239.6
巴彦查干乡	大和村	47	1.148	0.528	2.013	0.437	0.042	0.784	28.6	19.9	31.9	107.2	61.6	166.0
腰新乡	中心村	42	0.720	0.516	1.240	0.497	0.174	0.860	26.8	17.6	54.4	103.0	63.0	133.0
腰新乡	巴彦村	43	0.678	0.572	0.756	0.272	0.169	0.432	24.0	18.9	29.5	81.1	63.8	122.9
腰新乡	好尔村	48	0.792	0.544	1.087	0.276	0.021	0.627	26.7	13.3	32.1	100.5	74.4	124.7
腰新乡	兴隆村	61	0.732	0.544	1.008	0.298	0.031	0.608	20.9	12.0	29.2	87.0	49.0	136.5
腰新乡	前心村	22	0.731	0.568	0.895	0.505	0.379	0.734	26.7	23.8	29.2	85.0	49.0	105.0

（续表）

乡镇	村名称	样本数	全氮（g/kg）			全磷（g/kg）			全钾（g/kg）			有效氮（mg/kg）		
			平均值	最小值	最大值	平均值	最小值	最大值	平均值	最小值	最大值	平均值	最小值	最大值
腰新乡	后心村	32	0.750	0.538	0.996	0.344	0.046	0.580	22.0	10.6	30.9	103.0	54.6	166.7
腰新乡	翻身村	28	0.958	0.574	2.161	0.457	0.177	0.685	28.7	15.4	36.3	100.7	61.4	173.3
腰新乡	胜利村	55	0.801	0.430	1.425	0.443	0.204	0.727	24.9	8.5	33.0	90.3	55.4	151.6
江湾乡	九间门村	60	1.013	0.557	1.543	0.398	0.229	0.510	28.4	21.2	34.9	114.6	49.0	193.7
江湾乡	江湾村	66	1.247	0.620	2.103	0.412	0.170	0.702	27.0	8.4	33.5	107.5	56.0	218.4
四家子林场	四家子林场	32	0.840	0.678	1.003	0.289	0.027	0.578	27.1	17.3	34.2	154.9	81.9	286.3
新店林场	新店林场	56	0.956	0.635	1.425	0.273	0.023	0.676	22.8	8.8	31.8	104.5	64.4	151.6
靠山种畜场	靠山种畜场	80	1.100	0.602	1.463	0.338	0.030	0.603	24.2	10.6	34.2	115.1	75.6	149.9
红旗种畜场	红旗种畜场	99	0.725	0.540	2.115	0.420	0.041	0.627	28.5	14.6	36.3	110.6	54.6	234.5
连环湖渔业有限公司	连环湖渔业有限公司	35	1.163	0.555	1.913	0.465	0.313	0.635	25.0	9.3	32.5	94.5	66.7	126.8
石人沟渔业有限公司	石人沟渔业有限公司	40	1.274	0.629	1.945	0.446	0.168	0.677	26.7	10.2	34.5	141.7	63.1	247.3
齐家泡渔业有限公司	齐家泡渔业有限公司	7	1.155	0.796	1.624	0.407	0.081	0.622	29.2	26.4	30.9	104.3	61.2	163.9
野生饲养场	野生饲养场	6	0.749	0.646	0.997	0.513	0.508	0.525	24.1	23.1	24.5	83.3	81.9	86.9
一心果树场	一心果树场	5	1.219	1.041	1.370	0.530	0.421	0.624	30.0	26.6	34.0	112.8	91.4	131.7

附表 2　村级土壤养分统计表

乡镇	村名称	样本数	有效磷（mg/kg）			有效钾（mg/kg）			有机质（g/kg）			pH 值		
			平均值	最小值	最大值	平均值	最小值	最大值	平均值	最小值	最大值	平均值	最小值	最大值
泰康镇	幸福村	43	14.9	3.6	29.1	136.1	84	330	15.7	4.5	39.8	8.0	6.7	8.9
泰康镇	万丈村	61	14.0	4.1	38.5	122.1	82	213	18.9	8.9	32.5	8.1	7.3	8.6
泰康镇	五一村	21	19.4	2.7	40.7	165.8	96	233	14.6	10.8	20.6	8.2	7.8	8.6
泰康镇	八一村	10	75.0	34.6	119.5	136.8	84	214	20.9	14.8	28.9	8.2	7.9	8.5
胡吉吐莫镇	胡吉吐莫村	72	11.6	1.1	46.3	113.8	60	197	14.8	6.1	29.1	7.7	6.2	9.0
胡吉吐莫镇	好田格勒村	37	16.2	1.1	54.0	126.1	78	160	18.5	3.6	44.5	7.2	6.2	8.5
胡吉吐莫镇	泊泊里村	55	15.3	7.8	31.5	134.7	78	236	16.6	6.9	33.6	7.7	6.6	8.5
胡吉吐莫镇	东吐莫村	38	13.5	1.3	24.1	115.9	70	195	15.4	7.5	33.6	7.3	6.0	8.2
胡吉吐莫镇	扫力毛德村	12	9.9	4.9	14.4	100.3	81	129	14.9	8.9	18.8	7.8	7.1	8.4
烟筒屯镇	寨罕他拉村	22	13.6	3.5	34.7	116.5	83	170	15.8	4.9	25.4	7.6	6.9	8.1
烟筒屯镇	三合村	28	16.2	6.6	63.5	153.1	74	454	17.1	10.9	24.6	8.2	7.7	8.8
烟筒屯镇	和光村	26	18.3	6.6	63.5	179.4	101	454	18.2	9.6	24.9	8.3	7.8	8.7
烟筒屯镇	新发村	52	19.8	3.6	81.7	161.7	76	376	18.2	6.7	31.3	8.1	7.5	8.8
烟筒屯镇	广胜村	29	23.8	9.8	47.5	152.2	69	278	19.4	11.8	31.5	8.1	7.8	8.4
烟筒屯镇	东升村	33	30.2	4.4	59.4	198.9	84	375	24.3	13.5	33.5	8.2	6.8	8.7
烟筒屯镇	东岗子村	4	12.0	8.5	13.1	144.0	126	150	16.9	9.5	19.3	7.9	7.7	8.3
烟筒屯镇	土城子村	23	17.8	6.4	30.3	160.0	76	269	22.6	12.9	29.7	8.3	7.9	8.7
烟筒屯镇	珰奈村	16	23.4	4.2	34.1	187.7	108	260	24.9	17.3	28.2	8.1	7.8	8.5
烟筒屯镇	新合村	16	21.7	6.9	38.6	160.3	103	283	19.5	11.9	24.9	8.4	8.0	8.4
烟筒屯镇	南阳村	24	12.2	5.8	20.3	124.0	99	166	15.8	4.5	25.2	7.4	6.4	8.0

（续表）

乡镇	村名称	样本数	有效磷 (mg/kg)			有效钾 (mg/kg)			有机质 (g/kg)			pH 值		
			平均值	最小值	最大值	平均值	最小值	最大值	平均值	最小值	最大值	平均值	最小值	最大值
他拉哈镇	山湾子村	31	16.9	4.5	52.8	125.0	44	251	9.9	5.3	18.2	6.7	6.0	7.1
他拉哈镇	安平村	75	16.1	3.7	52.5	105.1	58	304	14.3	6.0	31.7	7.1	6.5	8.3
他拉哈镇	兴平村	64	9.4	3.7	18.1	104.6	63	228	16.0	8.6	25.3	7.1	6.0	8.3
他拉哈镇	庆平村	23	18.8	4.5	49.4	121.1	66	185	18.2	5.1	28.0	7.8	6.7	8.4
他拉哈镇	康平村	106	25.3	6.8	61.1	123.7	61	216	20.2	6.1	28.9	7.6	6.6	8.4
他拉哈镇	六家子村	46	20.7	5.3	39.5	241.2	96	329	24.3	13.2	33.1	7.6	6.7	8.1
他拉哈镇	永升村	94	21.6	2.6	86.7	121.0	59	415	23.2	12.8	50.4	7.8	6.1	8.6
一心乡	一心村	35	37.2	7.1	119.6	125.3	80	170	12.7	6.0	23.7	8.2	8.0	8.5
一心乡	勇敢村	53	19.5	5.2	44.3	129.2	68	201	15.8	9.2	26.5	7.8	6.6	8.6
一心乡	永胜村	27	19.0	4.9	63.6	132.6	77	264	17.8	7.7	29.7	7.5	6.7	8.0
一心乡	民主村	26	11.6	4.5	23.1	104.1	87	124	20.1	13.6	23.3	7.8	6.8	8.0
一心乡	前进村	63	18.5	6.7	44.3	115.0	73	160	19.4	12.9	25.7	8.0	6.7	8.6
一心乡	前锋村	17	18.5	8.5	65.0	128.1	79	162	17.6	7.1	23.6	8.0	7.0	8.6
一心乡	团结村	36	16.5	5.5	64.0	126.8	53	187	18.4	5.5	29.0	7.9	6.8	8.5
一心乡	胜利村1	49	28.7	3.2	108.9	143.2	65	311	20.6	5.8	49.6	7.9	7.0	8.5
克尔台乡	克尔台村	55	23.1	7.3	50.1	186.6	87	396	16.7	6.1	24.0	7.6	6.1	8.7
克尔台乡	前伍代村	30	12.1	3.7	23.4	133.2	58	224	19.4	9.6	37.7	8.0	6.9	8.4
克尔台乡	官尔屯村	24	16.1	10.5	32.5	119.7	75	176	7.9	4.4	17.2	7.5	6.5	8.2
克尔台乡	扎郎格村	35	18.5	9.1	52.0	127.5	75	198	14.1	4.8	25.3	7.5	6.4	8.5
克尔台乡	西新村	27	26.7	7.8	45.0	143.5	86	209	14.4	7.4	21.0	7.4	6.8	7.9

（续表）

乡镇	村名称	样本数	有效磷（mg/kg）			有效钾（mg/kg）			有机质（g/kg）			pH值		
			平均值	最小值	最大值	平均值	最小值	最大值	平均值	最小值	最大值	平均值	最小值	最大值
克尔台乡	乌诺村	21	21.3	6.5	43.3	151.2	90	317	19.3	11.8	27.6	7.8	7.3	8.2
克尔台乡	波布代村	38	22.6	6.8	66.9	128.3	87	177	20.5	12.6	25.6	7.9	7.1	8.3
克尔台乡	烟屯村	74	12.1	5.3	33.8	111.2	58	213	18.7	5.5	31.2	7.7	6.9	8.6
克尔台乡	太平庄村	9	16.6	11.8	28.3	102.1	83	118	21.8	15.0	27.6	8.2	7.9	8.3
白音诺勒乡	他拉红村	43	24.6	8.6	43.2	117.6	76	165	12.7	6.2	24.0	7.0	6.2	8.4
白音诺勒乡	合发村	39	19.6	4.7	43.2	123.2	55	215	12.8	3.9	16.2	7.3	6.5	9.0
白音诺勒乡	南岗村	40	15.7	6.6	27.0	116.6	59	369	17.6	8.7	39.8	7.4	6.0	8.3
白音诺勒乡	白音诺勒村	39	11.3	2.4	25.7	93.4	48	173	12.5	7.2	27.4	7.4	6.8	8.3
白音诺勒乡	长合村	37	13.4	2.6	27.6	85.9	65	139	15.5	7.8	25.0	7.6	6.9	8.1
白音诺勒乡	温德沟子村	50	17.5	2.6	24.2	101.9	65	132	15.0	7.1	26.5	7.6	7.0	8.3
白音诺勒乡	二龙山村	15	20.6	12.2	30.7	95.4	43	148	17.6	7.6	24.1	7.4	7.3	7.8
白音诺勒乡	九河村	15	38.3	12.0	74.0	93.6	56	146	9.1	4.4	19.6	6.8	5.8	7.6
白音诺勒乡	巴哈西伯村	40	16.5	4.6	41.8	109.3	46	184	13.0	4.2	25.8	7.5	6.8	8.3
敖林西伯乡	好利宝村	40	11.3	1.5	19.8	99.9	68	213	17.3	10.8	25.8	7.8	6.7	8.3
敖林西伯乡	杏树岗村	42	8.3	1.0	17.8	103.3	46	151	15.2	6.7	25.8	7.7	6.7	9.0
敖林西伯乡	好尔陶村	49	17.3	1.3	68.2	124.3	47	247	17.3	5.0	34.0	7.8	6.7	8.8
敖林西伯乡	敖林西伯村	50	16.0	6.2	20.8	114.5	70	160	11.8	6.8	20.3	7.3	6.4	8.1
敖林西伯乡	诺尔村	40	12.8	5.4	20.8	100.4	70	142	10.3	3.7	17.7	7.6	6.7	8.4
敖林西伯乡	四家子村	54	17.5	5.2	41.0	113.5	72	200	13.1	5.5	21.8	7.2	6.3	8.1
敖林西伯乡	布木格村	36	20.3	9.3	36.9	105.6	72	157	18.4	9.1	28.4	6.9	6.4	7.8

（续表）

乡镇	村名称	样本数	有效磷（mg/kg）			有效钾（mg/kg）			有机质（g/kg）			pH值		
			平均值	最小值	最大值	平均值	最小值	最大值	平均值	最小值	最大值	平均值	最小值	最大值
敖林西伯乡	新兴村	35	16.2	1.7	42.3	140.9	65	296	15.2	7.7	30.8	7.7	6.6	8.4
敖林西伯乡	永发村	53	17.0	1.3	46.3	142.6	47	285	11.8	5.0	21.4	7.7	6.3	8.8
巴彦查干乡	朝尔村	62	19.9	5.2	39.4	171.4	85	289	17.1	7.2	26.0	7.4	5.8	8.1
巴彦查干乡	巴彦他拉村	43	20.0	5.6	43.6	152.2	77	256	21.8	4.0	56.5	7.4	6.5	8.1
巴彦查干乡	永胜王府新村	48	13.5	1.1	34.0	118.0	70	191	17.0	3.7	36.5	7.5	6.2	8.4
巴彦查干乡	和南村	20	23.5	11.9	45.5	155.1	70	279	21.8	9.6	33.2	7.2	6.5	8.1
巴彦查干乡	和平村	44	18.2	3.2	38.4	117.3	62	241	18.1	7.6	46.9	7.4	6.5	8.2
巴彦查干乡	大庙村	22	26.5	10.3	52.8	146.0	82	256	20.5	11.3	35.8	7.0	5.7	7.9
巴彦查干乡	太和村	47	21.3	6.4	64.2	123.7	49	216	12.7	3.2	18.6	7.6	6.5	8.4
腰新乡	中心村	42	22.4	7.8	55.4	105.7	54	150	15.4	8.1	28.1	7.6	6.1	8.7
腰新乡	巴彦村	43	13.4	10.4	26.3	106.6	87	154	7.7	4.5	11.5	7.3	6.5	7.7
腰新乡	好尔村	48	9.5	1.8	27.0	108.9	73	177	13.4	4.8	22.9	7.7	7.1	8.3
腰新乡	兴隆村	61	10.8	3.7	18.6	94.3	64	143	9.7	4.8	28.8	7.5	6.5	8.7
腰新乡	前心村	22	12.4	8.4	29.4	112.5	64	197	14.9	6.3	21.1	8.0	7.5	8.4
腰新乡	后心村	32	17.3	6.9	52.7	119.0	60	277	10.3	6.1	16.5	7.2	6.3	8.1
腰新乡	翻身村	28	27.6	4.0	82.7	156.2	86	346	9.6	5.0	25.1	7.6	6.4	8.4
腰新乡	胜利村	55	22.8	7.1	42.8	126.8	49	316	8.7	3.7	23.3	7.3	5.5	8.7
江湾乡	九阃门村	60	21.2	6.4	39.6	117.3	68	172	17.1	8.8	27.0	7.9	7.4	9.0
江湾乡	江湾村	66	21.0	6.9	119.8	132.6	47	172	16.2	4.5	35.8	8.0	6.4	8.6
四家子林场	四家子林场	32	15.8	2.8	38.9	142.8	60	251	10.4	3.3	25.3	7.1	6.6	8.2

（续表）

乡镇	村名称	样本数	有效磷（mg/kg）			有效钾（mg/kg）			有机质（g/kg）			pH值		
			平均值	最小值	最大值	平均值	最小值	最大值	平均值	最小值	最大值	平均值	最小值	最大值
新店林场	新店林场	56	15.2	2.2	71.2	108.0	51	172	15.0	5.9	23.3	6.9	6.3	7.9
靠山种畜场	靠山种畜场	80	16.7	3.2	45.4	117.7	61	244	12.0	4.8	20.4	7.6	6.8	8.3
红旗种畜场	红旗种畜场	99	21.4	4.0	35.7	209.5	66	329	21.4	5.4	34.1	7.4	6.1	8.3
连环湖渔业有限公司	连环湖渔业有限公司	35	19.0	4.9	53.9	119.6	63	172	16.8	7.8	25.7	7.7	7.1	8.6
石人沟渔业有限公司	石人沟渔业有限公司	40	23.8	9.9	57.4	150.0	58	278	20.1	7.0	35.5	6.9	6.0	8.0
齐家泡渔业有限公司	齐家泡渔业有限公司	7	28.7	10.3	50.3	141.0	113	160	15.0	6.8	23.7	8.0	8.0	8.0
野生饲养场	野生饲养场	6	30.0	29.8	30.4	116.2	92	126	11.3	10.6	13.0	6.6	6.2	7.6
一心果树场	一心果树场	5	40.7	27.5	51.5	174.8	147	240	16.3	12.6	19.2	7.9	7.8	7.9

附表 3　村级土壤养分统计表

乡镇	村名称	样本数	有效铜（mg/kg）			有效铁（mg/kg）			有效锰（mg/kg）			有效锌（mg/kg）		
			平均值	最小值	最大值	平均值	最小值	最大值	平均值	最小值	最大值	平均值	最小值	最大值
泰康镇	幸福村	43	1.52	1.18	1.85	8.8	5.8	15.0	8.8	5.3	22.4	1.58	0.24	4.02
泰康镇	万丈村	61	1.49	1.10	1.80	9.5	5.3	15.9	9.2	5.1	21.4	0.70	0.30	2.44
泰康镇	五一村	21	1.34	0.05	1.79	7.5	5.8	8.7	9.4	6.8	11.4	1.15	0.58	2.46
泰康镇	八一村	10	1.49	1.04	1.79	6.6	5.3	7.9	9.7	7.7	13.0	0.80	0.31	1.41
胡吉吐莫镇	胡吉吐莫村	72	1.40	1.07	2.72	13.5	5.1	36.7	14.0	5.4	41.3	0.77	0.22	1.65
胡吉吐莫镇	好田格勒村	37	1.30	0.12	1.90	12.7	5.3	36.7	12.8	5.8	32.2	0.59	0.23	1.58
胡吉吐莫镇	泊泊里村	55	1.41	0.74	1.94	10.8	5.2	30.8	12.9	6.3	42.3	0.70	0.13	2.54
胡吉吐莫镇	东吐莫村	38	1.42	1.00	1.65	10.7	5.2	22.5	13.1	7.6	20.8	0.55	0.11	1.23
胡吉吐莫镇	扫力毛德村	12	1.45	1.23	1.59	12.2	5.8	20.6	14.4	6.0	28.1	0.92	0.17	2.04
烟筒屯镇	赛罕他拉村	22	1.49	1.31	1.74	9.3	6.3	16.1	12.1	5.4	20.8	0.71	0.33	1.05
烟筒屯镇	三合村	28	1.41	1.01	1.84	7.5	6.4	8.6	9.6	5.2	15.6	1.01	0.42	2.32
烟筒屯镇	利光村	26	1.43	1.17	1.84	7.4	6.2	8.5	9.1	5.7	13.2	1.21	0.56	2.32
烟筒屯镇	新发村	52	1.37	0.06	2.28	8.1	5.4	15.0	9.1	5.0	24.2	1.22	0.31	4.02
烟筒屯镇	广胜村	29	1.48	1.20	1.63	7.2	5.0	9.1	8.8	5.7	16.9	0.89	0.61	1.33
烟筒屯镇	东升村	33	1.58	1.11	2.94	7.8	5.0	20.0	11.2	6.6	28.1	0.80	0.16	1.73
烟筒屯镇	东岗子村	4	1.42	1.35	1.62	7.9	5.2	8.8	7.3	7.1	7.3	0.63	0.60	0.70
烟筒屯镇	土城子村	23	1.41	1.16	1.61	6.3	5.0	7.9	10.3	6.7	13.1	1.04	0.26	1.75
烟筒屯镇	珰奈村	16	1.53	1.11	1.84	7.6	6.0	8.8	11.9	5.2	21.5	0.95	0.30	2.68
烟筒屯镇	新合村	16	1.54	1.38	1.90	7.4	6.5	8.0	13.6	5.2	16.1	0.64	0.37	0.70
烟筒屯镇	南阳村	24	1.68	1.44	1.95	9.7	6.8	12.0	14.5	6.4	27.7	1.19	0.49	4.22

（续表）

乡镇	村名称	样本数	有效铜（mg/kg）			有效铁（mg/kg）			有效锰（mg/kg）			有效锌（mg/kg）		
			平均值	最小值	最大值	平均值	最小值	最大值	平均值	最小值	最大值	平均值	最小值	最大值
他拉哈镇	山湾子村	31	1.34	0.89	1.62	23.2	11.3	36.3	22.0	10.1	34.3	0.31	0.13	0.57
他拉哈镇	安平村	75	1.68	1.23	2.76	20.1	6.3	66.9	21.3	6.8	41.5	0.59	0.20	1.34
他拉哈镇	兴平村	64	1.29	0.63	2.25	14.3	6.1	25.6	22.0	6.8	32.3	0.43	0.17	1.52
他拉哈镇	庆平村	23	1.59	1.24	2.79	12.3	6.1	27.4	12.5	6.8	18.9	0.65	0.33	1.00
他拉哈镇	康平村	106	1.74	1.16	3.92	10.4	5.8	24.5	12.4	7.0	28.7	0.78	0.12	1.56
他拉哈镇	六家子村	46	1.38	1.14	1.50	7.2	6.2	10.0	8.5	6.1	10.8	0.47	0.18	0.64
他拉哈镇	永升村	94	2.28	1.00	7.95	10.5	5.1	17.7	11.3	5.6	21.9	1.09	0.22	2.75
一心乡	一心村	35	1.48	1.04	1.93	7.7	5.1	12.3	8.0	5.8	13.2	0.94	0.31	2.37
一心乡	勇敢村	53	1.50	1.08	1.90	9.7	5.0	19.1	11.4	7.0	19.8	0.89	0.14	3.16
一心乡	永胜村	27	1.37	0.01	1.78	11.2	6.8	19.6	14.2	7.1	28.9	1.00	0.16	1.75
一心乡	民主村	26	1.26	1.11	1.47	8.0	5.4	18.3	9.2	5.0	16.3	0.95	0.52	1.77
一心乡	前进村	63	1.44	1.04	1.9	9.6	5.8	19.5	13.2	7.5	26.6	1.47	0.12	3.16
一心乡	前锋村	17	1.45	1.22	1.74	10.1	5.8	24.4	13.4	7.4	32.2	1.05	0.12	2.53
一心乡	团结村	36	1.56	1.18	1.90	8.7	5.9	14.6	12.9	5.5	23.2	1.43	0.20	3.50
一心乡	胜利村1	49	1.48	1.01	1.88	9.1	5.2	22.6	11.0	5.5	26.1	0.81	0.22	1.38
克尔台乡	克尔台村	55	1.43	1.28	1.66	10.8	7.2	33.0	14.6	5.9	32.9	0.79	0.18	1.52
克尔台乡	前伍代村	30	1.42	1.00	1.96	8.5	5.2	14.5	8.9	6.7	10.9	0.77	0.44	1.70
克尔台乡	官尔屯村	24	1.32	1.01	1.62	15.6	6.7	25.6	14.5	7.2	31.0	0.65	0.40	1.46
克尔台乡	扎郎格村	35	1.42	1.23	1.66	12.8	5.3	25.6	15.7	5.0	34.0	0.94	0.35	2.25
克尔台乡	西薪村	27	1.40	1.12	1.64	16.9	8.1	23.2	20.6	9.3	36.1	1.31	0.56	2.32

（续表）

乡镇	村名称	样本数	有效铜（mg/kg）			有效铁（mg/kg）			有效锰（mg/kg）			有效锌（mg/kg）		
			平均值	最小值	最大值	平均值	最小值	最大值	平均值	最小值	最大值	平均值	最小值	最大值
克尔台乡	乌诺村	21	1.50	1.30	1.75	9.6	6.1	14.7	17.3	7.6	30.5	0.55	0.11	0.75
克尔台乡	波尔代村	38	1.52	0.76	1.92	7.8	5.2	10.3	16.5	5.3	30.3	0.45	0.14	0.91
克尔台乡	烟屯村	74	1.47	1.18	1.80	8.7	5.7	14.5	9.2	5.1	19.4	0.66	0.20	2.65
克尔台乡	太平庄村	9	1.43	1.34	1.52	6.5	5.6	7.7	11.5	8.5	15.8	1.29	0.86	1.92
白音诺勒乡	他拉红村	43	1.51	1.16	1.88	18.9	6.6	26.7	16.0	6.4	21.5	1.28	0.20	5.00
白音诺勒乡	合发村	39	1.04	0.05	1.80	15.1	7.5	22.9	13.7	5.7	21.7	1.96	0.14	5.00
白音诺勒乡	南岗村	40	1.38	1.13	1.56	14.2	6.3	38.5	13.4	7.5	22.6	1.44	0.26	5.00
白音诺勒乡	白音诺勒村	39	1.34	1.08	1.70	13.2	6.3	23.5	14.2	7.6	19.8	0.93	0.11	3.69
白音诺勒乡	长合村	37	1.52	1.06	1.90	12.5	7.5	18.0	15.4	8.3	30.8	1.50	0.20	5.00
白音诺勒乡	温德沟子村	50	1.52	1.19	2.37	11.1	6.8	18.0	12.4	8.2	30.8	1.48	0.28	3.73
白音诺勒乡	二龙山村	15	1.37	1.09	1.59	11.4	7.1	18.5	14.9	10.0	30.9	1.97	0.69	3.57
白音诺勒乡	九河村	15	1.53	1.29	1.69	18.6	10.9	23.8	17.8	12.2	21.5	2.09	0.76	5.00
白音诺勒乡	巴哈西伯村	40	1.42	1.02	2.26	10.9	5.2	17.2	12.3	7.4	21.4	0.77	0.16	2.85
敖林西伯乡	好利宝村	40	1.41	1.15	1.72	11.9	6.2	34.7	14.3	5.2	39.0	0.78	0.18	1.57
敖林西伯乡	杏树岗村	42	1.37	1.03	1.68	8.2	5.8	18.7	8.8	5.3	20.3	0.62	0.15	1.11
敖林西伯乡	好尔陶村	49	1.45	1.18	1.88	15.3	5.0	26.8	18.5	5.3	40.0	1.44	0.12	4.83
敖林西伯乡	敖林西伯村	50	1.50	1.22	1.78	9.0	5.5	16.0	13.8	6.5	29.9	0.62	0.30	1.53
敖林西伯乡	诺尔村	40	1.59	1.43	1.86	8.7	5.1	13.9	12.2	7.7	17.9	0.64	0.28	1.50
敖林西伯乡	四家子村	54	1.40	0.60	1.77	11.6	5.4	23.9	12.4	6.8	29.1	0.78	0.10	4.98
敖林西伯乡	布木格村	36	1.46	1.18	1.86	15.7	12.5	24.2	17.5	9.4	29.9	0.99	0.21	1.56

（续表）

乡镇	村名称	样本数	有效铜（mg/kg）			有效铁（mg/kg）			有效锰（mg/kg）			有效锌（mg/kg）		
			平均值	最小值	最大值	平均值	最小值	最大值	平均值	最小值	最大值	平均值	最小值	最大值
敖林西伯乡	新兴村	35	1.45	1.11	1.92	10.2	5.2	20.3	11.0	6.8	17.8	0.62	0.10	1.63
敖林西伯乡	永发村	53	1.40	1.22	1.52	13.1	5.7	25.9	11.2	5.3	19.0	0.73	0.12	2.21
巴彦查干乡	朝尔村	62	1.70	1.31	2.50	13.0	6.4	44.2	17.0	5.0	38.8	0.83	0.20	1.87
巴彦查干乡	巴彦他拉村	43	1.55	1.22	1.82	11.0	6.3	17.3	13.3	7.9	19.4	0.55	0.24	1.03
巴彦查干乡	永珍王府新村	48	1.70	1.23	6.61	11.9	5.5	36.7	13.4	5.8	40.2	0.46	0.12	1.21
巴彦查干乡	和南村	20	1.51	1.31	1.82	20.0	6.9	36.6	20.1	6.9	34.7	0.69	0.20	1.08
巴彦查干乡	和平村	44	1.42	1.13	1.73	18.7	5.9	42.5	16.7	5.1	37.1	0.59	0.12	1.42
巴彦查干乡	大庙村	22	1.76	1.20	2.22	25.7	8.0	46.3	16.8	8.5	34.3	1.44	0.32	4.35
巴彦查干乡	太和村	47	1.66	1.11	2.94	22.1	7.0	44.7	24.7	5.4	45.3	1.60	0.38	2.94
腰新乡	中心村	42	1.37	1.04	1.74	12.7	6.0	24.4	13.7	6.6	31.0	0.63	0.10	2.22
腰新乡	巴彦村	43	1.25	1.09	1.49	13.6	6.0	25.7	15.1	7.2	19.5	0.89	0.10	1.80
腰新乡	好尔村	48	1.47	1.20	1.92	10.3	5.3	21.8	14.6	6.7	31.0	0.50	0.16	0.81
腰新乡	兴隆村	61	1.31	1.05	1.70	8.1	6.0	11.7	11.1	5.4	21.9	0.61	0.19	2.03
腰新乡	前心村	22	1.35	1.02	1.49	9.1	6.3	14.1	9.7	6.5	17.5	0.40	0.11	0.75
腰新乡	后心村	32	1.50	1.02	1.78	19.4	7.5	27.2	17.8	5.9	23.8	0.68	0.28	1.18
腰新乡	翻身村	28	1.45	1.17	1.98	14.0	6.0	36.9	17.8	7.7	32.1	0.79	0.40	1.51
腰新乡	胜利村	55	1.30	0.03	1.68	11.8	4.7	28.9	15.9	5.1	26.1	0.54	0.18	0.78
江湾乡	九扇门村	60	1.37	0.08	1.63	11.1	6.0	35.1	15.1	7.8	38.9	0.72	0.30	1.90
江湾乡	江湾村	66	1.55	1.06	3.54	17.9	6.0	49.0	16.4	5.2	34.3	0.76	0.20	1.77
四家子林场	四家子林场	32	1.40	1.08	1.82	20.4	11.5	34.1	14.8	7.1	22.6	0.46	0.13	0.80

（续表）

乡镇	村名称	样本数	有效铜（mg/kg）			有效铁（mg/kg）			有效锰（mg/kg）			有效锌（mg/kg）		
			平均值	最小值	最大值	平均值	最小值	最大值	平均值	最小值	最大值	平均值	最小值	最大值
新店林场	新店林场	56	1.37	0.97	1.51	15.4	6.2	25.5	12.7	5.5	28.8	0.42	0.13	3.39
靠山种畜场	靠山种畜场	80	1.48	0.01	1.78	12.3	5.6	26.6	11.1	6.2	28.9	0.65	0.15	1.50
红旗种畜场	红旗种畜场	99	1.45	1.12	2.29	10.9	6.3	28.3	11.2	7.8	24.7	0.54	0.12	1.24
连环湖渔业有限公司	连环湖渔业有限公司	35	1.47	1.06	1.92	8.3	5.0	15.1	10.4	6.9	19.9	1.02	0.20	2.54
石人沟渔业有限公司	石人沟渔业有限公司	40	1.77	0.89	2.98	25.5	8.8	46.3	19.4	8.7	33.0	0.91	0.19	4.35
齐家泡渔业有限公司	齐家泡渔业有限公司	7	1.45	1.14	1.58	9.0	7.9	9.9	8.1	5.8	10.9	1.13	0.67	1.44
野生饲养场	野生饲养场	6	1.56	1.55	1.57	24.3	18.5	26.7	18.8	12.1	21.5	0.61	0.45	1.00
一心果树场	一心果树场	5	1.60	1.36	1.96	8.6	7.2	9.3	8.7	7.3	9.9	1.70	1.49	2.07

参考文献

司广武 . 2006. 杜尔伯特蒙古族自治县志［M］.辽宁省沈阳市：辽宁民族出版社 .

孙家琪，赵炜，刘炳仁，张希友，王铁成，等 . 1985. 杜尔伯特土壤（讨论稿）［R］.黑龙江省大庆市：杜尔伯特蒙古族自治县土壤普查办公室 .

张炳宁，彭世琪，张月平 . 2004. 县域耕地资源管理信息系统数据字典［M］.北京：中国农业出版社 .

张昕 . 2010. 杜尔伯特蒙古族自治县国民经济统计资料［G］.黑龙江省大庆市：杜尔伯特蒙古族自治县统计局 .

附　图